清华大学电子工程系核心课系列教材

Communications and Networking

通信与网络

陈 巍 周世东 王劲涛 李 勇 钟晓峰 周 盛 编著

清华大学出版社

北 京

内 容 简 介

本书是作者在多年来讲授"通信与网络"课程的基础上，集体分工编写完成的，以介绍信息传输的基本原理、方法和关键技术为主要目的。本书主要内容可以概括为数字调制、信道编码、信源编码、局域多址通信、信息重传与交换、网络层与传输层等六部分，以上六部分内容分别由陈巍、周世东、王劲涛、周盛、钟晓峰、李勇六位作者依次完成编写。

本书面向电子信息类、通信工程类、计算机类、集成电路类等相关专业的学生（本科为主），以及希望学习通信相关入门理论与技术的科研人员和工程技术人员。本书可作为"通信与网络"课程的教材，也可作为"通信原理""网络技术"等课程的参考书。

图书在版编目(CIP)数据

通信与网络/ 陈巍等编著. -- 北京：清华大学出版社, 2025. 3.

(清华大学电子工程系核心课系列教材). -- ISBN 978-7-302-68751-1

Ⅰ. TN915

中国国家版本馆 CIP 数据核字第 20258Q3G28 号

责任编辑：文 怡
封面设计：王昭红
责任校对：郝美丽
责任印制：杨 艳

出版发行：清华大学出版社
　　　　网　　　址：https://www.tup.com.cn, https://www.wqxuetang.com
　　　　地　　　址：北京清华大学学研大厦 A 座　　　　邮　　编：100084
　　　　社 总 机：010-83470000　　　　　　　　　邮　　购：010-62786544
　　　　投稿与读者服务：010-62776969, c-service@tup.tsinghua.edu.cn
　　　　质量反馈：010-62772015, zhiliang@tup.tsinghua.edu.cn
　　　　课件下载：https://www.tup.com.cn,010-83470236
印 装 者：三河市龙大印装有限公司
经　　销：全国新华书店
开　　本：185mm×260mm　　　印　张：18　　　字　数：440 千字
版　　次：2025 年 5 月第 1 版　　　　　　　　印　次：2025 年 5 月第 1 次印刷
印　　数：1~1500
定　　价：69.00 元

产品编号：102675-01

丛书序

PREFACE

清华大学电子工程系经过整整十年的努力，正式推出新版核心课系列教材。这成果来之不易！在这个时间节点重新回顾此次课程体系改革的思路历程，对于学生，对于教师，对于工程教育研究者，无疑都有重要的意义。

———

高等电子工程教育的基本矛盾是不断增长的知识量与有限的学制之间的矛盾。这个判断是这批教材背后最基本的观点。

当今世界，科学技术突飞猛进，尤其是信息科技，在20世纪独领风骚数十年，至21世纪，势头依然强劲。伴随着科学技术的迅猛发展，知识的总量呈现爆炸性增长趋势。为了适应这种增长，高等教育系统不断进行调整，以把更多新知识纳入教学。自18世纪以来，高等教育响应知识增长的主要方式是分化：一方面延长学制，从本科延伸到硕士、博士；一方面细化专业，比如把电子工程细分为通信、雷达、图像、信息、微波、线路、电真空、微电子、光电子等。但过于细化的专业使得培养出的学生缺乏处理综合性问题的必要准备。为了响应社会对人才综合性的要求，综合化逐步成为高等教育主要的趋势，同时学生的终身学习能力成为关注的重点。很多大学推行宽口径、厚基础本科培养，正是这种综合化趋势使然。通识教育日益受到重视，也正是大学对综合化趋势的积极回应。

清华大学电子工程系在20世纪80年代有九个细化的专业，20世纪90年代合并成两个专业，2005年进一步合并成一个专业，即"电子信息科学类"，与上述综合化的趋势一致。

综合化的困难在于，在有限的学制内学生要学习的内容太多，实践训练和课外活动的时间被挤占，学生在动手能力和社会交往能力等方面的发展就会受到影响。解决问题的一种方案是延长学制，比如把本科定位在基础教育，硕士定位在专业教育，实行五年制或六年制本硕贯通。这个方案虽可以短暂缓解课程量大的压力，但是无法从根本上解决知识爆炸性增长带来的问题，因此不可持续。解决问题的根本途径是减少课程，但这并非易事。减少课程意味着去掉一些教学内容。关于哪些内容可以去掉，哪些内容必须保留，并不容易找到有高度共识的判据。

探索一条可持续有共识的途径，解决知识量增长与学制限制之间的矛盾，已是必需，也是课程体系改革的目的所在。

二

学科知识架构是课程体系的基础，其中核心概念是重中之重。这是这批教材背后最关键的观点。

布鲁纳特别强调学科知识架构的重要性。架构的重要性在于帮助学生利用关联性来理解和重构知识；清晰的架构也有助于学生长期记忆和快速回忆，更容易培养学生举一反三的迁移能力。抓住知识架构，知识体系的脉络就变得清晰明了，教学内容的选择就会有公认的依据。

核心概念是知识架构的汇聚点，大量的概念是从少数核心概念衍生出来的。形象地说，核心概念是干，衍生概念是枝、是叶。所谓知识量爆炸性增长，很多情况下是"枝更繁、叶更茂"，而不是产生了新的核心概念。在教学时间有限的情况下，教学内容应重点围绕核心概念来组织。教学内容中，既要有抽象的概念性的知识，也要有具体的案例性的知识。

梳理学科知识的核心概念，这是清华大学电子工程系课程改革中最为关键的一步。办法是梳理自1600年吉尔伯特发表《论磁》一书以来，电磁学、电子学、电子工程以及相关领域发展的历史脉络，以库恩对"范式"的定义为标准，逐步归纳出电子信息科学技术知识体系的核心概念，即那些具有"范式"地位的学科成就。

围绕核心概念选择具体案例是每一位教材编者和教学教师的任务，原则是具有典型性和时代性，且与学生的先期知识有较高关联度，以帮助学生从已有知识出发去理解新的概念。

三

电子信息科学与技术知识体系的核心概念是：信息载体与系统的相互作用。这是这批教材公共的基础。

1955年前后，斯坦福大学工学院院长特曼和麻省理工学院电机系主任布朗都认识到信息比电力发展得更快，他们分别领导两所学校的电机工程系进行了课程改革。特曼认为，电子学正在快速成为电机工程教育的主体。他主张彻底修改课程体系，牺牲掉一些传统的工科课程以包含更多的数学和物理，包括固体物理、量子电子学等。布朗认为，电机工程的课程体系有两个分支，即能量转换和信息处理与传输。他强调这两个分支不应是非此即彼的两个选项，因为它们都基于共同的原理，即场与材料之间相互作用的统一原理。

场与材料之间的相互作用，这是电机工程第一个明确的核心概念，其最初的成果形式是麦克斯韦方程组，后又发展出量子电动力学。自彼时以来，经过大半个世纪的飞速发展，场与材料的相互关系不断发展演变，推动系统层次不断增加。新材料、新结构形成各种元器件，元器件连接成各种电路，在电路中，场转化为电势（电流电压），"电势与电路"取代"场和材料"构成新的相互作用关系。电路演变成开关，发展出数字逻辑电路，电势二值化为比特，"比特与逻辑"取代"电势与电路"构成新的相互作用关系。数字逻辑电路与计算机体系结构相结合发展出处理器（CPU），比特扩展为指令和数据，进而组织成程序，"程序与处理器"取代"比特与逻辑"构成新的相互作用关系。在处理器基础上发展出计算机，计算机执行各种算法，而算法处理的是数据，"数据与算法"取代"程序与处理器"构成新的相互作用关系。计算机互联出现互联网，网络处理的是数据包，"数据包与网络"取代"数据与算法"构成新的相互作用关系。网络服务于人，为人的认知系统提供各种媒体（包括文本、图片、音视频等），"媒体与认知"取代"数据包与网络"构成新的相互作用关系。

以上每一对相互作用关系的出现，既有所变，也有所不变。变，是指新的系统层次的出现和范式的转变；不变，是指"信息处理与传输"这个方向一以贯之，未曾改变。从电子信息的角度看，场、电势、比特、程序、数据、数据包、媒体都是信息的载体；而材料、电路、逻辑（电路）、处理器、算法、网络、认知（系统）都是系统。虽然信息的载体变了，处理特定的信息载体的系统变了，描述它们之间相互作用关系的范式也变了，但是诸相互作用关系的本质是统一的，可归纳为"信息载体与系统的相互作用"。

上述七层相互作用关系，层层递进，统一于"信息载体与系统的相互作用"这一核心概念，构成了电子信息科学与技术知识体系的核心架构。

四

在核心知识架构基础上，清华大学电子工程系规划出十门核心课：电动力学（或电磁场与波）、固体物理、电子电路与系统基础、数字逻辑与CPU基础、数据与算法、通信与网络、媒体与认知、信号与系统、概率论与随机过程、计算机程序设计基础。其中，电动力学和固体物理涉及场和材料的相互作用关系，电子电路与系统基础重点在电势与电路的相互作用关系，数字逻辑与CPU基础覆盖了比特与逻辑及程序与处理器两对相互作用关系，数据与算法重点在数据与算法的相互作用关系，通信与网络重点在数据包与网络的相互作用关系，媒体与认知重点在媒体和人的认知系统的相互作用关系。这些课覆盖了核心知识架构的七个层次，并且有清楚的对应关系。另外三门课是公共的基础，计算机程序设计基础自不必说，信号与系统重点在确定性信号与系统的建模和分析，概率论与随机过程重点在不确定性信号的建模和分析。

按照"宽口径、厚基础"的要求，上述十门课均被确定为电子信息科学类学生必修专业课。专业必修课之前有若干数学物理基础课，之后有若干专业限选课和任选课。这套课程体系的专业覆盖面拓宽了，核心概念深化了，而且教学计划安排也更紧凑了。近十年来清华大学电子工程系的教学实践证明，这套课程体系是可行的。

五

知识体系是不断发展变化的，课程体系也不会一成不变。就目前的知识体系而言，关于算法性质、网络性质、认知系统性质的基本概念体系尚未完全成型，处于范式前阶段，相应的课程也会在学科发展中不断完善和调整。这也意味着学生和教师有很大的创新空间。电动力学和固体物理虽然已经相对成熟，但是从知识体系角度说，它们应该覆盖场与材料（电荷载体）的相互作用，如何进一步突出"相互作用关系"还可以进一步探讨。随着集成电路发展，传统上区分场与电势的条件，即电路尺寸远小于波长，也变得模糊了。电子电路与系统或许需要把场和电势的理论相结合。随着量子计算和量子通信的发展，未来在逻辑与处理器和通信与网络层次或许会出现新的范式也未可知。

工程科学的核心概念往往建立在技术发明的基础之上，比如目前主流的处理器和网络分别是面向冯·诺依曼结构和TCP/IP的，如果体系结构发生变化或者网络协议发生变化，那么相应地，程序的概念和数据包的概念也会发生变化。

六

这套课程体系是以清华大学电子工程系的教师和学生的基本情况为前提的。兄弟院校可以参考，但是在实践中要结合自身教师和学生的情况做适当取舍和调整。

清华大学电子工程系的很多老师深度参与了课程体系的建设工作，付出了辛勤的劳动。在这一过程中，他们表现出对教育事业的忠诚，对真理的执着追求，令人钦佩！自课程改革以来，特别是2009年以来，数届清华大学电子工程系的本科同学也深度参与了课程体系的改革工作。他们在没有教材和讲义的情况下，积极支持和参与课程体系的建设工作，做出了重要的贡献。向这些同学表示衷心感谢！清华大学出版社多年来一直关注和支持课程体系建设工作，一并表示衷心感谢！

王希勤

2017年7月

前言

FOREWORD

数字通信与网络目前已经广泛应用于社会生活、经济发展、工业生产和国防建设等各个层面，成为最重要的信息基础设施之一。目前，通信系统已经渗透到人民电信、新能源、远程医疗、先进制造、武器系统等大量工程系统中，扮演了日益重要的角色，衍生出大量耳熟能详的通信系统，如从1G到6G的移动通信系统，无线局域网等。未来，通信系统的发展还将向着带宽更宽、延时更低、能效更好、安全性更高、鲁棒性更强、服务范围更广的方向进一步发展。通信以及多用户组网通信的相关知识，对于电子信息类、通信工程类、计算机类的学生来说，具有重要的意义。

传统通信以及多用户通信的理论基础建立在信息论之上，由此衍生的数字调制、信源和信道编码理论，以及多用户容量域及其逼近方法等，都具有严格的理论基础和清晰的理论框架，并且其中较为浅显的内容，完全适合在本科阶段用较为完整的数学理论进行呈现。通信组网中衍生的一些技术，如随机接入、交换结构等，也已经具备了局部的数学模型，但是在本科阶段的教学中需要合理把握深度进行相对严谨的介绍。同时也要注意到，通信组网中的一些功能层，如涉及路由、流量控制的部分，虽然学术界已经有一定的数学理论模型探索，但尚未形成统一并广泛为学术界特别是教学界接受的系统模型，因此在本科阶段的教学中，以讲清楚设计及其背后的启发式思想为主。在这样并不均衡、平齐的学科发展背景下，本书还是力求在统一的风格下介绍通信与网络。我们相信，未来通信与网络的理论模型将进一步迎来发展，并在双双理论成熟的基础上完成融合统一，并形成为教学界所公认的面向本科生难度层次的内容切分和展现。

本书介绍电平信道传输、波形信道传输（含基带和载波）、差错控制码、模拟信源的数字化、多址通信与局域网、交换结构、网络路由和传输层端到端控制等现代信息传输系统的关键技术及其背后的理论或启发式思想。本书具体章节的内容简介如下：第1章为绪论，第2章介绍信源压缩并侧重于模拟信源的数字化，第3~6章介绍数字调制部分，第7章介绍差错控制编码，第8、9章介绍信息的重传与交换，第10章介绍多址接入，第11、12章介绍网络层和传输层协议设计及其思想，第13章为若干前沿案例。

本书的逻辑结构和组织构架是作者在多年从事本科生"通信与网络"课程教学实践基础上，参考了国内外大量优秀的教材以及一些在本领域具有重要影响的论文形成的，教材在形成过程中，参考了通信与网络课程组各位老师在历年教学实践中使用过的大量PPT讲义等。内容组织具有自身的特点，主要按照点到点、点到多点、多点多跳通信的内容结构展开介绍，并强调了信息传输的方式及其信道环境之间的关系。

　　自20世纪80年代至2010年前后，我校一直以曹志刚教授的《现代通信原理》一书作为教材，讲授通信原理的相关知识，该书的初稿在曹老师访问斯坦福大学（1984—1986年）之前就已完成，经多次增删修订，于1992年由清华大学出版社出版，在国内具有广泛的影响。自2012年起，根据电子系课程改革的统一要求，我们在通信原理的基础上增加了网络相关的教学内容，开设了"通信与网络"的本科生核心课，在其通信部分的教学中仍长期受益于曹老师的《现代通信原理》这本经典教材，迄今他手写的《现代通信原理》习题答案仍在笔者案头，每每翻看，受益良多。作为课程改革的迭代更新，本书在通信部分吸纳、延续了《现代通信原理》的成功之处，补充了课程改革后增加的网络部分教学内容。因此在某种意义上，本书的通信部分是《现代通信原理》一书的改写、新编和再加工。

　　本书在通信与网络课程组各位老师历年教学实践中使用过的大量PPT讲义等的基础上，由课程组陈巍、周世东、王劲涛、周盛、钟晓峰、李勇等六位教师按章节分工编写了本书。全书共13章，编写者各自的具体分工如下：陈巍负责编写第1章、第3～6章；周世东负责编写第7章；王劲涛负责编写第2章和第13章以及附录；周盛负责编写第10章；钟晓峰负责编写第8、9章；李勇负责编写第11、12章。

　　本书的读者对象为已经学习过大学基础数学、概率论（最好含随机过程）、信号与系统等课程的本科生，可用作通信与网络课程的教材或参考书。本书也可经裁剪后供学习"通信原理"（使用第1～7章）、"通信网技术"（使用第1章，第8～12章）等课程的同学作为教材或参考书。此外，本书可作为希望学习通信相关入门技术的工程技术人员的辅助参考读物，并作为通信类相关课程教师的参考书。希望通过本书的内容，让读者掌握信息传输的关键技术及其背后的理论或启发式思想，具备理论建模、分析、设计、优化和评估简单信息传输系统的能力，并具备深入学习进一步相关知识，进而在信息传输系统领域进行探索创新的能力。

　　多年来，担任助教工作的研究生和参与课程学习的本科生同学对教材内容、组织架构，以及教学、作业和试题难度调整等提出了许多意见和建议，作者在此一并表示感谢。

本书编写团队

2024年国庆假期（初稿）

2025年清明假期（定稿）

于清华园

目 录

CONTENTS

第1章

绪 论

通信与网络已经构成了现代信息技术的基础，融入人类工作、生活的各个方面。在工业系统、国防军事、社会协作等各个领域发挥着不可替代的作用。本书旨在系统地介绍支撑现代通信与网络的基础理论、关键技术和系统应用，从定量化的角度理解通信与网络的性能极限，根据性能指标要求设计通信与网络的算法和协议，分析给定通信与网络的性能指标等，为后续课程提供核心知识和理论基础。

本章主要介绍通信与网络核心知识的构架和内在逻辑，回顾通信与网络发展的简要历程和思维方式。

1.1 通信与网络的核心知识构架

本节先对通信与网络的核心知识进行梳理，阐明其内在的逻辑构架。通信与网络的核心知识构架如图1.1所示。

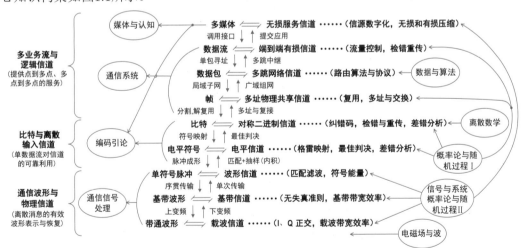

图 1.1 通信与网络的核心知识构架

图1.1所示的基本组织逻辑是依托于信息载体与信道之间的相互作用展开的。同时，不同层级间的等效，即抽象和具体化关系，都是通过某种关键技术实现的。下面详细地剖析这种关系，以便读者先从宏观层面概览、俯瞰通信与网络的全貌。

对图1.1的介绍，可以是自顶向下的，也可以是自底向上的。这里采用从中间的比特界面开始介绍的方式。本书专注于数字通信与网络，因此所有的信息源都会转化为0、1比特流进行传输。比特所经历的信道常建模成对称二进制信道，也称对称二元信道。这是一种逻辑信道，其主要矛盾是信道差错（比特随机翻转）与比特可靠传输之间的矛盾。为了在存在差错的对称二元信道中尽量可靠地传输比特，需要引入纠错、检错和重传机制，并分析其性能，就生成了这一层级的核心知识。

比特和对称二元信道都是逻辑上的，需要将其具象化为一种物理图景，具体途径是将比特通过符号映射转换为电平（或者其他物理量），从而在更实际的物理信道中进行传输。此时，电平所经历的信道就是电平信道，其往往具有加性噪声的扰动。这是一种半物理信道（还未引入时间轴），其主要矛盾是加性噪声扰动与符号可靠传输之间的矛盾。为了克服加性噪声的影响，尽可能精准地恢复原始符号和比特，需要引入最佳判决机制，并分析其差错概率，就生成了这一层级的核心知识。同时，判决之后，电平信道就可以抽象回对称二元信道。

严格来说，电平信道模型还不是一个纯粹的实际物理系统，因为任何物理系统必然存在时间参量。电平随时间的变化就形成了波形，而一个真实的物理场景下的通信模型需要用波形来承载电平符号。为了进一步具象化，考虑一个电平符号的传输，引入时间轴后，一个电平符号就具象化成一个波形，称为脉冲成形。波形所经历的信道称为波形信道，其中包含加性白高斯噪声过程的影响。波形信道是一个真实的物理信道，其主要矛盾是加性噪声过程（这里强调了过程，具有时间参量）扰动和可靠传输之间的矛盾。为了有效抑制加性噪声过程的影响，尽可能提升符号判决的准确率，进一步引入匹配滤波机制，并分析匹配滤波后的信噪比，就生成了这一层级的核心知识。同时，匹配滤波、抽样之后，单符号的波形信道就抽象回电平信道。

在实际通信系统中不可能只满足于传输一个电平符号，因为现实世界往往需要传输一串电平符号。因此，需要在单个符号的波形传输基础上拓展讨论序列符号的波形传输。此时，先后发送的符号对应的脉冲之间可能会产生相互干扰，称为码间串扰。如何消除码间串扰，实现无失真传输，就是这一层级需要解决的主要问题。为此，给出无失真传输准则，又称为奈奎斯特（Nyquist）准则。根据Nyquist准则，物理信道有限的带宽和人们日益增长的速率需求构成了这一层级的主要矛盾。同时，若在符号序列中只发送一个符号，其他符号都置为0，则退化为单符号的波形信道。

实际通信信道还具有带通特性和多址需求。例如，手机天线只适合辐射和接收一定带通频率范围内的电磁波。一种常见的多址方式，即频分多址，就是把不同用户的信号限定在不同的子频带上，从而避免不同用户的相互干扰。因此，将基带低通通信信号通过上变频的方式变成带通通信波形在带通信道中进行传输。这一层级的主要矛盾仍是带通物理信道有限的带宽和人们日益增长的速率需求之间的矛盾。如何进行有效的上、下变频，从而充分利用频谱，是这一层级需要解决的主要问题。为此，给出I、Q路正交设计，对其进行了性能分析。同时，在这一层级给出了等效基带模型，以加强与上一层级的联系纽带。

上述内容是传统的数字传输的内容。其理论性能极限由经典信息论中的信道容量定理给出。下面介绍通信与网络知识体系中，从比特传输向上发展的核心知识层级。当建立了比特的可靠点到点传输理论之后，随之而来的第一个问题是，如果有多个信息流，那么如何构建通信与网络系统。这就引出了多址信道的概念，其满足点到多点、多点到点的传输需求，典型拓扑结构为星形、环形或者总线形。此时的主要矛盾就变成共享的通信资源与需要区分的信息流之间的矛盾。为此，引入时域、频域的资源分割方法，实现多址、复接或交换。对于资源分割后的一路信息流，则简化为点到点的比特传输。

由于通信传输的距离限制，多址传输模型主要处理的是局域网。当进行大空间尺度的传输时，需要多个中继节点接力传输同一信息流。因此，中继节点也会将多个局域网联系起来，构成广域传输的网络。此时，网络呈现网状特征，从信源到信宿具有多条可能的路径。网络化信道或者多点到多点（含中继）信道中，需要根据已知的信源信宿，解决传输路径的未知性。其主要矛盾就是传输路径需要协同和网络拓扑信息空间分散之间的矛盾。为此，引入一系列分布式路由协议，实现数据包从信源有效抵达信宿。当只考虑一个局域子网时，具有一般拓扑的广域网络具象化为具有简单拓扑的局域网，无需复杂的分布式路由协议。

解决了网络中的通信路径问题后，从信源-信宿对的角度看到的就是一个不可靠的端到端信道。不同信源-信宿对的数据流将共享这个不可靠的端到端信道，由此可能产生局部、瞬时的重载，以及由此产生的丢包。由于业务的服务质量要求，还需要确保在不可靠的端到端信道中可靠、实时、有序地传输数据包。此时的主要矛盾，就变成不可靠的分布式网络环境与业务对服务质量的需求之间的矛盾。为此，介绍一系列端到端的协议，以实现流量控制、检错重传、链接建立和数据包排序等。此时，若忽略服务质量，只专注一个数据包的路径寻找，则具象化为拓扑的分布式路由算法。

当建立了信源-信宿对之间的可靠通信链路后，应用程序就可以调用某一端口，开展可靠的数据包传输。此时，还需要解决最后一个主要矛盾，就是不断增长的业务需求和有限的网络带宽之间的矛盾。为此，对信源的信息进行有损或者无损的压缩，并且为了适应数字通信与网络的需求，对模拟信源进行数字化。这一部分不仅要介绍各类抽样、无损和有损压缩方法，进行代价分析，还需要从熵的角度介绍有损和无损压缩的理论性能极限。

以上就是对本书中核心知识的脉络梳理，读者可以根据需要选择学习。

1.2　通信与网络的发展简史与思维特征

信息传输是人类的基本需求，为提升信息传输空间距离的尝试古已有之。我国古代劳动人民早就摸索出了飞鸽传书、烽火中继等通信方式。以烽火台为例，综合了光通信、数字通信、中继通信的朴素思想萌芽。非洲大陆上，人们也摸索出了一种"鼓语"，用来穿越丛林传递信息。

现代通信是从人类对电磁学的深入认识开始的，随后出现的按字计费的电报，使得人们在语言上尽量精简，压缩信息，从而让任何客套都显得多余。大空间尺度通信的标志性事件是马可尼利用电离层的反射，实现跨越大西洋的远距离通信。

随后通信的发展主流就是从模拟化进入数字化。美国物理学家奈奎斯特在抽样定理方面的研究为模拟信源的数字化奠定了理论基础。但是，奈奎斯特的工作没有触及信息的随机性本质。数字化有可纠错、易加密两个好处。易加密在第二次世界大战中得到了充分研究，并在战后得以应用。第二次世界大战期间，香农在贝尔实验室数学研究部的工作奠定了现代数字通信的基础。1948年，香农发表了《通信的一种数学理论》一文，后来以《通信的数学理论》为题出版了单行本。在这篇划时代的论文中香农抛弃信息的内涵意义，只保留了其统计特性对传输带来的影响，从而提出了一种以熵和互信息为核心知识的数学框架。香农的工作使得信息量和信道容量可以定量化度量，比特和速率的概念也深入人心。值得一提的是，控制论之父维纳在信息的度量方面也做出了先驱性的工作，发表在其经典著作《控制论(或关于在动物和机器中控制和通信的科学)》中。

信息论的诞生极大地推动了数字通信的发展。一方面，信源和信道编码得以繁荣。信源编码领域，从简单的霍夫曼编码，到构造精巧、不依赖统计特性的 LZ77、LZ78 算数编码，再到基于变换域、预测等的多媒体编码，极大地压缩了各类信源的比特表示量。近期，人们也将人工智能技术与信息压缩结合起来，推进了其进一步发展。在信道编码领域，20 世纪 60 年代人们专注于代数编码理论，利用近世代数中精巧的数学结构提供处理复杂度可以接受的编码，从而向当时的硬件处理能力妥协。从信道编码定理的证明中，人们知道好的信道编码是"足够乱"的，但如何处理乱一点的码字是一个难题。20 世纪 90 年代初，法国科学家提出了 Turbo 码，将交织器和卷积码结合起来获得了很好的性能。但是，Turbo 码本身的理论分析一直捉襟见肘。20 世纪 90 年代末，人们在基于图的置信度传播和迭代译码基础上，"重新发现"了 Gallager 在 20 世纪 60 年代提出的低密度奇偶校验码（LDPC）。Turbo 码和 LDPC 在 3G 和 4G 领域发挥了重要作用。但是，人们一直以来还是希望有一种既有优美的结构和理论，又有良好性能的编码。Gallager 的学生 Arikan 提出了极化码，很好地实现了这个目标。在上述发展历程中，信息论虽然没有直接指出好的编码是什么，但它始终如一盏明灯，昭示着努力的方向和终点。信息论的精神，就是从更高的角度俯瞰一个工程系统，从变换的思维提供某个角度巧妙的度量，通过适当的简化给出宏观、抽象但富含工程洞见的指导。

相对于编码，数字调制的发展成熟更早一些。1928 年，奈奎斯特系统研究了离散和连续信号之间的关系，在奈奎斯特提出无失真传输准则之后数字调制就经历了较快的发展。1943 年，North 提出匹配滤波器，从而最大化数字解调的信噪比。1947 年，Kotelnikov 提出信号空间理论，为数字调制提供了一种很好的几何表示。1960 年，Cahn、Hancock 和 Lucky 提出正交幅度调制（QAM），形成了目前常用的数字调制体制。1963 年，Lender 提出部分响应信号。1965 年，Lucky 提出均衡模型，适用于频率选择性信号。1966 年，Widrow 提出均衡的均方准则。20 世纪 60 年代末，Gold 和 Kasami 提出 m 伪随机码，为后续扩频调制奠定了基础。数字调制中，值得一提的是现在常用的、用于宽带传输的正交频分复用（OFDM）技术，尽管本书并不具体讲授这一技术，但是其发展历程值得我们借鉴。OFDM 技术最早是 20 世纪 70 年代提出的，限于当时的硬件能力并未广泛应用。20 世纪 80 年代中期，Cinimi 用仿真验证了 OFDM 在无线通信中的性能。20 世纪 90 年代中后期，随着码分多址（CDMA）研究热潮的消退和快速傅里叶变换（FFT）器件能力的提升，人们把 4G 的调制技术寄希望于 OFDM，在调制、同步、定时等方面开展了全面探索。Letaief 等在 OFDM 基础上系统探索了正交频分多址（OFDMA），用于多址接入。由数字调制的发展史可以看出，通信理论和算法的提出具有超前性，随着硬件能力的提升，一些好的理论和算法才能得以应用。评价一个通信理论和算法的价值，需要放眼足够长的时间尺度，给予耐心。

在点到点通信技术演进的同时，点对多点通信和通信链路组网也在同步发展，出现了电路交换和分组交换两种技术体制。电路交换起源于面向电话的组网，早在 1909 年，丹麦科学家 Erlang 就对话音业务的统计规律进行了大量研究。面向电话的组网主要采用树形结构，如果根节点被毁，那么网络很容易瘫痪。这一点导致后来美国国防高级研究计划局（DARPA）资助了旨在提升网络鲁棒性的研究，试验运行了早期的分组交换网络。分组交换网络的传输对象是数据包，最早是面向数据业务而非话音业务的，因此也称为数据网络。20 世纪 60 年代，为了促进分布于各处的计算机进行数据互联，加利福尼亚大学洛杉矶分校（UCLA）的 Kleinrock 将排队论应用于分组交换网络的建模，并且搭建了硬件系统。20 世纪 60 年代末，图灵奖得主 Vinton G. Cerf 曾在 Kleinrock 领导的实验室担任程序员。20 世纪 70 年代，夏威夷大学的研究人员为了有效互联不同岛屿上的数据，提出了一种适用于随机包到达的分布式多用户通信协议 Aloha。Aloha 不同于固定资源分配的时分多址（TDMA）或者频分多址（FDMA）方式，它能够更加灵活应对动态的业务需求。Aloha 揭示了随机多址接入的威力，人们在这一思想的启发下不断改进随机多址接入，形成了日后常用的局域网协议，包括目前常见的无线局域网 802.11 系列协议。Metcalfe 因为在以太网设计和应用上的贡献，获得了 2022 年图灵奖。20 世纪 80 年代，人们开始希望将各类网络互联起来。为了实现这一目标，Vinton G. Cerf 和 Bob Kahn 提出了一种数据包网络的互联通信协议，即 TCP/IP 协议。2004 年，他们因为这一贡献获得了图灵奖。20 世纪 80 年代末，Tim Berners-Lee 提出了"超文本"概念，提供了一种在因特网上有效组织信息的形式，形成了万维网（World Wide Web），让人们可以方便地上网。Lee 因为这一贡献获 2016 年图灵奖。

数据网络或者日后更常称之为计算机网络的发展模式、思维方式与数字通信在底层上是具有重大差异的。计算机网络的研究发展是"Ad-Hoc"的，人们更相信可以运行的代码、好用的协议，而不是先从高处用一个协议俯瞰、预判整个学科的全貌。来自通信的思维方式曾尝试渗透进数据网络的设计，如异步传输模式（ATM），但是并不成功。在信息论形成伊始，香农从 1956 年开始就尝试建立多链路的容量极限（双向通信信道）。随后，信息论科学家探索了多址信道、广播信道、中继信道、干扰信道、网络编码等网络信息论问题。人们还尝试将时间变量引入信息论，如从定时角度解释协议信息，将信息论和排队论结合等。同时，来自物理学领域的研究人员也尝试从复杂网络理论的角度解释大尺度网络的连接性和鲁棒性等，取得了一些洞见。1998 年，IEEE Trans. Information Theory 出版了纪念香农理论诞生 50 年的专刊，邀请了信息论各个方向的代表性学者撰写本方向的发展综述。在这一期专刊上，Ephremides 和 Hajek 发表了题为 *Information Theory and Communication Networks: An Unconsummated Union* 一文。这一题目激励着通信与网络的研究者进一步探索二者背后的融合理论，如大卫·希尔伯特的墓碑上所铭刻的：

Wir müssen wissen（我们必须知道）

Wir werden wissen（我们必将知道）

需要指出的是，直到目前，计算机网络的核心知识很难总结成某几个公式、定理，而是分散于大量的协议描述。一方面，我们可以猜想计算机网络的理论发展还有待进一步成熟，从而将数学更深刻地用于指导网络发展；另一方面，很可能计算机网络背后并不存在数字通信这样的统一理论框架，天然就是侧重于描述性的。无论如何，读者需要特别注意这一点，它决定了本书的行文风格会有一定的差异。

第2章

模拟信源的数字化

2.1 抽样与量化

无论是各层次的数字传输模型,还是数据的无损压缩,承载的都是离散幅值、离散时间的数据,即对数字化的数据进行处理。在实际工程中将面临大量模拟信源的数字传输问题,因此需要模拟信源的数字化。数字化通常包含量化和抽样两个步骤。其中,量化是指从连续幅值到离散幅值的映射,其会使得数据中携带的信息有一定损失;抽样是指从连续时间波形到离散序列的映射,若这种映射满足一定条件,则不会导致信息的损失。本节将对这两个步骤逐一介绍。

2.1.1 量化的基本概念和符号

圆周率 $\pi = 3.1415926535\cdots$ 包含无穷位,在代入计算时常取 $\pi = 3.14$,这种舍入就可以视为一种量化。一般地,将输入 x 进行 L 阶量化时,其值域范围 $[x_{\min}, x_{\max}]$ 将被划分为 L 个量化区间,第 i 个量化区间 (x_i, x_{i+1}) 记为 I_i,如图2.1所示。其中,x_i 为分层电平,且满足 $x_1 = x_{\min}$,$x_{L+1} = x_{\max}$。每个量化区间的长度 $\Delta_i = x_{i+1} - x_i$,称为量化间隔。具体地,量化函数 $Q(x)$ 可由下式刻画:

$$Q(x) = y_i, \quad x \in I_i \quad (i = 1, 2, \cdots, L)$$

式中,y_i 为对应量化区间 I_i 的重建电平。

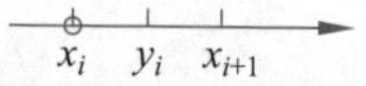

$$\frac{}{\quad x_i \quad y_i \quad x_{i+1} \quad}$$

图 2.1 量化区间示意图

如图2.2所示,量化过程是一个有损的过程,可定义量化误差 $e(x) = x - Q(x)$。由于 x 为一随机变量,因此 $e(x)$ 为一随机量化噪声。

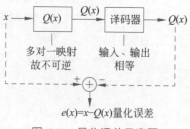

图 2.2 量化误差示意图

令 $p(x)$ 为 x 的概率密度函数，则量化噪声的功率为

$$\sigma_q^2 = \int_{x_{\min}}^{x_{\max}} [x - Q(x)]^2 p(x)\mathrm{d}x$$

$$= \sum_{i=1}^{L} \int_{x_i}^{x_{i+1}} (x - y_i)^2 p(x)\mathrm{d}x \tag{2.1.1}$$

此时可定义如下式所示的量化信噪比，以衡量量化的性能：

$$\mathrm{SNR}_q = \frac{\displaystyle\int_{-\infty}^{\infty} x^2 p(x)\mathrm{d}x}{\displaystyle\sum_{i=1}^{L} \int_{x_i}^{x_{i+1}} (x - y_i)^2 p(x)\mathrm{d}x} \tag{2.1.2}$$

重建电平数和量化区间数相同，均为 L 个，因此对应于 $R = \log_2 L$ 个比特。而经过量化压缩后的输出 $Q(x)$ 对应的比特数为

$$\tilde{R} = H(Q(x)) = -\sum_{i=1}^{L} \int_{x_i}^{x_{i+1}} p(x)\mathrm{d}x \log \int_{x_i}^{x_{i+1}} p(x)\mathrm{d}x \tag{2.1.3}$$

式中：$H(\cdot)$ 表示熵，是与随机变量的概率有关的函数，具体的介绍将在下一节展开。

接下来讨论对 $p(x)$ 进行一种近似的情况，以最小化噪声功率 σ_q^2。

如图2.3所示，当 Δ_i 小到 $p(x)$ 在 $x_i < x \leqslant x_{i+1}$ 内近似为常数，即

$$\max_{x_i < x \leqslant x_{i+1}} p(x) - \min_{x_i < x \leqslant x_{i+1}} p(x) < \varepsilon$$

此时，I_i 内的 $p(x)$ 可以近似表示为

$$p(x) \approx \frac{\displaystyle\int_{x_i}^{x_{i+1}} p(x)\mathrm{d}x}{\Delta_i}$$

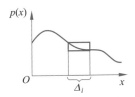

图 2.3　小 Δ_i 下的近似示意图

记 $P_i = \displaystyle\int_{x_i}^{x_{i+1}} p(x)\mathrm{d}x$，式(2.1.1)又可以表示为

$$\sigma_q^2 = \sum_{i=1}^{L} \int_{x_i}^{x_{i+1}} \frac{P_i}{\Delta_i} (x - y_i)^2 \mathrm{d}x$$

$$= \sum_{i=1}^{L} \frac{P_i}{\Delta_i} \int_{x_i}^{x_{i+1}} (x - y_i)^2 \mathrm{d}x \tag{2.1.4}$$

注意 σ_q^2 是与 y_i $(i = 1, 2, \cdots, L)$ 取值有关的量，可对其进行逐区间最小化，即对区间 I_i，求

$$\min_{x_i < y_i \leqslant x_{i+1}} \int_{x_i}^{x_{i+1}} (x - y_i)^2 \mathrm{d}x$$

对上式求导，可得

$$\frac{\mathrm{d}}{\mathrm{d}y_i}\int_{x_i}^{x_{i+1}}(x-y_i)^2\mathrm{d}x = \int_{x_i}^{x_{i+1}}\frac{\mathrm{d}}{\mathrm{d}y_i}(x-y_i)^2\mathrm{d}x$$

$$= \int_{x_i}^{x_{i+1}}-2(x-y_i)\mathrm{d}x = 2y_i(x_{i+1}-x_i)-(x_{i+1}^2-x_i^2)$$

$$= 0$$

可得区间 I_i 的最佳重建电平为

$$y_i^* = \frac{x_{i+1}+x_i}{2} = x_i + \frac{\Delta_i}{2}$$

在最佳重建电平 y_i^* 下，有

$$\int_{x_i}^{x_{i+1}}(x-y_i^*)^2\mathrm{d}x = \int_{x_i}^{x_{i+1}}\left(x-\frac{\Delta_i}{2}-x_i\right)^2\mathrm{d}x$$

$$= \int_{-\frac{\Delta_i}{2}}^{\frac{\Delta_i}{2}}x^2\mathrm{d}x = \left.\frac{x^3}{3}\right|_{-\frac{\Delta_i}{2}}^{\frac{\Delta_i}{2}} = 2\times\frac{1}{3}\times\frac{\Delta_i^3}{8} = \frac{\Delta_i^3}{12}$$

将上式代入式(2.1.4)中，可求得量化噪声功率为

$$\sigma_{\mathrm{q}}^2 = \sum_{i=1}^{L}\frac{P_i}{\Delta_i}\frac{\Delta_i^3}{12} = \frac{1}{12}\sum_{i=1}^{L}P_i\Delta_i^2 \tag{2.1.5}$$

若各个量化区间等长，即 $\forall i$，有 $\Delta_i = \Delta$，则式(2.1.5)可进一步写为

$$\sigma_{\mathrm{q}}^2 = \frac{\Delta^2}{12}\sum_{i=1}^{L}P_i = \frac{\Delta^2}{12}$$

此时，式(2.1.3)可以写为

$$H(Q(x)) = -\sum_i P_i\log P_i$$

$$\approx -\sum_i p(x)\Delta_i\log p(x)\Delta_i$$

$$= -\sum_i p(x)\Delta_i\log p(x) - \sum_i p(x)\Delta_i\log\Delta_i$$

$$= -\int p(x)\log p(x)\mathrm{d}x + \log\frac{1}{\Delta} \qquad (\Delta_i = \Delta \to 0, \forall i)$$

定义

$$h(X) = -\int p(x)\log p(x)\mathrm{d}x$$

为微分熵，用于描述连续型随机变量的相对不确定性。

由于 $\Delta = \sqrt{12\sigma_{\mathrm{q}}^2} = 2\sigma_{\mathrm{q}}\sqrt{3}$，上式可以进一步表示为

$$H(Q(x)) = h(X) + \log\frac{1}{2\sigma_{\mathrm{q}}\sqrt{3}} = h(X) - \frac{1}{2}\log\sigma_{\mathrm{q}}^2 - 1.8$$

2.1.2 均匀量化

当所有量化间隔等长，即 $\forall i$，有 $\Delta_i = \Delta$ 时，会带来一些便于讨论的性质。特殊地，将 $\Delta_i = \Delta$, $y_i^* = \frac{x_i + x_{i+1}}{2}$, $\forall i$ 的量化器称为均匀量化器。

由图2.4可知，均匀量化具有如下性质：

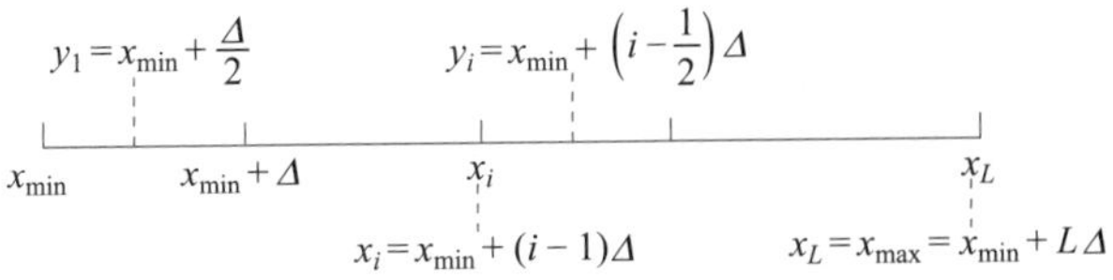

$$y_1 = x_{\min} + \frac{\Delta}{2} \qquad\qquad y_i = x_{\min} + \left(i - \frac{1}{2}\right)\Delta$$

$$x_{\min} \qquad x_{\min} + \Delta \qquad x_i \qquad\qquad\qquad x_L$$

$$x_i = x_{\min} + (i-1)\Delta \qquad x_L = x_{\max} = x_{\min} + L\Delta$$

图 2.4　均匀量化器示意图

(1) 均匀量化只能覆盖有限区间，即 $x_{\min} > -\infty, x_{\max} < \infty$。

(2) $L\Delta = x_{\max} - x_{\min}$。

(3) 共用 R 个比特表示 L，则 $2^R\Delta = x_{\max} - x_{\min}$（若 $X \sim U(x_{\min}, x_{\max})$，则 $P_i = 1/L$，无损压缩后仍为 R 个比特）。

下面对均匀量化的"过载"进行简单的讨论。考虑 $x_{\min} = -x_{\max}$ 且 $p(x) \geqslant 0$，$x \notin (x_{\min}, x_{\max}]$，显然，此时信号取值可能超出量化器正常量化范围，这种现象称为过载。总体噪声功率可以视为过载噪声功率与正常量化噪声功率之和，即

$$\sigma^2 = \sigma_{\mathrm{o}}^2 + \sigma_{\mathrm{q}}^2$$

过载噪声功率服从

$$\sigma_{\mathrm{o}}^2 = \int_{-\infty}^{-x_{\max}} (x + x_{\max})^2 p(x)\mathrm{d}x + \int_{x_{\max}}^{\infty} (x - x_{\max})^2 p(x)\mathrm{d}x$$

值得注意的是，σ_{o} 表达式中前一项实际上的重建电平是 $-x_{\max} + \Delta/2$，而后一项实际上的重建电平是 $x_{\max} - \Delta/2$。但考虑到 $x_{\max} \gg \Delta$，故可将 Δ 省略。

正常量化噪声功率服从

$$\sigma_{\mathrm{q}}^2 = \int_{-x_{\max}}^{x_{\max}} (x - Q(x))^2 p(x)\mathrm{d}x = \frac{\Delta^2}{12} \int_{-x_{\max}}^{x_{\max}} p(x)\mathrm{d}x \qquad (2.1.6)$$

由于

$$\Delta = \frac{x_{\max} - x_{\min}}{L} = \frac{2x_{\max}}{L} = \frac{x_{\max}}{2^{R-1}}$$

式(2.1.6)可以进一步表示为

$$\sigma_{\mathrm{q}}^2 = \frac{\Delta^2}{12} \int_{-x_{\max}}^{x_{\max}} p(x)\mathrm{d}x = \frac{x_{\max}^2}{3 \times 2^{2R}} \int_{-x_{\max}}^{x_{\max}} p(x)\mathrm{d}x$$

非过载信号功率为

$$\sigma_{\mathrm{s}}^2 = \int_{-x_{\max}}^{x_{\max}} x^2 p(x)\mathrm{d}x$$

以 $\zeta = \dfrac{\sigma_{\mathrm{s}}}{x_{\max}}$ 刻画量化范围内信号的饱满程度。于是，当 $\displaystyle\int_{-x_{\max}}^{x_{\max}} p(x)\mathrm{d}x \to 1$ 时，有

$$\mathrm{SNR}_{\mathrm{q}} \approx \frac{\sigma_{\mathrm{s}}^2}{x_{\max}^2/(3 \times 2^{2R})} = 3 \times 2^{2R} \times \zeta^2$$

取单位为dB后，有

$$\mathrm{SNR}_{\mathrm{q}}(\mathrm{dB}) = 6.02R + 20\lg\zeta + 4.77$$

由此可见，每增加1个比特，量化信噪比 $\mathrm{SNR}_{\mathrm{q}}$ 提升6.02dB。

值得注意的是，信号功率的分布要在合理的范围内。若发生过载，则量化信噪比会严重恶化。

2.1.3　最优量化

均匀量化易于设计分析, 但不能适应概率分布 $p(x)$ 随 x 的变化, 对 x 常出现的区域量化得"不够细", 对 x 不常出现的区域又分配了"过多"的表示电平, 且存在正常量化噪声与过载噪声的矛盾。为了解决这些问题, 可以根据 $p(x)$ 优化 x_i 和 y_i 的选取, 使得如式(2.1.7)所示的量化噪声功率最小。

$$\sigma_{\mathrm{q}}^2 = \sum_{i=1}^{L} \int_{x_i}^{x_{i+1}} (x - y_i)^2 p(x) \mathrm{d}x \tag{2.1.7}$$

在设计编码器和译码器时, 可考虑如下准则:

(1) 由 $\dfrac{\partial}{\partial x_i} \sigma_{\mathrm{q}}^2 = 0$ 可得译码器固定时的最优编码器设计准则:

$$x_i = \frac{y_{i-1} + y_i}{2} （最近邻居原则）$$

(2) 由 $\dfrac{\partial}{\partial y_i} \sigma_{\mathrm{q}}^2 = 0$ 可得编码器固定时的最优译码器设计准则:

$$y_i = \frac{\displaystyle\int_{x_i}^{x_{i+1}} xp(x)\mathrm{d}x}{\displaystyle\int_{x_i}^{x_{i+1}} p(x)\mathrm{d}x} （重心准则）$$

最优量化的分层电平和重建电平设计没有通用的闭式解, 但可以通过 Lloyd-Max 算法由下方步骤求解:

(1) 初始化电平, 令 $y_1^{(0)} < y_2^{(0)} < \cdots < y_L^{(0)}$。

(2) 计算

$$x_i^{(k)} = \frac{y_i^{(k)} + y_{i+1}^{(k)}}{2}$$

(3) 计算 $(x_i^{(k)}, x_{i+1}^{(k)}]$ 的重心:

$$y_i^{(k+1)} = \frac{\displaystyle\int_{x_i^{(k)}}^{x_{i+1}^{(k)}} xp(x)\mathrm{d}x}{\displaystyle\int_{x_i^{(k)}}^{x_{i+1}^{(k)}} p(x)\mathrm{d}x}$$

(4) 若 $\sigma_{\mathrm{q}}^{2\,(k+1)}$ 大于阈值, $k+1 \to k$, 并跳转到步骤(2)。

虽然 Lloyd-Max 算法可以求解出最优量化策略, 但是需要已知信源的分布 $p(x)$, 这在许多应用场景下是不现实的, 且 Lloyd-Max 算法求解出的量化策略对 $p(x)$ 的鲁棒性较差。因此, 在实际系统中通常采用非线性压扩方式设计泛用性更强的非均匀量化方案。

2.1.4　非线性压扩

压缩算法的核心思路是利用非线性映射配合均匀量化实现整体的非均匀量化, 其系统示意图如图2.5所示。其中非线性映射的目的是使得原始分布尽可能靠近均匀分布, 而接收端则会基于该非线性映射的逆映射设计对应的解量化策略。若用 $g(x)$ 代表非线性映射函数,

则有

$$g^{'}(x)|_{x=y_i} = \frac{g(x_{i+1}) - g(x_i)}{x_{i+1} - x_i} = \frac{\Delta}{\Delta_i}$$

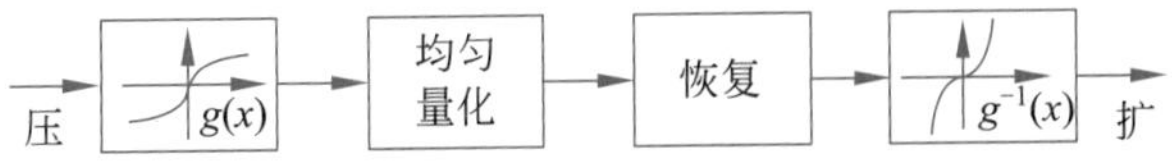

图 2.5　"非线性映射" ＋ "均匀量化" 实现非均匀量化

由 $\Delta = \dfrac{2x_{max}}{L}$ 可知，$\Delta_i = \dfrac{2x_{max}}{Lg^{'}(y_i)}$，考虑到 $P_i \approx p(x)\mathrm{d}x, g^{'}(y_i) \approx g^{'}(x), x, y_i \in I_i$，将其代入式(2.1.5)中，则量化噪声的功率为

$$
\begin{aligned}
\sigma_{\mathrm{q}}^2 &= \frac{1}{12} \sum_{i=1}^{L} P_i \Delta_i^2 = \frac{1}{12} \sum_{i=1}^{L} P_i \left(\frac{2x_{max}}{Lg^{'}(y_i)} \right)^2 \\
&= \frac{x_{max}^2}{3L^2} \sum_{i=1}^{L} P_i / (g^{'}(y_i))^2 \\
&= \frac{x_{max}^2}{3L^2} \int_{-x_{max}}^{x_{max}} \frac{p(x)}{(g^{'}(x))^2} \mathrm{d}x
\end{aligned}
\tag{2.1.8}
$$

令 $\lambda(x) = \dfrac{g^{'}(x)}{2x_{max}}$，则 σ_{q}^2 可重写为

$$\sigma_{\mathrm{q}}^2 = \frac{1}{12L^2} \int_{-x_{max}}^{x_{max}} \frac{p(x)}{\lambda^2(x)} \mathrm{d}x$$

对上述 σ_{q}^2 应用 Hölder 不等式，可得

$$\int_{-x_{max}}^{x_{max}} p(x)^{\frac{1}{3}} \mathrm{d}x = \int_{-x_{max}}^{x_{max}} \left[\frac{p(x)}{\lambda^2(x)} \right]^{\frac{1}{3}} [\lambda(x)]^{\frac{2}{3}} \mathrm{d}x \leqslant \left[\int_{-x_{max}}^{x_{max}} \frac{p(x)}{\lambda^2(x)} \mathrm{d}x \right]^{\frac{1}{3}} \left[\int_{-x_{max}}^{x_{max}} \lambda(x) \mathrm{d}x \right]^{\frac{2}{3}}$$

考虑到 $g(-x_{max}) = -x_{max}, g(x_{max}) = x_{max}$，则有

$$\int_{-x_{max}}^{x_{max}} \lambda(x) \mathrm{d}x = \frac{g(x)|_{-x_{max}}^{x_{max}}}{2x_{max}} = 1$$

因此，上述不等式可以进一步表示为

$$\int_{-x_{max}}^{x_{max}} p(x)^{\frac{1}{3}} \mathrm{d}x \leqslant \left(\int_{-x_{max}}^{x_{max}} \frac{p(x)}{\lambda^2(x)} \mathrm{d}x \right)^{\frac{1}{3}}$$

即 σ_{q}^2 应满足

$$\sigma_{\mathrm{q}}^2 \geqslant \frac{1}{12L^2} \left[\int_{-x_{max}}^{x_{max}} p(x)^{\frac{1}{3}} \mathrm{d}x \right]^3$$

当且仅当满足如式(2.1.9)所示的条件时，等号成立。

$$\lambda(x) = p(x)^{\frac{1}{3}} \left/ \int_{-x_{max}}^{x_{max}} p(x)^{\frac{1}{3}} \mathrm{d}x \right. \tag{2.1.9}$$

此时，量化噪声方差取最小值

$$\sigma_{\mathrm{q,min}}^2 = \frac{1}{12L^2} \left[\int_{-x_{max}}^{x_{max}} p(x)^{\frac{1}{3}} \mathrm{d}x \right]^3$$

对上述 $\lambda(x)$ 的定义式进行变形得到 $g^{'}(x) = 2x_{max}\lambda(x)$，对该式积分，可以求得 $g(x)$ 的

表达式为

$$g(x) = 2x_{\max} \int_{-x_{\max}}^{x} \lambda(\theta) \mathrm{d}\theta - x_{\max}$$

再将等号成立的条件

$$\lambda(x) = p(x)^{\frac{1}{3}} \Big/ \int_{-x_{\max}}^{x_{\max}} p(x)^{\frac{1}{3}} \mathrm{d}x$$

代入上式，则使得量化噪声方差最小的 $g(x)$ 可以写成

$$g(x) = 2x_{\max} \frac{\int_{-x_{\max}}^{x} p(\theta)^{\frac{1}{3}} \mathrm{d}\theta}{\int_{-x_{\max}}^{x_{\max}} p(\theta)^{\frac{1}{3}} \mathrm{d}\theta} - x_{\max}$$

合适的 $g(x)$ 可以使得压缩后的分布接近均匀分布，此时采用均匀量化的量化噪声相比于压缩前能够极大地降低，从而改善量化信噪比。

2.1.5 工程中常用的非线性压扩

对数压扩是一种常见的非线性压扩，其压扩函数满足

$$g(x) = \mathrm{sgn}(x) \left[x_{\max} + \beta \ln \frac{|x|}{x_{\max}} \right]$$

对应的导数为

$$g^{'}(x) = \frac{\beta}{|x|}$$

将上式代入式(2.1.8)中可得量化噪声为

$$\sigma_{\mathrm{q}}^2 = \frac{x_{\max}^2}{3L^2} \frac{1}{\beta^2} \int_{-x_{\max}}^{x_{\max}} x^2 p(x) \mathrm{d}x$$

由于 $\int_{-x_{\max}}^{x_{\max}} x^2 p(x) \mathrm{d}x$ 为信号功率 σ_x^2，故量化信噪比服从

$$\mathrm{SNR}_{\mathrm{q}} = \frac{\sigma_x^2}{\sigma_{\mathrm{q}}^2} = \frac{3L^2 \beta^2}{x_{\max}^2}$$

此时，量化信噪比与 $p(x)$ 无关，具有较好的鲁棒性。

实际上，工程中有两种常用的对数压扩算法，分别为 A 律和 μ 律。

A 律服从

$$g(x) = \begin{cases} \dfrac{A|x|}{1 + \ln A} \mathrm{sgn}(x), & 0 \leqslant \dfrac{|x|}{x_{\max}} < \dfrac{1}{A} \\[4mm] x_{\max} \dfrac{1 + \ln \dfrac{A|x|}{x_{\max}}}{1 + \ln A} \mathrm{sgn}(x), & \dfrac{1}{A} \leqslant \dfrac{|x|}{x_{\max}} \leqslant 1 \end{cases}$$

μ 律服从

$$g(x) = x_{\max} \frac{\ln \left(1 + \mu \dfrac{|x|}{x_{\max}} \right)}{\ln(1 + \mu)} \mathrm{sgn}(x) \tag{2.1.10}$$

对式(2.1.10)求导，可得

$$g^{'}(x) = \frac{x_{\max}}{\ln(1 + \mu)} \frac{\mu/x_{\max}}{1 + \mu|x|/x_{\max}}$$

将上式代入式(2.1.8)，可得

$$\sigma_{\mathrm{q}}^2 = \frac{x_{\max}^2}{3L^2} \frac{\ln^2(1+\mu)}{\mu^2} \int_{-x_{\max}}^{x_{\max}} \left[1 + \frac{\mu|x|}{x_{\max}}\right]^2 p(x)\mathrm{d}x$$

式中

$$\int_{-x_{\max}}^{x_{\max}} \left[1 + \frac{\mu|x|}{x_{\max}}\right]^2 p(x)\mathrm{d}x = \int_{-x_{\max}}^{x_{\max}} \left[1 + \frac{2\mu}{x_{\max}}|x| + \frac{\mu^2}{x_{\max}^2}|x|^2\right] p(x)\mathrm{d}x$$

$$= 1 + \frac{2\mu}{x_{\max}} E\{|x|\} + \frac{\mu^2}{x_{\max}^2}\sigma_x^2$$

因此，其输出的量化信噪比为

$$\mathrm{SNR}_{\mathrm{q}} = \frac{\sigma_x^2}{\sigma_{\mathrm{q}}^2} = \frac{3L^2\mu^2}{\ln^2(1+\mu)} \frac{\sigma_x^2/x_{\max}^2}{1 + 2\mu E\{|x|\}/x_{\max} + \mu^2\sigma_x^2/x_{\max}^2}$$

当 $\mu \gg 1$ 时，后一项分母只保留 μ^2 项，即

$$\mathrm{SNR}_{\mathrm{q}} \approx \frac{3L^2}{\ln^2(1+\mu)}$$

因此，μ 律的量化信噪比与分布 $p(x)$ 无关。

2.1.6 连续时间信源的离散化

截至目前，仅讨论了离散序列的信道，而连续波形只能离散化后才能由此信道承载，如图2.6所示。

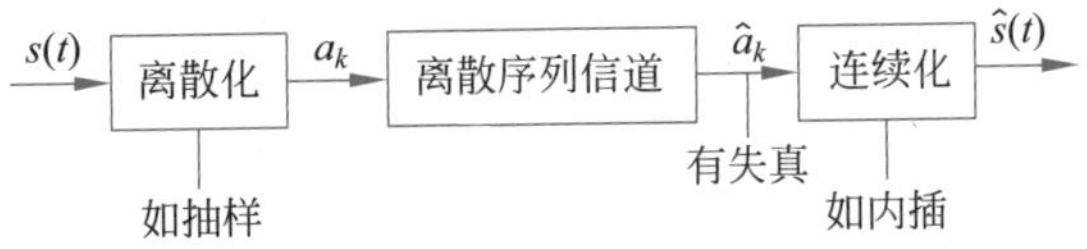

图 2.6 连续时间信源离散化流程图

信源离散化的方式通常是取一组标准正交基，然后将原始连续信号进行投影展开。例如，连续波形 $s(t)$ 可以按如下方式展开：

$$s(t) = \sum_k a_k \phi_k(t)$$

$$a_k = <s(t), \phi_k(t)>$$

注意，$\phi_k(t)$ 的选择与 $s(t)$ 的特性有关。若 $s(t)$ 时限于 $\left[-\frac{T}{2}, \frac{T}{2}\right]$，则可利用傅里叶展开的系数作为 $s(t)$ 的离散序列，即

$$s(t) = \sum_k a_k \mathrm{e}^{2\pi\mathrm{j}kt/T}$$

其中，系数满足

$$a_k = \frac{1}{T} \int_{-T/2}^{T/2} s(t)\mathrm{e}^{-2\pi\mathrm{j}kt/T}\mathrm{d}t$$

另一类常见的信号是带限信号

$$\hat{S}(f) = 0, \quad |f| > W$$

可在频域对 $\hat{S}(f)$ 做傅里叶展开，即

$$\hat{S}(f) = \sum_k \alpha_k e^{2\pi jkf/(2W)}$$

接下来将简要介绍抽样定理。对于上述带限信号

$$s(t) = \mathscr{F}^{-1}[\hat{S}(f)]$$
$$= \sum_k 2W\alpha_k \text{sinc}((2Wt+k)\pi)$$

记 $\beta_k = \alpha_{-k}$，则上式可重写为

$$s(t) = \sum_k 2W\beta_k \text{sinc}((2Wt-k)\pi)$$

由 $\text{sinc}(n\pi) = \delta_n$ 可得

$$s\left(\frac{k}{2W}\right) = 2W\beta_k$$

于是，有

$$s(t) = \sum_k s\left(\frac{k}{2W}\right)\text{sinc}((2Wt-k)\pi)$$

抽样间隔 $T = \dfrac{1}{2W}$，则可得下式所示的奈奎斯特采样定理：

$$s(t) = \sum_k s\left(\frac{k}{2W}\right)\text{sinc}((2Wt-k)\pi)$$

模拟信号数字化过程的整体误差为

$$\|s(t) - \hat{s}(t)\|^2 = \left\langle s(t) - \hat{s}(t), s(t) - \hat{s}(t) \right\rangle$$
$$= \left\langle \sum_k (a_k - \hat{a}_k)\phi_k(t), \sum_l (a_l - \hat{a}_l)\phi_l(t) \right\rangle$$
$$= \sum_k \|a_k - \hat{a}_k\|^2 \qquad (\langle\phi_k(t), \phi_l(t)\rangle = \delta_{kl})$$

显然，上式是趋于正无穷的，但可以考察其时间平均量。取 $[-K, K]$ 的截断，由样本统计法，噪声功率应为

$$P_N = \lim_{k\to\infty} \frac{1}{(2K+1)T} \sum_{k=-K}^{K} \|a_k - \hat{a}_k\|^2$$
$$= \lim_{k\to\infty} \frac{1}{(2K+1)T}(2K+1)E\{\|a_k - \hat{a}_k\|^2\} = \frac{\sigma_q^2}{T} \qquad (\text{大数定律})$$

由信号功率 $P_s = \dfrac{\sigma_s^2}{T}$ 可得

$$\text{SNR} = \frac{\sigma_s^2/T}{\sigma_q^2/T} = \frac{\sigma_s^2}{\sigma_q^2} = \text{SNR}_q$$

因此可知，整个离散化过程的信噪比只与量化信噪比有关。

2.2　无损压缩及其极限——信源编码与熵

信息以电（光）信号形式在通信系统中传输，包含这些信息的这些具体化的信号称为消息。消息可以分为离散消息和连续消息两大类。产生离散消息的信源称为离散信源，产

生连续消息的信源称为连续信源。实际的信源总是或多或少地存在冗余，往往不能直接满足高效率传输信息的要求，因此存在进一步压缩信息率的可能。面对一个给定速率的信道，可以通过对信源的有效表示，减少承载信源的比特数或比特率，提升信道承载的信源量。连续信源经过抽样与量化之后将得到离散信源，因此本节重点围绕离散信源展开讨论，并证明对其进行无损压缩不会产生额外的失真。此外，还将证明在理想的无损压缩中，输出比特在 0、1 等概分布。

2.2.1　信息的表示

在数字通信中，可以用 0、1 比特串表示任何信源。考虑包含 M 种符号的离散信源，其每个符号 x 的取值集合满足

$$x \in \{a_1, a_2, \cdots, a_M\}$$

由于 n 个比特组成的码字集合最多与 2^n 个值一一对应，故需要 $n = \lceil \log_2 M \rceil$ 个比特表示上述集合。

一个消息序列可能同时包含多个信源符号，例如某信源发送符号序列 $[x_1, x_2, \cdots, x_k]$，若每个符号单独采用比特进行表示，则需要 $kn = k\lceil \log_2 M \rceil$ 个比特。事实上，这种表示方式包含较多的冗余信息，为了传输这 k 个符号组成的序列，可以采用更少的比特数。

一种改进的方式是将 $x_1, x_2, \cdots, x_k$ 统一映射成比特串，此时平均每个符号的比特数为

$$\bar{n} = \frac{\lceil \log_2 M^k \rceil}{k}$$

因此，平均比特数满足

$$\log_2 M \leqslant \bar{n} < \log_2 M + \frac{1}{k}$$

当 $k \to \infty$ 时，有 $\frac{1}{k} \to 0$，此时 $\bar{n} \to \log_2 M$。

另一种改进的方式需要利用离散型随机过程的统计特性。考虑到信源在符号上有一定的概率分布

$$X \sim \begin{pmatrix} a_1, a_2, \cdots, a_M \\ p_1, p_2, \cdots, p_M \end{pmatrix}, \quad \sum_{i=1}^{M} p_i = 1$$

例如：

$$X \sim \begin{pmatrix} 0 & 1 & 2 & 3 \\ 1/2 & 1/4 & 1/8 & 1/8 \end{pmatrix}$$

如果采用映射

$$0 \to 0$$
$$1 \to 10$$
$$2 \to 110$$
$$3 \to 111$$

来表示发送符号 x，则其平均比特数 $\bar{n}$，即上述变长编码映射的平均码长 $\bar{L}$ 满足

$$\bar{L} = 1 \times \frac{1}{2} + 2 \times \frac{1}{4} + 3 \times \frac{1}{8} + 3 \times \frac{1}{8} = 1.75 < 2 = \lceil \log_2 4 \rceil$$

在上面的例子中利用了概率分布，并通过变长编码压缩了数据量。下面将对其严格化和一般化。

2.2.2 前缀码与 Kraft 不等式

令 a_k 的码字为 $C(a_k)$，满足 $C(a_k) \in \{0,1\}^{l(a_k)}$，其中 $l(a_k)$ 为 a_k 对应码字的码长。记 $C(a_k) = y_1 \cdots y_{l(a_k)}$，其中 $y_i \in \{0,1\}, i = 1, 2, \cdots, l(a_k)$，则其前缀为 $y_1 \cdots y_{l'}, \forall 1 \leqslant l' \leqslant l(a_k)$。

若一组码字中的任何码字都不是其他码字的前缀，则该编码称为前缀码。前缀码保证了唯一可译码，即 $\forall n, m, \forall x_1 \cdots x_n \neq x_1' \cdots x_m'$，必有 $C(x_1) \cdots C(x_n) \neq C(x_1') \cdots C(x_m')$。

任一前缀码都对应于一个二叉树上的叶子节点。

从图2.7中可以观察到：

(1) 非叶子节点对应的串一定是叶子节点的前缀。

(2) 叶子所在的层数就是其对应的码长 l。

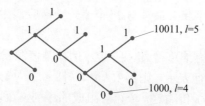

图 2.7 前缀码与二叉树

下面考虑对码长 $l(a_k)$ 所需要的约束。对信源字符集 $\{a_1, \cdots, a_M\}$ 前缀码，必满足

$$\sum_{k=1}^{M} 2^{-l(a_k)} \leqslant 1 \tag{2.2.1}$$

同时，若上式成立，必存在码长分别为 $l(a_k)$ 的前缀码。式(2.2.1)即为 Kraft 不等式。

证明： 记 $C(a_k) = y_1 y_2 \cdots y_l$，其唯一对应的二进制小数为 $0.y_1 \cdots y_l$，该小数又可以唯一地对应区间

$$\left[\sum_{m=1}^{l} y_m 2^{-m}, \sum_{m=1}^{l} y_m 2^{-m} + 2^{-l} \right)$$

$\forall a_j \neq a_k$，$C(a_j)$，$C(a_k)$ 互不为前缀，故所对应的区间必无交叠。因为 $\forall k$，$C(a_k)$ 对应区间长为 $2^{l(a_k)}$，所有区间之间无交叠，且属于 $[0,1)$，所以这些区间总长不超过1，不等式得证。

为了不失一般性，假设 $l(a_1) \leqslant l(a_2) \leqslant \cdots \leqslant l(a_M)$，令

$$\mu_1 = 0$$
$$\mu_j = \sum_{i=1}^{j-1} 2^{-l(a_i)}$$

故 μ_j 单调增。当 Kraft 不等式成立时，有

$$\mu_M' = \sum_{i=1}^{M-1} 2^{-l(a_i)} \leqslant 1 - 2^{-l(a_M)} < 1$$

同时，μ_j 是 $2^{-l(a_j)}$ 的整数倍，故可展开成 $l(a_j)$ 的二进制小数，构成前缀码本。 □

接下来对 Kraft 不等式等号成立的条件进行讨论。

(1) 等号成立时，二叉树"长满"叶子，各自对应一个码字。

(2) 等号不成立时，二叉树并未"长满"叶子。

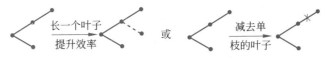

因此，"有效"的前缀码满足

$$\sum_{i=1}^{M} 2^{-l(a_i)} = 1$$

2.2.3　最小化平均码长

考虑一个最小化平均码长问题：

$$\min \bar{L} = \sum_{i=1}^{M} p_i l_i$$

$$\text{s.t.} \sum_{i=1}^{M} 2^{-l_i} = 1$$

由拉格朗日乘子法可得

$$J = \sum_{i=1}^{M} p_i l_i + \lambda \left(\sum_{i=1}^{M} 2^{-l_i} - 1 \right)$$

$$\frac{\partial J}{\partial l_i} = p_i - \lambda (\ln 2) 2^{-l_i}, \forall j$$

令 $\dfrac{\partial J}{\partial l_i} = 0$，即有

$$2^{-l_i} = \frac{p_i}{\lambda \ln 2}$$

将其代入 Kraft 不等式的条件，且考虑到

$$\sum_{i=1}^{M} p_i = 1$$

求得

$$\lambda = \frac{1}{\ln 2}$$

因此，当 $p_i = 2^{-l_i}$ 时，有

$$\bar{L}_{\min} = -\sum_{i=1}^{M} p_i \log p_i$$

注意上述结果要求 $p_i = 2^{-l_i}$, $l_i \in \mathbb{N}$。若不满足要求，则平均码长 $\bar{L}$ 具有上、下界。具体地，其下界满足

$$-\sum_{i=1}^{M} p_i \log p_i - \bar{L} = \sum_{i=1}^{M} p_i \log \frac{2^{-l_i}}{p_i} \leqslant \log \left(\sum_{i=1}^{M} 2^{-l_i} \right) \leqslant \log 1 = 0$$

即

$$\bar{L} \geqslant -\sum_{i=1}^{M} p_i \log p_i$$

令 $l_i = \lceil -\log p_i \rceil$，则考虑上界有

$$\sum_{i=1}^{M} 2^{-l_i} \leqslant \sum_{i=1}^{M} p_i = 1$$

其满足 Kraft 不等式，则必存在前缀码，满足

$$\bar{L} = \sum_{i=1}^{M} p_i l_i < \sum_{i=1}^{M} p_i \left(\log \frac{1}{p_i} + 1 \right) = -\sum_{i=1}^{M} p_i \log p_i + 1$$

2.2.4 熵

记

$$H(X) = -\sum_{i=1}^{M} p_i \log p_i$$

则之前求得的平均码长的上、下界为

$$H(X) \leqslant \bar{L} \leqslant H(X) + 1$$

如果将 k 个信源符号 $x_1, x_2, \cdots, x_k$ 看成一个整体，对其应用前缀码编码，则有

$$\begin{aligned}
H(X_1, X_2, \cdots, X_k) &= -\sum P(x_1, x_2, \cdots, x_k) \log P(x_1, x_2, \cdots, x_k) \\
&= -\sum P(x_1, x_2, \cdots, x_k)[\log P(x_1) + \log P(x_2) + \cdots + \log P(x_k)] \\
&= -\sum P(x_1) \log P(x_1) - \sum P(x_2) \log P(x_2) - \cdots - \\
&\quad \sum P(x_k) \log P(x_k) \\
&= -k \sum p_i \log p_i = kH(X)
\end{aligned}$$

仍记一个符号对应的平均码长为 $\bar{L}$，则有

$$kH(X) \leqslant k\bar{L} < kH(X) + 1$$

即

$$H(X) \leqslant \bar{L} < H(X) + \frac{1}{k}$$

当 $k \to \infty$ 时，有 $\bar{L} \to H(X)$。

$H(X)$ 称为信源 X 的熵。熵是通信理论的核心概念，描述了"典型"的信源输出序列的数量。

从直观上，对长度为 n 的信源符号序列，x_i 出现的次数约为 np_i。"典型"序列应满足上述分布，否则就"小众""非典型"可以不管。典型的个数

$$\# \approx \frac{n!}{(np_1)!(np_2)! \cdots}$$

用 $n\bar{L}$ 个比特组成的串描述（一一映射）# 个序列，则平均每个信源符号对应 $\bar{L} = \dfrac{1}{n}\log\#$ 个比特。

接下来估计 $\bar{L}$ 的界。

由 Stirling's 公式 $\left(\dfrac{n}{e}\right)^n \leqslant n! \leqslant n\left(\dfrac{n}{e}\right)^n$，则

$\bar{L}$ 的上界满足

$$
\begin{aligned}
\frac{1}{n}\log\# &\leqslant \frac{1}{n}\left(\log\left[n\left(\frac{n}{e}\right)^n\right] - \sum_{i=1}^{M}\log\left[\left(\frac{np_i}{e}\right)^{(np_i)}\right]\right)\\
&= \frac{1}{n}\log n - \sum_{i=1}^{M}\frac{np_i}{n}\log\frac{np_i}{n}\\
&= \frac{1}{n}\log n - \sum_{i=1}^{M}p_i\log p_i
\end{aligned}
$$

当 $n \to \infty$ 时，有 $\dfrac{1}{n}\log n \to 0$，因此

$$
\frac{1}{n}\log\# \leqslant -\sum_{i=1}^{M}p_i\log p_i = H(X)
$$

$\bar{L}$ 的下界满足

$$
\begin{aligned}
\frac{1}{n}\log\# &\geqslant \frac{1}{n}\left(\log\left(\frac{n}{e}\right)^n - \sum_{i=1}^{M}\log\left[np_i\left(\frac{np_i}{e}\right)^{(np_i)}\right]\right)\\
&= \frac{1}{n}\log(np_1\cdots np_M) - \sum_{i=1}^{M}\frac{np_i}{n}\log\frac{np_i}{n}\\
&= \frac{1}{n}\log(np_1\cdots np_M) - \sum_{i=1}^{M}p_i\log p_i
\end{aligned}
$$

当 $n \to \infty$ 时，有 $\dfrac{1}{n}\log(np_1\cdots np_M) \to 0$，因此

$$
\frac{1}{n}\log\# \geqslant -\sum_{i=1}^{M}p_i\log p_i = H(X)
$$

故

$$
\bar{L} = \frac{1}{n}\log\# = H(X)
$$

上面的分析是从排列组合的角度作的一种说明，更加严格（但抽象）的角度，要用到大数定律。

考虑长为 n 的序列的联合分布，记 $\boldsymbol{x} = x_1 x_2 \cdots x_n$，则 $p(\boldsymbol{x}) = p(x_1)p(x_2)\cdots p(x_n)$。研究 $p(\boldsymbol{x})$ 的一个等价量，即 $\log(p(\boldsymbol{x})) = \log p(x_1) + \cdots + \log p(x_n)$。

注意 x_i 是随机变量，因此 $\log(p(x_i)) = \log(\Pr\{x_i = a_m\})(m = 1, 2, \cdots, M)$ 也是随机变量，其概率分布为

$$
\log p(x_i) \overset{\text{i.i.d}}{\sim} \begin{pmatrix} \log p(a_1) & \log p(a_2) & \cdots & \log p(a_M) \\ p_1 & p_2 & \cdots & p_M \end{pmatrix}
$$

由大数定律可得

$$\lim_{n \to \infty} -\frac{\log(p(\boldsymbol{x}))}{n} \longrightarrow E\{\log(p(\boldsymbol{x}))\} = H(X)$$

假设 $-\dfrac{\log(p(\boldsymbol{x}))}{n}$ 的方差为 $\dfrac{\sigma^2}{n}$，由切比雪夫不等式可得

$$\Pr\left\{\left|-\frac{\log(p(\boldsymbol{x}))}{n} - H(X)\right| \geqslant \varepsilon\right\} \leqslant \frac{\sigma^2}{n\varepsilon^2}$$

定义典型集为

$$T_\varepsilon^n = \left\{\boldsymbol{x} : \left|-\frac{\log(p(\boldsymbol{x}))}{n} - H(X)\right| < \varepsilon\right\}$$

于是，有

$$\Pr\{\boldsymbol{x} \in T_\varepsilon^n\} \geqslant 1 - \frac{\sigma^2}{n\varepsilon^2} \overset{(n \to \infty)}{\longrightarrow} 1$$

并且 T_ε^n 中的 $\boldsymbol{x}$ 一定满足

$$n(H(X) - \varepsilon) < -\log(p(\boldsymbol{x})) < n(H(X) + \varepsilon)$$

即

$$2^{-n(H(X)+\varepsilon)} < p(\boldsymbol{x}) < 2^{-n(H(X)-\varepsilon)}$$

换言之，T_ε^n 中的 $\boldsymbol{x}$ 概率近似相等。

接下来估计序列典型的数量。因无须考虑非典型序列的编码，该数量也对应平均码长。

从直观上，当 $n \to \infty$ 时，$\Pr\{\boldsymbol{x} \in T_\varepsilon^n\} \to 1$ 且 $p(\boldsymbol{x}) \approx 2^{-nH(X)}$，故 $|T_\varepsilon^n| \approx 2^{nH(X)}$，于是平均码长为

$$\bar{L} = \frac{1}{n}\log 2^{nH(X)} = H(X)$$

从严格的角度来讲，由 $p(\boldsymbol{x})$ 不等式左边

$$|T_\varepsilon^n| \cdot 2^{-n(H(X)+\varepsilon)} < \sum_{\boldsymbol{x} \in T_\varepsilon^n} p(\boldsymbol{x}) \leqslant 1$$

由 $p(\boldsymbol{x})$ 不等式右边

$$|T_\varepsilon^n| \cdot 2^{-n(H(X)-\varepsilon)} > \sum_{x \in T_\varepsilon^n} p(\boldsymbol{x}) \geqslant 1 - \frac{\sigma^2}{n\varepsilon^2}$$

由上、下界可知

$$(1-\delta)2^{n(H(X)-\varepsilon)} < |T_\varepsilon^n| < 2^{n(H(X)+\varepsilon)}, \quad \delta = \frac{\sigma^2}{n\varepsilon^2}$$

即

$$|T_\varepsilon^n| \approx 2^{nH(X)}$$

2.2.5 无损压缩

由上述讨论，理想的无损压缩为从比特到码字的如下映射：

$$\{0,1\}^{nH(X)} \longrightarrow \boldsymbol{x} \in T_\varepsilon^n$$

式中：$\{0,1\}^{nH(X)}$ 表示遍历任意 $nH(X)$ 个 "0" "1" 组合。$\forall \boldsymbol{x}$ 码字，有 $\boldsymbol{x}$ 概率相等，且 $p(\boldsymbol{x}) = 2^{-nH(X)}$。

于是，选中一特定码字的概率为 $2^{-nH(X)}$，而选中其中有 k 个"1"的码字的概率为 $2^{-nH(X)}\dbinom{nH(X)}{k}$。在此类码字中随机选一位，遇到"1"的概率为 $\dfrac{k}{nH(X)}$。

随机选一位，遇到"1"的概率为

$$\sum_{k=0}^{nH(X)} 2^{-nH(X)}\binom{nH(X)}{k}\frac{k}{nH(X)}$$

$$=\sum_{k=1}^{nH(X)} 2^{-nH(X)}\frac{(nH(X))!}{k!(nH(X)-k)!}\frac{k}{nH(X)}$$

$$=2^{-nH(X)}\sum_{k=1}^{nH(X)}\frac{(nH(X)-1)!}{(k-1)!((nH(X)-1)-(k-1))!}$$

$$=2^{-nH(X)}2^{nH(X)-1}$$

$$=\frac{1}{2}$$

因此，当0、1等概分布时，输出的熵最大，信息表示能力最强。

考虑一个二元随机向量 (X,Y)，对 X 进行无损压缩编译码时可预先观测 Y，如图2.8所示。

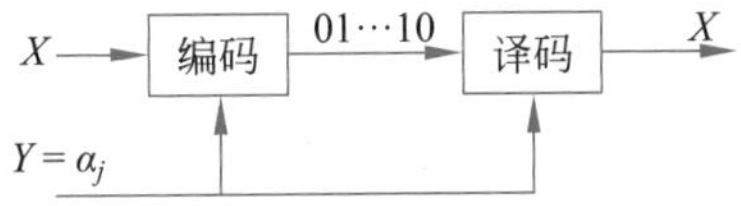

图 2.8　通过相关观测进行无损压缩编译码

若观测到 $Y=\alpha_j$，则分布为 $p(\boldsymbol{x}|Y=\alpha_j)$。在这一条件下的最小平均码长为

$$\bar{L}(y_j)=-\sum_{i=1}^{M}\Pr\{X=a_i|y=\alpha_j\}\log(\Pr\{X=a_i|y=\alpha_j\})$$

为简洁，记

$$p_{i|j}=\Pr\{X=a_i|Y=\alpha_j\}$$

$$p_{ij}=\Pr\{X=a_i,Y=\alpha_j\}$$

于是，有

$$\bar{L}=\sum_{j=1}^{N}\bar{L}(y_j)p_j=-\sum_{j=1}^{N}p_j\sum_{i=1}^{M}p_{i|j}\log p_{i|j}$$

$$=-\sum_{i=1}^{M}\sum_{j=1}^{N}p_jp_{i|j}\log p_{i|j}$$

$$=-\sum_{i=1}^{M}\sum_{j=1}^{N}p_{ij}\log p_{i|j}$$

记

$$H(X|Y)=\bar{L}=-\sum_{i=1}^{M}\sum_{j=1}^{N}p_{ij}\log p_{i|j}$$

其为可观测 Y 时的最小平均码长。$H(X|Y)$ 为条件平均信息量，又称为条件熵（conditional entropy），可以度量观测 Y 后 X 残留的不确定度。

接下来考虑如下加和：

$$\begin{aligned} H(X|Y) + H(Y) &= -\sum_{i=1}^{M}\sum_{j=1}^{N} p_{ij} \log p_{i|j} - \sum_{j=1}^{N} p_j \log p_j \\ &= -\sum_{i=1}^{M}\sum_{j=1}^{N} p_{ij} \log p_{i|j} - \sum_{i=1}^{M}\sum_{j=1}^{N} p_{ij} \log p_j \\ &= -\sum_{i=1}^{M}\sum_{j=1}^{N} p_{ij} \log p_{i|j} p_j \\ &= -\sum_{i=1}^{M}\sum_{j=1}^{N} p_{ij} \log p_{ij} \end{aligned}$$

记

$$H(X,Y) = -\sum_{i=1}^{M}\sum_{j=1}^{N} p_{ij} \log p_{ij}$$

其称为联合熵（joint entropy）。上述公式表明，联合熵满足

$$H(X,Y) = H(X|Y) + H(Y) \tag{2.2.2}$$

式(2.2.2)为熵的链式法则，其说明表示 (X,Y) 的总平均码长等于表示 Y 的平均码长加上已知 Y 表示 X 的平均码长，即总不确定度等于 Y 的不确定度加上残留不确定度。

最后对条件熵和联合熵的一些特殊情况进行讨论。

(1) 若 X、Y 独立（记 $X \perp Y$），即满足

$$p_{ij} = p_i p_j, \quad p_{i|j} = \frac{p_i p_j}{p_j} = p_i$$

则条件熵和联合熵分别为

$$H(X|Y) = -\sum_{i=1}^{M}\sum_{j=1}^{N} p_{ij} \log p_i = -\sum_{i=1}^{M} p_i \log p_i = H(X)$$

$$H(X,Y) = H(X|Y) + H(Y) = H(X) + H(Y)$$

此时，总平均码长等于 X、Y 各自的平均码长之和。

(2) 若 $X = f(Y)$，即 X 是 Y 的确定性映射，满足

$$p_{i|j} = \begin{cases} 1, & a_i = f(\alpha_j) \\ 0, & a_i \neq f(\alpha_j) \end{cases}$$

于是，条件熵和联合熵为

$$H(X|Y) = 0, \quad H(X,Y) = H(X|Y) + H(Y) = H(Y)$$

此时只编码 Y 即可，X 由解码结果 Y 计算出来。

此外，当 $\exists f^{-1}$ 时，$H(Y|X) = 0$。

(3) 若满足 $X \perp Y$，则有

$$H(X + Y|X) = H(Y|X) = H(Y)$$

$$H(X + Y, X) = H(Y, X)$$

(4) 关于 X 本身的条件熵和联合熵满足

$$H(X + X|X) = H(X|X) = 0$$

$$H(X + X, X) = H(X, X) = H(X)$$

第3章

电平信道

数字通信与网络中，用比特"0""1"来统一表示各类信息，在之前的章节中已经介绍了将各类信源有效地表示为"0""1"的方法。接下来将讨论如何在实际的物理信道中有效、可靠地传输"0""1"比特，并对典型方法的性能进行分析。应注意，通信系统本质是一个物理系统，需要用实体的"物理量"承载携带抽象的"逻辑量"。这里将逐层级把抽象的"逻辑量"映射到具体的"物理量"，一步一步地阐明数字通信的物理实体是如何构建出来的。在本章中，先向物理量迈出一步，即用电平（在很多场合下也称为"符号"，之后会混用这两个名词）承载"0""1"或"0""1"的串，但是先忽略电平在时间上的表现。

3.1 实电平信道

3.1.1 信道模型

首先讨论一种较为简单的形式，即实电平信道，即信道的输入 x、输出 y 都是实数。此时，可以用条件概率 $\Pr\{y|x\}$ 唯一地刻画和描述信道，如图3.1所示。

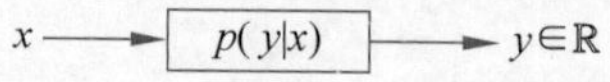

$$x \longrightarrow \boxed{p(y|x)} \longrightarrow y \in \mathbb{R}$$

图 3.1 电平信道的转移概率模型

本书专注具有加性高斯噪声的实电平信道，如图3.2所示。

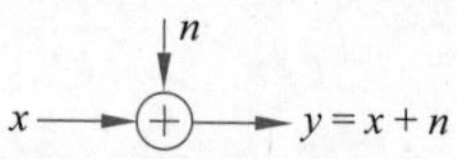

$$x \longrightarrow \boxed{+} \longrightarrow y = x + n$$

图 3.2 加性高斯噪声电平信道

该信道输入与输出之间的关系为

$$y = x + n$$

式中：n 为高斯噪声，服从零均值正态分布，其方差记为 σ^2，即 $n \sim \mathcal{N}(0, \sigma^2)$。其概率密度函数为

$$p(n) = \frac{1}{\sqrt{2\pi\sigma^2}} \exp\left(-\frac{n^2}{2\sigma^2}\right)$$

3.1.2　电平集合及其映射

在数字通信中，将"0""1"比特串映射为一个许用电平（或者称合法电平），从而让电平承载信息。许用电平构成了电平集合 $\mathcal{A}$，其中许用电平的个数，即电平集合的大小 $|\mathcal{A}|$，决定了一个许用电平能够承载多少个比特。

例如：二元电平集合 $\mathcal{A} = \{-A, A\}$，每次承载1个比特；四元电平集合 $\mathcal{A} = \{-3A, -A, A, 3A\}$，每次承载2个比特。

由于 k 个比特能够组成 2^k 种不同的比特串，因此电平集合 $\mathcal{A}$ 每使用一次，能够携带的比特数为

$$k = \log |\mathcal{A}|$$

在本书中一般假设上式中 k 为整数，即 $k \in \mathbb{N}$。

从比特串集合向电平集合的映射，一般采用格雷映射（Gray Mapping），这样做的目的是尽可能优化通信的可靠性。格雷映射中，相邻符号对应的比特串只有一位比特不同。因此，若将接收符号误判成相邻符号（这是以很大概率发生的），则其引起的比特差错数量最小。

针对给定的电平符号集合，还需要引入符号能量。实电平集合定义为许用符号平方的均值，即 $E_s = E\{x^2\}$ 后面还会涉及复电平集合，其定义为许用符号模平方的均值。

3.1.3　二元输入及其最佳判决

最简单的一种电平信道传输，即二元符号集合的加性噪声电平信道，电平 A 表示比特"0"，电平 $-A$ 表示比特"1"。

显然，受到加性高斯噪声的污染，接收电平（信道输出）是一个随机变量，其接收电平的条件分布为：若发送 A，则接收电平 $y \sim \mathcal{N}(A, \sigma^2)$；若发送 $-A$，则接收电平 $y \sim \mathcal{N}(-A, \sigma^2)$。

二元符号集合的输出分布如图3.3所示。

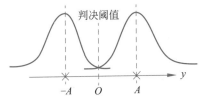

图 3.3　二元符号集合的输出分布

由以上讨论，接下来就会遇到一个基本问题：无论是发送 A，抑或发送 $-A$，接收电平都分布于整个实数轴上。那么，若接收到 y，如何判定 x 是 A，还是 $-A$？

这里关注"硬判决"，即必须将 y 映射为 A 或 $-A$，而不是仅仅说 y 更像谁，有多像？为了解决这一基本问题，首先从一些直观印象出发。先考虑 $p(A) = p(-A) = \frac{1}{2}$ 的情况，由对称性，当 $y > 0$ 时，判为 A，当 $y < 0$ 时，判为 $-A$，这看上去是较为合理的。再考虑 $p(A) > p(-A)$ 的情况，当 $y = 0$ 时，更有可能发送的是 A，因此判为 A 命中的概率更大一些。把上述直观感受严格化，从而提出最大后验概率准则（Maximum a posteriori，MAP）——条件于观测到的 y，A、$-A$ 谁出现概率大，则判定为谁。

【MAP准则】：对于给定的 y，若 $\Pr\{x = A|y\} > \Pr\{x = -A|y\}$，则判定 $\hat{x} = A$；若

$\Pr\{x = A|y\} < \Pr\{x = -A|y\}$，则判定 $\hat{x} = -A$。

如果把判决看作从实数集合 $\mathbb{R}$ 到许用符号集合 $\mathcal{A}$ 的一个映射 $\hat{x} = \mu(y)$，那么可以把这个映射具体写为

$$\hat{x} = \mu(y) = \underset{x \in \{-A, A\}}{\mathrm{argmax}} \ p(x|y)$$

$$= \underset{x \in \{-A, A\}}{\mathrm{argmax}} \ \frac{p(y|x)p(x)}{p(y)}$$

$$= \underset{x \in \{-A, A\}}{\mathrm{argmax}} \ p(y|x)p(x)$$

下面对 MAP 准则的最优性进行严格的数学讨论。

定理 3.1 MAP 准则可最大化正确判决 $\Pr\{\mathrm{correct}\}$ 的概率。

证明：在电平信道中，正确判决意味着发送 A 时接收端将 y 判为 A，发送 $-A$ 时接收端将 y 判为 $-A$。 □

因此，其概率可以严格表示为

$$\Pr\{\mathrm{correct}\} = \Pr\{\mu(y) = A|y, x = A\}p(y|A)p(A) +$$

$$\Pr\{\mu(y) = -A|y, x = -A\}p(y|-A)p(-A)$$

进一步注意到，$\mu(y)$ 由 y 唯一确定。因此，在 y 作为条件下，$\mu(y)$ 的分布与 x 的取值无关。于是，上式中 $\Pr\{\mu(y) = A|y, x = A\}$ 可以重新写为

$$\Pr\{\mu(y) = A|y, x = A\} = \Pr\{\mu(y) = A|y\}$$

而 $\Pr\{\mu(y) = -A|y, x = -A\}$ 可以重新写为

$$\Pr\{\mu(y) = -A|y, x = -A\} = \Pr\{\mu(y) = -A|y\}$$

二者都与 x 取值无关。

由条件概率的归一化公式可得

$$\Pr\{\mu(y) = A|y\} + \Pr\{\mu(y) = -A|y\} = 1$$

$p(y|A)p(A)$、$p(y|-A)p(-A)$ 都是与 $\mu(y)$ 无关的常数，因此最大化正确率 $\Pr\{\mathrm{correct}\}$ 的问题构成了线性规划问题。为了清晰表示为线性规划的标准形式，记 $a = p(y|A)p(A)$，$b = p(y|-A)p(-A)$，为两个非负常数。同时，优化变量 $x_1 = \Pr\{\mu(y) = A|y\}$，$x_2 = \Pr\{\mu(y) = -A|y\}$。于是，基于上述讨论，有线性规划问题如下：

$$\max \ ax_1 + bx_2$$

$$\mathrm{s.t.} \ x_1 + x_2 = 1$$

$$x_1 \geqslant 0, x_2 \geqslant 0$$

尽管一般线性规划问题需要通过单纯型法等求解，但上述线性规划问题的最优解可以很直观地看出：当 $a > b$ 时，$x_1 = 1, x_2 = 0$ 为最优解；当 $a < b$ 时，$x_1 = 0, x_2 = 1$ 为最优解。

将上述最优解置换回原始讨论的概率参数，就可以得到如下结论：

（1）当 $p(y|A)p(A) > p(y|-A)p(-A)$ 时，$\Pr\{\mu(y) = A|y\} = 1$，最佳。因此，有 $\mu(y) = A$。

（2）当 $p(y|A)p(A) < p(y|-A)p(-A)$ 时，$\Pr\{\mu(y) = -A|y\} = 1$，最佳。因此，有 $\mu(y) = -A$。

3.1.4 二元输入的最大似然判决和最小距离判决

上面推导了一种最佳判决准则，即 MAP 准则。下面讨论其一种特殊情况，即 $p(A) = p(-A) = \frac{1}{2}$。通过信源压缩部分的知识可知，理想的压缩结果中"0""1"比特出现的概率各是 $\frac{1}{2}$，因此会导致两个电平等概率的情况。此时，可以进一步简化 MAP 准则，得到

$$\hat{x} = \mu(y) = \underset{x \in \{-A, A\}}{\operatorname{argmax}} \ p(y|x) \cdot \frac{1}{2}$$

$$= \underset{x \in \{-A, A\}}{\operatorname{argmax}} \ p(y|x)$$

在上述判决中，当 $p(y|A) > p(y|-A)$ 时，就判为 A；而当 $p(y|A) < p(y|-A)$ 时，就判为 $-A$。直观上来看，就是 y 与谁相似，就判为谁，因此也将这种判决称为最大似然（Maximum likelihood, ML）准则。

ML 准则和 MAP 准则对比可以发现，MAP 准则相对于 ML 准则多了先验概率的加权。当先验概率平权时，MAP 准则就退化成了 ML 准则。此外，ML 准则还适用于先验概率未知的场合。

之前的讨论都是针对一般信道的，即由 $\Pr\{y|x\}$ 进行一般性刻画的信道，而并没有用到条件概率 $\Pr\{y|x\}$ 的具体形式。在数字通信中，重点关注的一类信道是加性高斯噪声信道，其 $\Pr\{y|x\}$ 提供了进一步简化判决方式的信息。

仍从概率分布的直观图像开始，如图 3.4 所示。

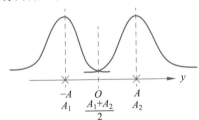

图 3.4 等概发送符号的条件概率密度对比

可以看到，由高斯分布的对称性和单边单调性可得出：当 $y > 0$ 时，条件概率 $p(y|A) > p(y|-A)$，输出应判为 A；当 $y < 0$ 时，条件概率 $p(y|A) < p(y|-A)$，输出应判为 $-A$。

上述讨论所适用的符号集合还可以从 $\mathcal{A} = \{-A, A\}$ 进一步推广到 $\mathcal{A} = \{A_1, A_2\}$，其中 $A_1 < A_2$。根据条件概率密度的大小对比图，有如下直观结论：

（1）当 $y > \dfrac{A_1 + A_2}{2}$ 时，输出应判为 A_2；

（2）当 $y < \dfrac{A_1 + A_2}{2}$ 时，输出应判为 A_1。

结合上述直观对比，以严格的数学推导简化加性高斯噪声二元电平信道的 ML 准则。如下推导中主要利用函数的单调性，可得

$$\hat{x} = \mu(y) = \underset{x \in \{-A, A\}}{\operatorname{argmax}} \ p(y|x)$$

$$= \underset{x \in \{-A, A\}}{\text{argmax}} \frac{1}{\sqrt{2\pi\sigma^2}} \exp\left(-\frac{(y-x)^2}{2\sigma^2}\right)$$

$$= \underset{x \in \{-A, A\}}{\text{argmin}} (y-x)^2$$

$$= \underset{x \in \{-A, A\}}{\text{argmin}} |y-x|$$

上述推导的结论表明，当接收到的 y 距离 A 近时，就判为 A；当 y 距离 $-A$ 近时，就判为 $-A$。这种把接收电平判决到距离最近的合法符号的方法称为最小欧几里得距离（Minimum Euclidean Distance, MED）准则。由于 A 和 $-A$ 关于原点 0 的对称性，也可以把 0 作为判决阈值：当 $y > 0$ 时，输出应判为 A；当 $y < 0$ 时，输出应判为 $-A$。

上述判决准则未指明 $y = 0$ 时如何判决。此时，无论将接收电平 $y = 0$ 判为 A，抑或判为 $-A$，都不会改变判决的正确率，因此随机判一个就可以。

3.1.5　二元电平信道的判决差错概率

在通信与网络学科中，不仅要设计最佳的策略和方法，还需要对其性能，特别是理论性能极限进行分析。对于判决的差错概率分析就是一种典型且重要的核心知识。

下面以二元电平信道为切入点，开始介绍如何有效地分析电平信道的可靠性。由 3.1.4 节给出的最佳判决准则，当 $p(A) = p(-A) = \frac{1}{2}$ 时，把 $y > 0$ 判为 A，把 $y < 0$ 判为 $-A$。那么差错事件的出现就包含如下两种情况：

（1）发送电平 $x = A$，但接收到 $y < 0$，即 $\{x = A, y < 0\}$，此时发生差错；

（2）发送电平 $x = -A$，但接收到 $y > 0$，即 $\{x = -A, y > 0\}$，此时也发生差错。

上述两个事件的交集为空，即 $\{x = A, y < 0\} \cap \{x = -A, y > 0\} = \varnothing$。因此，电平错判概率可以由如下表达式给出：

$$P_e = \frac{1}{2}\text{Pr}\{y < 0|A\} + \frac{1}{2}\text{Pr}\{y > 0| -A\}$$

将加性高斯噪声信道的统计特性，即

$$p(y|A) = \frac{1}{\sqrt{2\pi\sigma^2}} \exp\left(-\frac{(y-A)^2}{2\sigma^2}\right), \quad p(y|-A) = \frac{1}{\sqrt{2\pi\sigma^2}} \exp\left(-\frac{(y+A)^2}{2\sigma^2}\right)$$

代入上式后，可推导差错概率。

在发送电平 $x = A$，但误判成 $\hat{x} = -A$ 的条件概率为

$$\text{Pr}\{y < 0|A\} = \int_{-\infty}^{0} \frac{1}{\sqrt{2\pi\sigma^2}} \exp\left(-\frac{(x-A)^2}{2\sigma^2}\right) dx$$

$$= \int_{-\infty}^{-A} \frac{1}{\sqrt{2\pi\sigma^2}} \exp\left(-\frac{x^2}{2\sigma^2}\right) dx$$

$$= \int_{A}^{\infty} \frac{1}{\sqrt{2\pi\sigma^2}} \exp\left(-\frac{x^2}{2\sigma^2}\right) dx$$

$$= \int_{A/\sigma}^{\infty} \frac{1}{\sqrt{2\pi}} \exp\left(-\frac{x^2}{2}\right) dx$$

$$= Q(A/\sigma)$$

式中：$Q(x)$ 为标准正态分布的互补累积分布函数，其表达式为

$$Q(x) = \int_x^\infty \frac{1}{\sqrt{2\pi}} \exp\left(-\frac{t^2}{2}\right) \mathrm{d}t$$

类似的条件，在发送电平 $x = -A$，但误判成 $\hat{x} = A$ 的条件概率为

$$\begin{aligned}
\Pr\{y > 0 | -A\} &= \int_0^\infty \frac{1}{\sqrt{2\pi\sigma^2}} \exp\left(-\frac{(x+A)^2}{2\sigma^2}\right) \mathrm{d}x \\
&= \int_A^\infty \frac{1}{\sqrt{2\pi\sigma^2}} \exp\left(-\frac{x^2}{2\sigma^2}\right) \mathrm{d}x \\
&= Q\left(\frac{A}{\sigma}\right)
\end{aligned}$$

将以上两式代入判决差错概率 P_e 的表达式，可得

$$\begin{aligned}
P_e &= \frac{1}{2}Q\left(\frac{A}{\sigma}\right) + \frac{1}{2}Q\left(\frac{A}{\sigma}\right) \\
&= Q\left(\frac{A}{\sigma}\right)
\end{aligned}$$

显然，判决差错概率 P_e 是 $\dfrac{A}{\sigma}$ 的减函数。下面对判决差错概率 P_e 做进一步的讨论。

首先，对于二元电平集合 $\mathcal{A} = \{-A, A\}$，1 个比特对应于一次电平符号的传输。因此，误比特率 P_b 与电平符号的判决差错概率 P_e 相等。常将电平符号的判决差错概率简称为误电平率或者误符号率，误符号率用 P_s 表示。

接下来，还希望建立误符号率和符号能量之间的关系。回顾之前的定义，传一个电平（符号）的能量 E_s 为其电平的均方 $E(x^2)$。针对二元电平集合 $\mathcal{A} = \{-A, A\}$，其符号能量为

$$\begin{aligned}
E_s &= \frac{1}{2}(-A)^2 + \frac{1}{2}A^2 \\
&= A^2
\end{aligned}$$

于是，可以把 $Q(x)$ 函数的自变量重新表示为

$$\frac{A}{\sigma} = \sqrt{\frac{E_s}{\sigma^2}}$$

式中：σ^2 为加性高斯噪声的方差。

因此，二元电平信道的差错概率为

$$P_b = P_e = Q\left(\sqrt{\frac{E_s}{\sigma^2}}\right)$$

式中：$\dfrac{E_s}{\sigma^2}$ 为信噪比（Signal-to-Noise Ratio, SNR）。

最后探讨从比特传输层面所看到的等效信道。从比特层面来看，可以把电平信道封装在一个"黑盒子"中。此时，每发送一个数据比特 $d \in \{0, 1\}$，黑盒子就以概率 $1 - P_b$ 正确输出原始的输入比特，而以概率 P_b 输出与原始比特相反的比特，这种抽象出来的"黑盒子"信道称为对称二进制信道或二元对称信道（Binary Symmetric Channel, BSC）。在一些教科书和论文中也常用 ε 来代替 P_b。显然，$\varepsilon = Q\left(\sqrt{\dfrac{E_s}{\sigma^2}}\right)$。二元对称信道与二元电平信道的等效关系如图3.5所示。

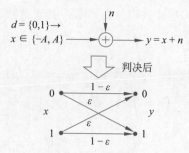

图 3.5　二元对称信道与二元电平信道的等效关系

从相互转化的角度来看，电平信道是二元对称信道的一种物理实现，判决后等效为二元对称信道，有一些综合性的题目就会利用二者的转化关系。

3.1.6　单极性二元电平集合

在一些特殊的应用中，要求电平符号非负，电平符号集合 $\mathcal{A} = \{-A, A\}$ 就不再适用。为了满足 $x \geqslant 0$ 的约束，可以换一个新的符号集合，$\mathcal{A} = \{0, 2A\}$。这个新的符号集合称为单极性二元电平集合，简称单极性二元码。此时，仍假设符号从 $\mathcal{A}$ 中等概选取。

对比一下双极性电平集合 $\mathcal{A} = \{-A, A\}$，哪些分析结果仍然适用，哪些需要更新。首先，判决阈值的位置变为 A，但是电平到阈值的距离仍为 A，并没有发生变化，如图3.6所示。因此，误符号率或者误比特率的表达式仍为 $P_b = P_e = Q\left(\dfrac{A}{\sigma}\right)$。

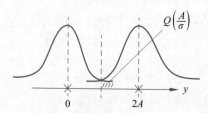

图 3.6　单极性二元电平集合的接收电平条件概率分布

但是，此时符号能量 E_s 与 A 之间的关系发生改变：

$$E_s = \frac{1}{2}0^2 + \frac{1}{2}(2A)^2$$
$$= 2A^2$$

因此，有 $A = \sqrt{\dfrac{E_s}{2}}$，代入 $P_b = P_e = Q\left(\dfrac{A}{\sigma}\right)$ 后，得到 $P_b = Q\left(\sqrt{\dfrac{E_s}{2\sigma^2}}\right)$。相比 $\{-A, A\}$ 集合，要想达到相同 P_b，就需要多用1倍的符号能量。换言之，其信噪比相对于双极性二元符号集合损失了 3dB。

进一步推广上述讨论，即给双极性二元符号集合的电平添加一个直流分量 D。此时，构成的符号集合 $\mathcal{A} = \{D - A, D + A\}$。为了分析该符号集合的差错性能，仍采用"知识迁移"的学习方法，哪些分析结果仍然适用，哪些需要更新。首先，此时判决阈值的位置变为 D，但是电平到阈值的距离仍为 A，没有发生变化，如图3.7所示。因此，仍然有 $P_b = P_e = Q\left(\dfrac{A}{\sigma}\right)$。

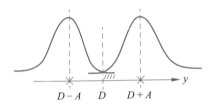

图 3.7 直流分量为 D 的二元电平集合的接收电平条件概率分布

但是，符号能量 E_s 的计算公式又有改变，具体推导如下：

$$E_s = E(x^2)$$
$$= \frac{1}{2}(D-A)^2 + \frac{1}{2}(D+A)^2$$
$$= D^2 + A^2$$

其结果不仅与 A 有关，还与直流分量 D 有关。为了更加简洁地表示差错性能，定义归一化参数，$\zeta = \dfrac{D}{A}$。此时，符号能量 $E_s = (1+\zeta^2)A^2$，代入到 $P_b = P_e$ 的表达式中，可得

$$P_b = Q\left(\sqrt{\frac{E_s}{(1+\zeta^2)\sigma^2}}\right)。$$ 换言之，直流分量越大，在相同符号能量下，通信的可靠性越差，误码率越大。

3.1.7 多元电平信道（一维）

上面详尽地讨论了二元电平集合，但是这种电平集合有一个天然的缺陷，即使用其进行传输时，信道每次只能通过 1 个比特。当通信有着较高的速率要求时，就希望每次使用信道，能够通过 k 个比特。这时，人们自然地想到了多电平符号集合。当多电平符号集合的大小 $|\mathcal{A}| = M$ 满足 $M = 2^k$ 时，就可以一次承载 k 个比特。符号集合的大小用 M 表示。将 M 电平符号集合的电平传输称为 M 元码传输。

在本节中，关注实数轴上的多元电平传输，即一维空间上的 M 元码。从对称情况谈起，其电平集合如图3.8所示。

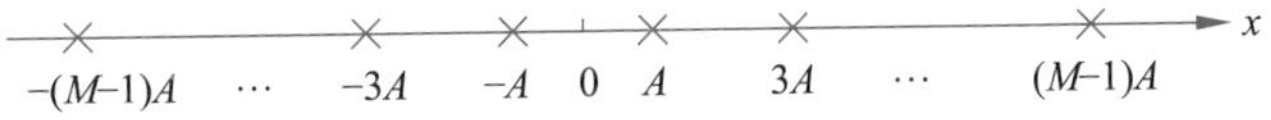

图 3.8 M 元符号集合的电平分布

在图3.8所示的符号集合 $\mathcal{A}$ 中，共有

$$\frac{(M-1)A - (-(M-1)A)}{2A} + 1 = M(个)$$

电平符号。默认符号等概率发送，则应用最小欧几里得距离判决准则（这里略去了 M 元符号的 MAP 准则、ML 准则和 MED 准则讨论，读者不难从二元情况自行推广）后，可以得到直观结论：图3.8中，电平在 A 的奇数倍位置时，判决阈值在 A 的偶数倍位置。

首先讨论多元电平集合的最佳判决策略。对多电平情况，MAP 准则、ML 准则和 MED 准则仍然是最优的，但是其检验假设集合从 $\{-A, A\}$ 的二元电平集合变为了等间距且关于 0 对称的 M 元电平集合，即

$$\mathcal{A} = \{-(M-1)A, \cdots, -A, A, \cdots, (M-1)A\}$$

此时，只需要替换之前推导中的符号集合 $\mathcal{A}$ 即可，于是有

$$\hat{x} = \underset{x \in \mathcal{A}}{\arg\max}\, p(x|y)$$

$$= \underset{x \in \mathcal{A}}{\arg\max}\, p(y|x)p(x)$$

$$= \underset{x \in \mathcal{A}}{\arg\max}\, p(y|x)$$

$$= \underset{x \in \mathcal{A}}{\arg\min}\, |y - x|$$

在给出了 M 元电平传输的符号集合以及最佳判决方法之后，我们着眼于分析此类多元电平传输的差错概率。注意，还是从知识迁移的角度关注 M 元电平传输与两电平传输的差异之处。对于 M 元电平符号集合，其发送不同的符号，发生差错的条件概率是不同的，如图3.9和图3.10所示。

图 3.9　M 元电平集合中，中间电平的差错图样

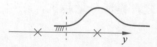

图 3.10　M 元电平集合中，边缘电平的差错图样

在 M 元电平符号集合中，共有 $M-2$ 个"中间的点"，它们因为有两个"邻居"（左邻右舍），更加容易因为噪声而被误判。其条件差错概率为

$$P_{e1} = \int_{-\infty}^{-A} \frac{1}{\sqrt{2\pi\sigma^2}} \exp\left(-\frac{x^2}{2\sigma^2}\right) \mathrm{d}x + \int_{A}^{\infty} \frac{1}{\sqrt{2\pi\sigma^2}} \exp\left(-\frac{x^2}{2\sigma^2}\right) \mathrm{d}x$$

$$= 2Q\left(\frac{A}{\sigma}\right)$$

除了 $M-2$ 个"中间的点"，M 元电平符号集合中还包括2个边缘上的点，这些电平只有一个"邻居"，因此被误判成相邻电平的概率比起"中间的电平"要小一半。当发送边上的电平时，其条件差错概率为

$$P_{e2} = \int_{-\infty}^{-A} \frac{1}{\sqrt{2\pi\sigma^2}} \exp\left(-\frac{x^2}{2\sigma^2}\right) \mathrm{d}x \text{ 或 } \int_{A}^{\infty} \frac{1}{\sqrt{2\pi\sigma^2}} \exp\left(-\frac{x^2}{2\sigma^2}\right) \mathrm{d}x$$

$$= Q\left(\frac{A}{\sigma}\right)$$

综合上面的讨论，并注意到符号是等概发送的，即发送任意一个电平的概率都是 $\dfrac{1}{M}$，于是上述 M 元电平传输的平均差错概率为

$$P_e = \frac{M-2}{M} \times 2Q\left(\frac{A}{\sigma}\right) + \frac{2}{M}Q\left(\frac{A}{\sigma}\right) = \frac{2M-2}{M}Q\left(\frac{A}{\sigma}\right)$$

在上式中将 M 元电平传输的符号差错概率 P_e 表示为符号距离的一半（即 A）和噪声标准差 σ 的函数。而表示为符号能量 E_s 和噪声方差 σ^2 的函数，则无论在理论上还是工程上都具有特别的便利性。但是，在 M 元电平传输中，由符号距离的一半 A 计算符号能量 E_s，相对复杂一些，需要一些公式的记忆或者技巧。

下面从 A 推导 M 电平集合的符号能量（这是记忆或者推导 M 电平集合的差错概率的

难点）：

$$E_s = E(x^2) = \frac{1}{M} \times 2(A^2 + (3A)^2 + \cdots + ((M-1)A)^2)$$

$$= \frac{2A^2}{M} \sum_{i=1}^{M/2} (2i-1)^2$$

$$= \frac{2A^2}{M} \left(4 \sum_{i=1}^{M/2} i^2 - 4 \sum_{i=1}^{M/2} i + \frac{M}{2} \right)$$

其中，求等差数列的求和是读者耳熟能详的，即

$$\sum_{i=1}^{M/2} i = \frac{(1 + \frac{M}{2})\frac{M}{2}}{2} = \frac{M(M+2)}{8}$$

但是，求等差数列的平方和 $\sum_{i=1}^{L} i^2$ 有一定的难度，也不是读者之前常用的。推导或者记忆等差数列的平方和，其要点在于如下两方面：

（1）等差数列的平方和必是 L 的 3 次多项式（这个性质用于猜出通项表达式）；

（2）数学归纳法，用于证明上面猜出的表达式。

等差数列的平方和必是 L 的 3 次多项式，将其记为

$$S_L = \sum_{i=0}^{L} i^2 = aL^3 + bL^2 + cL + d$$

把求和项改为从 0 开始，因为 $S_0 = 0$，从而可以简化推导。为了求解通式中的未知数 a、b、c、d，可以直接计算 L 为 0、1、2、3 时的值，从而得到如下四元一次方程组：

$$S_0 = d = 0$$
$$S_1 = a + b + c + d = 1$$
$$S_2 = 8a + 4b + 2c + d = 5$$
$$S_3 = 27a + 9b + 3c + d = 14$$

通过求解该四元一次方程组，可以得到

$$a = \frac{1}{3}, \quad b = \frac{1}{2}, \quad c = \frac{1}{6}$$

将其代入

$$S_L = \sum_{i=0}^{L} i^2 = aL^3 + bL^2 + cL + d$$

可以得到

$$S_L = \frac{1}{6} L(L+1)(2L+1)$$

通过数学归纳法可以证明上式对于一般 L 都是成立的。在一些先讲积分后讲微分的数学教学体系中，上式也是有应用的。

注意到 E_s 的表达式中 $L = \frac{M}{2}$，因此有

$$\sum_{i=1}^{M/2} i^2 = \frac{M^3}{24} + \frac{M^2}{8} + \frac{M}{12}$$

把这一结果和等差数列的求和公式代入 E_s 的表达式中,可以得到 M 元码的符号能量为

$$E_s = \frac{2A^2}{M}\left(\frac{M^3}{6} + \frac{M^2}{2} + \frac{M}{3} - \frac{M^2 + 2M}{2} + \frac{M}{2}\right)$$

$$= \frac{A^2(M^2 - 1)}{3}$$

由上式可得

$$A = \sqrt{\frac{3E_s}{M^2 - 1}}$$

同时还要注意到,在 M 电平传输中,一个符号承载的比特数为 $\log_2 M$。因此,每比特能量 $E_b = E_s / \log_2 M$。显然,在二元电平符号集合中,有 $E_b = E_s$。

将 $A = \sqrt{\dfrac{3E_s}{M^2 - 1}}$ 代入 M 电平传输的误符号率公式中,可得

$$P_e = \frac{2(M - 1)}{M}Q\left(\sqrt{\frac{3}{M^2 - 1}\frac{E_s}{\sigma^2}}\right) \approx 2Q\left(\sqrt{\frac{3}{M^2 - 1}\frac{E_s}{\sigma^2}}\right)$$

注意,上式中给出的 P_e 为误符号率,其在 $M(M > 2)$ 电平传输中并不等于误比特率。对于格雷映射,当信噪比 E_s/σ^2 较大时,多数符号差错只会导致 1 个比特差错。这是由于在格雷码中,相邻符号之间只有 1 个比特不同,因此如果误判成相邻位置的电平,也只会导致 1 个比特的差错。当信噪比较高时,误判为非邻位电平的概率很低,如图3.11所示。

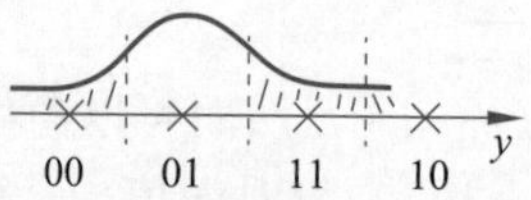

图 3.11　格雷映射下高信噪比的差错图样

综上讨论,可以得到高 $\dfrac{E_s}{\sigma^2}$ 下近似的误比特率公式:

$$P_b \approx \frac{1}{\log_2 M}P_e$$

$$= \frac{2(M - 1)}{M \log_2 M}Q\left(\sqrt{\frac{3}{M^2 - 1}\frac{E_s}{\sigma^2}}\right)$$

$$\approx \frac{2}{\log_2 M}Q\left(\sqrt{\frac{3}{M^2 - 1}\frac{E_s}{\sigma^2}}\right)$$

注意每符号能量 E_s 和每比特能量 E_b 之间的倍数关系,将 $E_b = E_s / \log_2 M$ 代入上式,可得

$$P_b = \frac{2(M - 1)}{M \log_2 M}Q\left(\sqrt{\frac{3\log_2 M}{M^2 - 1}\frac{E_b}{\sigma^2}}\right)$$

最后对一维 M 电平传输的符号集合做一般化推广。如果其中存在一个直流偏置分量 D,即 M 元电平集合为

$$\{D - (M - 1)A, \cdots, D - 3A, D - A, D + A, D + 3A, \cdots, D + (M - 1)A\}$$

则不难计算出

$$E_s = \frac{M^2 - 1}{3}A^2 + D^2$$

即在交流分量的能量基础上叠加了直流分量的能量消耗。为了简洁表示，定义归一化因子

$$\zeta = \frac{D}{A\sqrt{\frac{M^2-1}{3}}}$$

此时，可以将每符号能量重新写为

$$E_s = (1+\zeta^2)\frac{M^2-1}{3}A^2$$

重复上面的推导，可以类似得到含直流偏置分量 D 的 M 电平传输的误比特率为

$$P_b = \frac{2(M-1)}{M\log_2 M}Q\left(\sqrt{\frac{3\log_2 M}{M^2-1}\frac{E_b}{(1+\zeta^2)\sigma^2}}\right)$$

对于 M 电平传输来说，由于一次传输承载了 $k=\log_2 M$ 个比特，相当于把二元对称信道使用了 $k=\log_2 M$ 次，且每次的误比特率都是 $\varepsilon = P_b$。

3.2 复电平信道与矢量电平信道

3.1 节集中讨论了在一维实空间（实数轴）上的电平集合，即实电平集合，其对应的是实电平信道。如果信道每次可以传输一个复数，那么称其为负电平信道。此时，通过发送复数符号就可以提升一次传输的信息承载量。如果仍用实电平符号进行传输，那么损失一部分信息承载量，在高阶的课程（如"高等数字通信"）中也称损失一个自由度。

因此，本节的目的是拓展符号集合为二维或复数，乃至 N 维空间上的电平集合。在学习中应关注哪些知识是可以迁移的，哪些是新的增量的知识。

不变的知识（可迁移）：最大后验概率准则、最大似然准则、最小欧几里得距离准则的最优性依然保持；

新增的知识：复电平传输中的判决域，差错分析方法。

首先关注复电平或二维电平。将 $\boldsymbol{x} = (x_I, x_Q) \in \mathbb{R}^2$ 称为一个二维电平。更常见的是常用一个复电平表示二维空间中的电平，即 $x = x_I + jx_Q \in \mathbb{C}$。

应注意如下两点：

（1）从集合的角度来看，二维向量与复数可一一对应（建立一一映射，同时保持空间上的几何结构如距离等）；

（2）若定义运算，则二维向量与复数是不同的。例如，旋转一个二维向量需要用一个 2×2 矩阵与之相乘，而旋转复数只需要另一个复数与之相乘就可以。有一个专门的数学分支为"表示理论"，其采用有特殊结构的 2×2 矩阵来对应一个复数。

在通信与网络中，二维向量与复数电平集合无本质差别。但是，人们更习惯采用复电平进行讨论，其优势在后面的载波信道章节中还会进一步介绍。

3.2.1 加性复高斯噪声信道与复电平信道的判决准则

首先介绍常用的一种复电平信道，即加性复高斯噪声信道，如图 3.12 所示。

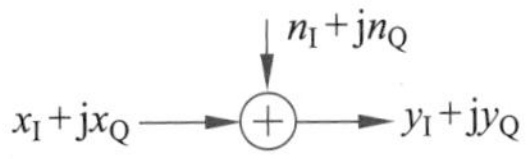

图 3.12 加性复高斯噪声信道

加性复高斯噪声信道的数学模型为

$$y_I + jy_Q = x_I + jx_Q + n_I + jn_Q$$

复高斯随机变量 $n = n_I + jn_Q$ 的均值为 0，n_I 和 n_Q 相互独立，且满足 $n_I \sim \mathcal{N}(0, \sigma^2)$，$n_Q \sim \mathcal{N}(0, \sigma^2)$。此时，记复高斯随机变量 $n = n_I + jn_Q \sim \mathcal{CN}(0, 2\sigma^2)$。更具体地，$n_I$ 和 n_Q 的联合分布为

$$p(n_I, n_Q) = \frac{1}{2\pi\sigma^2} \exp\left(-\frac{n_I^2 + n_Q^2}{2\sigma^2}\right)$$

复电平传输的一种简单实现方法是第一次传 x_I，第二次传 x_Q，将一个实数电平信道使用两次，构成一个复电平信道。而在后面的章节内容中可以看到，实际通信系统中是存在用一次完成负电平传输的机制的。

接下来对复电平传输的判决准则进行推导。假设符号集合中的复电平等概率发送。具体地，假设 $x \in \mathcal{A}$，且 $\mathcal{A}$ 为 M 个复数组成的集合。此时不难看出，MAP 准则仍然是最优的。从 MAP 准则出发，有

$$\begin{aligned}
\hat{x} &= \operatorname*{argmax}_{x \in \mathcal{A}} p(x|y) \\
&= \operatorname*{argmax}_{x \in \mathcal{A}} p(y|x)p(x) \\
&= \operatorname*{argmax}_{x \in \mathcal{A}} p(y|x) \\
&= \operatorname*{argmax}_{x \in \mathcal{A}} \frac{1}{2\pi\sigma^2} \exp\left(-\frac{(y_I - x_I)^2 + (y_Q - x_Q)^2}{2\sigma^2}\right) \\
&= \operatorname*{argmin}_{x \in \mathcal{A}} (y_I - x_I)^2 + (y_Q - x_Q)^2 \\
&= \operatorname*{argmin}_{x \in \mathcal{A}} \|y - x\|
\end{aligned}$$

上述推导的结论落脚于复平面上的最小欧几里得距离准则，即在复平面上，接收符号 y 距离哪个许用符号近，就判决成哪个许用符号。接下来针对具体复电平集合，应用上述判决准则给出最佳判决域，分析其差错概率。

3.2.2　正方形格点上的复电平集合

复平面上的正方形格点是实轴上等间距格点最自然的一种推广，其分布如图3.13所示。

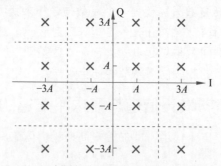

图 3.13　正方形格点上的复电平集合及其判决域

记 $M = L^2$，则正方形格点上的包含 M 个复电平的集合可以表示为

$$x \in \{-(L-1)A, \cdots, -A, A, \cdots, (L-1)A\} + \mathrm{j}\{-(L-1)A, \cdots, -A, A, \cdots, (L-1)A\}$$

其每个符号可以承载 $\log_2 M$ 个比特，同样采用格雷映射。这种复电平集合的产生类似于将两个实电平集合做空间直积（也称笛卡儿乘积），即在两个实电平集合中各任取一个元素，其中一个乘以虚数单位 j 相加。

对上述复电平集合应用最小欧几里得距离准则，则无论判决阈值也是横平竖直的直线，在实轴（I 路）和虚轴（Q 路）都位于偶数倍 A 电平处，如图 3.13 所示。

接下来对其进行差错分析。类似于 M 元 $(M > 2)$ 实电平传输，发送不同位置上的符号，其条件差错概率不同，如图 3.14 所示。

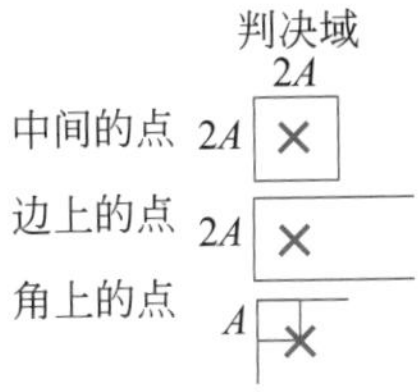

图 3.14　不同位置上符号的差错模式

为了进行定量化分析，对其数学表达式分类讨论如下：

（1）中间的点，其条件差错概率为

$$P_{\mathrm{e}} = 1 - \left(1 - 2Q\left(\frac{A}{\sigma}\right)\right)^2$$

这样的点共有 $(\sqrt{M} - 2)^2$ 个。

（2）边上的点，其条件差错概率为

$$P_{\mathrm{e}} = 1 - \left(1 - 2Q\left(\frac{A}{\sigma}\right)\right)\left(1 - Q\left(\frac{A}{\sigma}\right)\right)$$

这样的点共有 $4(\sqrt{M} - 2)$ 个。

（3）角上的点，其条件差错概率为

$$P_{\mathrm{e}} = 1 - \left(1 - Q\left(\frac{A}{\sigma}\right)\right)^2$$

这样的点共有 4 个。

一种直观的理解仍然类似于 M 元实电平传输的讨论。

基于上述分类讨论给出正方形格点复电平集合的平均差错概率。同样，有两种方法进行计算。直观的方法就是按照上面的三类判决域及其差错图样进行分类讨论，再求平均。这里采用一种更巧妙的方法。由于这样一个符号集合的几何结构，I、Q 两路（两维），或者说实部、虚部的噪声是独立的，同时也在两个维度上独立进行判决。因此，可以将其看作两路独立的一维对称实电平传输，其每一路的电平集合有 $L = \sqrt{M}$ 个元素。

一路对称 $\sqrt{M}$ 元实电平传输的差错概率为

$$P_{\mathrm{e}}^{\mathrm{I}} = P_{\mathrm{e}}^{\mathrm{Q}} = \frac{2(\sqrt{M} - 1)}{\sqrt{M}} Q\left(\frac{A}{\sigma}\right)$$

记此类复电平传输的正确概率为 P_{c}，显然

$$P_{\mathrm{c}} = (1 - P_{\mathrm{e}}^{\mathrm{I}})(1 - P_{\mathrm{e}}^{\mathrm{Q}})$$

因此，差错概率可以表示为

$$
\begin{aligned}
P_{\mathrm{e}} &= 1 - P_{\mathrm{c}} \\
&= 1 - (1 - P_{\mathrm{e}}^{\mathrm{I}})(1 - P_{\mathrm{e}}^{\mathrm{Q}}) \\
&= P_{\mathrm{e}}^{\mathrm{I}} + P_{\mathrm{e}}^{\mathrm{Q}} - P_{\mathrm{e}}^{\mathrm{I}} P_{\mathrm{e}}^{\mathrm{Q}} \\
&\approx P_{\mathrm{e}}^{\mathrm{I}} + P_{\mathrm{e}}^{\mathrm{Q}} \\
&= 4\left(1 - \frac{1}{\sqrt{M}}\right) Q\left(\frac{A}{\sigma}\right)
\end{aligned}
$$

仍然把表征符号间距的物理量 A 替换为常用的符号能量 E_{s}。为此，推导 E_{s} 与 A 之间的关系。M 元复电平符号集合包含了两路 $\sqrt{M}$ 元复电平符号集合的能量，因此不难得到

$$
\begin{aligned}
E_{\mathrm{s}} &= \frac{1}{\sqrt{M}} \times 2 \times 2 \sum_{i=1}^{\sqrt{M}/2} (2i-1)^2 A^2 \\
&= \frac{2(M-1)}{3} A^2
\end{aligned}
$$

从上式中反推 A，就可以得到

$$
A = \sqrt{\frac{3E_{\mathrm{s}}}{2(M-1)}}
$$

将这一结果代入上述差错概率公式，就可以得到正方形格点上复电平集合的差错概率，即

$$
P_{\mathrm{e}} = 4\left(1 - \frac{1}{\sqrt{M}}\right) Q\left(\sqrt{\frac{3}{2(M-1)}\frac{E_{\mathrm{s}}}{\sigma^2}}\right)
$$

每个复电平符号承载 $\log_2 M$ 个比特，因此给定每比特能量 E_{b} 后，就有 $E_{\mathrm{s}} = \log_2 M \times E_{\mathrm{b}}$。由于采用了格雷映射，因此相邻符号之间仅相差 1 个比特。当信噪比较高时，即使发生差错，也会以很高的概率被误判成相邻符号，此时有

$$
P_{\mathrm{b}} = \frac{1}{\log_2 M} P_{\mathrm{e}}
$$

综合上述讨论，可以把正方形格点上复电平符号集合的误比特率写为

$$
P_{\mathrm{b}} = \frac{4}{\log_2 M}\left(1 - \frac{1}{\sqrt{M}}\right) Q\left(\sqrt{\frac{3\log_2 M}{2(M-1)}\frac{E_{\mathrm{b}}}{\sigma^2}}\right)
$$

当 M 较大时，可以得到一个简化的近似结果，即

$$
P_{\mathrm{b}} \approx \frac{4}{\log_2 M} Q\left(\sqrt{\frac{3\log_2 M}{2(M-1)}\frac{E_{\mathrm{b}}}{\sigma^2}}\right)
$$

最后讨论此时的复电平传输与对称二元信道之间的等效关系。每使用正方形格点的复电平集合进行一次复电平传输，就等价于使用 $\log_2 M$ 次二元等效信道，其误码率 $\varepsilon = P_{\mathrm{b}}$，其中 P_{b} 由上式给出。

3.2.3 均匀分布于圆上的复电平集合

复电平集合的几何图案往往取自常见的图形，并且具有某种对称性。这样一方面有较为成熟的数学工具用于描述判决域，另一方面对称性尽量最优化了最差符号的可靠性。接

下来考虑另一种常见的复电平集合，其 M 个复电平均匀分布于半径 A 的圆上，如图3.15所示。

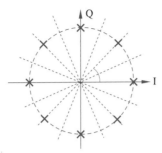

图 3.15　均匀分布于圆上的复电平集合及其判决域

M 个许用复电平的集合可以表示为

$$x \in \mathcal{A} = \{A, Ae^{j\theta}, Ae^{j2\theta}, \cdots, Ae^{j(M-1)\theta}\}$$

其中，相邻符号的辐角之差 $\theta = \dfrac{2\pi}{M}$。均匀分布于圆上的复电平集合同样存在格雷映射，如图3.16所示。因此，当误判为相邻符号时，只会产生 1 个比特的差错。

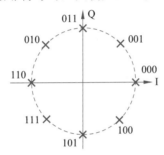

图 3.16　均匀分布于圆上的复电平集合的格雷映射

基于上述符号集合的表达式可推导其最佳判决策略。仍假设符号等概率发送，此时可以直接应用最小欧几里得距离准则，得到

$$\hat{x} = \underset{x \in \mathcal{A}}{\arg\min} \|y - x\| = \underset{x \in \mathcal{A}}{\arg\min} |\angle y - \angle x|$$

为了更简洁清晰地表述判决准则，将 $\hat{x}$ 重新写为

$$\hat{x} = Ae^{j\hat{m}\theta}$$

式中

$$\hat{m} = \underset{m \in \{0,1,\cdots,M-1\}}{\arg\min} \left| \angle y - \frac{2m\pi}{M} \right|$$

其中：$\angle y = \arctan \dfrac{y_Q}{y_I}$，$\angle x = \arctan \dfrac{x_Q}{x_I}$。

上式给出了一种基于角度的判决，即接收符号的辐角与哪个许用符号的辐角最接近，则将其判决为哪个许用符号。其另一种数学表述为

若

$$\frac{2m\pi}{M} - \frac{\pi}{M} < \angle y < \frac{2m\pi}{M} + \frac{\pi}{M}$$

则把 y 判为 $\hat{x} = Ae^{j\hat{m}\theta}$。

针对一个复电平的判决域如图3.17所示。

图 3.17　针对一个许用复电平（× 表示）的判决阈值

基于以上讨论，可以将此时的判决阈值描述为——从原点出发，辐角为$\dfrac{(2m+1)\pi}{M}$ $(m = 0, \cdots, M-1)$的射线簇。每个复电平对应的判决域为一个锥尖在原点锥形，如图3.18所示。

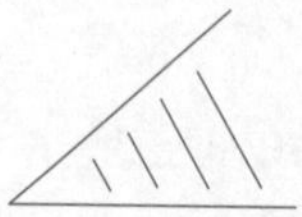

图 3.18　锥形的判决域

针对圆上均匀分布的复电平集合，在刻画完其判决域之后，分析其符号能量E_s和差错概率P_b。此时，圆的对称性对于我们的讨论大有裨益。首先，此时的符号能量计算简单，即

$$E_\mathrm{s} = E(|x|^2) = A^2$$

因此，有$A = \sqrt{E_\mathrm{s}}$。

在计算此种情况的差错概率之前，还要做一个准备工作，就是要注意无论发送哪个复电平，所产生的条件差错概率都是一样的。对于上述直观给予更严格的说明。

首先，在几何上每个复电平及其判决域为全等的锥形。还要进一步考察许用复电平叠加噪声后的分布。发送任意一个复电平，噪声都由其径向分量$n_{\parallel}$和垂直分量$n_{\perp}$组成，数学表达式为

$$n = (n_{\parallel} + jn_{\perp})\mathrm{e}^{\mathrm{j}\beta}$$

需要注意，$n_{\parallel} + jn_{\perp}$与$n_\mathrm{I} + jn_\mathrm{Q}$具有完全一致的统计特性。为了证明这一点，还是采用复电平的二维向量等效表达式：

$$\boldsymbol{n} = \begin{bmatrix} n_\mathrm{I} \\ n_\mathrm{Q} \end{bmatrix}$$

$$\boldsymbol{n}' = \begin{bmatrix} n_{\parallel} \\ n_{\perp} \end{bmatrix}$$

在此基础上，定义旋转矩阵

$$\boldsymbol{R}(\beta) \triangleq \begin{bmatrix} \cos\beta & \sin\beta \\ -\sin\beta & \cos\beta \end{bmatrix}$$

基于旋转矩阵，可以将$\boldsymbol{n}$和$\boldsymbol{n}'$联系起来，具体如下：

$$\boldsymbol{n}' = \begin{bmatrix} n_{\parallel} \\ n_{\perp} \end{bmatrix} = \begin{bmatrix} \cos\beta & \sin\beta \\ -\sin\beta & \cos\beta \end{bmatrix} \begin{bmatrix} n_\mathrm{I} \\ n_\mathrm{Q} \end{bmatrix} \triangleq \boldsymbol{R}(\beta)\boldsymbol{n}$$

旋转矩阵具有如下优良性质：

$$\forall \beta, \ \boldsymbol{R}^{-1}(\beta) = \boldsymbol{R}(-\beta) = \boldsymbol{R}^\mathrm{T}(\beta)$$

$\boldsymbol{n}$的概率密度分布可由如下分布函数给出：

$$p(n_\mathrm{I}, n_\mathrm{Q}) = \frac{1}{2\pi\sigma^2} \exp\left(-\frac{\boldsymbol{n}^\mathrm{T}\boldsymbol{n}}{2\sigma^2}\right)$$

可以利用随机向量映射后的概率密度函数给出 n' 的概率分布：

$$p(n_\parallel, n_\perp) = \frac{1}{2\pi\sigma^2 \det(\boldsymbol{R}^{-1}(\beta))} \exp\left(-\frac{(\boldsymbol{R}^{-1}(\beta)\boldsymbol{n}')^{\mathrm{T}}(\boldsymbol{R}^{-1}(\beta)\boldsymbol{n}')}{2\sigma^2}\right)$$

$$= \frac{1}{2\pi\sigma^2} \exp\left(-\frac{n_\parallel^2 + n_\perp^2}{2}\right)$$

这样证明了 n 和 n' 具有完全相同的统计特性。再加上判决域是全等的锥形，就可以得出结论：发送任意一个复电平符号，其条件差错概率都是相同的，如图3.19所示。

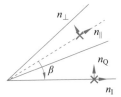

图 3.19　发送不同复电平符号的条件差错概率相同

由上述讨论可知，对于圆上均匀分布复电平集合，其差错概率 P_e 等于发送任意一个许用复电平符号的条件差错概率。那么选用一个最便于讨论的许用复电平符号，即 $x = \sqrt{E_s}$，计算其条件差错概率，并且只讨论这一个点即可。当发送符号为 $x = \sqrt{E_s}$ 时，根据其判决阈值将复平面划分为4个区域：

（1）正确判决的区域：y 落入该区域，则判决结果正确。

（2）向左上"出界"的区域 D_1：y 落入该区域，则判决结果错误。

（3）向左下"出界"的区域 D_2：y 落入该区域，则判决结果错误。

（4）D_1 和 D_2 重叠的区域 $D_1 \cap D_2$：划分这个区域是为了尽量避免重复计算差错概率。

上述4个区域在复平面上的直观表示如图3.20所示。

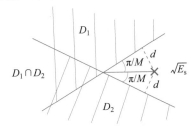

图 3.20　发送符号为 $x = \sqrt{E_s}$ 时的判决区域划分

基于上述区域划分，可以把发送 $x = \sqrt{E_s}$ 时的条件差错概率表示为

$$P_e = 1 - P_c = \Pr\{y \in D_1\} + \Pr\{y \in D_2\} - \Pr\{y \in D_1 \cap D_2\}$$

接下来逐一计算上述各个概率分量。仍将噪声分解为平行（亦称"径向"）和正交（亦称"垂直"）分量，即 $n_\parallel$ 和 $n_\perp$。显然，无论 $n_\parallel$ 多大，都不会引起误判，只有 $n_\perp$ 才会引起误判，如图3.21所示。同样，有之前讨论的结论，即 $n_\parallel$ 与 $n_\perp$ 相互独立，且它们都服从分布 $n_\parallel \sim \mathcal{N}(0, \sigma^2)$，$n_\perp \sim \mathcal{N}(0, \sigma^2)$。

由简单的三角运算可知，许用复电平符号 $\sqrt{E_s}$ 距判决域边界的距离为

$$d = \sqrt{E_s} \times \sin\left(\frac{\pi}{M}\right)$$

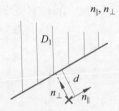

图 3.21　仅噪声的正交分量会引起误判

于是，就可以计算出接收复电平 y 落入区域 D_1 和 D_2 的概率分别为

$$\Pr\{y \in D_1\} = Q\left(\sqrt{\left(\sin\frac{\pi}{M}\right)^2 \frac{E_s}{\sigma^2}}\right)$$

$$\Pr\{y \in D_2\} = Q\left(\sqrt{\left(\sin\frac{\pi}{M}\right)^2 \frac{E_s}{\sigma^2}}\right)$$

显然，由概率论中的联合界公式可以得到差错概率的上界，即

$$P_e < \Pr\{y \in D_1\} + \Pr\{y \in D_2\} = 2Q\left(\sqrt{\left(\sin\frac{\pi}{M}\right)^2 \frac{E_s}{\sigma^2}}\right)$$

为了精准地分析圆上均匀分布复电平集合的差错概率，最后对 $\Pr\{y \in D_1 \cap D_2\}$ 作界。当发生错判时，是有可能将 y 误判为其余 $M-1$ 个不正确的许用复电平中任一个的。而在所有 $M-1$ 个不正确的许用复电平中，由于 $-\sqrt{E_s}$ 是距离 $\sqrt{E_s}$ 最远的一个，因此最不可能被判决成的就是对面的 $-\sqrt{E_s}$。换言之，y 落入 $-\sqrt{E_s}$ 判决域，即 $D_1 \cap D_2$ 的概率，一定小于误判为 $M-1$ 个不正确的许用复电平中任一个的概率的均值。其数学表达式为

$$\Pr\{y \in D_1 \cap D_2\} < \frac{1}{M-1}P_e < \frac{2}{M-1}Q\left(\sqrt{\left(\sin\frac{\pi}{M}\right)^2 \frac{E_s}{\sigma^2}}\right)$$

综合上面的讨论可以写出差错概率的上、下界：

$$\left(2 - \frac{2}{M-1}\right)Q\left(\sqrt{\left(\sin\frac{\pi}{M}\right)^2 \frac{E_s}{\sigma^2}}\right) < P_e < 2Q\left(\sqrt{\left(\sin\frac{\pi}{M}\right)^2 \frac{E_s}{\sigma^2}}\right)$$

这个概率的上、下界随着 M 的增大不断收紧。当 M 较大时，对于差错概率有如下的近似表达式：

$$P_e \approx 2Q\left(\sqrt{\left(\sin\frac{\pi}{M}\right)^2 \frac{E_s}{\sigma^2}}\right)$$

当信噪比 $\dfrac{E_s}{\sigma^2}$ 较大时，由格雷映射的性质可以进一步写出误比特率的近似表达式：

$$P_b = \frac{2}{\log_2 M}Q\left(\sqrt{\frac{E_s}{\sigma^2}} \cdot \sin\frac{\pi}{M}\right)$$

$$= \frac{2}{\log_2 M}Q\left(\sqrt{\frac{\log_2 M \times E_b}{\sigma^2}} \cdot \sin\frac{\pi}{M}\right)$$

$$\approx \frac{2}{\log_2 M}Q\left(\frac{\pi}{M}\sqrt{\frac{E_b}{\sigma^2}\log_2 M}\right)$$

其中最后一步近似利用了当 M 较大时 $\sin\dfrac{\pi}{M} \approx \dfrac{\pi}{M}$ 的性质。从上述分析也可以看出，圆上

的符号集合比正方形格点上的符号集合更难于分析，而灵活地运用各类概率界和渐近分析方法获得解析的结果是数字通信中一种典型的分析技巧。

3.2.4 高维空间上的电平信道

在本节已经把一维的电平传输拓展到了二维，即复电平传输。这种拓展还可以更进一步，即用电平向量（矢量）$\boldsymbol{x} = [x_1, x_2, \cdots, x_K]^{\mathrm{T}} \in \mathcal{A} \subset \mathbb{R}^k$ 承载信息。一种简单的实现方法是反复使用一个加性高斯信道 K 次，其中第 i 次发送分量 x_i，最后统一进行判决。而在一些实际通信系统中可以一次发送这个 K 维的电平矢量。将其经历的信道抽象成矢量加性高斯噪声信道，如图3.22所示。

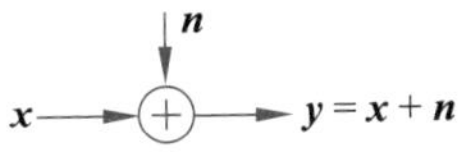

$$x \longrightarrow \boxed{+} \longrightarrow y = x + n$$

图 3.22 矢量加性高斯噪声信道

其数学模型可以表示为

$$\boldsymbol{y} = \boldsymbol{x} + \boldsymbol{n}$$

K 维高斯向量 $\boldsymbol{n}$ 服从如下概率分布：

$$p_{\boldsymbol{n}}(n_1, \cdots, n_K) = \frac{1}{(2\pi\sigma^2)^{K/2}} \exp\left(-\frac{n_1^2 + n_2^2 + \cdots + n_K^2}{2\sigma^2}\right)$$

由以上概率密度函数的表达式也可以看到，各个分量 n_i 独立同分布，满足 $n_i \sim \mathcal{N}(0, \sigma^2)$。

高维电平信道的最佳判决准则依然为MAP准则，在等概发送的情况下退化为ML准则和最小欧几里得距离准则。在矢量形式下推导如下：

$$\begin{aligned}
\hat{\boldsymbol{x}} &= \underset{\boldsymbol{x} \in \mathcal{A}}{\arg\max}\, p(\boldsymbol{x}|\boldsymbol{y}) \\
&= \underset{\boldsymbol{x} \in \mathcal{A}}{\arg\max}\, p(\boldsymbol{y}|\boldsymbol{x})p(\boldsymbol{x}) \\
&= \underset{\boldsymbol{x} \in \mathcal{A}}{\arg\max}\, p(\boldsymbol{y}|\boldsymbol{x}) \\
&= \underset{x \in \mathcal{A}}{\arg\max}\, \frac{1}{(2\pi\sigma^2)^{k/2}} \exp\left(-\frac{\|\boldsymbol{y} - \boldsymbol{x}\|_2^2}{2\sigma^2}\right) \\
&= \underset{x \in \mathcal{A}}{\arg\min}\, \|\boldsymbol{y} - \boldsymbol{x}\|_2
\end{aligned}$$

由上述推导结果可以看出，在 K 维欧几里得空间中，接收矢量 $\boldsymbol{y}$ 距离哪个许用电平矢量 $\boldsymbol{x} \in \mathcal{A}$ 的欧几里得距离最近，就判决为哪个许用电平矢量。

给定了一般的最小欧几里得距离判决准则之后，考虑一种典型的许用电平集合——正交电平集合，其由 K 个相互正交的矢量组成，即

$$\boldsymbol{x} \in \mathcal{L} = \{[A, 0, \cdots, 0]^{\mathrm{T}}, [0, A, \cdots, 0]^{\mathrm{T}}, \cdots, [0, 0, \cdots, A]^{\mathrm{T}}\}$$

正交电平集合的判决平面如图3.23所示，判决平面为任意两个正交矢量终点的中垂面。由立体几何知识可知，对于正交电平集合，所有的判决面交于一条线，因此判决域为一棱锥形区域。

对于正交电平集合的最佳判决也可由下式给出：

$$\hat{\boldsymbol{x}} = x_i, \ i = \underset{i}{\arg\max}\, y_i$$

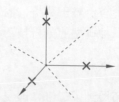

图 3.23　正交电平集合的判决平面与判决域

接下来分析用正交电平集合进行矢量电平传输的差错概率。类似于复平面上圆形电平集合的讨论，因存在对称性，只需要计算发送矢量 $[A, 0, \cdots, 0]^{\mathrm{T}}$ 时候的条件差错概率即可。此时，条件差错概率 $P_{\mathrm{e}} = \mathrm{Pr}\{\exists i \neq 1, y_i > y_1\}$。为分析简便起见，先写出正确判决的概率：

$$P_{\mathrm{c}} = \int_{-\infty}^{\infty} \frac{1}{\sqrt{2\pi\sigma^2}} \exp\left(-\frac{(y_1 - A)^2}{2\sigma^2}\right) \left[1 - \int_{y_1}^{\infty} \frac{1}{\sqrt{2\pi\sigma^2}} \exp\left(-\frac{(y - A)^2}{2\sigma^2}\right) \mathrm{d}y\right]^{M-1} \mathrm{d}y_1$$

为了进一步简化表达式，在上述积分式中做变量代换，令 $u = \dfrac{y_1}{\sigma}$，$t = \dfrac{y}{\sigma}$。替换后可得

$$P_{\mathrm{c}} = \int_{-\infty}^{\infty} \frac{1}{\sqrt{2\pi}} \exp\left(-\left(u - \sqrt{\frac{E_{\mathrm{s}}}{\sigma^2}}\right)^2 / 2\right) [1 - Q(u)]^{M-1} \mathrm{d}u$$

由上式及 $P_{\mathrm{e}} = 1 - P_{\mathrm{c}}$，可得正交电平集合的差错概率为

$$P_{\mathrm{e}} = 1 - \int_{-\infty}^{\infty} \frac{1}{\sqrt{2\pi}} \exp\left(-\left(u - \sqrt{\frac{E_{\mathrm{s}}}{\sigma^2}}\right)^2 / 2\right) [1 - Q(u)]^{M-1} \mathrm{d}u$$

$$= 1 - \int_{-\infty}^{\infty} \frac{1}{\sqrt{2\pi}} \exp\left(-\frac{u^2}{2}\right) \left[1 - Q\left(u + \sqrt{\frac{E_{\mathrm{s}}}{\sigma^2}}\right)\right]^{M-1} \mathrm{d}u$$

上式中给出的是用正交电平集合进行矢量传输的误符号率。对正交电平符号集合，并不存在格雷映射。因此，错 1 个符号，对应的误比特数 j 为一个随机变量，其服从二项分布，即

$$P_j = \frac{1}{M-1} \binom{\log_2 M}{j}$$

由二项分布的对称性可得

$$E(j) / \log_2 M \approx \frac{1}{2}$$

因此，用正交电平集合进行矢量传输时，其误比特率 $P_{\mathrm{b}} \approx \dfrac{1}{2} P_{\mathrm{e}}$。

此外，针对用正交电平集合进行矢量传输的情况还有另一种简单的概率估界方法。如图 3.24 所示，正交电平集合中，任意两个许用电平矢量的欧几里得距离为 $2d = \sqrt{2}A$，一个符号到判决平面的距离为 $d = \dfrac{A}{\sqrt{2}}$。

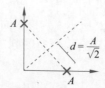

图 3.24　正交电平集合的成对差错概率示意图

给定一个发送符号，其接收后被误判成另一个符号的概率（又称为成对差错概率）为

$$Q\left(\frac{d}{\sigma}\right) = Q\left(\frac{A}{\sqrt{2}\sigma}\right) = Q\left(\sqrt{\frac{E_{\mathrm{s}}}{2\sigma^2}}\right)$$

注意，一个符号可以被错判成最多 $M-1$ 个其他符号。于是，由概率论中的联合界公式

$$\Pr\{D_1 \cup D_2 \cdots \cup D_{M-1}\} \leqslant \sum_{i=1}^{M-1} \Pr\{D_i\}$$

可得

$$P_{\mathrm{e}} < (M-1)Q\left(\sqrt{\frac{E_{\mathrm{s}}}{2\sigma^2}}\right), P_{\mathrm{b}} < \frac{M}{2}Q\left(\sqrt{\frac{E_{\mathrm{s}}}{2\sigma^2}}\right)$$

本节最后对最小欧几里得距离准则进一步讨论。欧几里得距离可以展开写为如下表达式：

$$\|\boldsymbol{y} - \boldsymbol{x}\|_2^2 = \langle \boldsymbol{y} - \boldsymbol{x}, \boldsymbol{y} - \boldsymbol{x} \rangle = \|\boldsymbol{y}\|_2^2 + \|\boldsymbol{x}\|_2^2 - 2\langle \boldsymbol{y}, \boldsymbol{x} \rangle$$

由于上式的最小化只与 $\boldsymbol{x} \in \mathcal{A}$ 的选择有关，而 $\|\boldsymbol{y}\|_2^2$ 仅充当了一个常数，所以最小欧几里得距离准则可以写为

$$\hat{\boldsymbol{x}} = \underset{\boldsymbol{x}}{\arg\min} \|\boldsymbol{x}\|_2^2 - 2\langle \boldsymbol{y}, \boldsymbol{x} \rangle$$

考虑一种特殊的矢量电平集合，即 $\forall \boldsymbol{x} \in \mathcal{A}$，$\|\boldsymbol{x}\|_2$ 恒为一个常数。此时，上式的最小欧几里得距离准则可以进一步简化为

$$\hat{\boldsymbol{x}} = \underset{\boldsymbol{x}}{\arg\max} \langle \boldsymbol{y}, \boldsymbol{x} \rangle$$

换言之，将接收电平矢量 $\boldsymbol{y}$ 向所有许用电平矢量 $\boldsymbol{x} \in \mathcal{A}$ 做投影。在哪个许用电平矢量 $\boldsymbol{x}$ 上的投影最大，就判决为哪个许用电平矢量。将这一最佳判决准则称为投影准则。在使用投影准则时，要注意其适用条件，即 $\|\boldsymbol{x}\|_2$ 恒为常数。

将投影准则应用于一个最简单的双极性电平集合。双极性电平集合就是一种最简单的矢量电平传输模型，其数学表达式满足 $\hat{\boldsymbol{x}} \in \{-\boldsymbol{a}, \boldsymbol{a}\}$。

投影准则可以简化表述如下：

（1）若 $\langle \boldsymbol{y}, \boldsymbol{a} \rangle > 0$，则判定发送符号为 $\hat{\boldsymbol{x}} \boldsymbol{a}$；

（2）若 $\langle \boldsymbol{y}, \boldsymbol{a} \rangle < 0$，则判定发送符号为 $\hat{\boldsymbol{x}} - \boldsymbol{a}$。

用双极性电平集合进行矢量电平传输，其差错概率 $P_{\mathrm{b}} = P_{\mathrm{e}} = Q\left(\sqrt{\frac{E_{\mathrm{s}}}{\sigma^2}}\right)$。这一点不难理解：如果旋转坐标系，那么双极性电平集合与二元对称电平集合本质上是等效的。而对分量独立同分布的高斯矢量的任意旋转，都不改变其统计特性。因此，双极性矢量电平传输的误比特率与二元对称实电平传输完全一致。

第4章

波形信道 I ——传输单个符号

第3章介绍了用电平承载比特，从而进行数字化传输的方法。从抽象的、逻辑的二元对称信道向实际的、物理的数字传输方式迈进了一步。但是，电平并不能独立于"波形"而存在，它只是对波形进行测量的结果。换言之，电平是由波形承载的，而波形是电平随时间而变化所形成的函数。

为了考虑更加实际的物理传输方式，引入连续的时间轴，开始讨论以波形承载信息进行传输的方式，即"波形信道"的相关理论与方法。为便于由浅入深地介绍相关知识，先讨论只传一个符号、信道占用一次的情况。

4.1 实电平传输对应的波形信道

第3章讨论了实电平和复电平传输的模型，如何用更实际的物理波形实现一次实电平传输就是本节需要讨论的内容。用更实际的物理波形如何实现一次复电平将在4.2节讨论。

4.1.1 最简单的二元波形

仍首先从简单的物理直观谈起，考虑一种最简单的方法：用电压恒定为 V、持续时间 T 的波形表示"0"（图4.1），用电压恒定为 $-V$、持续时间 T 的波形表示"1"（图4.2）。

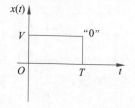

图 4.1 比特"0"对应的波形

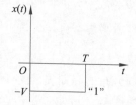

图 4.2 比特"1"对应的波形

从图4.1中不难看出，无论是表示"0"的波形，还是表示"1"的波形，其发送一次所消耗的能量均为 V^2T。因此，该波形传输所消耗的平均能量为

$$E_s = p_0 V^2 T + p_1 V^2 T = V^2 T$$

这里用 V 而不是 A 来表示波形的幅值，后面就会看到，等效回电平信道后，A 将和对波形的处理方式密切相关。在上述传输方式中，T 可以看作传输一个比特所需的时间。当

只传输1个比特时，可以令$T \to \infty$，但是，此时的每比特能量$E_s = V^2T \to \infty$，其能量效率就变得很低。

此外，对于一个波形，就可以讨论注其频域的表现。上述任意一个波形的频域特征如图4.3所示。

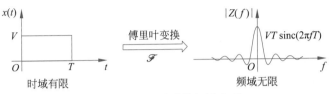

图 4.3 矩形脉冲的频域表现

由傅里叶变换可知，当发送比特"0"时，通信波形的频谱为

$$X_1(f) = V \int_0^T e^{-2\pi j f t} dt$$

当发送比特"1"时，通信波形的频谱为

$$X_2(f) = -V \int_0^T e^{-2\pi j f t} dt$$

因此，若采用矩形脉冲作为通信波形传递信息，则通信信号在频域上是无限的，也需要一个有着无限带宽的信道来避免失真。同时，T越小，通信信号占用的频带越宽。

4.1.2 加性白高斯噪声信道

本书重点关注加性白高斯噪声对于数字通信带来的影响。首先提出加性白高斯噪声（Additive White Gaussian Noise，AWGN）信道的模型，如图4.4所示。

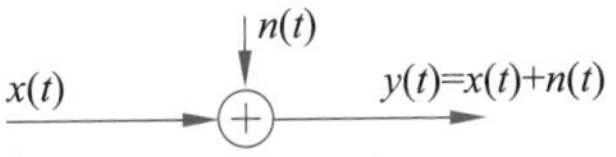

$$x(t) \longrightarrow \bigoplus \xrightarrow{\quad} y(t)=x(t)+n(t)$$
$$n(t)$$

图 4.4 加性白高斯噪声信道模型

与电平信道中，用一个随机变量来刻画噪声所不同的是，在波形信道中噪声是由一个随机过程来建模的。这是因为连续时间轴的引入。本书重点关注白高斯噪声，它是一个宽平稳随机过程，因此其自相关函数可以表示为

$$R(\tau) = E\{n(t)n(t+\tau)\}$$

白高斯噪声满足如下性质：首先，其任意时刻t_i的抽样，即$[n(t_1), \cdots, n(t_N)]$满足联合正态（高斯）分布，且各个抽样的均值（期望）为0；其次，其自相关函数满足

$$R(\tau) = \frac{n_0}{2}\delta(\tau)$$

或者，其功率谱密度满足

$$S(f) = \mathscr{F}[R(\tau)] \equiv \frac{n_0}{2}$$

式中：n_0为单边功率谱密度；$\frac{n_0}{2}$为双边功率谱密度，如图4.5所示。

上面提到的自相关函数或功率谱密度的性质确保了噪声是"白"的。这个性质在后面大量的推导中对于简化推导结果具有至关重要的意义。

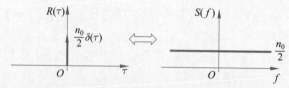

图 4.5　加性白高斯噪声的时域和频域特征

4.1.3　对叠加白高斯噪声的二元波形直接抽样

继续讨论当简单二元波形通过加性白高斯噪声信道后，如何有效地进行接收和处理的问题。

首先考虑一种最简单粗暴的处理方法，即直接抽样。

如图4.6所示，任选0到T中的一个时刻t_1，$0 \leqslant t_1 < T$，进行抽样得到

$$y(t_1) = \pm V + n(t_1)$$

于是，由$y(t_1)$来判决发送的电平是否为V或$-V$，回答这个问题，需要推导上式中噪声项的方差，如下：

$$\begin{aligned}
\sigma^2 &= E\left\{n^2(t_1)\right\} \\
&= E\left\{n(t_1)n(t_1+0)\right\} \\
&= R(0) \\
&= \frac{n_0}{2}\delta(0) \to +\infty
\end{aligned}$$

由此可见，如果采用直接抽样的方式得到等效的电平信道，那么等效的噪声方差趋于无穷。在有限的V下，根本无法可靠传递任何信息。

换言之，对于有限的V，即$V < +\infty$，则符号差错概率为

$$P_e = Q\left(\frac{V}{\sigma}\right) = 0.5$$

即等效的二元对称信道的误码率$\varepsilon = 0.5$。由信息论的知识可知二元对称信道的可靠传输速率上限为

$$R = 1 + \varepsilon \log \varepsilon + (1-\varepsilon)\log(1-\varepsilon) = 0$$

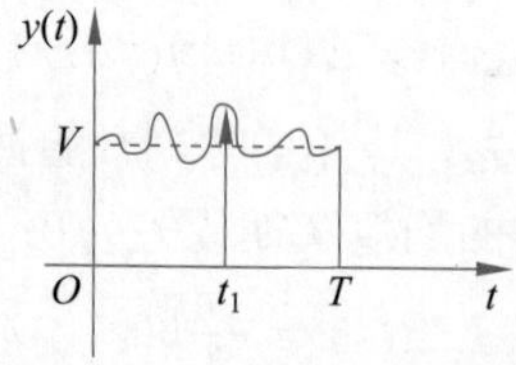

图 4.6　对接收波形直接进行抽样

4.1.4　面向加性白高斯噪声信道的接收方案改进

直接抽样会导致等效电平传输模型的噪声方差为$+\infty$，需要进行改进。一些直观思考：首先，上述通信波形在$[0,T)$内都是V或$-V$，而只用了一个点，显然是"不经济"的。应该把$[0,T)$中的能量都搜集起来集中对抗噪声。另外，噪声$n(t)$有正、有负，通过在时间上

的累积，存在一部分被对消掉的情况。

于是，一个改进方案是对接收信号 $y(t)$ 从 0 到 T 直接积分，如图4.7所示。

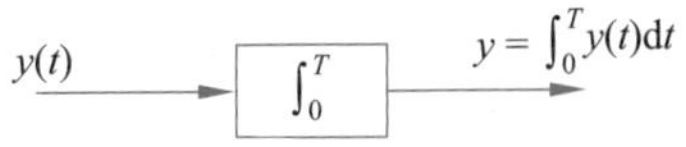

$$y(t) \longrightarrow \boxed{\int_0^T} \longrightarrow y = \int_0^T y(t)\mathrm{d}t$$

图 4.7　区段积分法处理接收信号

针对上述方案可以推导出积分后的等效电平信道：

$$y = \int_0^T x(t)\mathrm{d}t + \int_0^T n(t)\mathrm{d}t$$
$$= \pm VT + \int_0^T n(t)\mathrm{d}t$$

上式等号右边的第一项承载了要传输的比特，第二项为噪声项。

接下来讨论噪声项。显然，对白高斯噪声（WGN）直接积分后，得到的随机变量 $n = \int_0^T n(t)\mathrm{d}t$ 仍是高斯随机变量。这是因为

$$n = \lim_{\Delta \to 0} \sum_{k=0}^{T/\Delta - 1} n(k\Delta) \cdot \Delta$$

而高斯随机变量的线性组合仍是高斯随机变量。

高斯随机变量具有均值和方差两个数字特征。首先讨论该高斯随机变量的均值，其为

$$E\{n\} = E\left\{\int_0^T n(t)\mathrm{d}t\right\} = \int_0^T E\{n(t)\}\mathrm{d}t = 0$$

即为零均值正态分布。接下来计算其方差：

$$\sigma^2 = E\left\{n^2\right\}$$
$$= E\left\{\left|\int_0^T n(t)\mathrm{d}t\right|^2\right\}$$
$$= E\left\{\int_0^T \int_0^T n(t_1)\, n(t_2)\, \mathrm{d}t_1\mathrm{d}t_2\right\}$$
$$= \int_0^T \int_0^T E\{n(t_1)\, n(t_2)\}\, \mathrm{d}t_1\mathrm{d}t_2$$
$$= \int_0^T \int_0^T \frac{n_0}{2}\delta(t_1 - t_2)\, \mathrm{d}t_1\mathrm{d}t_2$$
$$= \frac{n_0}{2} \int_0^T \mathrm{d}t$$
$$= \frac{n_0 T}{2}$$

基于上述讨论，通过直接积分可以将二元波形信道等效为一个电平信道，其表达式为

$$y = x + n$$

其中，许用电平符号集合为 $x \in \{-VT, VT\}$，噪声服从零均值高斯分布，即 $n \sim \mathcal{N}\left(0, \dfrac{n_0 T}{2}\right)$。

如果用电平信道符号体系，则有 $A = VT$，因此电平信道的符号方差的均值 $E\{A^2\} = V^2T^2$（注意，它和波形信道的 E_s 表达式不同），而信道中的噪声方差 $\sigma^2 = \dfrac{n_0 T}{2}$。

于是，可以直接套用二元对称信道的误比特率公式，可得

$$P_b = P_e = Q\left(\sqrt{\frac{V^2T^2}{n_0 T/2}}\right)$$

$$= Q\left(\sqrt{\frac{2V^2T}{n_0}}\right)$$

在波形信道中实际的符号能量 $E_s = V^2T$，代入上式，可得

$$P_b = Q\left(\sqrt{\frac{2E_s}{n_0}}\right)$$

4.1.5 直接积分方法的局限及其改进

图4.8和图4.9所示的波形分别表示比特"0"和"1"。

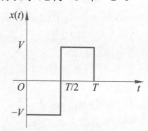

图 4.8　让直接积分法彻底失效的例子上面为承载"0"的波形

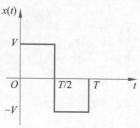

图 4.9　让直接积分法彻底失效的例子上面为承载"1"的波形

仍然采用直接积分的方案，则积分后得到的电平幅值 $A = 0$。换言之，等效电平信道的许用电平符号集合为 $x \in \{-0, 0\}$。此时，尽管噪声方差和之前一致，为 $\sigma^2 = \dfrac{n_0 T}{2} < +\infty$，但是 $P_b = Q(0) = \dfrac{1}{2}$，也就是说，此时无法可靠传输信道消息。

改进接收方案有以下两种：

方案一：只利用前一半波形时间中的信号进行判决，即在区间 $\left[0, \dfrac{T}{2}\right]$ 中对接收信号进行积分。此时，可以得到等效电平信道的电平幅值 $A = \dfrac{VT}{2}$，噪声方差 $\sigma^2 = \dfrac{n_0 T}{4}$。将它们代入二元电平信道的误比特率计算公式后，得到

$$P_{\mathrm{b}} = Q\left(\sqrt{\frac{E_{\mathrm{s}}}{n_0}}\right)$$

方案二：利用整个波形时间中的信号能量，提升判决的可靠性。因此，利用通信波形的已知结构特征，有效的"正向"叠加前后两部分能量。由此思想，设计接收机方案为

$$y = \int_0^{T/2} y(t)\mathrm{d}t - \int_{T/2}^T y(t)\mathrm{d}t$$

不难看出，基于上述接收方案得到的等效电平信道，其电平幅值 $A = VT$，噪声方差 $\sigma^2 = \dfrac{n_0 T}{2}$。将它们代入二元电平信道的误比特率计算公式后，得到

$$P_{\mathrm{b}} = Q\left(\sqrt{\frac{2E_{\mathrm{s}}}{n_0}}\right)$$

4.1.6　针对一般波形的直观改进

在上述直观改进中，发现方案二的效果不错。这给人们带来的启发是，对于 $y(t)$ 进行积分，根据通信波形 $x(t)$ 自身的结构特征给予不同加权（包括负权重）是一种有效的方法。

由于讨论连续波形较为抽象，先考虑一种连续波形的离散近似，即一般 $x(t)$ 可分段近似为如图4.10所示的柱状波形。

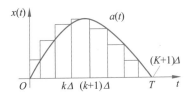

图 4.10　连续通信波形的离散柱状近似

按照小区段进行积分的思想，逐一对每个长 Δ 的小段进行积分，可得

$$y_k = \int_{k\Delta}^{(k+1)\Delta} y(t)\mathrm{d}t = \pm a(k\Delta)\cdot\Delta + n_k, n_k \sim \mathcal{N}\left(0, \frac{n_0\Delta}{2}\right)$$

注意，上面标识信息的正、负符号，对于不同的下标 k，要正则全正，要负则全负。

这就是二元（双向）矢量电平集合，即 $\boldsymbol{x} \in \{-\boldsymbol{a}, \boldsymbol{a}\}$，其中的符号矢量具体表示为

$$\boldsymbol{a} = \begin{bmatrix} a(0) \\ a(\Delta) \\ \vdots \\ a(k\Delta) \end{bmatrix}$$

而该等效矢量电平信道的噪声分量的方差 $\sigma^2 = \dfrac{n_0\Delta}{2}$。

对于此类二元（双向）矢量电平传输，最佳判决的准则为投影准则：若 $\langle \boldsymbol{y}, \boldsymbol{a}\rangle > 0$，则判为 $\hat{\boldsymbol{x}} = \boldsymbol{a}$；若 $\langle \boldsymbol{y}, \boldsymbol{a}\rangle < 0$，则判为 $\hat{\boldsymbol{x}} = -\boldsymbol{a}$。其中，内积的计算可由下式得到：

$$\langle \boldsymbol{y}, \boldsymbol{a}\rangle = \sum_{k=1}^K a(k\Delta)\int_{k\Delta}^{(k+1)\Delta} y(t)\mathrm{d}t = \sum_{k=1}^K \int_{k\Delta}^{(k+1)\Delta} a(k\Delta)y(t)\mathrm{d}t \approx \int_0^T a(t)y(t)\mathrm{d}t \underset{\text{"1"}}{\overset{\text{"0"}}{\gtrless}} 0$$

换言之，当时间上无限细分取极限后，通过接收波形和发送波形的 l_2 内积，就可以有效地

判断发送的波形。

4.1.7　上述直观思路的严格化

根据4.1.6节的直观讨论可得到启示：

若用一般波形$a(t)$或$-a(t)$承载1个比特，则可以对接收波形$y(t)$与许用波形$a(t)$做内积：若结果大于0，则判为$a(t)$；若结果小于0，则判为$-a(t)$。这种判决方式是有一定最优性的。

接下来讨论、分析和论证这一判决方式。需要指出的是，上述直观思路的根源是在矢量电平传输中最大化似然比，这是更本质的。但是，由于难以对波形求似然比，因此考虑更易于处理的目标，即最大化处理后的信噪比。

接收信号$y(t)$与一个待定的一般波形$g(t)$做内积，如图4.11所示。

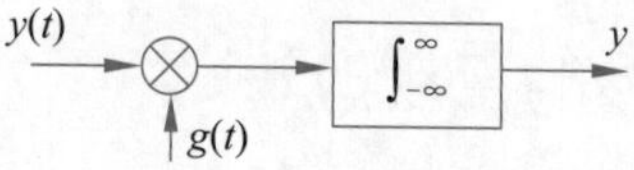

图 4.11　接收信号$y(t)$与一个待定的一般波形$g(t)$做内积

下面定义和推导性能测度的表达式。做内积后的结果为

$$y = \int_{-\infty}^{\infty} y(t)g(t)\mathrm{d}t = x + n$$

从等效电平信道的角度，处理结果y中包含传输信号对应的电平分量，表示为

$$x = \pm \int_{-\infty}^{\infty} a(t)g(t)\mathrm{d}t$$

其在等效电平信道模型中的符号能量为

$$E_{\mathrm{A}} = E\left\{x^2\right\} = \left[\int_{-\infty}^{\infty} a(t)g(t)\mathrm{d}t\right]^2$$

等效电平信道中的噪声分量可表示为

$$n = \int_{-\infty}^{\infty} n(t)g(t)\mathrm{d}t$$

不难看出，其必为一高斯随机变量。因此，有均值和方差两个数字特征，均值$E\{n\} = 0$，方差$\sigma^2 = E\{n^2\}$。根据n的表达式进一步计算白高斯噪声与$g(t)$内积后的方差：

$$
\begin{aligned}
\sigma^2 &= E\left\{\left[\int_{-\infty}^{\infty} n(t)g(t)\mathrm{d}t\right]^2\right\} \\
&= E\left\{\int_{-\infty}^{\infty}\int_{-\infty}^{\infty} n(t_1)n(t_2)g(t_1)g(t_2)\mathrm{d}t_1\mathrm{d}t_2\right\} \\
&= \int_{-\infty}^{\infty}\int_{-\infty}^{\infty} E\left\{n(t_1)n(t_2)\right\}g(t_1)g(t_2)\mathrm{d}t_1\mathrm{d}t_2 \\
&= \frac{n_0}{2}\int_{-\infty}^{\infty}\int_{-\infty}^{\infty} \delta(t_1-t_2)g(t_1)g(t_2)\mathrm{d}t_1\mathrm{d}t_2 \\
&= \frac{n_0}{2}\int_{-\infty}^{\infty} g^2(t)\mathrm{d}t
\end{aligned}
$$

由上述计算推导可得内积后等效电平信道的信噪比为

$$\frac{E_{\mathrm{A}}}{\sigma^2} = \frac{\left[\displaystyle\int_{-\infty}^{\infty} a(t)g(t)\mathrm{d}t\right]^2}{\dfrac{n_0}{2}\displaystyle\int_{-\infty}^{\infty} g^2(t)\mathrm{d}t}$$

我们的目标是找到合适的 $g(t)$ 将上述信噪比最大化。为此，需要借助一个专门处理内积的数学工具，即柯西-施瓦茨不等式。

为自洽起见，先证明柯西-施瓦茨不等式。构造

$$\varphi(\mu) = \int_{-\infty}^{\infty} [\mu a(t) - g(t)]^2 \mathrm{d}t$$

显然，上式对于任给的 μ，都有 $\varphi(\mu) \geqslant 0$。把上式展开为

$$\varphi(\mu) = \mu^2 \int_{-\infty}^{\infty} a^2(t)\mathrm{d}t - \mu\left(2\int_{-\infty}^{\infty} a(t)g(t)\mathrm{d}t\right) + \int_{-\infty}^{\infty} g^2(t)\mathrm{d}t$$

注意，此时关于 μ 的一元二次方程 $\varphi(\mu) = 0$ 仅有一个实数解。于是，利用一元二次方程的判别式，即

$$\Delta = \left(2\int_{-\infty}^{\infty} a(t)g(t)\mathrm{d}t\right)^2 - 4\int_{-\infty}^{\infty} a^2(t)\mathrm{d}t \int_{-\infty}^{\infty} g^2(t)\mathrm{d}t \leqslant 0$$

可以得到如下柯西-施瓦茨不等式：

$$\left(\int_{-\infty}^{\infty} a(t)g(t)\mathrm{d}t\right)^2 \leqslant \int_{-\infty}^{\infty} a^2(t)\mathrm{d}t \cdot \int_{-\infty}^{\infty} g^2(t)\mathrm{d}t$$

再利用柯西-施瓦茨不等式讨论上面得到的信噪比公式，可得

$$\frac{E_{\mathrm{A}}}{\sigma^2} \leqslant \frac{\displaystyle\int_{-\infty}^{\infty} a^2(t)\mathrm{d}t \int_{-\infty}^{\infty} g^2(t)\mathrm{d}t}{\dfrac{n_0}{2}\displaystyle\int_{-\infty}^{\infty} g^2(t)\mathrm{d}t} = \frac{\displaystyle\int_{-\infty}^{\infty} a^2(t)\mathrm{d}t}{n_0/2}$$

注意：上式中的 "$\leqslant$"，当且仅当 $g(t) = \mu a(t)$ 时取 "$=$"。接下来对最大信噪比的形式进行一些整理与讨论。

回到原始的波形信道模型，信号波形的能量为

$$E_{\mathrm{s}} = E\left\{x^2(t)\right\} = \int_{-\infty}^{\infty} a^2(t)\mathrm{d}t$$

由此，已经将全部能量收集于信噪比中的 "分子"，实现了信噪比的最优化。最大化的信噪比为

$$\frac{E_{\mathrm{A}}}{\sigma^2} = \frac{E_{\mathrm{s}}}{n_0/2}$$

上式代入二元电平信道的误码率公式，可得

$$P_{\mathrm{b}} = P_{\mathrm{e}} = Q\left(\sqrt{\frac{2E_{\mathrm{s}}}{n_0}}\right)$$

4.1.8　二元波形信道的标准形式

在完成上述最佳接收的讨论后，对二元波形信道的形式做一些整理。这样，可以把相关结果作为工具直接使用，即从波形信道方便地等效为电平信道，并利用相关结果给出差

错分析。

$\int_{-\infty}^{\infty} g^2(t) \mathrm{d}t$ 代表对"信号"和"噪声"同时进行放缩的系数。为了简洁起见，不妨令其归一化，即 $\int_{-\infty}^{\infty} g^2(t) \mathrm{d}t = 1$。

令 $a(t) = Ap(t)$，其中，$p(t)$ 称为通信波形的一个脉冲。脉冲满足归一化条件，即 $\int_{-\infty}^{\infty} p^2(t) \mathrm{d}t = 1$。

这样的表达对于工具的标准化是有很大帮助的。将满足归一化条件的脉冲 $p(t)$ 称为标准脉冲。当 $a(t) = Ap(t)$ 时，容易验证 $E_s = A^2$。

此时，发送信号可以表示为电平和标准脉冲的乘积，即 $x(t) = xp(t)$，其中电平从相应的许用符号集合中选取，即 $x \in \{-A, A\}$。由上述符号体系，波形信道标准形式为

$$y(t) = xp(t) + n(t)$$

对上述接收到的波形，接收机需要与之进行内积的波形为 $g(t) = p(t)$。因此，同样是满足能量归一化条件的。

此时，波形信道可以直接等效对应为如下电平信道：

$$y = x + n$$

其中，许用电平集合为 $x \in \{-A, A\}$，符号能量 $E_s = A^2$，噪声方差 $\sigma^2 = \dfrac{n_0}{2}$。

上面两式不仅是形式对应，每个物理量在数值上都是可以简洁对应的。于是，提供了一种无需复杂推导，直接将波形信道（通过内积）转化为电平信道的等效策略，在工程上和解题中极其简洁和实用。

4.1.9 内积处理的几何直观

本节讨论内积接收的几何意义。简言之，$p(t)$ 是 l_2 空间中一个标准的基，期望信号应在子空间 span $\{p(t)\}$ 上。如果接收信号不在这个信号子空间上，那么说明被噪声影响而带偏。

通过内积，接收波形 $y(t)$ 可向任意方向投影，但只有向 $p(t)$（或 $-p(t)$），即这个期望子空间上投影，信号部分的能量(方差)才是最大的。与此同时，白高斯噪声 $n(t)$ 向任一个方向投影，其方差都是 $\dfrac{n_0}{2}$，所以投影方向对其没有影响。为了更好地估计期望信号，选择向期望子空间上投影。

若不是向期望信号空间投影,而是与任一标准基 $g(t)$ $\left(\text{满足归一化条件} \int_{-\infty}^{\infty} g^2(t) \mathrm{d}t = 1\right)$ 做内积，则其误码率为

$$P_b = Q\left(\sqrt{\frac{\alpha E_s}{n_0/2}}\right)$$

式中：α 为信噪比的损失系数，且有

$$\alpha = \int p(t)g(t) \mathrm{d}t < 1$$

4.1.10　对标准二元波形信道的推广

类似于电平信道中从二元符号到多元符号的推广，波形信道也需要提升信息承载的效率，即实现用一个波形承载更多的信息比特。

仍使用 $p(t)$ 作为标准脉冲，保持发送波形为 $xp(t)$ 的形式不变。但是，许用符号 x 的集合由二元符号集合 $\{-A, A\}$ 推广为一般一维的实数集合，例如：$\{0, 2A\}$，$\{D-A, D+A\}$，$\{-(M-1)A, \cdots, -A, A, \cdots (M-1)A\}$ 和 $\{D-(m-1)A, \cdots, D-A, D+A, \cdots D+(m-1)A\}$ 等。

仍采用知识增量和重构的思路来看待这一推广。首先明确，不变的是符号能量的计算结果，即

$$
\begin{aligned}
E_{\mathrm{s}} &= E\left\{\int_{-\infty}^{\infty} x^2(t)\mathrm{d}t\right\} \\
&= E\left\{x^2\right\} \times \int_{-\infty}^{\infty} p^2(t)\mathrm{d}t \\
&= \frac{1}{M} \sum_{a_i \in \mathscr{A}} a_i^2
\end{aligned}
$$

由此可以给出 M 元波形信道与 M 元电平信道之间的等效关系。

M 元波形信道的标准形式为

$$
y(t) = a_i p(t) + n(t), \|p(t)\|_2^2 = 1
$$

其中，脉冲 $p(t)$ 满足能量归一化条件。

接收后，用波形 $g(t) = p(t)$ 与 $y(t)$ 进行内积，其内积后等效的电平信道具有如下标准形式：

$$
y = x + n
$$

式中许用电平集合完全相同，即 $x \in \mathscr{A} = \{a_1, \cdots, a_m\}$。因此，二者具有相同的符号能量，即

$$
E_{\mathrm{s}} = \frac{1}{M} \sum_{a_i \in \mathscr{A}} a_i^2
$$

注意，电平信道的噪声方差与波形信道的加性白高斯噪声功率谱密度之间的关系容易搞错。牢记如下推导结果：

$$
\sigma^2 = \frac{n_0}{2}
$$

基于上述讨论，许用符号为 M 元对称情况时，波形信道的误比特率可以直接从电平信道的结果中得到，为

$$
P_{\mathrm{b}} = \frac{2(M-1)}{M \log_2 M} Q\left(\sqrt{\frac{6}{M^2-1} \frac{E_{\mathrm{s}}}{n_0}}\right)
$$

4.1.11　波形信道的另一种实现——匹配滤波

在通信与电子系统的设计中，工程师习惯于适用滤波器的模块和语言。在发送端让一个幅值调制的冲激信号（δ 函数），即 $x\delta(t)$ 通过一个单位冲激响应为 $p(t)$ 的滤波器，就可以得到发送波形 $xp(t)$。此时，发送端的这个滤波器称为发送滤波器或者脉冲成形滤波器，如图 4.12 所示。

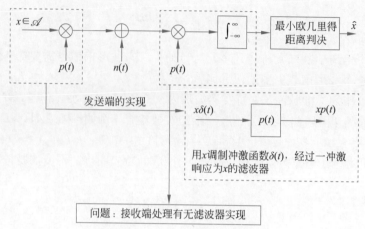

图 4.12　波形传输的滤波器实现

能否利用滤波器来实现接收信号 $y(t)$ 与脉冲 $p(t)$ 的内积？这里只需要注意"内积＝滤波＋抽样"即可。

具体来说，内积的结果是一个数，而滤波则会产生一个波形，因此还需在合适的时刻进行抽样才能还原一个数。将上述思想用数学公式表示。首先将内积的公式做变换，引入一个新的参量 u，即

$$\int_{-\infty}^{\infty} y(t)p(t)\mathrm{d}t = \int_{-\infty}^{\infty} y(t)p(u-(u-t))\mathrm{d}t$$

定义一个新的函数

$$\varphi(\tau) = y(\tau) * p(u-\tau) = \int_{-\infty}^{\infty} y(t)p(u-(\tau-t))\mathrm{d}t$$

式中：u 为常数。

对 $\varphi(\tau)$ 在 u 时刻进行抽样，可得

$$\varphi(u) = \int_{-\infty}^{\infty} y(t)p(t)\mathrm{d}t$$

这就是接收信号 $y(t)$ 和成形脉冲 $p(t)$ 的内积结果。

上述推导表明，要实现接收信号 $y(t)$ 和成形脉冲 $p(t)$ 的内积，先让接收信号 $y(t)$ 通过一个冲激响应 $p(u-t)$ 的滤波器滤波，再对输出信号在 u 时刻进行抽样。其实现框图如图4.13所示。

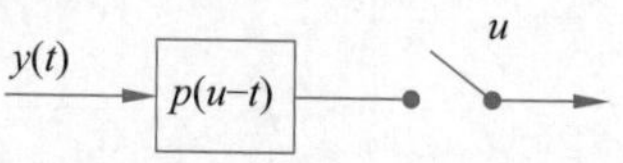

$$y(t) \rightarrow \boxed{p(u-t)} \rightarrow \overset{u}{\underset{\bullet}{\diagup}}$$

图 4.13　匹配滤波器：用适当的滤波加抽样实现内积

冲激响应 $p(u-t)$ 的滤波器称为匹配滤波器，典型的 u 取为 0、T。

接下来从频域的观点理解匹配滤波器。记 $\hat{p}(f) = \mathscr{F}[p(t)]$，则匹配滤波器的频域响应可以表示为

$$\mathscr{F}[p(u-t)] = \mathrm{e}^{-\mathrm{j}2\pi uf}\hat{p}^*(f)$$

也常使用频域解释来推导匹配滤波器（图4.14），感兴趣的读者可以查阅相关文献。

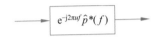

图 4.14　匹配滤波器的频域框图表示

4.1.12　从变换域看成形脉冲 $p(t)$ 的选择

从匹配滤波器的角度出发，可以从时域和频域讨论通信波形。这里讨论几种典型的成形脉冲 $p(t)$。若成形脉冲 $p(t)$ 在时域上有限，则其一定在频域上无限，如图4.15所示。

图 4.15　$p(t)$ 时域有限、频域无限的基带脉冲

若成形脉冲 $p(t)$ 在频域上有限，则其一定在时域上无限，如图4.16所示。

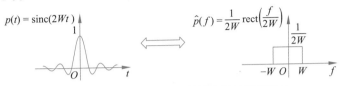

图 4.16　$p(t)$ 时域无限、频域有限的基带脉冲

若在频域上，其能量集中于低频区域，则称 $x(t)$ 为基带通信信号或波形，使用此类 $x(t)$ 进行的数字传输称为基带数字传输。

接下来讨论在频域上 $p(t)$ 或由 $p(t)$ 生成的通信信号 $x(t)$ 的能量集中于某一个带通区域。$x(t)$ 称为载波通信信号或者带通通信信号，使用此类 $x(t)$ 进行的数字传输称为载波数字传输或带通数字传输。

类似于基带情况，若成形脉冲 $p(t)$ 在频域上有限，则其一定在时域上无限，如图4.17所示。

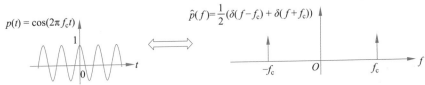

图 4.17　$p(t)$ 时域无限、频域有限的载波或带通脉冲

若成形脉冲 $p(t)$ 在时域上有限，则其一定在频域上无限，如图4.18所示。

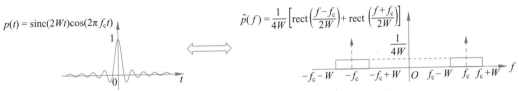

图 4.18　$p(t)$ 频域无限、时域有限的载波或带通脉冲

4.2 复电平传输对应的波形信道

4.1节给出了一维实电平信道的波形信道实现。我们发现，通过将发送波形写为标准形式，即 $xp(t)$（其中 $x \in \mathscr{A}$，$\|p(t)\|_2 = 1$），则波形信道与电平信道有着非常简洁的对应方法。这种方法对于解题很重要。在本节仍关注只传一个符号的情况。我们的目的是给出复电平信道、向量信道的波形信道实现方式。此外，还将讨论将信息比特映射成任意波形，即波形之间不存在简单的线性放缩关系的情况。

4.2.1 复电平传输的波形实现

考虑复电平集合 $\mathscr{A} = \left\{ a_i^{\mathrm{I}} + ja_i^{\mathrm{Q}}, i = 1, 2, \cdots, M \right\}$。此时，需要回答一个问题：复电平 $x \in \mathscr{A}$ 所对应的通信波形是否可以用 $x(t) = x \cdot p(t) = (x_{\mathrm{I}} + jx_{\mathrm{Q}}) p(t)$ 来实现？

由于上述波形是复值波形，因此只存在于某种等效情况中。本书中讨论的实际物理波形必须是一个实值波形。为了解决这一问题，先采用一种简单的解决方案，即把信道用两次，第一次传 x_{I}，第二次传 x_{Q}。不难看出，这是可以实现复电平传输的。

但是，还进一步深入思考的问题：如何在时间区间 $[0, T)$ 中，同时传送符号 x_{I}、x_{Q}？为此，再提出一种直观的方案。考察一种波形，其表达式为[1]

$$x(t) = x_{\mathrm{I}} \frac{\cos(2\pi f_c t)}{\sqrt{T/2}} + x_{\mathrm{Q}} \frac{\sin(2\pi f_c t)}{\sqrt{T/2}},$$

式中：$0 \leqslant t < T$，并且要求 $f_c T$ 为整数，后面会看到，要求 $f_c T$ 为整数的作用是确保两路的正交，无干扰。x_{I} 和 x_{Q} 所对应的波形成形脉冲如图4.19和图4.20所示。

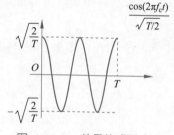

图 4.19　x_{I} 使用的成形脉冲

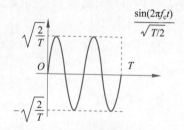

图 4.20　x_{Q} 使用的成形脉冲

注意：上式中的这一形式是标准的，即确保由电平均方计算得到的符号能量等于由波形均方计算得到的符号能量，具体为

$$E\left\{ \int_{-\infty}^{\infty} x^2(t)\mathrm{d}t \right\} = E\left\{ |x|^2 \right\}$$

---

[1] 表达式中正弦函数 sin 之前选用的是正号"+"。在主流教材中，sin 前有使用正号"+"，也有使用负号"−"的，甚至有时在同一本书中也不统一，往往给读者带来困惑。这里，各自的利弊需要我们辩证地看待。使用正号"+"的好处就是简单（也符合第一眼直观），避免在大量纷繁复杂的后续推导中，因负负得正之类的运算产生额外差错的可能。但是，严格来说，使用负号"−"能够更好地对应等效基带模型，避免频率轴的反向。具体来说，采用负号"−"可以确保等效基带的频谱，正比于对应载波信号频谱的"正"频率分量部分平移到基带；换言之，也是载波信号带内功率谱与等效基带带内功率谱形状相同，而不是关于载波频率对称反转（若使用正号"+"，则会出现此情况）。因此，对于大量依赖等效基带模型的教材，需要在 sin 函数前选用负号"−"。本书作为通信与网络的入门或启蒙教材，涉及的等效基带推导很少，为了读者便于理解、易于推导，选用在正弦函数 sin 之前放置正号"+"的表达形式。这一点应特别注意，并建议授课教师在讲课中提及这一辩证思考，这一形式及其各类变形在数字调制部分的后面章节还会反复出现。这段文字虽然以脚注模式给出，但从严格化的角度非常重要！

首先对上式进行验证：

$$E\left\{\int_{-\infty}^{\infty} x^2(t)\mathrm{d}t\right\} = E\left\{x_\mathrm{I}^2\right\} \cdot \underbrace{\frac{2}{T}\int_0^T (\cos^2 2\pi f_\mathrm{c} t)\mathrm{d}t}_{1} +$$

$$E\left\{x_\mathrm{I} x_\mathrm{Q}\right\} \cdot \frac{4}{T}\underbrace{\int_0^T \cos(2\pi f_\mathrm{c}t) \cdot \sin(2\pi f_\mathrm{c}t)\mathrm{d}t}_{0} + E\left\{x_\mathrm{Q}^2\right\} \frac{2}{T}\underbrace{\int_0^T \sin^2(2\pi f_\mathrm{c}t)\mathrm{d}t}_{1}$$

$$= E\left\{x_\mathrm{I}^2\right\} + E\left\{x_\mathrm{Q}^2\right\}$$

$$= E\left\{|x|^2\right\}$$

注意，在上面推导中须满足 $f_\mathrm{c}T \in \mathbb{N}$。

4.2.2　恢复 x_I 和 x_Q

在上面给出的通信波形中承载 x_I 和 x_Q 的波形，在时间上重叠故相互干扰的。因此，当恢复 x_I 和 x_Q 时，不仅要考虑信噪比的最大化，还要消除二者之间的相互干扰。具体的方法是利用成形脉冲内在的正交性。

针对上述波形设计，分别让 x_I、x_Q 的信噪比最大化的处理，是否能克服相互干扰？若能，则就是最理想的，同时最大化了信噪比和最小化了干扰。

讨论思路：首先忽略 Q 路，即忽略一个矛盾，先关注一个主要矛盾是通信与网络中的常用思维方式。由上述讨论结果知：对 I 路做内积的最优函数为 $\sqrt{\dfrac{2}{T}}\cos(2\pi f_\mathrm{c}t)$，其中 $t \in [0, T)$，该函数已经归一化。而对 Q 路做内积的最优函数为 $\sqrt{\dfrac{2}{T}}\sin(2\pi f_\mathrm{c}t)$，$t \in [0, T)$，该函数也已经归一化。

注意到：

$$y(t) = x(t) + n(t) = x_\mathrm{I} \cdot \frac{1}{\sqrt{T/2}}\cos(2\pi f_\mathrm{c}t) + x_\mathrm{Q} \cdot \frac{1}{\sqrt{T/2}}\sin(2\pi f_\mathrm{c}t) + n(t)$$

于是，可得

$$y_\mathrm{I} = \left\langle y(t), \sqrt{\frac{2}{T}}\cos(2\pi f_\mathrm{c}t) \cdot \mathbb{1}(0 \leqslant t < T) \right\rangle$$

$$= x_\mathrm{I} \underbrace{\frac{2}{T}\int_0^T \cos^2(2\pi f_\mathrm{c}t)\mathrm{d}t}_{=1} + x_\mathrm{Q} \cdot \underbrace{\frac{2}{T}\int_0^T \sin(2\pi f_\mathrm{c}t) \cdot \cos(2\pi f_\mathrm{c}t)\,\mathrm{d}t}_{=0} +$$

$$\underbrace{\sqrt{\frac{2}{T}}\int_0^T n(t)\cos(2\pi f_\mathrm{c}t)\mathrm{d}t}_{=n_\mathrm{I}}$$

$$= x_\mathrm{I} + n_\mathrm{I}$$

显然，利用成形脉冲波形的某种正交性就有效地去除了 I 路和 Q 路之间的干扰。若二者不正交，则最多产生值为 $\dfrac{2x_\mathrm{Q}}{Tf_\mathrm{c}}$ 的干扰。

去除干扰后，再关注处理后等效的噪声。由于

$$n_{\mathrm{I}} = \sqrt{\frac{2}{T}} \int_0^T n(t) \cos(2\pi f_{\mathrm{c}} t) \mathrm{d}t$$

这是零均值的高斯分布。接下来推到它的方差：

$$\sigma_{\mathrm{I}}^2 = E\left\{n_{\mathrm{I}}^2\right\} = \frac{2}{T} \int_0^T \int_0^T E\left\{n(t_1) n(t_2)\right\} \cos(2\pi f_{\mathrm{c}} t_1) \cdot \cos(2\pi f_{\mathrm{c}} t_2) \mathrm{d}t_1 \mathrm{d}t_2$$

$$= \frac{2}{T} \cdot \frac{n_0}{2} \int_0^T \cos^2(2\pi f_{\mathrm{c}} t) \mathrm{d}t$$

$$= \frac{2}{T} \cdot \frac{n_0}{2} \cdot \frac{T}{2}$$

$$= \frac{n_0}{2}$$

用同样的思路讨论 x_{Q} 的接收。等效的 Q 路电平模型如下：

$$y_{\mathrm{Q}} = \left\langle y(t), \sqrt{\frac{2}{T}} \sin(2\pi f_{\mathrm{c}} t) \cdot \mathbb{1}(0 \leqslant t < T) \right\rangle$$

$$= x_{\mathrm{I}} \cdot \underbrace{\frac{2}{T} \int_0^T \sin(2\pi f_{\mathrm{c}} t) \cdot \cos(2\pi f_{\mathrm{c}} t) \, \mathrm{d}t}_{=0} + x_{\mathrm{Q}} \cdot \underbrace{\frac{2}{T} \int_0^T \sin^2(2\pi f_{\mathrm{c}} t) \mathrm{d}t}_{=1} +$$

$$\underbrace{\sqrt{\frac{2}{T}} \int_0^T n(t) \sin(2\pi f_{\mathrm{c}} t) \mathrm{d}t}_{=n_{\mathrm{Q}}}$$

$$= x_{\mathrm{Q}} + n_{\mathrm{Q}}$$

同样，利用成形脉冲波形的某种正交性就有效地去除了 I 路和 Q 路之间的干扰。若二者不正交，则最多产生值为 $\frac{2x_{\mathrm{I}}}{T f_{\mathrm{c}}}$ 的干扰。

类似地，噪声分量记为

$$n_{\mathrm{Q}} = \sqrt{\frac{2}{T}} \int_0^T n(t) \sin(2\pi f_{\mathrm{c}} t) \mathrm{d}t$$

同样是零均值的高斯分布。它的方差推导如下：

$$\sigma_{\mathrm{Q}}^2 = E\left\{n_{\mathrm{Q}}^2\right\} = \frac{2}{T} \int_0^T \int_0^T E\left\{n(t_1) n(t_2)\right\} \sin(2\pi f_{\mathrm{c}} t_1) \cdot \sin(2\pi f_{\mathrm{c}} t_2) \mathrm{d}t_1 \mathrm{d}t_2$$

$$= \frac{2}{T} \cdot \frac{n_0}{2} \int_0^T \sin^2(2\pi f_{\mathrm{c}} t) \mathrm{d}t = \frac{2}{T} \cdot \frac{n_0}{2} \cdot \frac{T}{2} = \frac{n_0}{2}$$

综上两种情况可以看到，I 路和 Q 路的噪声具有相同的方差，即 $\sigma_{\mathrm{I}}^2 = \sigma_{\mathrm{Q}}^2 = \sigma^2 = \frac{n_0}{2}$。

4.2.3　与复电平信道的相互等效

上述的推导可能比较繁复，但是在实际工作和解题计算中只掌握波形和电平信道的参数等效就可以。下面来看这两种信道是如何相互等效的。复电平对应的波形通过 AWGN 信道的模型如图4.21所示。

$$\frac{x_{\mathrm{I}}}{\sqrt{T/2}}\cos(2\pi f_c t)+\frac{x_{\mathrm{Q}}}{\sqrt{T/2}}\sin(2\pi f_c t)\quad \downarrow n(t)$$

图 4.21　复电平对应的波形通过 AWGN 信道

无论是波形信道还是电平信道，其符号能量都可以写为

$$E_{\mathrm{s}}=E\left\{x_{\mathrm{I}}^2\int_0^T\frac{2}{T}\cos^2(2\pi f_c t)\mathrm{d}t+x_{\mathrm{Q}}^2\int_0^T\frac{2}{T}\sin^2(2\pi f_c t)\mathrm{d}t\right\}$$

上面 AWGN 信道传输的等效复电平信道可以写为

$$y=x+n$$

发送的符号为复数电平，即

$$x=x_{\mathrm{I}}+\mathrm{j}x_{\mathrm{Q}}\in\mathscr{A}$$

等效的噪声为复高斯噪声，记为

$$n=n_{\mathrm{I}}+\mathrm{j}n_{\mathrm{Q}}$$

其为零均值，即

$$E\{n_{\mathrm{I}}\}=E\{n_{\mathrm{Q}}\}=0$$

其方差与噪声功率谱密度之间的关系为

$$\sigma_{\mathrm{I}}^2=\sigma_{\mathrm{Q}}^2=\frac{n_0}{2}$$

4.2.4　更一般的表示复电平的波形

用于表示复电平的波形为

$$x(t)=[x_{\mathrm{I}}\cos(2\pi f_c t)+x_{\mathrm{Q}}\sin(2\pi f_c t)]\,\mathbb{1}\{0\leqslant t<T\}$$

其中，要求 $f_c T\in\mathbb{N}$，否则就会有 $\dfrac{2x_{\mathrm{I}}}{Tf_c}$ 或 $\dfrac{2x_{\mathrm{Q}}}{Tf_c}$ 的相互干扰。

类似于 4.2.3 节的讨论，把成形脉冲波形进行一般化，构造如下通信波形：

$$x(t)=[x_{\mathrm{I}}\cos(2\pi f_c t)+x_{\mathrm{Q}}\sin(2\pi f_c t)]\,\sqrt{2}p(t)$$

同样地，如果需要确保等效过程中符号能量不变，即

$$E\left\{\int_{-\infty}^{\infty}x^2(t)\mathrm{d}t\right\}=E\left\{|x|^2\right\}$$

此时，要求 $p(t)$ 在频域上带宽受限，即 $\hat p(f)=0$，$|f|>W(W<f_c)$，这也是出于实际工程中避免多址干扰的需要。同时，要求 $p(t)$ 是标准的，即 $\displaystyle\int_{-\infty}^{\infty}p^2(t)\mathrm{d}t=1$。给定 x_{I} 和 x_{Q} 后，$x(t)$ 的幅频特性 $|X(f)|$ 如图4.22所示。

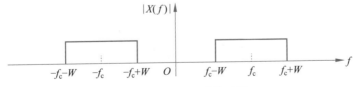

图 4.22　带通的通信波形

后面会看到，上述设计可以在一般的 $p(t)$ 下仍保证 I 路和 Q 路的正交性。

4.2.5 一般波形的 x_I 和 x_Q 恢复

给出了一般成形脉冲下的复电平承载波形后，讨论如何在 AWGN 信道中对其进行最佳接收。为此，只需要验证：让 x_I、x_Q 各自信噪比最大化的处理，同时也能完全消除二者的相互干扰。

整理经过 AWGN 信道后的输出波形，可得

$$y(t) = x(t) + n(t) = x_\text{I}\sqrt{2}p(t)\cos(2\pi f_c t) + x_\text{Q}\sqrt{2}p(t)\sin(2\pi f_c t) + n(t)$$

对 I 路期望接收的符号进行信噪比最大化的结果为

$$y_\text{I} = \left\langle y(t), \sqrt{2}p(t)\cos(2\pi f_c t) \right\rangle$$

$$= x_\text{I} \times 2\int_{-\infty}^{\infty} p^2(t)\cos^2(2\pi f_c t)\mathrm{d}t + x_\text{Q} \times 2\int_{-\infty}^{\infty} p^2(t)\sin(2\pi f_c t)\cos(2\pi f_c t)\mathrm{d}t +$$

$$\sqrt{2}\int_{-\infty}^{\infty} n(t)p(t)\cos(2\pi f_c t)\mathrm{d}t$$

对最后一个等式中的三项逐项进行讨论。在这类讨论中要反复利用三角公式：

$$\cos^2\theta = \frac{1}{2}(1 + \cos 2\theta)$$

$$\sin\theta \cdot \cos\theta = \frac{1}{2}\sin 2\theta$$

y_I 中的第一项，由三角公式可得

$$x_\text{I} \times 2\int_{-\infty}^{\infty} p^2(t)\cos^2(2\pi f_c t)\mathrm{d}t = x_\text{I}\int_{-\infty}^{\infty} p^2(t)\left[1 + \cos(4\pi f_c t)\right]\mathrm{d}t$$

注意到，$p^2(t)$ 的带宽 $\tilde{W} = 2W < 2f_c$，这是因为时域相乘等效于频域相卷，于是频带宽度拓展 1 倍。再由"频域正交，时域也正交"的特性，可得

$$\int_{-\infty}^{\infty} p^2(t) \cdot \cos(4\pi f_c t)\mathrm{d}t = 0$$

由上讨论可知，y_I 中的第一项(信号项)等于期望接收的符号 x_I。

y_I 中的第二项，即交叉项，或者干扰项仍利用频域正交的特性，可以证明其被完全消除，推导如下：

$$x_\text{Q} \times 2\int_{-\infty}^{\infty} p^2(t)\sin(2\pi f_c t) \cdot \cos(2\pi f_c t)\mathrm{d}t$$

$$= x_\text{Q}\int_{-\infty}^{\infty} p^2(t)\sin(4\pi f_c t)\mathrm{d}t = 0$$

直观解释如图 4.23 所示。

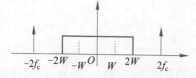

图 4.23 频域正交导致内积为零的示意图

y_I 中的第三项，即噪声项。由高斯的线性组合还是高斯可知，噪声服从高斯分布。交换均值 $E\{\cdot\}$ 与积分 $\int_{-\infty}^{\infty}$，易知其为零均值。它的方差可写为

$$\sigma_{\mathrm{I}}^2 = E\left\{n_{\mathrm{I}}^2\right\} = 2E\left\{\int_{-\infty}^{\infty}\int_{-\infty}^{\infty} n\left(t_1\right)n\left(t_2\right)p\left(t_1\right)p\left(t_2\right)\cos(2\pi f_c t_1)\cos(2\pi f_c t_2)\mathrm{d}t_1\mathrm{d}t_2\right\}$$

对于白高斯噪声，有

$$E\left\{n(t_1)n(t_2)\right\} = \frac{n_0}{2}\delta(t_1 - t_2)$$

把上式代入 σ_{I}^2 表达式，推导可得

$$\begin{aligned}\sigma_{\mathrm{I}}^2 &= 2 \cdot \frac{n_0}{2}\int_{-\infty}^{\infty} p^2(t)\cos^2(2\pi f t)\mathrm{d}t \\ &= 2 \cdot \frac{n_0}{2} \cdot \frac{1}{2}\int_{-\infty}^{\infty} p^2(t)\mathrm{d}t \\ &= \frac{n_0}{2}\end{aligned}$$

由此可知，I 路的噪声服从 $n_{\mathrm{I}} \sim \mathcal{N}\left(0, \dfrac{n_0}{2}\right)$。

讨论 x_{Q} 的恢复。此处需要用到另一个常见的三角公式：

$$\sin^2\theta = 1 - \cos^2\theta = \frac{1}{2}(1 - \cos 2\theta)$$

接收处理后的 y_{Q} 可以表示为

$$\begin{aligned}y_{\mathrm{Q}} &= \langle y(t), \sqrt{2}p(t)\sin(2\pi f_c t)\rangle \\ &= x_{\mathrm{I}} \times 2\underbrace{\int_{-\infty}^{\infty} p^2(t)\cos(2\pi f_c t)\cdot\sin(2\pi f_c t)\mathrm{d}t}_{=0} + x_{\mathrm{Q}} \times 2\int_{-\infty}^{\infty} p^2(t)\sin^2(2\pi f_c t)\mathrm{d}t + \\ &\quad \sqrt{2}\underbrace{\int_{-\infty}^{\infty} n(t)p(t)\sin(2\pi f_c t)\mathrm{d}t}_{n_{\mathrm{Q}}}\end{aligned}$$

类似于上面的讨论讨论，由于波形的正交特性，I、Q 两路之间没有干扰。

上式最后一个等号右边的第二项为信号项，做进一步的推导和化简，可得

$$\begin{aligned}x_{\mathrm{Q}} \times 2\int_{-\infty}^{\infty} p^2(t)\sin^2(2\pi f_c t)\mathrm{d}t &= x_{\mathrm{Q}}\int_{-\infty}^{\infty} p^2(t)(1 - \cos(4\pi f_c t))\mathrm{d}t \\ &= x_{\mathrm{Q}}\int_{-\infty}^{\infty} p^2(t)\mathrm{d}t \\ &= x_{\mathrm{Q}}\end{aligned}$$

第二个等式利用了 $p^2(t)$ 与 $\cos(4\pi f_c t)$ 在频域上的正交性。

讨论噪声项 n_{Q}。同样不难知道，n_{Q} 是零均值高斯随机变量。其方差计算如下：

$$\begin{aligned}\sigma_{\mathrm{Q}}^2 &= E\left\{n_{\mathrm{Q}}^2\right\} \\ &= 2\int_{-\infty}^{\infty}\int_{-\infty}^{\infty} E\left\{n\left(t_1\right)n\left(t_2\right)\right\}p\left(t_1\right)p\left(t_2\right)\sin(2\pi f_c t_1)\cdot\sin(2\pi f_c t_2)\mathrm{d}t_1\mathrm{d}t_2 \\ &= 2 \times \frac{n_0}{2}\int_{-\infty}^{\infty} p^2(t)\sin^2(2\pi f_c t)\mathrm{d}t \\ &= \frac{n_0}{2}\int_{-\infty}^{\infty} p^2(t)\left(1 - \cos(4\pi f_c t)\right)\mathrm{d}t\end{aligned}$$

$$= \frac{n_0}{2} \int_{-\infty}^{\infty} p^2(t)\mathrm{d}t$$

$$= \frac{n_0}{2}$$

即 Q 路的噪声满足分布 $n_Q \sim \mathcal{N}\left(0, \frac{n_0}{2}\right)$。

4.2.6 一般波形信道与复电平信道等效

一般成形脉冲下的波形信道具有如下形式：

$$y(t) = x_I \cdot \sqrt{2}p(t)\cos 2\pi f_c t + x_Q \cdot \sqrt{2}p(t)\sin 2\pi f_c t + n(t)$$

其中，复电平符号 $x_I + \mathrm{j}x_Q \in \mathscr{A}$，脉冲满足归一化条件 $\int_{-\infty}^{\infty} p^2(t)\mathrm{d}t = 1$，噪声 $n(t)$ 的双边功率谱密度为 $\frac{n_0}{2}$。

基于之前的讨论，归纳上述一般成形脉冲下的波形信道对应的复电平信道（图4.24）为

$$y = x_I + \mathrm{j}x_Q + n_I + \mathrm{j}n_Q$$

其中，复电平符号 $x_I + \mathrm{j}x_Q \in \mathscr{A}$，加性噪声向量 $(n_I, n_Q) \sim \mathcal{N}\left(0, \frac{n_0}{2}I\right)$，或复高斯噪声 $n_I + \mathrm{j}n_Q \sim \mathcal{CN}(0, n_0)$，且噪声方差 $\sigma_I^2 = \sigma_Q^2 = \sigma^2 = \frac{n_0}{2}$。等效后的电平信道如图4.25所示。

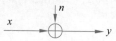

图 4.24　一般成形脉冲下的波形信道　　　图 4.25　等效复电平信道

承载复电平的通信波形示例如图4.26所示。

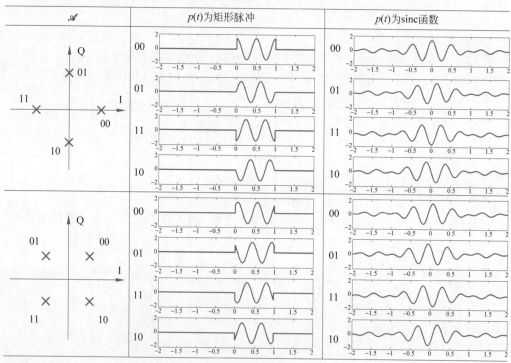

图 4.26　承载复电平的通信波形示例

4.2.7 向量电平信道的波形实现

本节从复电平（二维符号，包含 I、Q 路信息）推广到更一般的维度，关注正交电平集合的波形实现方法。考虑正交符号集合 $\mathscr{A} = \left\{ [A, 0, \cdots 0]^{\mathrm{T}}, [0, A, \cdots, 0]^{\mathrm{T}}, \cdots, [0, 0, \cdots, A]^{\mathrm{T}} \right\}$。仍然从直观的构思谈起。例如，下面的波形就具有天然正交的特性。

考虑基本脉冲 $p(t)$，其满足 $p(t) = 0$, $\forall t < 0$ 或 $t \geqslant \dfrac{T}{M}$。同时，该脉冲还满足归一化条件 $\displaystyle\int_{-\infty}^{\infty} p^2(t)\mathrm{d}t = 1$。基于这个基本脉冲，构造许用波形如下：

$$p_i(t) = \begin{cases} p\left(t - (i-1)\dfrac{T}{M}\right), & \dfrac{(i-1)T}{M} \leqslant t < \dfrac{iT}{M} \\ 0, & \text{其他} \end{cases}$$

将这种许用波形对应的数字通信方式称为脉冲相位调制（Pulse Phase Modulation, PPM），如图 4.27 所示。

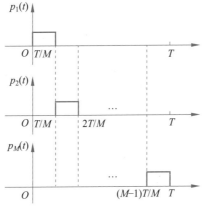

图 4.27 脉冲相位调制

发送的波形由下式给出：

$$x(t) = \sum_{i=1}^{M} a_i p_i(t), \quad \boldsymbol{a} = [a_1, a_2, \cdots, a_M]^{\mathrm{T}} \in \mathscr{A}$$

讨论正交向量的接收与恢复时，思维方式类似于复电平部分的讨论。最大化 a_i 的信噪比的处理是否同时能消除各维度之间的干扰，若能，则为最优的方案。

接下来的讨论中将用到的一个核心性质：

$$\langle p_i(t) \cdot p_j(t) \rangle = \delta_{ij} = \begin{cases} 1, & i = j \\ 0, & i \neq j \end{cases}$$

下面验证这个性质。若 $i = j$，则有

$$\langle p_i(t), p_j(t) \rangle = \int_{\frac{(i-1)T}{M}}^{\frac{iT}{M}} p^2\left(t - (i-1)\frac{T}{M}\right)\mathrm{d}t$$

$$= \int_0^{T/M} p^2(t)\mathrm{d}t = 1$$

若 $i \neq j$，则有 $p_i(t) \cdot p_j(t) = 0$, $\forall t$。因此，可得

$$\langle p_i(t), p_j(t) \rangle = 0$$

在做完数学工具的积累后，进一步恢复 a_i。采用最大化信噪比的方法可得

$$y_i = \langle y(t), p_i(t) \rangle = \left\langle \sum_{i=1}^{M} a_i p_i(t) + n(t), p_i(t) \right\rangle$$

$$= a_i \underbrace{\langle p_i(t), p_i(t) \rangle}_{=1} + \sum_{j=1, j \neq i}^{M} a_j \underbrace{\langle p_j(t), p_i(t) \rangle}_{=0} + \langle n(t), p_i(t) \rangle$$

$$= a_i + n_i$$

显然，上式中干扰项的处理结果为 0，即干扰被消除了。最后一个等式中的 n_i 为零均值高斯噪声，其方差为

$$E\{n_i^2\} = E\left\{ \int_{-\infty}^{\infty} \int_{-\infty}^{\infty} n(t_1) n(t_2) p(t_1) p(t_2) \, \mathrm{d}t_1 \mathrm{d}t_2 \right\}$$

$$= \frac{n_0}{2} \int_{-\infty}^{\infty} p^2(t) \mathrm{d}t = \frac{n_0}{2}$$

4.2.8 正交波形与向量电平的对应

在数学推导后，依然提供一种波形信道与向量电平信道的简单对应关系（图4.28），从而简化计算。

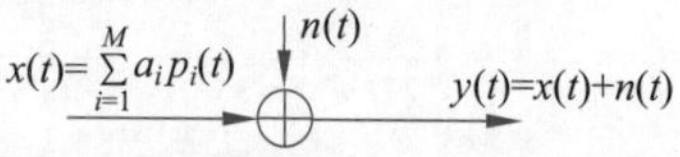

图 4.28 承载向量电平的波形信道

向量电平信道的许用电平向量为

$$\boldsymbol{a} = [a_1, a_2, \cdots, a_M]^{\mathrm{T}} \in \mathscr{A} = \left\{ [A, 0, \cdots 0]^{\mathrm{T}}, [0, A, \cdots, 0]^{\mathrm{T}}, \cdots, [0, 0, \cdots, A]^{\mathrm{T}} \right\}$$

成形脉冲为标准正交基 $\langle p_i(t), p_j(t) \rangle = \delta_{ij}$。信道的加性噪声为 $n(t)$，其双边功率谱密度为 $\frac{n_0}{2}$。

于是，可直接等效为向量电平信道，其符号能量为

$$E_{\mathrm{s}} = E\left\{ \left\| x(t) \right\|_2^2 \right\} = A^2$$

等效向量电平信道如图4.29所示，其中，电平矢量 $\boldsymbol{x}$ 从许用电平矢量集合中选取，即 $\boldsymbol{a} \in \mathscr{A}$。同上，加性噪声矢量的方差 $\sigma^2 = \frac{n_0}{2}$。因此，噪声矢量服从零均值高斯分布，即 $n_i \overset{\text{i.i.d}}{\sim} \left(0, \frac{n_0}{2}\right)$ 或 $\boldsymbol{n} \sim \mathcal{N}\left(\boldsymbol{0}, \frac{n_0}{2}\boldsymbol{I}\right)$。

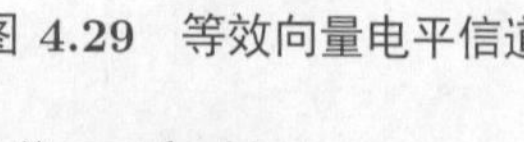

图 4.29 等效向量电平信道

4.2.9 在频域构造标准正交基

由上讨论可知，承载正交向量的电平集合只需一组标准正交的波形，即 $\langle p_i(t), p_j(t) \rangle = \delta_{ij}$。

也可以在频域构造标准正交的 $p_i(t)$。下面考虑两种方案：

方案一：选取标准正交基

$$p_i(t) = \sqrt{\frac{2}{T}} \cos 2\pi (f_{\mathrm{c}} + (i-1)\Delta f) t, \quad 0 \leqslant t < T$$

为确保正交性，需要满足 $\Delta f T$ 为整数，读者自行验证。

方案二：选取标准正交基

$$p_i(t) = \sqrt{2} p(t) \cos 2\pi (f_{\mathrm{c}} + (i-1)\Delta f) t, \quad t \in \mathbb{R}$$

为确保正交性，需要满足 $p(t)$ 带限于 $\dfrac{\Delta f}{2}$，即 $\hat{p}(f) = 0$, $\forall |f| \geqslant \dfrac{\Delta f}{2}$。

上述的这种频域构造正交的方案在实际工程中又称为频移键控（Frequency shift keying, FSK）。

4.2.10 一般波形信道

本章讨论更一般的情况，即一个电平符号 $a_i \in \mathscr{A}$ 可以映射为任意一个波形 $s_i(t)$。只要对 $a_i \neq a_j$，满足 $s_i(t) \neq s_j(t)$，即可分辨出不同的原始发送符号。

其一般性的讨论将涉及信号空间理论，这超出了本书的范畴。这里专注二元符号集合，即用 $s_1(t)$ 表示 "0"，用 $s_2(t)$ 表示 "1" 的情况。从而对一般情况建立一些初步概念。我们的思路仍然是用已知的方法、手段解决新的问题，将新问题划归为已知问题。显然，若能把 $s_1(t)$、$s_2(t)$ 表示为

$$\begin{cases} s_1(t) = a_1^{\mathrm{I}} p_{\mathrm{I}}(t) + a_1^{\mathrm{Q}} p_{\mathrm{Q}}(t) \\[2mm] s_2(t) = a_2^{\mathrm{I}} p_{\mathrm{I}}(t) + a_2^{\mathrm{Q}} p_{\mathrm{Q}}(t) \end{cases}$$

且成形脉冲满足归一化条件 $\|p_{\mathrm{I}}(t)\|_2 = \|p_{\mathrm{Q}}(t)\|_2 = 1$ 和正交化条件 $\langle p_{\mathrm{I}}(t), p_{\mathrm{Q}}(t) \rangle = 0$，则完全按照二维或复电平对应的波形处理。

为了构造上述表达式，直接引入 Gram-Schmidt 正交化，如图4.30所示。

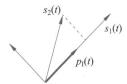

图 4.30 Gram-Schmidt 正交化构造一般波形的统一表示

具体来说，I 路的成形脉冲为

$$p_{\mathrm{I}}(t) = \frac{s_1(t)}{\|s_1(t)\|_2}$$

于是，还可以得到 $a_1^{\mathrm{I}} = \|s_1(t)\|_2$，$a_1^{\mathrm{Q}} = 0$。

计算第二个标准正交基。$s_2(t)$ 向 $p_{\mathrm{I}}(t)$ 投影后的正交分量如下：

$$\begin{aligned} s_2^{\perp}(t) &= s_2(t) - s_2''(t) \\ &= s_2(t) - \langle s_2(t), p_{\mathrm{I}}(t) \rangle p_{\mathrm{I}}(t) \\ &= s_2(t) - \frac{\langle s_2(t), s_1(t) \rangle}{\|s_1(t)\|_2} p_{\mathrm{I}}(t) \end{aligned}$$

计算 $s_2(t)$ 在第一个正交基上的系数：

$$a_2^{\mathrm{I}} = \langle s_2(t), p_{\mathrm{I}}(t) \rangle$$
$$= \frac{\langle s_2(t), s_1(t) \rangle}{\|s_1(t)\|_2}$$

归一化 $s_2^{\perp}(t)$ 后，可以得到第二个正交基：

$$p_{\mathrm{Q}}(t) = \frac{s_2^{\perp}(t)}{\|s_2^{\perp}(t)\|_2}$$

计算 $s_2(t)$ 在第二个正交基上的系数：

$$a_2^{\mathrm{Q}} = \|s_2^{\perp}(t)\|_2$$

针对上述信号的接收，只需要看噪声在两个标准正交基上的投影，不难推出噪声在 I 路标准正交基上的投影：

$$n_{\mathrm{I}} = \langle n(t), p_{\mathrm{I}}(t) \rangle$$

这是一个零均值高斯随机变量，其方差为

$$\sigma_{\mathrm{I}}^2 = \frac{n_0}{2}$$

噪声在 Q 路标准正交基上的投影为

$$n_{\mathrm{Q}} = \langle n(t), p_{\mathrm{Q}}(t) \rangle$$

这是一个零均值高斯随机变量，其方差为

$$\sigma_{\mathrm{Q}}^2 = \frac{n_0}{2}$$

当给出了信号空间中的几何直观（图4.31）后，就可以分析其判决差错概率。

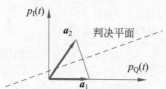

图 4.31　抽象信号空间中的判决

每个符号到判决平面的距离为

$$d = \frac{\sqrt{(a_1^{\mathrm{I}} - a_2^{\mathrm{I}})^2 + (a_2^{\mathrm{Q}})^2}}{2}$$

误比特率的表达式为

$$P_{\mathrm{b}} = P_{\mathrm{e}} = Q\left(\frac{\sqrt{(a_1^{\mathrm{I}} - a_2^{\mathrm{I}})^2 + (a_2^{\mathrm{Q}})^2}}{2\sqrt{n_0/2}} \right) = Q\left(\frac{\|s_1(t) - s_2(t)\|_2}{\sqrt{2n_0}} \right)$$

还可以采用一种简单的方法计算通信波形在信号空间中的欧几里得距离，即

$$d = \frac{\|s_1(t) - s_2(t)\|_2}{2}$$

第5章

波形信道 II ——传送符号序列

前面完成了一种信息传输的物理实体设计，但是只考虑了传输一个符号。希望设计一种系统在时间域反复多次传输符号。设计目的是在传送符号序列时，传送的符号在时间上间隔尽可能小，单位时间内传递的符号数尽可能多。

5.1　码间串扰及其消除

还是从知识重构的角度来开展探究。传输符号序列面临的新问题是前后两个符号，甚至多个符号对应的通信波形之间会相互干扰。为了展示这一点，仍从直观的设计谈起。

简单的矩形脉冲 $p(t), 0 \leqslant t < T, \|p(t)\|_2 = 1$，如图5.1所示。

当两个符号间的时间间隔 $T_\mathrm{s} < T$ 时，承载这两个符号的波形之间就会发生相互干扰。接收的信号表述如下：

$$y(t) = x_1 p(t) + x_2 p(t - T_\mathrm{s}) + n(t)$$

根据之前的讨论，接收机把接收信号与成形脉冲 $p(t)$ 做内积，得到

$$
\begin{aligned}
y_1 &= \langle y(t), p(t) \rangle \\
&= x_1 + \left(1 - \frac{T_\mathrm{s}}{T}\right) x_2 + n, n \sim \mathcal{N}\left(0, \frac{n_0}{2}\right)
\end{aligned}
$$

由上式推导可知，当 $T_\mathrm{s} \geqslant T$ 时，等效的电平信道中符号间串扰（ISI）为0，如图5.2所示。

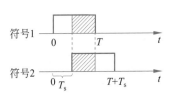

图 5.1　承载不同符号的通信波形相互干扰示意

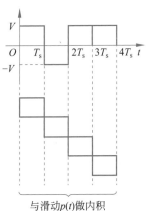

与滑动 $p(t)$ 做内积

图 5.2　一种简单的无 ISI 传输示例

5.1.1 一种无ISI的传输示例

根据上面讨论的启示，给出一种简单的无ISI传输示例，如图5.3所示。

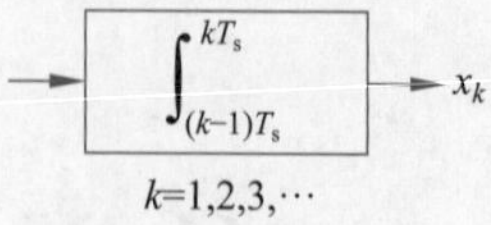

$$\int_{(k-1)T_s}^{kT_s} \longrightarrow x_k$$

$$k=1,2,3,\cdots$$

图 5.3 符号序列接收的相关器实现

对于矩形脉冲，满足无ISI条件的最小的符号间隔$T_s = T$。此时，对应的最大符号速率

$$R_s = \frac{1}{T_s} = \frac{1}{T}$$

可以把发送信号$x(t)$看作符号序列x_k与成形脉冲$p(t)$的卷积，如下式所示：

$$x(t) = \sum_{k=1}^{+\infty} x_k p(t + T_s - kT_s)$$

对一连串符号的接收方法，即分别和不同时间位置的成形脉冲做内积，得到

$$y_1 = \left\langle y(t), p(t) \right\rangle = x_1 + n_1$$

$$y_2 = \left\langle y(t), p(t - T_s) \right\rangle = x_2 + n_2$$

$$y_3 = \left\langle y(t), p(t - 2T_s) \right\rangle = x_3 + n_3$$

$$y_4 = \left\langle y(t), p(t - 3T_s) \right\rangle = x_4 + n_4$$

其中，等效的电平信道的噪声独立同分布，满足

$$n_i \sim \mathcal{N}\left(0, \frac{n_0}{2}\right), \quad i = 1, 2, 3, 4, \cdots$$

5.1.2 对物理实现的详细讨论

上面提到的接收处理是用相关器实现的，在接收不同的符号时，不断改变相关的范围。在第4章中也讨论过，数字通信中常用滤波器加抽样来实现相关器的功能。因此需要比较相关器与滤波器这两种方案。在匹配滤波中，由于卷积在时域上扩展信号，上述处理的无ISI结果还成立吗？

基于匹配滤波的符号序列接收如图5.4所示。

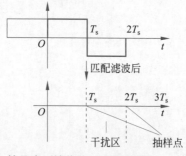

图 5.4 符号序列接收的"匹配滤波器＋抽样"实现

从图5.4可以看到，卷积扩展了信道，导致不同符号对应波形之间的相互干扰。那么，难

道匹配滤波只能用如图5.5所示脉冲吗？

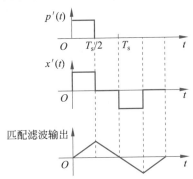

图 5.5　匹配滤波后也完全没有波形相互干扰的成形脉冲设计

事实上，匹配滤波后要进行抽样，只在抽样点无ISI即可。因此，符号序列接收的"匹配滤波器+抽样"实现，$T_s = T$时也是没有问题的。

5.1.3　讨论抽样点无失真的模型等效准备

完成上面讨论后，对这种直观设计的问题与可继承之处做一些深入分析。在上面的设计中，其要求成形脉冲$p(t)$时域有限，则其频域必无限，这就不适应于一般的信道以及多址的要求。

从知识迁移的角度来看，通信信号的表达式可以继承下来，表示为卷积形式：

$$x(t) = \sum_{k=-\infty}^{+\infty} x_k p(t - kT_s)$$

若无符号传输，则令$x_k = 0$。上式中T_s表示相邻符号在时间上的间隔，又称为码元周期。

采用匹配滤波后，可得

$$y(t) * g(t) = \sum_{k=-\infty}^{+\infty} x_k p(t - kT_s) * g(t) + n(t) * g(t)$$

式中：$g(t)$表示接收滤波器（匹配滤波器）的冲激响应。

滤波后，对输出波形进行抽样，看一下抽样点的等效电平传输模型。首先把通信波形表示为符号冲激序列与成形脉冲$p(t)$的卷积形式：

$$x(t) = \sum_{k=-\infty}^{+\infty} x_k p(t - kT_s) = \sum_{k=-\infty}^{+\infty} x_k \delta(t - kT_s) * p(t)$$

应用通信与网络中的一种典型思维方法，忽略次要矛盾。图5.6为符号序列传输的收发滤波器模型。对图5.6做一些简化，即只关心与x_k之间有无串扰，而先不关心加性噪声$n(t)$带来的影响。于是图5.6就等效为图5.7所示的专注于抽样点无失真的收发滤波器模型。

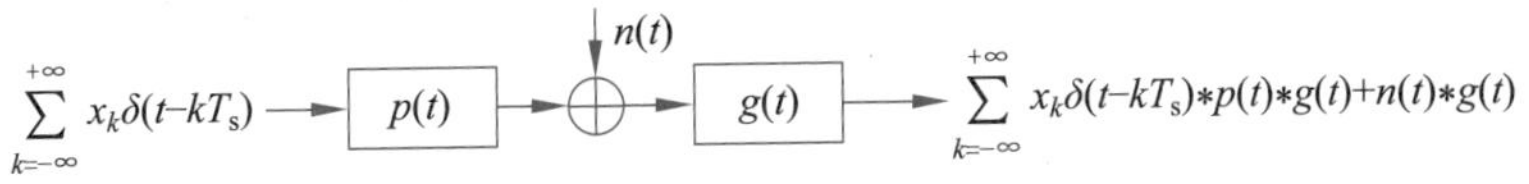

$$\sum_{k=-\infty}^{+\infty} x_k \delta(t-kT_s) \rightarrow \boxed{p(t)} \rightarrow \bigoplus_{n(t)} \rightarrow \boxed{g(t)} \rightarrow \sum_{k=-\infty}^{+\infty} x_k \delta(t-kT_s)*p(t)*g(t)+n(t)*g(t)$$

图 5.6　符号序列传输的收发滤波器模型

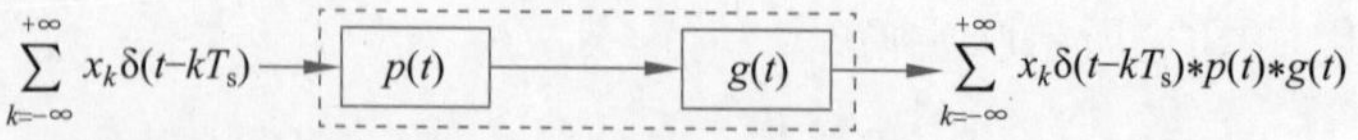

$$\sum_{k=-\infty}^{+\infty} x_k\delta(t-kT_s) \rightarrow \boxed{p(t)} \rightarrow \boxed{g(t)} \rightarrow \sum_{k=-\infty}^{+\infty} x_k\delta(t-kT_s)*p(t)*g(t)$$

图 5.7 忽略噪声，专注于抽样点无失真的收发滤波器模型

再做进一步的组合简化，定义收发滤波器的等效组合滤波器为 $h(t) = p(t) * g(t)$，于是得到图5.8所示等效模型。

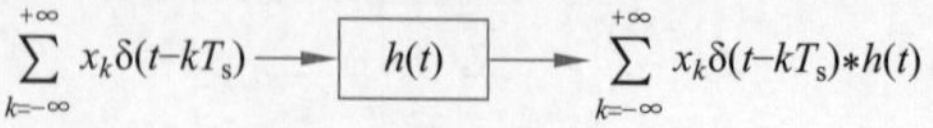

$$\sum_{k=-\infty}^{+\infty} x_k\delta(t-kT_s) \rightarrow \boxed{h(t)} \rightarrow \sum_{k=-\infty}^{+\infty} x_k\delta(t-kT_s)*h(t)$$

图 5.8 将收发滤波器组合起来，等效为一个滤波器的模型

5.1.4 抽样点无失真的时域约束

忽略噪声而专注于符号间串扰后，具体看一下抽样点的具体表达式。收发等效的整体滤波模型加上时域抽样的结果如图5.9所示。

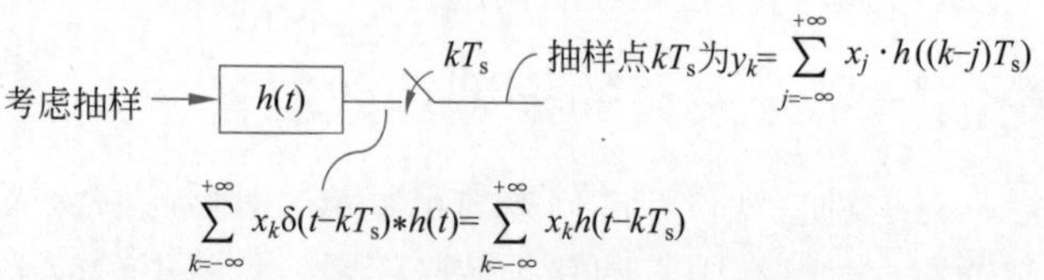

$$考虑抽样 \rightarrow \boxed{h(t)} \rightarrow^{kT_s} \quad 抽样点 kT_s 为 y_k = \sum_{j=-\infty}^{+\infty} x_j \cdot h((k-j)T_s)$$

$$\sum_{k=-\infty}^{+\infty} x_k\delta(t-kT_s)*h(t) = \sum_{k=-\infty}^{+\infty} x_k h(t-kT_s)$$

图 5.9 在滤波器模型中看抽样点无失真的时域约束

我们希望的无ISI的约束就是 $y_k = x_k$。为了达到上述目标或者时域约束，应满足如下要求：

$$h(t) = \begin{cases} 1, & t = 0 \\ 0, & t = kT_s, k = \pm 1, \pm 2, \cdots \end{cases}$$

或者写为整数倍抽样时刻的形式：

$$h(kT_s) = \begin{cases} 1, & k = 0 \\ 0, & k \in \mathbb{Z}/\{0\} \end{cases}$$

以上就是无失真传输的时域约束。接下来讨论由此产生的收发等效整体滤波器 $h(t)$ 所应满足的频域特征。

5.1.5 抽样点无失真的频域特征

连续波形的离散时间约束并不好处理。我们研究其频域的特征，这一探究为人们带来了数字通信关键和基本的定理之一——奈奎斯特准则。

这个问题具有一定的困难和挑战，是因为对离散时间点的约束，不能做傅里叶变换。解决这一问题采用一种化归的思维方法，即将离散的约束转化为连续时间的约束方程，从而可以用已有的数学工具进行处理。

为了转化为连续的约束方程，引入如图5.10所示的狄拉克梳子，将离散时间点约束转化为连续时间约束。

狄拉克梳子的数学表达式为

$$w(t) = \sum_{k=-\infty}^{+\infty} \delta(t - kT_s)$$

$$-2T_s \quad -T_s \quad O \quad T_s \quad 2T_s$$

图 5.10　用狄拉克梳子将离散时间点约束转化为连续时间约束

于是，时域无失真的离散时间点约束就可以转化为连续时间方程，即

$$h(t) \cdot \sum_{k=-\infty}^{+\infty} \delta(t - kT_s) = \delta(t)$$

注意，不仅提取离散点的特征，还确保滑过的能量非零。

由于狄拉克梳子的傅里叶变换是一个频率域的狄拉克梳子

$$\mathcal{F}\Big[\sum_{k=-\infty}^{+\infty} \delta(t - kT_s) \Big] = \frac{1}{T_s} \sum_{n=-\infty}^{+\infty} \delta\left(f + \frac{n}{T_s}\right)$$

对于能量非零的信号，对其进行傅里叶变换是有意义的。对时域的约束方程

$$h(t) \cdot \sum_{k=-\infty}^{+\infty} \delta(t - kT_s) = \delta(t)$$

做傅里叶变换，并利用狄拉克梳子的傅里叶变换结果，可以得到抽样点无失真准则，即

$$H(f) * \frac{1}{T_s} \sum_{n=-\infty}^{+\infty} \delta\left(f + \frac{n}{T_s}\right) = 1$$

将上式应用于冲激函数的卷积公式，可化简得到

$$\frac{1}{T_s} \sum_{n=-\infty}^{+\infty} H\left(f + \frac{n}{T_s}\right) = 1$$

整理上式，可以得到奈奎斯特准则，即

$$\sum_{n=-\infty}^{+\infty} H\left(f + \frac{n}{T_s}\right) = T_s$$

或者由 $R_s = \dfrac{1}{T_s}$，也可以写为

$$\sum_{n=-\infty}^{+\infty} H(f + nR_s) = T_s$$

注意，上面的右端常数是否为 T_s 不本质，它只是放缩的系数，不影响是否有 ISI。

5.1.6　奈奎斯特准则的几何直观

奈奎斯特准则的几何直观在通信与网络中非常重要，也对于解题具有重要的意义。注意到 $H(f + nR_s)$ 是 $H(f)$ 以 R_s 为周期的平移复制，且所有平移复制再进行叠加后，就得到一个常数，对于整个频域（$\forall f$）保持不变。

考虑一带限信号，其频域特征满足 $H(f) = 0, f \geqslant W$。显然，如果 $R_s > 2W$ 时，无论如何，平移复制后一定有缝隙无法填平，必存在 ISI，如图 5.11 所示。

当 $R_s = 2W$ 时，使用频域特征为 $H(f) = T_s \mathbf{1}_{\{|f| \leqslant W\}}$，即理想低通的成形脉冲，可恰好填平沟壑，确保无 ISI（图 5.12）。但是，这一方法的工程实现比较困难。

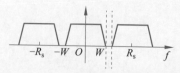

图 5.11 当 $R_s > 2W$ 时，平移复制后一定有沟壑无法填平，必存在 ISI

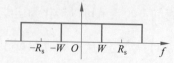

图 5.12 当 $R_s = 2W$ 时，使用具有理想低通特性的成形脉冲，可恰好填平沟壑，确保无 ISI

当 $R_s < 2W$ 时，不仅可以填平沟壑，以确保无 ISI（图5.13），而且能确保有过渡带，不需要理想低通，易于工程实现。

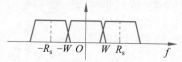

图 5.13 当 $R_s < 2W$ 时，可以使用有过渡带的低通脉冲满足无失真条件，确保无 ISI

5.1.7 对符号速率和信号功率的进一步讨论

从上面的讨论中可知，符号速率 R_s，或者说单位时间内电平信道的使用次数具有一个上界，即

$$R_s \leqslant 2W$$

当符号集合有 M 个元素时，即一个符号对应 $\log_2 M$ 个比特时，可以达到的比特速率为

$$R_b = R_s \log_2 M = \frac{\log_2 M}{T_s}$$

信号功率等于单位时间内的能耗，其数学表达式为

$$P = \frac{E_s}{T_s} = E_s R_s$$

当无冗余编码时，1 个比特的能量为 E_b，通信信号的功率还可以进一步写为

$$P = \frac{E_b \log_2 M}{T_s} = E_b R_s \log_2 M = E_b \frac{R_b}{\log_2 M} \log_2 M = E_b R_b$$

5.1.8 考虑噪声的因素

在之前的讨论中，为了专注于讨论一个主要矛盾，暂时未考虑噪声的影响。因此，只约束了 $h(t) = p(t) * g(t)$ 这个整体。处理完码间串扰后，又把噪声放回一并处理。这是由香农倡导的，在数字通信中的一种典型的思维方式。

当 kT_s 时刻的采样对应 $x_k + n_k$ 时，接收滤波器应为 $g(t) = p(-t)$。若只传输一个 x_0 时，则这个结论是对的，如图5.14所示。

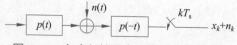

图 5.14 包含加性噪声的收发滤波器结构

对于发送一串符号序列的情况，图5.14中结构的最优性是需要严格证明的。下面讨论符号序列下的匹配滤波。

5.1.9　符号序列下的匹配滤波

包含加性噪声的接收信号的表达式为

$$y(t) = \sum_{k=-\infty}^{+\infty} x_k p(t - kT_s) + n(t)$$

经过接收滤波器后，输出的信号为

$$y(t) * p(-t) = \sum_{k=-\infty}^{+\infty} x_k [p(t - kT_s) * p(-t)] + n(t) * p(-t)$$

为了便于进一步讨论，记

$$h_k(t) = p(t - kT_s) * p(-t)$$
$$= \int_{-\infty}^{+\infty} p(\tau - kT_s) p(\tau - t) \mathrm{d}\tau$$

当满足奈奎斯特准则时，可以确保

$$h_k(iT_s) = 0, \quad k \neq i$$

换言之，当满足奈奎斯特准则时，可以考虑一个没有ISI的接收波形，如下式所示：

$$y_k(t) = x_k p(t - kT_s) + n(t)$$

显然，对 x_k 进行接收的最佳内积波形为 $p(t - kT_s)$。对 $h_k(t)$ 在 kT_s 时刻进行抽样，得到

$$h_k(kT_s) = \int_{-\infty}^{+\infty} p(t - kT_s) p(t - kT_s) \mathrm{d}t$$
$$= \int_{-\infty}^{+\infty} p^2(t) \mathrm{d}t = 1$$

上面这一步推导中未使用奈奎斯特准则，只证明了 $p(t - kT_s)$ 是针对符号 x_k 的波形的最佳匹配。

消除ISI后，接下来进一步讨论噪声，即 $n_k = [n(t) * p(-t)]|_{t=kT_s}$ 的统计特征。为便于讨论，记滤波器输出的噪声过程为

$$n_F(t) = n(t) * p(-t)$$
$$= \int_{-\infty}^{+\infty} n(\tau) p(\tau - t) \mathrm{d}\tau$$

对其在 kT_s 时刻进行抽样，所得到的结果为

$$n_k = n_F(kT_s) = \int_{-\infty}^{+\infty} n(t) p(t - kT_s) \mathrm{d}t$$

显然，滤波输出的噪声在 kT_s 的抽样结果为一个零均值高斯随机变量。其方差计算如下：

$$\sigma_k^2 = E\{n_k^2\}$$

$$= E\left\{ \int_{-\infty}^{+\infty} \int_{-\infty}^{+\infty} n(t_1)n(t_2)p(t_1 - kT_s)p(t_2 - kT_s)\mathrm{d}t_1\mathrm{d}t_2 \right\}$$

$$= \frac{n_0}{2} \int_{-\infty}^{+\infty} p^2(t - kT_s)\mathrm{d}t$$

$$= \frac{n_0}{2} \int_{-\infty}^{+\infty} p^2(t)\mathrm{d}t$$

$$= \frac{n_0}{2}$$

5.1.10 符号序列的等效电平信道

若只关心计算和工程应用，则只需要明确从符号序列传输的波形信道（图5.15）到典型信道的等效。

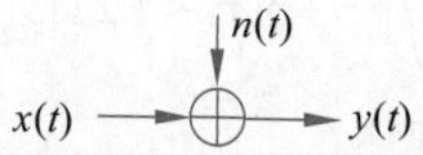

图 5.15 符号序列传输的波形信道

符号序列传输的波形信道如下式所示：

$$y(t) = \sum_{k=-\infty}^{+\infty} x_k p(t - kT_s) + n(t)$$

其中，关于 $p(t)$，若只关心差错概率，则直接计算平均符号能量 E_s，无须化为标准形式。符号序列中符号的选择受限于许用符号集合 $x_k \in \mathcal{A}$，假设其独立，等概率选取。加性噪声高斯白噪声 $n(t)$ 的双边谱密度记为 $\frac{n_0}{2}$。标准的成形脉冲满足 $||p(t)||_2 = 1$。于是，等效的电平信道可以写为

$$y_k = x_k + n_k$$

其中，电平符号从许用电平集合中独立等概率选择，即 $x_k \in \mathcal{A}$。加性噪声服从高斯分布 $n_k \sim \mathcal{N}\left(0, \frac{n_0}{2}\right)$。

5.1.11 根号奈奎斯特准则与信号带宽

收发联合等效滤波器 $H(f)$ 是联合冲激响应函数 $h(t) = p(t) * g(t)$ 的傅里叶变换。由 $g(t) = p(-t)$ 可知，联合冲激响应函数为

$$h(t) = p(t) * p(-t)$$

记 $p(t)$ 的傅里叶变换为 $\mathcal{F}[p(t)] = \hat{p}(f)$，则 $p(-t)$ 的傅里叶变换为

$$\mathcal{F}[p(-t)] = \hat{p}^*(f)$$

因此，也就有

$$H(f) = |\hat{p}(f)|^2$$

其必须满足奈奎斯特准则，把 $H(f) = |\hat{p}(f)|^2$ 代入5.1.5节导出的奈奎斯特准则后即可写为

$$\sum_{n=-\infty}^{+\infty} |\hat{p}(f + nR_\mathrm{s})|^2 = T_\mathrm{s}$$

上式就是根号奈奎斯特准则。其适用于收发滤波器，而不适用于联合等效滤波器。

对于带限信号，由于 $\forall f, |\hat{p}(f)|^2 = 0$ 就等价于 $|\hat{p}(f)| = 0$。因此，若联合等效滤波器 $H(f)$ 的带宽为 W，则等价于收发滤波器 $|\hat{p}(f)|$ 的带宽为 W。

5.1.12 几何解释与平移正交基

本节从信号空间的观点对符号序列的传输做几何上的解释。重新记通信信号为

$$x(t) = \sum_k x_k \phi_k(t)$$

式中：$\phi_k(t)$ 为标准正交基，满足

$$\left\langle \phi_i(t), \phi_j(t) \right\rangle = \delta_{ij}$$

在上述符号体系下，接收到的信号可以写为

$$y(t) = x(t) + n(t) = \sum_k x_k \phi_k(t) + n(t)$$

为了恢复期望的电平符号 x_k，在接收端令 $y(t)$ 和 $\phi_k(t)$ 做内积，可得

$$y_k = \left\langle y(t), \phi_k(t) \right\rangle$$
$$= x_k + \left\langle n(t), \phi_k(t) \right\rangle$$
$$= x_k + n_k$$

式中：n_k 为等效电平信道的噪声，其可以表示为

$$n_k = \int_{-\infty}^{+\infty} n(t) \phi_k(t) \mathrm{d}t$$

不难验证，n_k 为零均值高斯随机变量，其方差计算如下：

$$\sigma_k^2 = E\left\{ \int_{-\infty}^{+\infty} \int_{-\infty}^{+\infty} n(t_1) n(t_2) \phi_k(t_1) \phi_k(t_2) \mathrm{d}t_1 \mathrm{d}t_2 \right\}$$
$$= \frac{n_0}{2} \int_{-\infty}^{+\infty} \phi_k^2(t) \mathrm{d}t$$
$$= \frac{n_0}{2}$$

上述基于平移正交基的几何解释也对应于一个电平序列使用的电平信道，其表达式为

$$y_k = x_k + n_k$$

其中，电平符号从许用电平集合选取，即 $x \in \mathcal{A}$，噪声服从高斯分布 $n_k \sim \mathcal{N}\left(0, \frac{n_0}{2}\right)$。

若取 $\phi_k(t) = p(t - kT_\mathrm{s})$ 就是本节主要讨论的方案，$p(t - kT_\mathrm{s})$ 称为一组平移正交基。其优点是可以由一对收发滤波器实现，工程上简单。

几何上，$y(t)$ 向 $\phi_k(t)$ 上投影时，不仅通过正交化消除了 $x_j(j \neq k)$ 对其的干扰（源于正交性），还最大化了信噪比（$n(t)$ 分布是圆的（图5.16），向哪投影都一样，向 $\phi_k(t)$ 投影

最大化了信号能量)。

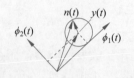

图 5.16 $y(t)$ 向 $\phi_k(t)$ 上投影

5.1.13 符号序列的波形信道与一个符号的波形信道

本书特别关注各类信道之间的等效转换关系，以及各类准则在其中扮演的角色。图5.17给出了这样一种丰富的结构。其中，根号奈奎斯特准则就将符号序列的波形信道分解为正交的单符号波形信道。而单符号波形信道又对应于电平信道，再进一步对应于对称二元信道。

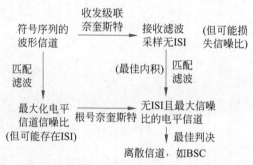

图 5.17 电平序列的波形信道、电平信道和对称二元信道之间的转换关系

5.1.12节中讨论的正交基投影一次性完成了消除ISI（利用正交投影）和最大化SNR（针对白高斯，向任何方向投影的结果统计特性都一致）。

5.1.14 实用的脉冲成型滤波器——升余弦(滚降)滤波器

在数字通信中，以$p(t)$为冲激响应的滤波器称为脉冲成形滤波器。采用符号调制冲激序列通过脉冲成形滤波器的调制方式称为线性调制，如图5.18所示。

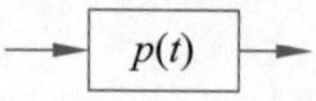

$$\longrightarrow \boxed{p(t)} \longrightarrow$$

图 5.18 线性调制发送端的统一表述

在大量教科书中一般讨论$H(f) = |\hat{p}(f)|^2$的设计，由此对应于整个数字调制系统的设计。为了工程实现方便，一般不用理想低通滤波器作为$H(f)$，因此需要讨论有过渡带的低通滤波器。重点考虑$H(f)$是偶函数的情况，由此可以推出一种重要的"残留边带条件"，如图5.19所示。

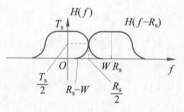

图 5.19 过渡带残留对称条件的直观表示

在过渡带，奈奎斯特准则可以写为

$$H(f) + H(f - R_{\mathrm{s}}) = T_{\mathrm{s}}$$

或

$$H(f) + H(R_{\mathrm{s}} - f) = T_{\mathrm{s}}$$

其等价于

$$H(f) = T_{\mathrm{s}} - H(R_{\mathrm{s}} - f)$$

结合图5.19可以看出，$H(f)$ 在正半轴的过渡带是中心在 $\left(\dfrac{R_{\mathrm{s}}}{2}, \dfrac{T_{\mathrm{s}}}{2}\right)$ 的一个减、奇函数。其最大、最小值之间的差为 T_{s}。为了给出一种形式化的表达，令 $H'(f)$ 为最大值为1的减、奇函数。于是，收发联合等效滤波器可以表示为

$$H(f) = \frac{T_{\mathrm{s}}}{2} H'\left(f - \frac{R_{\mathrm{s}}}{2}\right) + \frac{T_{\mathrm{s}}}{2}$$

在实际工程中，常常选取余弦函数的半个周期作为正半轴过渡带，其好处在于 $\cos x e^{\mathrm{j}x}$ 易于积分，容易获得解析时域响应。常用的升余弦(滚降)滤波器如图5.20所示。

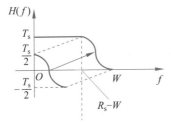

图 5.20 升余弦(滚降)滤波器的推导

推导升余弦(滚降)滤波器的具体表达形式。首先确定余弦函数的峰值和周期。

根据奈奎斯特准则的表达式，余弦函数的峰值应当为 $\dfrac{T_{\mathrm{s}}}{2}$。换言之，这个余弦函数具有形如 $\dfrac{T_{\mathrm{s}}}{2} \cos(\cdot)$ 的形式。

确定余弦函数的周期。过渡带的宽度由从峰值降为0的区间决定，余弦函数的半个周期满足

$$\frac{\tau}{2} = W - (R_{\mathrm{s}} - W) = 2W - R_{\mathrm{s}}$$

把过渡带的宽度 $2W - R_{\mathrm{s}}$ 在整个平移量中的所占比称为滚降系数。其可以表示为

$$\alpha = \frac{2W - R_{\mathrm{s}}}{R_{\mathrm{s}}}$$

此时，可以考虑以下极端情况：

$$\alpha = \begin{cases} 0, & \text{理想低通} \\ 1, & \text{全是过渡带} \end{cases}$$

在确定了周期 $\tau = 2(2W - R_{\mathrm{s}}) = 2\alpha R_{\mathrm{s}}$ 后（这里把周期写为滚降系数 α 的函数），平移前的过渡带表达式为

$$\frac{T_{\mathrm{s}}}{2} \cos\left(\frac{2\pi f}{\tau}\right) = \frac{T_{\mathrm{s}}}{2} \cos\left(\frac{\pi f}{\alpha R_{\mathrm{s}}}\right)$$

需要把过渡带向上平移 $\dfrac{T_s}{2}$，于是得到

$$\frac{T_s}{2}\cos\left(\frac{\pi f}{\alpha R_s}\right)+\frac{T_s}{2}$$

再向右平移 $R_s - W$，于是得到

$$\frac{T_s}{2}\cos\left(\frac{\pi(f-(R_s-W))}{\alpha R_s}\right)+\frac{T_s}{2}=\frac{T_s}{2}\cos\left(\frac{\pi f}{\alpha R_s}-\frac{\pi(1-\alpha)}{2\alpha}\right)+\frac{T_s}{2}$$

因为 $H(f)$ 是偶函数，所以可以将其正、负半轴的过渡带统一表示为

$$\frac{T_s}{2}\cos\left(\frac{\pi|f|}{\alpha R_s}-\frac{\pi(1-\alpha)}{2\alpha}\right)+\frac{T_s}{2}$$

升余弦(滚降)滤波器的过渡带分别起止于位置 $R_s - W < |f| \leqslant W$，且根据滚降系数的定义有 $W=\dfrac{\alpha+1}{2}R_s$。把上述结果综合起来可得

$$H(f)=\begin{cases}T_s, & |f|\leqslant\dfrac{1-\alpha}{2}R_s\\[2mm]\dfrac{T_s}{2}\left(\cos\left(\dfrac{\pi}{\alpha R_s}\left(|f|-\dfrac{1-\alpha}{2}R_s\right)\right)+1\right), & \dfrac{1-\alpha}{2}R_s<|f|\leqslant\dfrac{1+\alpha}{2}R_s\\[2mm]0, & |f|>\dfrac{1+\alpha}{2}R_s\end{cases}$$

经过傅里叶逆变换，还可以得到其时域冲激响应为

$$h(t)=\mathcal{F}^{-1}[H(f)]=\mathrm{Sa}(\pi t R_s)\frac{\cos(\alpha\pi t R_s)}{1-4(\alpha t R_s)^2}$$

升余弦滤波器给出了一种符号速率 R_s 与占用带宽 W 同比（相似）放缩的形式，其确保了下式的成立：

$$R_s=\frac{2W}{1+\alpha}$$

考虑极端情况：

$$\alpha=\begin{cases}0, & R_s=2W\\1, & R_s=W\end{cases}$$

其给出了带宽约束下符号速率的范围。

对于许用符号集合大小为 M 的情况，进一步有比特速率的表达式：

$$R_b=\frac{2W\log_2 M}{1+\alpha}$$

换一个角度，对于给定的符号速率或者比特速率，数字传输所需的带宽由下式给出：

$$W=\frac{(1+\alpha)R_s}{2}=\frac{(1+\alpha)R_b}{2\log_2 M}$$

考虑到实际工程中滤波器设计和实现的便利，α 取值一般为 $0.3\sim0.7$。

5.2 数字基带传输的频谱效率和功率谱

5.1节已经给出了数字通信中常用的一种收发联合等效滤波器，即升余弦滤波器。本节基于上述讨论，首先给出一种典型的带限波形传输方案，进一步明确数字基带传输的概念。同时，讨论升余弦系统的匹配滤波增益，提出频谱效率的概念，分析升余弦滤波器系统的频谱效率，以及一种在数字通信中典型的例题。

此外，本节还将给出通信信号（波形）的功率谱的概念及其计算方法，特别是计算线性基带调制和任意波形二元调制的功率谱。

5.2.1　从整体频率响应到发收端各自的频率响应

升余弦滤波器的 $H(f)$ 具有一种易于解析的傅里叶逆变换。在实际系统设计中，不仅需要等效地收发联合滤波器频响函数，还需要拆分出发送端脉冲成形滤波器 $\hat{p}(f)$ 和接收端匹配滤波器 $\hat{p}^*(f)$，如图5.21所示。

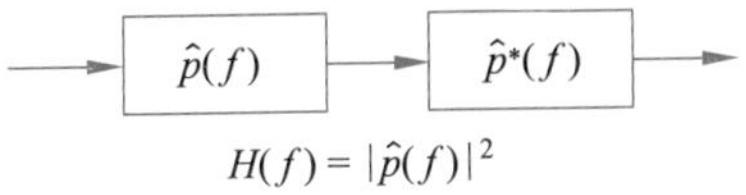

$$H(f) = |\hat{p}(f)|^2$$

图 5.21　发送端成形滤波器与接收端匹配滤波器

接下来讨论 $\hat{p}(f)$ 的特性，其满足 $|\hat{p}(f)| = \sqrt{H(f)}$。首先，$p(t)$ 必为实函数，若 $p(t)$ 同时还是偶函数，则由实偶函数的傅里叶变换必为实偶函数，可知

$$\hat{p}(f) = \hat{p}^*(f) = \sqrt{H(f)}$$

5.2.2　升余弦滤波器系统对应的收发端设计

若 $f(x) = c$（c 为实、正常数），则 $g(x) = \sqrt{f(x)} = \sqrt{c}$。因此，发送端频响函数在非过渡带的地方满足如下约束：

$$\hat{p}(f) = \begin{cases} \sqrt{T_{\rm s}}, & |f| \leqslant \dfrac{1-\alpha}{2} R_{\rm s} \\[2mm] 0, & |f| > \dfrac{1-\alpha}{2} R_{\rm s} \end{cases}$$

对于过渡带，则需要利用三角公式，即

$$\cos^2 \theta = \frac{1}{2}(1 + \cos 2\theta)$$

由此可以推出过渡带内的发送端频响函数为

$$\hat{p}(f) = \sqrt{T_{\rm s}} \cos\left(\frac{\pi}{2\alpha R_{\rm s}}\left(|f| - \frac{1-\alpha}{2} R_{\rm s}\right)\right), \quad \forall \frac{1-\alpha}{2} R_{\rm s} < |f| \leqslant \frac{1+\alpha}{2} R_{\rm s}$$

综上过渡带和非过渡带的讨论，可以得到发送端频响函数的整体表达式为

$$\hat{p}(f) = \begin{cases} \sqrt{T_{\rm s}}, & |f| \leqslant \dfrac{1-\alpha}{2} R_{\rm s} \\[3mm] \sqrt{T_{\rm s}} \cos\left(\dfrac{\pi}{2\alpha R_{\rm s}}\left(|f| - \dfrac{1-\alpha}{2} R_{\rm s}\right)\right), & \dfrac{1-\alpha}{2} R_{\rm s} < |f| \leqslant \dfrac{1+\alpha}{2} R_{\rm s} \\[3mm] 0, & |f| > \dfrac{1+\alpha}{2} R_{\rm s} \end{cases}$$

有了发送端成形滤波器的频响函数，通过傅里叶逆变换，就可以得到发送端成形滤波器的冲激响应。成形脉冲的数学表达式为

$$p(t) = \mathcal{F}^{-1}[\hat{p}(f)] = \frac{1}{\sqrt{T_{\rm s}}} \frac{\sin\left(\pi(1-\alpha)\dfrac{t}{T_{\rm s}}\right) + \dfrac{4\alpha t}{T_{\rm s}} \cos\left(\pi(1+\alpha)\dfrac{t}{T_{\rm s}}\right)}{\dfrac{\pi t}{T_{\rm s}}\left[1 - \left(\dfrac{4\alpha t}{T_{\rm s}}\right)^2\right]}$$

5.2.3 数字基带传输

数字基带传输如图5.22所示。

图 5.22 数字基带传输

发送端滤波器的时域冲激响应和频域频响函数如图5.23所示。

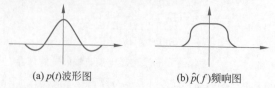

(a) $p(t)$波形图   (b) $\hat{p}(f)$频响图

图 5.23 发送端滤波器的时域冲激响应和频域频响函数 (α 为 0、0.5、1)

利用基带（低通）信道进行数字传输的方案称为数字基带传输。其具有如下典型特征：

（1）系统工作于基带，即信号是低通的，信道也是低通的，信号低通要求信道低通，在信号带宽 W 内为理想低通最好。

（2）若通信信号具有形如 $x(t) = \sum\limits_{k=-\infty}^{+\infty} x_k p(t - kT_s)$ 的表达式，则称为数字基带传输中采用了线性调制，也称线性基带调制（这是本书关注的内容）。

（3）数字基带传输未必一定使用线性调制。

（4）数字基带传输等效于序列使用的实电平信道，即 $y_k = x_k + n_k, n_k \sim \mathcal{N}\left(0, \dfrac{n_0}{2}\right)$，这一等效为分析和计算提供了极大的便利。

5.2.4 升余弦滤波的匹配增益

本节从信噪比的角度对匹配滤波的增益进行定量化分析。之前对比了不匹配滤波而直接抽样和匹配滤波后的信噪比，分别是 0 和 $\dfrac{2E_s}{n_0}$。此时匹配滤波器的增益 $\zeta = +\infty$，这个结果正确但没有意义。为了定量分析匹配滤波器的增益，考虑如图5.24所示的拆分等效。

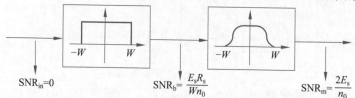

$\mathrm{SNR_{in}}=0$ $\mathrm{SNR_b}=\dfrac{E_s R_s}{W n_0}$ $\mathrm{SNR_m}=\dfrac{2E_s}{n_0}$

图 5.24 匹配滤波器的拆分等效及各节点的信噪比

具体来说，在匹配滤波之前加一个带限于 $W = \dfrac{1+\alpha}{2} R_s$ 的理想低通滤波器。这一操作对信号的处理没有任何影响，既保留全部带内信息，又滤除带外噪声。换言之，匹配滤波器可以拆分成一个理想低通串联一个原匹配滤波器。

在经过理想低通滤波器后，通信信号的功率 $P_s = E_s R_s$，加性噪声的功率为 $W n_0$。因

此，经过理想低通滤波器后的信噪比为

$$\mathrm{SNR}_b = \frac{E_s R_s}{W n_0} = \frac{2E_s}{(1+\alpha)n_0}$$

匹配滤波后输出的信噪比为

$$\mathrm{SNR_m} = \frac{2E_s}{n_0}$$

因此，匹配滤波器带来的信噪比增益为

$$\zeta = \frac{\mathrm{SNR_m}}{\mathrm{SNR_b}} = 1 + \alpha$$

5.2.5　数字传输的频谱效率

5.2.4节讨论了信噪比的增益，涉及能量效率。本节讨论频谱的利用效率。定义频谱效率为单位（单边）带宽上所支持的比特传输速率。其表达式为

$$\eta = \frac{R_b}{W} = \frac{R_s}{W} \cdot \log_2 M (\mathrm{b/(s\cdot Hz)})$$

式中：$\frac{R_s}{W}$ 表示单位带宽上支持的符号速率；$\log_2 M$ 表示一个符号承载的比特数，其中 M 是符号集合中的许用符号数量。

对于升余弦滤波系统，有

$$\frac{R_s}{W} = \frac{2}{1+\alpha} \in [1,2](\mathrm{symbol/(s\cdot Hz)})或(\mathrm{baud/(s\cdot Hz)})$$

单位"symbol/s"描述波特率，传输一个符号的时间也称为1个波特（baud）消耗的时间。注意上式本质上是一个无量纲的数，因为秒和赫兹对消了，而符号的单位"个"是无量纲的计数单位。

专注于升余弦滤波系统，详细讨论如下：

若增大滚降系数 α，则滤波器的过渡带变宽。由此产生两个效果：一方面易于工程实现，这是一个正面的效果；另一方面降低了频谱效率，这是一个负面的效果。同时，增大滚降系数等于扩大了接收机的"开口"，吸入了更多的噪声。相对于采用理想低通滤波器，吸入了 $1+\alpha$ 倍的噪声。但是，由于匹配滤波的信噪比增益为 $1+\alpha$，故滚降系数对输出信噪比无影响，始终为 $\mathrm{SNR_m} = \frac{2E_s}{n_0}$。

综上讨论，增大滚降系数时，通信的能效不损失，但谱效有损失。

5.2.6　一种典型题的解法

我们单独用一节介绍数字基带传输中一类典型的例题。它是一个欠定的问题，因此有典型的解题技巧和特色。此类题目往往体现为，给定比特速率 R_b、信道带宽 W，求符号集合的符号个数 M 和滚降系数 α。注意：这是一个欠定问题，只有一个等式约束，由下式给出：

$$\frac{R_s}{W} = \frac{2}{1+\alpha}$$

由 $R_b = R_s \log_2 M$，可以给出谱效的等式约束，即

$$\frac{R_b}{2W} = \frac{\log_2 M}{1+\alpha}$$

显然，这是一个欠定的等式，需要补充条件才能有效的求解。这里可以补充两个条件：

（1）滚降系数必须满足不等式，即 $0 < \alpha \leqslant 1$；

（2）一个符号承载的比特数一般从整点上取值，即 $\log_2 M = k\,(k = 1, 2, 3, \cdots \in \mathbb{N})$

根据上述欠定方程，不等式条件和整点约束，可以统一求解此类问题。先计算频谱效率的目标值 c，即 $\dfrac{R_b}{2W} = c$，再看单位符号承载比特数 k 的对应取值区段，如图 5.25 所示。

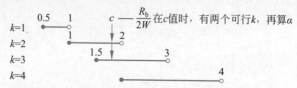

图 5.25 单位符号承载比特数 k 的对应取值区段

下面应用这一通用技法，求解带具体数值的典型例题。

例 5.1 传送一路 PCM 语音信号 $R_b = 64\text{kb/s}$，信道带宽 $W = 30\text{kHz}$，求符号集合的符号数量 M、滚降系数 α。当使用（7,4）Hamming 码$\left(\text{比特速率提升为原来的}\dfrac{7}{4}\right)$时，再求符号集合的符号数量 M、滚降系数 α。

解 （1）无编码的情况。计算频谱效率的目标值：

$$\frac{R_b}{2W} = \frac{64k}{2 \times 30k} = \frac{16}{15} \in [1, 1.5]$$

因为其在区间 $[1, 1.5]$ 中，查阅单位符号承载比特数 k 的对应取值区段图可知，k 有唯一解 $k = 2$，如图 5.26 所示。由此可得

$$M = 2^k = 4$$

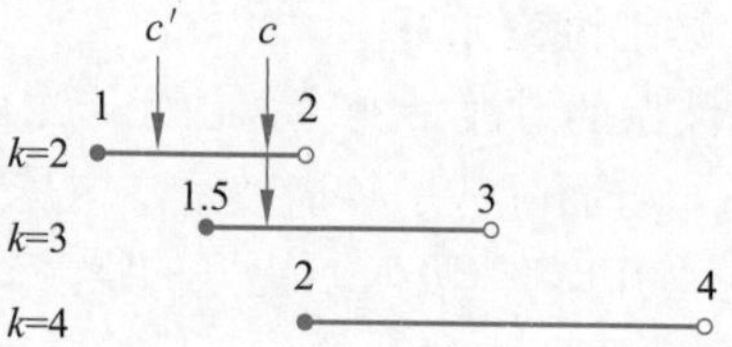

图 5.26 频谱效率为 1.5 时，对应的单位符号承载比特数 k 取值区段

由

$$\frac{R_b}{2W} = \frac{k}{1 + \alpha}$$

可以计算滚降系数取值为

$$\alpha = \frac{2kW}{R_b} - 1 = \frac{15 \times 2}{16} - 1 = \frac{7}{8}$$

（2）有编码的情况。此时，由于编码引入了冗余比特，比特速率将提升为

$$R_b' = \frac{7}{4} \times R_b = 112k$$

于是，新的目标频谱效率为

$$\frac{R_b'}{2W} = \frac{16}{15} \times \frac{7}{4} = \frac{28}{15} \in [1.5, 2]$$

查阅单位符号承载比特数 k 的对应取值区段图可知，此时 k 有两个可行解，分别为 $k_1 = 2$，$k_2 = 3$。由此对应的符号集合的许用符号个数分别为 $M_1 = 4$，$M_2 = 8$。

计算各自对应的滚降系数。当 $M_1 = 4$ 时，有

$$\alpha_1 = \frac{2k_1 W}{R'_b} - 1 = \frac{30}{16} \times \frac{4}{7} - 1 = \frac{1}{14}$$

这个滚降系数在工程上偏小，已经很接近于理想低通，一般不用这么苛刻的参数。

当 $M_2 = 8$ 时，有

$$\alpha_2 = \frac{2k_2 W}{R'_b} - 1 = \frac{45}{16} \times \frac{4}{7} - 1 = \frac{17}{28}$$

其数值对应的工程方案更易于硬件实现，所以选这个更好。

5.2.7　眼图

眼图是直观察看数字基带传输性能的一种有效方法，英文名称为 Eye Pattern 或 Eye diagram。把示波器的垂直输入接匹配滤波器的输出，水平扫描速度设为 R_s 的整数倍，则显示如图5.27所示的图形，其形似眼睛，故称为眼图。

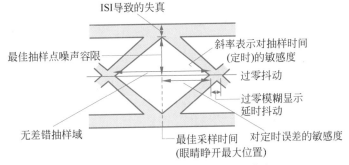

图 5.27　眼图及其各部分的物理意义

不失一般性，假设通信信号的取值范围为 $[-1, 1]$。峰值失真记为 D_{peak}，于是眼睛睁开程度为 $1 - D_{peak}$，如图5.28所示。

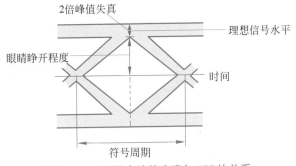

图 5.28　眼图中峰值失真与 ISI 的关系

眼图的开闭有两种极端情况：

情况 1：眼睛睁开为 1（单位），此时无 ISI，峰值失真为零；

情况 2：眼睛睁开为 0（单位），即眼图完全闭合，此时 ISI 严重到让抽样点电平集内元素不可区分，峰值失真为 1（单位）。

显然，越接近情况 2，通信的可靠性越差，且难以通过提升发射功率或符号能量的办法予以弥补。

5.2.8 基带通信波形的功率谱

在频谱效率部分谈到了通信信号在频域的资源占用,由带宽描述。为了更精细地描述通信信号的功率在频域上的分布,引入功率谱的讨论。功率谱专门刻画了随机过程的功率在频域上的分布。

对宽平稳过程,即自相关的值只与时差有关的随机过程,功率谱可以从自相关函数 $R(\tau)$ 的傅里叶变换得到,即

$$S(f) = \mathcal{F}(R(\tau))$$

但是,形如 $x(t) = \sum x_k p(t - T_s)$ 的通信信号一般不是宽平稳随机过程,而是周期平稳过程,其只满足(读者自行验证)

$$R(t_1, t_2) = R(t_1 + kT_s, t_2 + kT_s)$$

通信信号的自相关函数在一个周期内的均值为

$$\bar{R}(\tau) = \frac{1}{T_s} \int_0^{T_s} R(t + \tau, t) \mathrm{d}t$$

根据周期平稳随机过程理论,其功率谱为

$$S(f) = \mathcal{F}[\bar{R}(\tau)]$$

5.2.9 线性调制的功率谱

在给出了功率谱的定义后,首先计算线性调制的功率谱。线性调制信号的生成可以看作一种滤波器等效生成法,如图5.29所示。

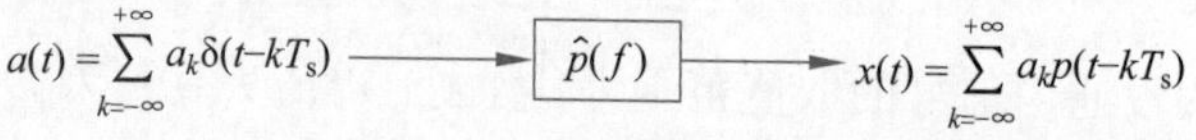

$$a(t) = \sum_{k=-\infty}^{+\infty} a_k \delta(t - kT_s) \longrightarrow \boxed{\hat{p}(f)} \longrightarrow x(t) = \sum_{k=-\infty}^{+\infty} a_k p(t - kT_s)$$

图 5.29 线性调制信号的滤波器等效生成法

若输入为宽平稳过程,则通过线性系统后输出的随机过程也是宽平稳的,且其功率谱满足

$$S_X(f) = S_A(f)|\hat{p}(f)|^2$$

对于周期平稳过程,可以用如下两个方案求解其功率谱密度:

方案一:用 $\bar{R}(\tau)$ 的定义及"$\int$"可交换性,通过卷积表达式验证 $S_X(f) = S_A(f)|\hat{p}(f)|^2$;

方案二:采用样本统计法进行计算。

这里采用方案二,介绍一种样本统计法,用以推导线性调制的功率谱。

具体地,考虑一段有限长(但足够长的)符号序列,要求其满足

$$a_k = 0, \ k \leqslant -N - 1 \ 或 k \geqslant N + 1$$

于是,截断后一段足够长的能体现统计行为的通信波形可以表示为

$$x_N(t) = \sum_{k=-N}^{N} a_k p(t - kT_s)$$

此时,成形滤波器的输入为幅度调制冲激序列:

$$a_N(t) = \sum_{k=-N}^{N} a_k \delta(t - kT_{\text{s}})$$

于是，输入冲激序列的傅里叶变换可以由下式计算得到

$$\hat{a}_N(f) = \mathcal{F}[a_N(t)] = \sum_{k=-N}^{N} a_k \mathrm{e}^{-\mathrm{j}2k\pi T_{\text{s}}f}$$

输出通信波形的傅里叶变换可以由下式计算得到

$$\hat{x}_N(f) = \hat{a}_N(f)\hat{p}(f) = \hat{p}(f) \sum_{k=-N}^{N} a_k \mathrm{e}^{-\mathrm{j}2k\pi T_{\text{s}}f}$$

由功率谱的定义和上面两式可以得到输入冲激序列的功率谱表达式为

$$S_A(f) = \lim_{N \to \infty} \frac{E\{|\hat{a}_N(f)|^2\}}{(2N+1)T_{\text{s}}}$$

$$= \lim_{N \to \infty} \frac{1}{(2N+1)T_{\text{s}}} E\left\{ \left| \sum_{k=-N}^{N} a_k \mathrm{e}^{-\mathrm{j}2k\pi T_{\text{s}}f} \right|^2 \right\}$$

输出通信波形的功率谱表达式为

$$S_X(f) = \lim_{N \to \infty} \frac{E\{|\hat{x}_N(f)|^2\}}{(2N+1)T_{\text{s}}}$$

$$= \lim_{N \to \infty} \frac{|\hat{p}(f)|^2}{(2N+1)T_{\text{s}}} E\left\{ \left| \sum_{k=-N}^{N} a_k \mathrm{e}^{-\mathrm{j}2k\pi T_{\text{s}}f} \right|^2 \right\}$$

至此，在一定意义（样本统计）上已经验证了

$$S_X(f) = S_A(f)|\hat{p}(f)|^2$$

这是一个重要的等式关系，对于解决相关题目很有帮助。而针对样本统计法，还必须得出 $E\{\cdot\}$ 的具体表达式，推导如下：

$$E\left\{ \left| \sum_{k=-N}^{N} a_k \mathrm{e}^{-\mathrm{j}2k\pi T_{\text{s}}f} \right|^2 \right\}$$

$$= E\left\{ \left[\sum_{k=-N}^{N} a_k \mathrm{e}^{-\mathrm{j}2k\pi T_{\text{s}}f} \right] \left[\sum_{k=-N}^{N} a_k \mathrm{e}^{-\mathrm{j}2k\pi T_{\text{s}}f} \right]^* \right\}$$

$$= \sum_{k=-N}^{N} \sum_{l=-N}^{N} E\{a_k a_l\} \mathrm{e}^{-\mathrm{j}2\pi(k-l)T_{\text{s}}f}$$

$$= \sum_{k=-N}^{N} \sum_{m=k+N}^{k-N} R_a(m) \mathrm{e}^{-\mathrm{j}2m\pi T_{\text{s}}f}$$

利用大数定律等统计结论进一步简化结论，使之更加解析。注意，当 $N \to \infty$ 时，发现 $\sum_{m=k+N}^{k-N} R_a(m) \mathrm{e}^{-\mathrm{j}2m\pi T_{\text{s}}f}$ 与 k 无关。于是，上式中的期望可以进一步写为

$$E\left\{ \left| \sum_{k=-N}^{N} a_k \mathrm{e}^{-\mathrm{j}2k\pi T_{\text{s}}f} \right|^2 \right\}$$

$$= (2N+1) \sum_{m=k+N}^{k-N} R_a(m) \mathrm{e}^{-\mathrm{j}2m\pi T_\mathrm{s}f}, \forall k$$

将上式代入输入冲激序列和输出通信波形的功率谱表达式，可得输入冲激序列功率谱表达式的一种更解析的形式：

$$S_A(f) = \lim_{N\to\infty} \frac{(2N+1)}{(2N+1)T_\mathrm{s}} \sum_{n=-\infty}^{+\infty} R_a(n) \mathrm{e}^{-\mathrm{j}2n\pi T_\mathrm{s}f}$$

$$= \frac{1}{T_\mathrm{s}} \sum_{n=-\infty}^{+\infty} R_a(n) \mathrm{e}^{-\mathrm{j}2n\pi T_\mathrm{s}f}$$

输出通信波形功率谱表达式的一种更解析的形式：

$$S_X(f) = \frac{|\hat{p}(f)|^2}{T_\mathrm{s}} \sum_{n=-\infty}^{+\infty} R_a(n) \mathrm{e}^{-\mathrm{j}2n\pi T_\mathrm{s}f}$$

从"随机过程"课程的角度，从上推导可"到此为止"，其结果已经足够解析了。但是，从通信类课程的角度，还希望进一步分析其物理性质和意义。因此，进一步分析上述表达式。

考虑无记忆调制，也就是 a_k 为独立同分布随机变量的情况。此时，有关于序列自相关的如下结果：

$$R_a(n) = E\{a_i a_{i+n}\} = \begin{cases} \sigma_a^2 + m_a^2, & n = 0 \\ m_a^2, & n \neq 0 \end{cases}$$

记符号序列的均值 $m_a = E\{a_i\}$，方差 $\sigma_a^2 = E\{a_i^2\} - m_a^2$。在这一符号体系下，成形滤波器输入和输出功率谱中的累和项可重新写为

$$\sum_{n=-\infty}^{+\infty} R_a(n) \mathrm{e}^{-\mathrm{j}2n\pi T_\mathrm{s}f} = \sigma_a^2 + m_a^2 \sum_{n=-\infty}^{+\infty} \mathrm{e}^{-\mathrm{j}2n\pi T_\mathrm{s}f}$$

上式等号右边的累和项还是一个周期 T_s 的函数的傅里叶展开，即

$$\sum_{n=-\infty}^{+\infty} \mathrm{e}^{-\mathrm{j}2n\pi T_\mathrm{s}f} = \frac{1}{T_\mathrm{s}} \sum_{n=-\infty}^{+\infty} \delta\left(f - \frac{n}{T_\mathrm{s}}\right)$$

将上述结果代入成形滤波器输入和输出功率谱，即 $S_A(f)$ 和 $S_X(f)$ 的表达式中。成形滤波器输入冲激序列的功率谱可进一步表示为

$$S_A(f) = \frac{\sigma_a^2}{T_\mathrm{s}} + \frac{m_a^2}{T_\mathrm{s}^2} \sum_{n=-\infty}^{+\infty} \delta\left(f - \frac{n}{T_\mathrm{s}}\right)$$

式中：$\dfrac{\sigma_a^2}{T_\mathrm{s}}$ 为连续谱；$\dfrac{m_a^2}{T_\mathrm{s}^2} \displaystyle\sum_{n=-\infty}^{+\infty} \delta\left(f - \frac{n}{T_\mathrm{s}}\right)$ 为线谱。

成形滤波器输出通信波形的功率谱可进一步表示为

$$S_X(f) = \frac{\sigma_a^2}{T_\mathrm{s}} |\hat{p}(f)|^2 + \frac{m_a^2}{T_\mathrm{s}^2} \sum_{n=-\infty}^{+\infty} \left|\hat{p}\left(\frac{n}{T_\mathrm{s}}\right)\right|^2 \delta\left(f - \frac{n}{T_\mathrm{s}}\right)$$

式中：$\dfrac{\sigma_a^2}{T_\mathrm{s}} |\hat{p}(f)|^2$ 为连续谱；$\dfrac{m_a^2}{T_\mathrm{s}^2} \displaystyle\sum_{n=-\infty}^{+\infty} \left|\hat{p}\left(\frac{n}{T_\mathrm{s}}\right)\right|^2 \delta\left(f - \frac{n}{T_\mathrm{s}}\right)$ 为线谱。图5.30和图5.31分别

给出了线谱的示意图和连续谱与线谱混合的示意图。

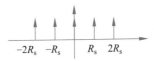

图 5.30　线谱的示意图

图 5.31　连续谱与线谱混合的示意图

在工程上，线谱可以用于恢复通信信号的定时信息。由上述推导结果可知，当 $m_a \neq 0$ 时，有线谱，有利于定时恢复。

5.2.10　任意波形二元调制的功率谱

本节推导任意波形二元调制的功率谱。任意波形二元调制在单个符号传输的波形传输中已经提及。在符号序列的波形传输中，其信号的解析表达式为

$$s(t) = \sum_{k=-\infty}^{+\infty} g_k(t)$$

对应于不同（时间）位置上的符号的波形为

$$g_k(t) = \begin{cases} s_1(t - kT_s), & p \\ s_2(t - kT_s), & 1 - p \end{cases}$$

为了开展分析，将通信波形 $s(t)$ 分解为直流和交流分量，即

$$s(t) = E\{s(t)\} + s(t) - E\{s(t)\}$$

式中：$E\{s(t)\}$ 为直流分量，将其记为 $v(t)$；$s(t) - E\{s(t)\}$ 为交流分量，将其记为 $q(t)$。

于是，直流分量可以用概率参数写为

$$v(t) = \sum_{k=-\infty}^{+\infty} [ps_1(t - kT_s) + \bar{p}s_2(t - kT_s)]$$

显然，这是一个周期为 T_s 的确定性周期信号，其功率谱可以由傅里叶展开的方法计算：

$$S_v(f) = \sum_{n=-\infty}^{+\infty} |D_n|^2 \delta\left(f - \frac{n}{T_s}\right)$$

式中：D_n 为对确定性周期信号 $v(t)$ 进行傅里叶展开的系数，根据 $v(t)$ 的表达式特征可得

$$D_n = \frac{1}{T_s} \int_{-T_s/2}^{T_s/2} v(t) e^{-j2\pi t/T_s} dt = \frac{1}{T_s}\left(p\hat{s}_1\left(\frac{n}{T_s}\right) + \bar{p}\hat{s}_2\left(\frac{n}{T_s}\right)\right)$$

把这一对确定性周期信号 $v(t)$ 进行傅里叶展开的系数代入功率谱 $S_v(f)$ 的表达式后，可以进一步得到

$$S_v(f) = \frac{1}{T_s} \sum_{n=-\infty}^{+\infty} \left|\left(p\hat{s}_1\left(\frac{n}{T_s}\right) + \bar{p}\hat{s}_2\left(\frac{n}{T_s}\right)\right)\right|^2 \delta\left(f - \frac{n}{T_s}\right)$$

至此完成了直流分量部分的功率谱推导。

推导交流分量部分的功率谱 $S_q(f)$。采用样本统计法。类似地，截断 N 个符号对应的通信波形。其功率谱表达式仍由如下形式给出：

$$S_q(f) = \lim_{N \to \infty} \frac{E\{|\hat{q}_N(f)|^2\}}{(2N+1)T_s}$$

截断后通信信号的交流分量为

$$q_N(t) = \sum_{k=-N}^{N} q_{N,k}(t)$$

累和中每一项的表达式可以写为

$$q_{N,k}(t) = \begin{cases} \bar{p}(s_1(t - kT_s) - s_2(t - kT_s)), & p \\ -p(s_1(t - kT_s) - s_2(t - kT_s)), & 1-p \end{cases}$$

$q_{N,k}(t)$ 实际上有一种线性调制的对应形式，可重新写为

$$q_{N,k}(t) = a_k[s_1(t - kT_s) - s_2(t - kT_s)]$$

等效的线性调制中，符号 a_k 的取值及其概率如下：

$$a_k = \begin{cases} \bar{p}, & p \\ -p, & 1-p \end{cases}$$

截断后通信信号交流分量 $q_N(t)$ 的傅里叶变换为

$$\hat{q}_N(f) = \sum_{k=-N}^{N} a_k \int_{-\infty}^{+\infty} [s_1(t - kT_s) - s_2(t - kT_s)]e^{-j2\pi ft}dt$$

$$= \sum_{k=-N}^{N} a_k[\hat{s}_1(f) - \hat{s}_2(f)]e^{-j2k\pi T_s f}$$

进而可以得到截断后通信信号交流分量 $q_N(t)$ 的傅里叶变换的模平方为

$$|\hat{q}_N(f)|^2 = \hat{q}_N(f)\hat{q}_N^*(f) = \sum_{k=-N}^{N} \sum_{m=-N}^{N} a_k a_m |\hat{s}_1(f) - \hat{s}_2(f)|^2 \times e^{j2(m-k)\pi f T_s}$$

对上式求均值可得

$$E\{|\hat{q}_N(f)|^2\} = \sum_{k=-N}^{N} \sum_{m=-N}^{N} E\{a_k a_m\}|\hat{s}_1(f) - \hat{s}_2(f)|^2 e^{j2(m-k)\pi f T_s}$$

由等效符号 a_k 的具体概率分布，注意到

$$E\{a_k^2\} = \bar{p}^2 p + p^2 \bar{p} = p\bar{p}$$

$$E\{a_k a_m\} = \bar{p}^2 p^2 + p^2 \bar{p}^2 - (p\bar{p})(2p\bar{p}) = 0$$

将这一结果代入 $E\{|\hat{q}_N(f)|^2\}$ 的表达式，可得

$$E\{|\hat{q}_N(f)|^2\} = \sum_{k=-N}^{N} p\bar{p}|\hat{s}_1(f) - \hat{s}_2(f)|^2$$

$$= (2N+1)p\bar{p}|\hat{s}_1(f) - \hat{s}_2(f)|^2$$

把这一结果代回截断后通信信号交流分量的功率谱表达式，并让表征截断长度的数量

趋向于正无穷，可得

$$S_q(f) = \lim_{N \to \infty} \frac{(2N+1)p\bar{p}|\hat{s}_1(f) - \hat{s}_2(f)|^2}{(2N+1)T_s} = \frac{p\bar{p}}{T_s}|\hat{s}_1(f) - \hat{s}_2(f)|^2$$

通过合并直交流分量的功率谱，得到任意波形二元调制的功率谱为

$$S(f) = \frac{p\bar{p}}{T_s}|\hat{s}_1(f) - \hat{s}_2(f)|^2 + \frac{1}{T_s} \sum_{n=-\infty}^{+\infty} \left| \left(p\hat{s}_1\left(\frac{n}{T_s}\right) + \bar{p}\hat{s}_2\left(\frac{n}{T_s}\right) \right) \right|^2 \delta\left(f - \frac{n}{T_s}\right)$$

上述两类功率谱的推导虽然比较复杂，有一定的技巧性，但是也具有相当的一般性。深入了解数字通信的分析方法读者应当予以关注。

第6章

带通信道的载波传输

大量数字通信系统,特别是无线与光通信系统,其信道或收发物理器件具有带通特性。无线通信传输是开放环境,同频信号会相互干扰。为了实现频分多址,把通信信号的主要能量放在不同频点上,由此区别不同的用户,因此需要带通的而非低通的通信信号。这就需要引入载波传输的概念(英文文献常用 Bandpass Modulation,直译带通调制)。

本书从三种观点出发介绍带通信道的载波传输:① 是对基带信号的频谱搬移观点;② 是采用带通的基做正交投影的观点;③ 是进行带通匹配滤波的观点。

本章还将介绍典型载波传输方法,如脉冲幅度调制(PAM)、正交幅度调制(QAM)、相移键控(PSK)等的收发方法和性能分析。为此,还将分析带限信道的噪声,引入一种等效复基带信道的观点。

6.1 单路载波传输

这一节重点讨论单路载波传输,其最终等效为实电平信道。

6.1.1 二进制相移键控

如图6.1所示的通信信号,其能量集中于 f_c 附近。

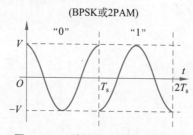

图 6.1 一种简单的载波通信信号

这种载波通信信号有三种表达方式:

表达方式一(分时表示):幅度域表示,其形式为

$$x(t) = a_k V \cos(2\pi f_c t), \quad a_k = \begin{cases} 1, & d_k = 0 \\ -1, & d_k = 1 \end{cases}, kT_s \leqslant t \leqslant (k+1)T_s$$

表达方式二(分时表示):角度域表示,其形式为

$$x(t) = V\cos(2\pi f_c t + \theta_k), \ \theta_k = \begin{cases} 0, & d_k = 0 \\ \pi, & d_k = 1 \end{cases}, kT_s \leqslant t \leqslant (k+1)T_s$$

表达方式三（统一表示）：基带搬移表示，其形式为

$$x(t) = \left(\sum_k x_k p(t - kT_s)\right)\cos(2\pi f_c t)$$

许用符号满足

$$x_k = a_k \sqrt{2E_s} = a_k V \sqrt{T_s}$$

基带的成形脉冲满足

$$p(t) = \frac{1}{\sqrt{T_s}}\mathbb{I}\{0 \leqslant t < T_s\}$$

载波通信信号所经历的加性白高斯噪声信道和基带信号是一样的，即

$$y(t) = x(t) + n(t)$$

其中，噪声的功率谱密度满足 $S_n(f) = \dfrac{n_0}{2}$。

上述通信系统具有电平信道的等效形式（后统一验证），即

$$y_k = x_k + n_k$$

许用符号集合为

$$x_k \in \{-\sqrt{E_s}, \sqrt{E_s}\}$$

噪声的统计特性为

$$n_k \overset{\text{i.i.d.}}{\sim} \mathcal{N}\left(0, \frac{n_0}{2}\right)$$

上述调制方式称为二进制相移键控（BPSK）。其对应的星座图（许用电平集合的复平面表示）如图6.2所示。

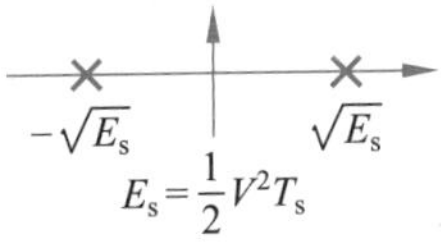

图 6.2　BPSK 的星座图（许用电平集合的复平面表示）

6.1.2　非带限 M 元脉冲幅度调制

为了提升频谱利用效率，对上述方案进行拓展，即让承载信息的符号或波形从二元拓展到 M 元。令 $a_k \in \{-(M-1), \cdots, -3, -1, 1, \cdots, M-1\}$（注意，$a_k$ 集合的这种拓展不能对应于一种 θ_k 角度表示，θ_k 角度域的拓展在后面单独讨论）

此时，仍有基带搬移表示，即

$$x(t) = \left(\sum_k x_k p(t - kT_s)\right)\cos(2\pi f_c t)$$

式中

$$x_k = a_k V \sqrt{T_s}$$

符号能量与电平 V 和符号周期 T_s 的关系为

$$E_s = \frac{M^2 - 1}{6}V^2 T_s$$

上述通信波形称为 M 元脉冲幅度调制（MPAM）。下面讨论其接收方法和等效电平信道。

在上述方案中可以消除 ISI，然而不当的处理（如随意滤波）也会引出 ISI。设计一种简单的分时截断处理方案（图6.3），可消除 ISI。

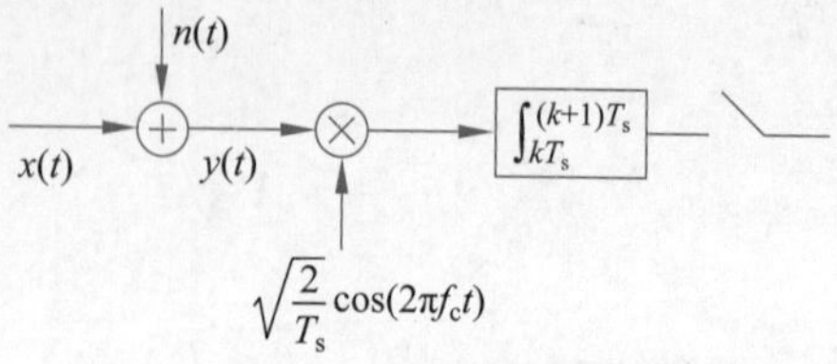

图 6.3　一种简单 MPAM 的接收机

在上述接收机方案中选择 $\sqrt{\dfrac{2}{T_{\mathrm{s}}}}$ 作为余弦波形的系数，确保对噪声的放缩为 1。从内积角度看，相当于接收信号与 $\sqrt{\dfrac{2}{T_{\mathrm{s}}}}\cos(2\pi f_{\mathrm{c}}t)\mathbb{I}\{kT_{\mathrm{s}}\leqslant t<(k+1)T_{\mathrm{s}}\}$ 做内积，即

$$y_k = \left\langle y(t), \sqrt{\frac{2}{T_{\mathrm{s}}}}\cos(2\pi f_{\mathrm{c}}t)\mathbb{I}\{kT_{\mathrm{s}}\leqslant t<(k+1)T_{\mathrm{s}}\}\right\rangle$$

y_k 中的噪声部分

$$n_k = \left\langle n(t), \sqrt{\frac{2}{T_{\mathrm{s}}}}\cos(2\pi f_{\mathrm{c}}t)\mathbb{I}\{kT_{\mathrm{s}}\leqslant t<(k+1)T_{\mathrm{s}}\}\right\rangle$$

这是一个零均值高斯变量，其方差 $\sigma^2 = \dfrac{n_0}{2}$。对其的证明可回顾"复电平的波形信道"部分，推导的唯一区别是把积分区间从 $[0,T_{\mathrm{s}})$ 换成 $[kT_{\mathrm{s}},(k+1)T_{\mathrm{s}})$，其余不变。而由于余弦函数的周期性，最终结论完全一致。

y_k 中的信息符号部分。由于天然的时域正交性，可以得到内积结果为

$$x_k = \left\langle x(t), \sqrt{\frac{2}{T_{\mathrm{s}}}}\cos(2\pi f_{\mathrm{c}}t)\mathbb{I}\{kT_{\mathrm{s}}\leqslant t<(k+1)T_{\mathrm{s}}\}\right\rangle$$
$$= a_k V\sqrt{T_{\mathrm{s}}}$$

于是，得到上述方案的等效电平信道为

$$y_k = x_k + n_k$$

其误码率可由实电平信道部分的已有结果给出，即

$$P_{\mathrm{e}} = \frac{2(M-1)}{M}Q\left(V\sqrt{\frac{T_{\mathrm{s}}}{n_0}}\right)$$
$$= \frac{2(M-1)}{M}Q\left(\sqrt{\frac{6}{M^2-1}\frac{E_{\mathrm{s}}}{n_0}}\right)$$

6.1.3　带限 M 元脉冲幅度调制——信号形式与符号能量

6.1.2节的拓展设计存在一个问题，即 $p(t)$ 时域有限，由此可知 $S_X(f)$ 的频域无限，乘以载波等于频谱搬移，其带宽仍然无限，如图6.4所示。

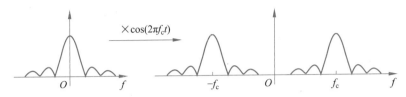

图 6.4　非带限信号的频谱搬移

为了让通信信号是带限的，进一步拓展设计，让 $p(t)$ 满足奈奎斯特准则，从而搬移前后都是严格的带通信号，如图6.5所示。

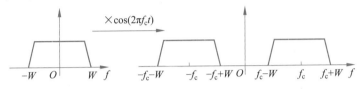

图 6.5　带限信号的频谱搬移

下面着重从频谱搬移的观点来讨论带限的带通或载波信号。上两节的例子中，基带波形 $V\mathbb{I}\{0 \leqslant t < T_{\mathrm{s}}\}$ 并不标准，含有参量 V 和 T_{s}。借 $p(t)$ 具有的一般形式对通信波形的表达式"标准化""归一化"。带限的载波通信信号形式为

$$x(t) = \left(\sum_k x_k p(t - kT_{\mathrm{s}}) \right) \sqrt{2} \cos(2\pi f_{\mathrm{c}} t)$$

基带成形脉冲 $p(t)$ 满足标准正交条件

$$\langle p(t), p(t - kT_{\mathrm{s}}) \rangle = \delta_k$$

电平取值于许用符号集合

$$x_k \in \mathcal{A}$$

其均方为符号能量

$$E(x_k^2) = E_{\mathrm{s}}$$

对上述结论做具体验证。采用样本统计法，截取 $k = -N, \cdots, N$ 范围内的 $2N+1$ 个符号。其波形为

$$x_N(t) = \left(\left(\sum_{k=-N}^{N} x_k p(t - kT_{\mathrm{s}}) \right) \sqrt{2} \cos(2\pi f_{\mathrm{c}} t) \right)$$

于是，截断信号的总能量为

$$
\begin{aligned}
E\left(\int_{-\infty}^{\infty} x_N^2(t)\mathrm{d}t \right) =& E\Bigg\{ \int_{-\infty}^{\infty} \left[\sum_{k=-N}^{N} x_k p(t - kT_{\mathrm{s}}) \sqrt{2} \cos(2\pi f_{\mathrm{c}} t) \right] \times \\
& \left[\sum_{l=-N}^{N} x_l p(t - lT_{\mathrm{s}}) \sqrt{2} \cos(2\pi f_{\mathrm{c}} t) \right] \mathrm{d}t \Bigg\} \\
=& \sum_{k=-N}^{N} \sum_{l=-N}^{N} E(x_k x_l) \int_{-\infty}^{\infty} p(t - kT_{\mathrm{s}}) p(t - lT_{\mathrm{s}}) 2\cos^2(2\pi f_{\mathrm{c}} t)\mathrm{d}t \\
=& \sum_{k=-N}^{N} \sum_{l=-N}^{N} E(x_k x_l) \int_{-\infty}^{\infty} p(t - kT_{\mathrm{s}}) p(t - lT_{\mathrm{s}})(1 + \cos(4\pi f_{\mathrm{c}} t))\mathrm{d}t
\end{aligned}
$$

$$= \sum_{k=-N}^{N} \sum_{l=-N}^{N} E(x_k x_l) \int_{-\infty}^{\infty} p(t-kT_{\mathrm{s}}) p(t-lT_{\mathrm{s}}) \mathrm{d}t$$

$$= \sum_{k=-N}^{N} \sum_{l=-N}^{N} E(x_k x_l) \delta_{kl}$$

$$= \sum_{k=-N}^{N} E(x_k^2)$$

$$= (2N+1) E(x_k^2)$$

注意这部分能量是传输 $2N+1$ 个符号消耗的总能量，于是平均到每符号的能量为

$$\lim_{N \to \infty} \frac{2N+1}{2N+1} E(x_k^2) = \lim_{N \to \infty} E(x_k^2) = E_{\mathrm{s}}$$

6.1.4　带限 M 元脉冲幅度调制——最佳接收与性能分析

针对一般的带限 MPAM，设计其接收系统。其思路：把信号搬移回基带；滤除 $2f_{\mathrm{c}}$ 处的信号分量；对基带信号匹配滤波＋抽样判决（与 $p(t-kT_{\mathrm{s}})$ 做内积）。因此，接收机的框图如图6.6所示。

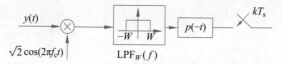

图 6.6　一般的带限 MPAM 的接收机

对接收机的工作流程及各部分的信号表达式进行分析。首先，乘以 $\sqrt{2}\cos(2\pi f_{\mathrm{c}} t)$ 后，信号部分变为

$$\left[\sum_{k=-\infty}^{\infty} x_k p(t-kT_{\mathrm{s}}) \right] 2\cos^2(2\pi f_{\mathrm{c}} t)$$

$$= \left[\sum_{k=-\infty}^{\infty} x_k p(t-kT_{\mathrm{s}}) \right] [1 + \cos(4\pi f_{\mathrm{c}} t)]$$

式中用到了常用三角恒等式。然后，经过低通滤波器 $\mathrm{LPF}_W(f)$（工程上一般 $f_{\mathrm{c}} \gg W$），其输出就只包含基带信号 $\sum_{k=-\infty}^{\infty} x_k p(t-kT_{\mathrm{s}})$。回顾第5章对基带信号最佳接收的讨论，做"匹配滤波＋抽样"后，信号部分的波形就可以变为 x_k。此外，还可以注意到，由于 $\mathrm{LPF}_W(f)$ 与 $\hat{p}^*(f)$ 的带宽完全一致，故可以直接忽略。理想低通滤波器与匹配滤波器的合并，如图6.7所示。

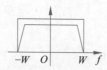

图 6.7　理想低通滤波器与匹配滤波器的合并

换言之，一般的带限 MPAM 的接收机可以简化为如图6.8所示的方案。

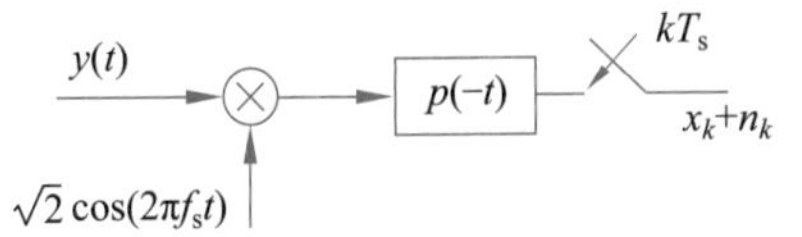

图 6.8 一般的带限 MPAM 的接收机（无需理想低通滤波）

至此，已经讨论了 x_k 的恢复，但是还未讨论 n_k 的统计特性。为简洁起见，直接用之前结论，即"匹配滤波＋抽样"等效于和成形脉冲的时域平移做内积，如图6.9所示。

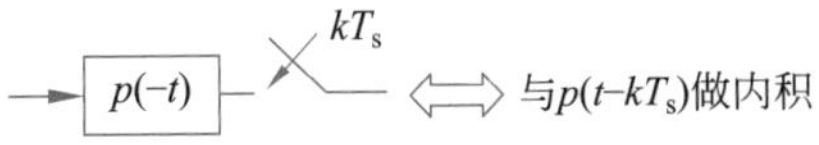

图 6.9 "匹配滤波＋抽样"等效于和标准正交基做内积

于是，n_k 为零均值高斯随机变量，其方差计算如下：

$$
\begin{aligned}
\sigma^2 =E(n_k^2) &= E\left\{ \int_{-\infty}^{\infty} n(t_1)\sqrt{2}\cos(2\pi f_c t_1)p(t_1 - kt_s)\mathrm{d}t_1 \times \right. \\
&\quad \left. \int_{-\infty}^{\infty} n(t_2)\sqrt{2}\cos(2\pi f_c t_2)p(t_2 - kt_s)\mathrm{d}t_2 \right\} \\
&= \int_{-\infty}^{\infty}\int_{-\infty}^{\infty} E(n(t_1)n(t_2))2\cos(2\pi f_c t_1)\cos(2\pi f_c t_2)p(t_1 - kt_s)p(t_2 - kt_s)\mathrm{d}t_1\mathrm{d}t_2 \\
&= \frac{n_0}{2}\int_{-\infty}^{\infty} 2\cos^2(2\pi f_c t)p^2(t - kt_s)\mathrm{d}t \\
&= \frac{n_0}{2}\int_{-\infty}^{\infty} p^2(t)(1 + \cos(4\pi f_c t))\mathrm{d}t \\
&= \frac{n_0}{2}
\end{aligned}
$$

由上分析，标准形式下的载波传输（需满足 $||f| - f_c| \leqslant W$）完全等效于实电平信道

$$
y_k = x_k + n_k
$$

符号从许用集合选取

$$
x_k \in \mathcal{A}
$$

其均方为符号能量

$$
E(x_k^2) = E_s
$$

噪声具有零均值独立同分布高斯统计特性，即

$$
n_k \overset{\mathrm{i.i.d.}}{\sim} \mathcal{N}(0, \sigma^2)
$$

其方差满足

$$
\sigma^2 = \frac{n_0}{2}
$$

综上，一般带限 MPAM 等效于具有独立加性高斯噪声的实电平信道，如图6.10所示。

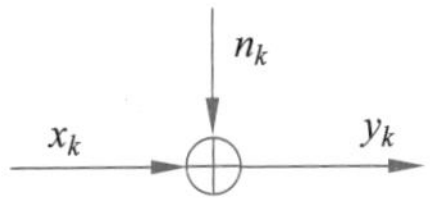

图 6.10 具有独立加性高斯噪声的实电平信道

因此，一般带限 MPAM 也等效于如图6.11所示的基带传输，即

$$y_{\mathrm{B}}(t) = \sum_k x_k p(t - kT_{\mathrm{s}}) + n(t)$$

式中: $n(t)$ 的功率谱为 $S_n(f) = \dfrac{n_0}{2}$。

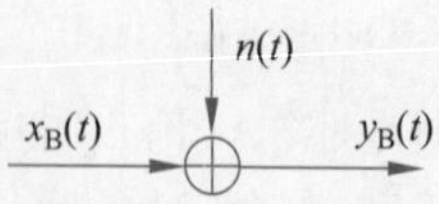

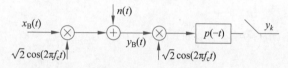

图 6.11 一般带限 MPAM 可等效的基带传输模型

其等效原因是这两种波形信道都共同等效于具有独立加性高斯噪声的实电平信道,同时从频谱搬移的角度具有相似性。

从另一个角度来看,载波传输相当于基带信号 $x_{\mathrm{B}}(t)$ 向上搬移到 f_{c},再向下搬移回基带,其数学表达式如下:

$$y(t) = \left(\sum_k x_k p(t - kT_{\mathrm{s}}) \right) \sqrt{2} \cos(2\pi f_{\mathrm{c}} t) + n(t)$$

载波传输和基带传输的频谱搬移等效可由图6.12给出。

图 6.12 载波传输和基带传输的频谱搬移等效

6.1.5 带限 M 元脉冲幅度调制——标准正交基观点

将载波信号视为基带信号的频域搬移,其优点是很直观。但其缺点是不容易分析具体分析参数的转化关系,而采用正交基的观点方便得多。令基

$$\phi_k(t) = p(t - kT_{\mathrm{s}}) \sqrt{2} \cos(2\pi f_{\mathrm{c}} t)$$

则不难验证它是标准正交的,即

$$
\begin{aligned}
\langle \phi_k(t), \phi_l(t) \rangle &= \int_{-\infty}^{\infty} p(t - kT_{\mathrm{s}}) p(t - lT_{\mathrm{s}}) 2 \cos^2(2\pi f_{\mathrm{c}} t) \mathrm{d}t \\
&= \int_{-\infty}^{\infty} p(t - kT_{\mathrm{s}}) p(t - lT_{\mathrm{s}})(1 + \cos(4\pi f_{\mathrm{c}} t)) \mathrm{d}t \\
&= \int_{-\infty}^{\infty} p(t) p(t - (k - l)T_{\mathrm{s}}) \mathrm{d}t \\
&= \delta_{kl}
\end{aligned}
$$

由于 $\phi_k(t)$ 的标准正交性,可知载波传输的标准正交基表示与基带传输的标准正交基表示完全一致,记为

$$y(t) = \sum_k x_k \phi_k(t) + n(t)$$

唯一的区别是基在频域上带通。其对应的电平信道为

$$
\begin{aligned}
y_k &= \langle y(t), \phi_k(t) \rangle \\
&= x_k + n_k
\end{aligned}
$$

其中符号从许用集合选取 $x_k \in \mathcal{A}$，其均方为符号能量 $E(x_k^2) = E_\mathrm{s}$，噪声的统计特性为 $n_k \sim \mathcal{N}\left(0, \frac{n_0}{2}\right)$。显然，采用标准正交基观点和形式，可极大地简化等效计算。有了等效电平信道的方法后，若要计算 P_e，则直接从波形形式计算 E_s 即可。

6.1.6　带限 M 元脉冲幅度调制——匹配滤波器观点

虽然在频谱搬移观点中也讨论了匹配滤波，但那是转化为基带信号后对基带信号做匹配。对任意内积都有"匹配＋抽样"的等效方案。在本节讨论直接对载波信号（带通）做"匹配＋抽样"。

考虑 $T_\mathrm{s} f_\mathrm{c} \in \mathbb{N}$ 的情况，此时接收机的内积处理可以做一定的变形，即

$$y_k = \int_{-\infty}^{\infty} y(t) p(t - kT_\mathrm{s}) \sqrt{2} \cos(2\pi f_\mathrm{c} t) \mathrm{d}t$$

$$= \int_{-\infty}^{\infty} y(t) p(t - kT_\mathrm{s}) \sqrt{2} \cos(2\pi f_\mathrm{c}(t - kT_\mathrm{s})) \mathrm{d}t$$

$$= \int_{-\infty}^{\infty} y(\tau) p(-(kT_\mathrm{s} - \tau)) \sqrt{2} \cos(2\pi f_\mathrm{c}(kT_\mathrm{s} - \tau)) \mathrm{d}\tau$$

接下来定义

$$\psi(t) = y(\tau) * p(-\tau) \sqrt{2} \cos(2\pi f_\mathrm{c} \tau)$$

由 $\psi(t)$ 的这一定义可知，$\psi(kT_\mathrm{s}) = y_k$。这里的讨论无论 $p(t)$ 是带限于 $W < f_\mathrm{c}$，还是方波，都有个前提 $f_\mathrm{c} T_\mathrm{s} \in \mathcal{N}$。

由傅里叶变换的性质

$$\mathcal{F}[p(-\tau) \sqrt{2} \cos(2\pi f_\mathrm{c} \tau)] = \frac{\sqrt{2}}{2} [\hat{p}^*(f - f_\mathrm{c}) + \hat{p}^*(f + f_\mathrm{c})]$$

可知，匹配滤波器为带通滤波器。当 $f_\mathrm{c} T_\mathrm{s} \in \mathbb{N}$ 时，可用序列 $\sum_k x_k \delta(t - kT_\mathrm{s})$ 冲激一个冲激响应为 $p(t) \sqrt{2} \cos(2\pi f_\mathrm{c} t)$ 的带通滤波器，直接生成载波信号。这就引出对载波 PAM 的直接滤波法的介绍。

当 $f_\mathrm{c} T_\mathrm{s} \in \mathbb{N}$ 时，载波信号可由如下方式生成：

$$x(t) = \sum_k x_k \delta(x - kT_\mathrm{s}) * [p(t) \sqrt{2} \cos(2\pi f_\mathrm{c} t)]$$

$$= \sum_k x_k p(x - kT_\mathrm{s}) \sqrt{2} \cos(2\pi f_\mathrm{c}(t - kT_\mathrm{s}))$$

$$= \sum_k x_k p(x - kT_\mathrm{s}) \sqrt{2} \cos(2\pi f_\mathrm{c} t)$$

其对应于符号调制的冲激序列直接冲激带通滤波器生成载波通信信号，如图6.13所示。

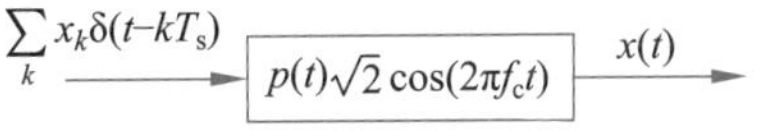

图 **6.13**　符号调制的冲激序列直接冲激带通滤波器生成载波通信信号

图6.13中频带成形滤波器的频率响应为

$$\mathcal{F}[p(t) \sqrt{2} \cos(2\pi f_\mathrm{c} t)] = \frac{\sqrt{2}}{2} [\hat{p}(f - f_\mathrm{c}) + \hat{p}(f + f_\mathrm{c})]$$

6.1.7　载波PAM的功率谱密度和频谱效率

在线性调制的功率谱分析中，未对滤波器频响做任何限定（事实上，带限载波信号也可以看作带限于 $f_c + W$ 的低通信号），因此直接代入后可得

$$S_X(f) = \frac{\sigma_x^2}{T_s} \left| \frac{\sqrt{2}}{2} [\hat{p}(f - f_c) + \hat{p}(f + f_c)] \right|^2 +$$

$$\frac{m_x^2}{T_s^2} \sum_{n=-\infty}^{\infty} \left| \frac{\sqrt{2}}{2} \left[\hat{p}\left(\frac{n}{T_s} - f_c\right) + \hat{p}\left(\frac{n}{T_s} + f_c\right) \right] \right|^2 \delta\left(f - \frac{n}{T_s}\right)$$

$$= \frac{\sigma_x^2}{2T_s} |\hat{p}(f - f_c) + \hat{p}(f + f_c)|^2 + \frac{m_x^2}{2T_s^2} \sum_{n=-\infty}^{\infty} \left| \hat{p}\left(\frac{n}{T_s} - f_c\right) + \hat{p}\left(\frac{n}{T_s} + f_c\right) \right|^2 \delta\left(f - \frac{n}{T_s}\right)$$

载波通信信号的功率谱如图6.14所示。

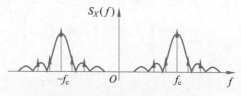

图 6.14　载波 PAM 的功率谱

针对基带采用升余弦滚降滤波器做脉冲成形的载波PAM，并分析其频谱效率。载波调制占用的频率范围为 $||f| - f_c| \leqslant W$，其带宽 $B = 2W$。注意这不是等效，载波PAM是比基带线性调制多用了1倍的带宽，如图6.15所示。（为了加深这一理解，读者可以思考，$f_c = \dfrac{W}{2}, W' = \dfrac{W}{2}, B = W$ 的载波信号（用sinc成形）与基带信号是否有区别。）

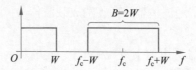

图 6.15　载波 PAM 比搬移前的基带线性调制多用了 1 倍的带宽

载波PAM的频谱效率为

$$\eta = \frac{R_b}{B} = \frac{R_s \log_2 M}{2W}$$

对升余弦系统，即 $|\hat{p}(f)|^2$ 为升余弦滤波器频响函数的系统，有

$$\frac{R_s}{W} = \frac{2}{1 + \alpha}$$

因此，对升余弦载波PAM，其频谱效率为

$$\eta = \frac{\log_2 M}{1 + \alpha}$$

在给出一般公式后，介绍一类典型例题的求解方法。常常是给定符号速率 R_b 和带宽 B（一般是给频率范围），计算许用符号数量 M 和滚降系数 α。

例6.1　在 $[0.97\text{MHz}, 1.03\text{MHz}]$ 的频带上传一路PCM信号，用 $(7,4)$Hamming码，求 M 和 α 的值。

解 一路PCM信道的速率是64kb/s，使用 (7,4) Hamming 码编码后，速率提升到

$$R_b = 64 \times \frac{7}{4} \text{kb/s} = 112 \text{kb/s}$$

同时，由题干可知，带宽取值为

$$B = (1.03 - 0.97)\text{MHz} = 60\text{kHz}$$

令每符号承载比特数 $k = \log_2 M$，于是结合升余弦系统的谱效要求和每符号比特承载量之间的对应关系（图6.16），有

$$\frac{k}{1+\alpha} = \frac{112}{60}\text{b/(s·Hz)} = \frac{28}{15}\text{b/(s·Hz)} \in [1.5, 2]$$

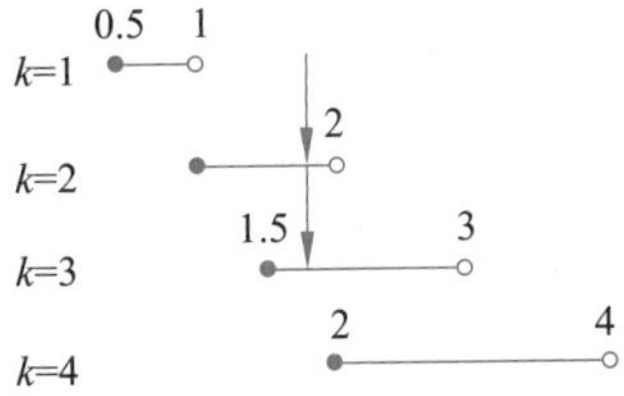

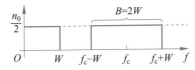

图 6.16 升余弦系统的谱效要求和每符号比特承载量之间的对应关系

于是，可以估算出 k，M、α 的两组有效取值为

$$k_1 = 2, M_1 = 4, \alpha_1 = \frac{1}{14}$$

$$k_2 = 3, M_2 = 8, \alpha_2 = \frac{17}{28} \text{（利于工程实现）}$$

6.1.8 载波通信噪声的进一步讨论

在通信与网络中，特别是涉及带通噪声的部分，单边功率谱密度 n_0、双边功率谱密度 $\frac{n_0}{2}$ 一直是非常易混淆的概念。为了加强读者对这方面的理解，接下来从多个角度加以阐释。

先强调第一个关键点，即用 $S_n(f) = \frac{n_0}{2}$ 计算出来的噪声功率是"扎实"而"客观"存在的。

对于基带上的噪声（见图6.17），其由低通滤波器过滤白高斯噪声得到，如图6.18所示。

图 6.17 单边功率谱上的基带和载波带宽

$$n(t) \rightarrow \boxed{\text{LPF}_W(f)} \rightarrow$$

图 6.18 由低通滤波器过滤白高斯噪声得到基带噪声

带宽 W 的基带噪声，其双边带宽为 $2W$，因此其功率为

$$P_N = \frac{n_0}{2} \times 2W = Wn_0$$

另外，这一基带噪声也可看成中心频率 $f_c = \frac{W}{2}$、"单边"带宽 $W' = \frac{W}{2}$ 的带通噪声，

即由中心频率 $f_{\mathrm{c}} = \dfrac{W}{2}$、带宽 $W' = \dfrac{W}{2}$ 的带通滤波器过滤白高斯噪声得到，如图6.19所示。

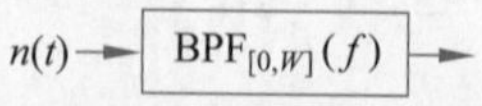

n(t)
BPF[0,W](f)

图 6.19　由中心频率 $f_{\mathrm{c}} = \frac{W}{2}$、“单边”带宽 $W' = \frac{W}{2}$ 的带通滤波器过滤白高斯噪声得到载波噪声

当看作带通噪声时，其双边带宽也是 $2W$，因此其功率为

$$P_{\mathrm{N}} = \frac{n_0}{2} \times 2W = Wn_0$$

这完全是按带通噪声计算得到的结果，与基带噪声的结果一样。

对比另一种带通（载波）噪声，它是由中心频率 f_{c}、“单边”带宽 W 的带通滤波器过滤白高斯噪声得到的，如图6.20所示。

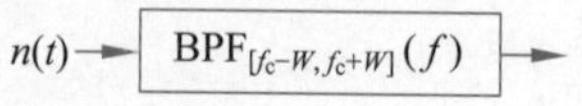

n(t)
BPF[fc−W, fc+W](f)

图 6.20　由中心频率 f_{c}、“单边”带宽 W 的带通滤波器过滤白高斯噪声得到载波噪声

此时，其双边带宽为 $2B = 4W$，因此其功率为

$$P_{\mathrm{W}} = \frac{n_0}{2} \times 2B = \frac{n_0}{2} \times 4W = 2Wn_0$$

这个结果，同样也可看成 $n(t)$ 在低通 $W_{\mathrm{H}} = f_{\mathrm{c}} + W$ 内的功率再减去低通 $W_{\mathrm{L}} = f_{\mathrm{c}} - W$ 内的功率所得到的结果，如图6.21所示。图中两个噪声相减是指先生成一个样本轨道，对这一共同函数滤波后相减，而不是独立噪声滤波后相减。

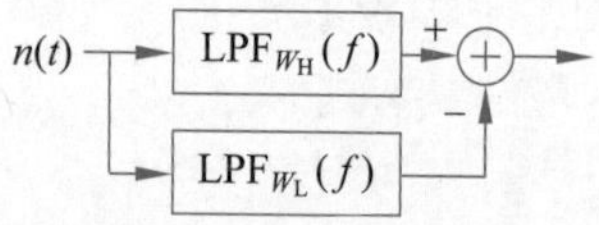

n(t)
LPFWH(f)
LPFWL(f)
+
−

图 6.21　带通噪声看作两个“同一样本轨道”的低通噪声的差

此时，带通噪声的功率为

$$P_{\mathrm{N}} = \frac{n_0}{2} \times 2(W_{\mathrm{H}} - W_{\mathrm{L}}) = 2Wn_0$$

这是完全按低通的概念计算出来的，结果与前面一致。

这个关键点说明，把通信信号从基带搬移到载波频带后，接收机的开口就是扩大了1倍。从接收机开口 $||f| - f_{\mathrm{c}}| \leqslant W$ 内漏进来的噪声就是大了1倍。这不是等效，而是物理实际。

回顾“匹配滤波 + 抽样”（或向正交基进行投影）的结果，投影后的噪声方差 $\sigma^2 = \dfrac{n_0}{2}$，与基带时的结果一样。再回顾匹配滤波的信噪比增益模型，以升余弦系统为例，如图6.22所示。

SNRin=0
O
fc−W
fc
fc+W
O
fc−W
fc
fc+W
SNRm= 2Es/n0
SNRc= EsRs/(2Wn0) = Es/((1+α)n0)

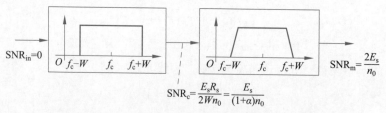

图 6.22　载波传输的匹配滤波增益及各节点信噪比

从上述讨论可知，对于载波传输，其匹配滤波器带来的信噪比增益为

$$\xi = 2(1 + \alpha)$$

比基带传输中匹配滤波的信噪比增益多了1倍。其原因就涉及接下来介绍的另一个关键点。

从投影的角度来看，将噪声向"带通"标准正交基 $p(t-kT_\mathrm{s})\sqrt{2}\cos(2\pi f_\mathrm{c}t)$ 进行投影，只占了向"基带"标准正交基 $p(t-kT_\mathrm{s})$ 投影时的功率的一半。这一点在取 $f_\mathrm{c} = \dfrac{W}{2}$ 而 $W' = \dfrac{W}{2}$ 时表现得尤其典型。因此，不妨理解为正交基 $p(t-kT_\mathrm{s})\sqrt{2}\cos(2\pi f_\mathrm{c}t)$ 只是频带 $[f_\mathrm{c}-W, f_\mathrm{c}+W]$ 上，对应于时间上第 k 个位置（为了严谨，此处不能用时隙这个词）的两个正交基之一，另一半的噪声能量被投影到另外一个隐藏的基上。

6.2　I、Q路正交载波传输

某些通信波形可以承载一个复数乃至矢量符号，其形式使用的是中心频率在 f_c 的波形。本节的内容既可以看作6.1节内容从单路向多路的推广，又可以看作单个复电平符号波形传输向着多个复电平符号波形传输的推广。我们的目的是构造和分析能同时传输I、Q两路信息(复电平)的载波传输方法。同样，从正交基角度、频谱搬移角度和匹配滤波角度来看待I、Q路载波传输。同时，还将介绍载波信号的复基带等效概念，以及典型的复电平序列载波传输方式。

6.2.1　从隐藏正交基谈起

我们猜想，在 $||f| - f_\mathrm{c}| \leqslant W$ 中，还"藏着"一个正交基，从而使 $n(t)$ 向标准正交基 $p(t - kT_\mathrm{s})\sqrt{2}\cos(2\pi f_\mathrm{c}t)$ 的投影能量仅有向 $p(t - kT_\mathrm{s})$ 投影的一半。接下来就找这个隐藏正交基。我们的思路分为三步：

（1）给定 k，构建一个与 $p(t - kT_\mathrm{s})\sqrt{2}\cos(2\pi f_\mathrm{c}t)$ 正交的基；

（2）验证对于不同的 k，第一步构造的基自身构成一组标准正交基；

（3）对于带限的 $p(t)$，验证上述标准正交基带限于 $||f| - f_\mathrm{c}| \leqslant W$。

逐步落实上述思路。记

$$\phi_k^{\mathrm{I}}(t) = p(t - kT_\mathrm{s})\sqrt{2}\cos(2\pi f_\mathrm{c}t)$$

构造

$$\phi_k^{\mathrm{Q}}(t) = p(t - kT_\mathrm{s})\sqrt{2}\sin(2\pi f_\mathrm{c}t)$$

验证其标准正交特性：

执行第一步思路。验证I、Q路正交基之间是正交的，即 $\forall k, l$，有 $\left\langle \phi_k^{\mathrm{I}}(t), \phi_l^{\mathrm{Q}}(t) \right\rangle = 0$。具体地，有

$$\left\langle \phi_k^{\mathrm{I}}(t), \phi_l^{\mathrm{Q}}(t) \right\rangle = \int_{-\infty}^{\infty} p(t - kT_\mathrm{s})\, p(t - lT_\mathrm{s})\, 2\cos(2\pi f_\mathrm{c}t)\sin(2\pi f_\mathrm{c}t)\mathrm{d}t$$

$$= \int_{-\infty}^{\infty} p(t - kT_\mathrm{s})\, p(t - lT_\mathrm{s})\sin(4\pi f_\mathrm{c}t)\mathrm{d}t$$

$$= 0$$

上述最后一个等式成立的原因（分两种情况讨论）：若 $p(t)$ 带限于 W，则 $p(t - kT_\mathrm{s})\, p(t - lT_\mathrm{s})$ 带限于 $2W$，与 $\sin(4\pi f_\mathrm{c}t)$ 频域正交；若 $p(t)$ 为方波脉冲，则乘积 $p(t - kT_\mathrm{s})\, p(t - lT_\mathrm{s})$ 为

$0(k \neq l)$ 或 $\dfrac{1}{\sqrt{T_{\mathrm{s}}}}(k = l$ 时，在 $[kT_{\mathrm{s}}, (k+1)T_{\mathrm{s}})$ 中)。由 $f_{\mathrm{c}}T_{\mathrm{s}} \in \mathbb{N}$，上述积分的值为0。

于是，完成了第一步思路，满足I、Q路正交性质。

执行第二步思路。需要验证 $\forall k, l$，满足 $\left\langle \phi_k^{\mathrm{Q}}(t), \phi_l^{\mathrm{Q}}(t) \right\rangle = \delta_{kl}$。具体地，有

$$
\begin{aligned}
\left\langle \phi_k^{\mathrm{Q}}(t), \phi_l^{\mathrm{Q}}(t) \right\rangle &= \int_{-\infty}^{\infty} p\left(t - kT_{\mathrm{s}}\right) p\left(t - lT_{\mathrm{s}}\right) 2\sin^2(2\pi f_{\mathrm{c}}t)\mathrm{d}t \\
&= \int_{-\infty}^{\infty} p\left(t - kT_{\mathrm{s}}\right) p\left(t - lT_{\mathrm{s}}\right)\left(1 - \cos(4\pi f_{\mathrm{c}}t)\right)\mathrm{d}t \\
&= \delta_{kl} - \int_{-\infty}^{\infty} p\left(t - kT_{\mathrm{s}}\right) p\left(t - lT_{\mathrm{s}}\right) \cos(4\pi f_{\mathrm{c}}t)\mathrm{d}t \\
&= \delta_{kl}
\end{aligned}
$$

最后一个等式成立的原因(仍然分两种情况)：若 $p(t)$ 带限于 W，则 $p\left(t - kT_{\mathrm{s}}\right) p\left(t - lT_{\mathrm{s}}\right)$ 带限于 $2W$，与 $\cos(4\pi f_{\mathrm{c}}t)$ 频域正交；若 $p(t)$ 为方波脉冲，则乘积 $p\left(t - kT_{\mathrm{s}}\right) p\left(t - lT_{\mathrm{s}}\right)$ 为 $0(k \neq l)$ 或 $\dfrac{1}{\sqrt{T_{\mathrm{s}}}}(k = l$ 时，在 $[kT_{\mathrm{s}}, (k+1)T_{\mathrm{s}})$ 中)。由 $f_{\mathrm{c}}T_{\mathrm{s}} \in \mathbb{N}$，倒数第二行中的积分值为0。

于是，完成了思路第二步，验证了Q路自身是标准正交基。

执行第三步思路。验证若 $\hat{p}(f) = 0, |f| > W$，则

$$
\mathscr{F}\left[p\left(t - kT_{\mathrm{s}}\right)\sqrt{2}\sin(2\pi f_{\mathrm{c}}t)\right] = 0, \ ||f| - f_{\mathrm{c}}| \leqslant W
$$

这一步主要利用傅里叶变换的如下性质：

$$
\mathscr{F}\left[p(t)\sin(2\pi f_{\mathrm{c}}t)\right] = \frac{1}{2}\left[\hat{p}\left(f + f_{\mathrm{c}}\right) - \hat{p}\left(f - f_{\mathrm{c}}\right)\right]
$$

余下的技术细节留给读者自行补充完成。

对于 $p(t) = \mathbb{1}\left\{0 \leqslant t < T_{\mathrm{s}}\right\}$ 这种非带限情况，其主要能量也集中于 $\pm f_{\mathrm{c}}$ 周边，如图6.23所示。

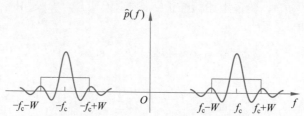

图 6.23 带通正交基的频域特征

用带通正交基构造通信波形。带通正交基与一般正交基的唯一区别是拆成了两部分(两个基集合I、Q部分)来写。于是，通信信号也拆开写，即

$$
\begin{aligned}
x(t) &= \sum_{k=-\infty}^{\infty}\left[x_k^{\mathrm{I}}\phi_k^{\mathrm{I}}(t) + x_k^{\mathrm{Q}}\phi_k^{\mathrm{Q}}(t)\right] \\
&= \sum_{k=-\infty}^{\infty}\left[x_k^{\mathrm{I}}p\left(t - kT_{\mathrm{s}}\right)\sqrt{2}\cos(2\pi f_{\mathrm{c}}t) + x_k^{\mathrm{Q}}p\left(t - kT_{\mathrm{s}}\right)\sqrt{2}\sin(2\pi f_{\mathrm{c}}t)\right] \\
&= \sqrt{2}\cos(2\pi f_{\mathrm{c}}t) \cdot \sum_{k=-\infty}^{\infty} x_k^{\mathrm{I}}p\left(t - kT_{\mathrm{s}}\right) + \sqrt{2}\sin(2\pi f_{\mathrm{c}}t) \cdot \sum_{k=-\infty}^{\infty} x_k^{\mathrm{Q}}p\left(t - kT_{\mathrm{s}}\right)
\end{aligned}
$$

6.2.2　I、Q 路正交载波传输的解调

在通信与网络中必须把收发这一对矛盾统一看待。通信信号 $x(t)$ 经过 AWGN 信道后，可得

$$y(t) = x(t) + n(t)$$

其中，噪声的统计特性由功率谱给出，即 $S_n(f) = \dfrac{n_0}{2}$。

为了恢复 I、Q 两路的电平符号 x_k^{I} 和 x_k^{Q}，只需分别向正交基 $\phi_k^{\mathrm{I}}(x)$ 和 $\phi_k^{\mathrm{Q}}(x)$ 做投影即可。

由正交性可得

$$
\begin{aligned}
y_k^{\mathrm{I}} &= \left\langle y(t), \phi_k^{\mathrm{I}}(t) \right\rangle \\
&= x_k^{\mathrm{I}} + \underbrace{\left\langle n(t), \phi_k^{\mathrm{I}}(t) \right\rangle}_{n_k^{\mathrm{I}}}
\end{aligned}
$$

由正交性还可得

$$
\begin{aligned}
y_k^{\mathrm{Q}} &= \left\langle y(t), \phi_k^{\mathrm{Q}}(t) \right\rangle \\
&= x_k^{\mathrm{Q}} + \underbrace{\left\langle n(t), \phi_k^{\mathrm{Q}}(t) \right\rangle}_{n_k^{\mathrm{Q}}}
\end{aligned}
$$

6.2.1 节已经验证了 $n_k^{\mathrm{I}} \sim \mathcal{N}\left(0, \dfrac{n_0}{2}\right)$。这里只需验证 $n_k^{\mathrm{Q}} \sim \mathcal{N}\left(0, \dfrac{n_0}{2}\right)$。

投影后 Q 路噪声的表达式为

$$n_k^{\mathrm{Q}} = \int_{-\infty}^{\infty} n(t) \cdot p\left(t - kT_{\mathrm{s}}\right) \cdot \sqrt{2}\sin(2\pi f_c t)\mathrm{d}t$$

高斯的线性组合仍然是高斯，且由积分的交换，确认其为零均值的高斯随机变量。

计算其方差：

$$
\begin{aligned}
\sigma_{\mathrm{Q},k}^2 &= E\left\{ \iint_{-\infty}^{\infty} n(t_1)n(t_2)p(t_1 - kT_{\mathrm{s}})p(t_2 - kT_{\mathrm{s}})2\sin(2\pi f_c t_1)\cdot\sin(2\pi f_c t_2)\mathrm{d}t_1\mathrm{d}t_2 \right\} \\
&= \frac{n_0}{2}\int_{-\infty}^{\infty} p^2(t - kT_{\mathrm{s}})2\sin^2(2\pi f_c t)\mathrm{d}t \\
&= \frac{n_0}{2}\int_{-\infty}^{\infty} p^2\left(t - kT_{\mathrm{s}}\right)\left(1 - \cos(4\pi f_c t)\right)\mathrm{d}t \\
&= \frac{n_0}{2}\int_{-\infty}^{\infty} p^2\left(t - kT_{\mathrm{s}}\right)\mathrm{d}t \\
&= \frac{n_0}{2}
\end{aligned}
$$

倒数第二个等式成立的原因（还是分两种情况讨论）：若 $p(t)$ 带限于 W，则 $p^2\left(t - kT_{\mathrm{s}}\right)$ 与 $\cos(4\pi f_c t)$ 频域正交，内积为 0；若 $p(t)$ 为矩形脉冲，则由 $f_c T_{\mathrm{s}} \in \mathbb{N}$，$p\left(t - kT_{\mathrm{s}}\right)$ 为非零常数区间，于是 $\cos(4\pi f_c t)$ 在该区间的积分值为 0。

此外，还应该注意：在之前的电平判决时，曾假设 n_k^{I}、n_k^{Q} 是独立的。这一点在之前的单个复电平符号的波形传输中也有涉及，但并未讨论，这里一并补上。对高斯随机变量，只需验证

$$E\left\{n_k^{\mathrm{I}}n_k^{\mathrm{Q}}\right\}=0$$

类似于上面的推导，利用"频域正交"或"周期抵消"的性质可以得到如下一系列结论：

$$E\left\{n_k^{\mathrm{I}}n_k^{\mathrm{Q}}\right\}=\frac{n_0}{2}\int_{-\infty}^{\infty}p^2\left(t-kT_{\mathrm{s}}\right)2\cos(2\pi f_{\mathrm{c}}t)\sin(2\pi f_{\mathrm{c}}t)\mathrm{d}t$$

$$=\frac{n_0}{2}\int_{-\infty}^{\infty}p^2(t-kT_{\mathrm{s}})\sin(4\pi f_{\mathrm{c}}t)\mathrm{d}t=0$$

$$E\left\{n_k^{\mathrm{I}}n_l^{\mathrm{Q}}\right\}=\frac{n_0}{2}\int_{-\infty}^{\infty}p\left(t-kT_{\mathrm{s}}\right)p\left(t-lT_{\mathrm{s}}\right)\sin(4\pi f_{\mathrm{c}}t)\mathrm{d}t=0$$

$$E\left\{n_k^{\mathrm{I}}n_l^{\mathrm{I}}\right\}=\frac{n_0}{2}\int_{-\infty}^{\infty}p\left(t-kT_{\mathrm{s}}\right)p\left(t-lT_{\mathrm{s}}\right)\left(1+\cos(4\pi f_{\mathrm{c}}t)\right)\mathrm{d}t=\frac{n_0}{2}\delta_{kl}$$

$$E\left\{n_k^{\mathrm{Q}}n_l^{\mathrm{Q}}\right\}=\frac{n_0}{2}\int_{-\infty}^{\infty}p\left(t-kT_{\mathrm{s}}\right)p\left(t-lT_{\mathrm{s}}\right)\left(1-\cos(4\pi f_{\mathrm{c}}t)\right)\mathrm{d}t=\frac{n_0}{2}\delta_{kl}$$

以上推导说明，在不同的 k 上，以及 I、Q 路之间，噪声都是独立的。

6.2.3　等效电平信道

综上讨论可得到以下对于解题非常有用的结论：

$$x_k^{\mathrm{I}}+\mathrm{j}x_k^{\mathrm{Q}}\in\mathscr{A}$$

$$E\left\{\left|x_k^{\mathrm{I}}+\mathrm{j}x_k^{\mathrm{Q}}\right|^2\right\}\propto E_{\mathrm{s}}$$

$$\|p(t)\|_2=1$$

$$S_n(f)=\frac{n_0}{2}$$

满足四个条件的载波传输，其接收波形形式为

$$y(t)=\sqrt{2}\cos(2\pi f_{\mathrm{c}}t)\cdot\sum_{k=-\infty}^{\infty}x_k^{\mathrm{I}}p\left(t-kT_{\mathrm{s}}\right)+$$

$$\sqrt{2}\sin(2\pi f_{\mathrm{c}}t)\cdot\sum_{k=-\infty}^{\infty}x_k^{\mathrm{Q}}p\left(t-kT_{\mathrm{s}}\right)+n(t)$$

其等效的复电平信道为

$$y_k=x_k+n_k$$

其还可以写为复数的实虚部分量形式，即

$$y_k^{\mathrm{I}}+\mathrm{j}y_k^{\mathrm{Q}}=x_k^{\mathrm{I}}+\mathrm{j}x_k^{\mathrm{Q}}+n_k^{\mathrm{I}}+\mathrm{j}n_k^{\mathrm{Q}}$$

或 I、Q 路正交形式，即

$$\begin{cases}y_k^{\mathrm{I}}=x_k^{\mathrm{I}}+n_k^{\mathrm{I}}\\y_k^{\mathrm{Q}}=x_k^{\mathrm{Q}}+n_k^{\mathrm{Q}}\end{cases}$$

上述表达式均满足如下两个性质：

（1）$x_k\in\mathscr{A}$；

（2）$n_k\sim\mathcal{CN}\left(0,n_0\right)$，或写为 $n_k^{\mathrm{I}},n_k^{\mathrm{Q}}\sim\mathcal{N}\left(0,\dfrac{n_0}{2}\right)$。

6.2.4　I、Q 路载波传输的频谱搬移观点

在给出了I、Q路载波传输的通信波形生成和符号恢复方法之后，进一步从频谱搬移的观点给出其发射机和接收机的结构。由通信信号 $x(t)$ 的表达式可知，$x(t)$ 的生成只需分别将I路基带信号 $\sum_{k=-\infty}^{\infty} x_k^{\mathrm{I}} p(t-kT_{\mathrm{s}})$ 和Q路基带信号 $\sum_{k=-\infty}^{\infty} x_k^{\mathrm{Q}} p(t-kT_{\mathrm{s}})$ 分别用载波 $\sqrt{2}\cos(2\pi f_{\mathrm{c}}t)$ 和 $\sqrt{2}\sin(2\pi f_{\mathrm{c}}t)$ 搬移到中心频率 f_{c} 即可。

载波传输的发射机结构框图如图6.24所示。

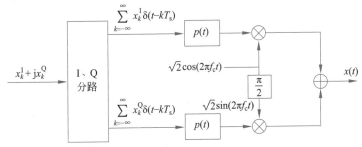

图 6.24　载波传输的发射机结构框图

在设计完发射机后，同样从频谱搬移的角度讨论解调，设计载波传输的接收机。

PAM的解调就是用载波 $\sqrt{2}\cos(2\pi f_{\mathrm{c}}t)$ 将通信信号 $x(t)$ 搬移到基带和载频 $2f_{\mathrm{c}}$。再用带宽 W 的理想低通滤波器（事实上与匹配滤波 $\hat{p}^*(f)$ 合并，或者说由匹配滤波器同时完成了低通滤波）滤除 $2f_{\mathrm{c}}$ 处的分量，从而还原出基带信号。把这一操作同样应用于I、Q两路合并的通信波形 $x(t)$，有什么异同？

I路电平的恢复采用如图6.25所示的接收结构。从图中可以看出，通过乘以 $\sqrt{2}\cos(2\pi f_{\mathrm{c}}t)$，对 $x(t)$ 做频谱搬移，不仅能将I路的一半能量搬回了基带（如同PAM），还确保了Q路回不到基带，低通滤波后就消除了Q路的干扰。

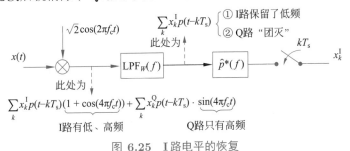

图 6.25　I 路电平的恢复

虽然恢复了I路的基带信号，但是Q路的信息怎么办？为了恢复Q路的信息，采用让通信信号 $x(t)$ 乘以 $\sqrt{2}\sin(2\pi f_{\mathrm{c}}t)$，再进行低通滤波，如图6.26所示。

综合上述从频谱搬移的观点恢复I、Q路符号的讨论，设计一个统一的接收机，同时恢复I、Q路的符号。具体地，用cos、sin各自搬I、Q两路的基带信号，可确保其虽然在 $||f|-f_{\mathrm{c}}| \leqslant W$ 中的频域有重叠，但可以把符号分离出来（正交）。考虑到匹配滤波可以一并完成理想低通所需要完成的功能

$$\mathrm{LPF}_W(f) \times \hat{p}^*(f) = \hat{p}^*(f)$$

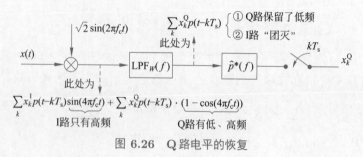

图 6.26 Q 路电平的恢复

所以，无须单独加一个带宽 W 的理想低通 $\text{LPF}_W(f)$。于是，I、Q 路同时解调的接收机实现结构如图6.27所示。

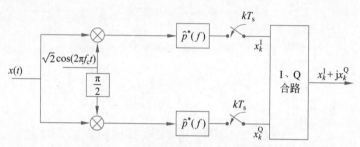

图 6.27 I、Q 路同时解调的接收机实现结构

同时，也不难验证，$n(t)$ 经过上述接收机的处理后，得到复高斯噪声 $n_k^{\text{I}} + jn_k^{\text{Q}} \sim \mathcal{CN}(0, n_0)$。

6.2.5 复基带模型

对上述频谱搬移的观点做进一步的推广。回顾上述讨论可以发现，其实并不需要规定 I、Q 路基带信号的形式，即对基带信号 $x_{\text{I}}(t)$ 和 $x_{\text{Q}}(t)$（满足 $\hat{x}_{\text{I}}(f) = \hat{x}_{\text{Q}}(f) = 0, \ |f| > W$），分别用载波 $\sqrt{2}\cos(2\pi f_c t)$ 和 $-\sqrt{2}\sin(2\pi f_c t)$ 搬移后 $(f_c > W)$ 混合，则这两路频域重叠但是保持正交，可以无失真地恢复，具体如图6.28所示。

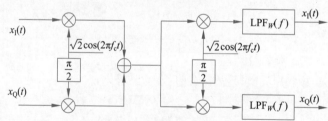

图 6.28 基带信号的同频正交混合

图6.28中

$$\text{LPF}_W(f) = \frac{1}{\sqrt{2W}}\mathbb{1}\{|f| \leqslant W\}$$

为增益归一化的理想低通滤波器。

接下来介绍载波信号的等效复基带模型。由数学符号 Re（取实部）的性质：

$$a = \text{Re}\{a\} = \text{Re}\{a + jb\}, \ a, b \in \mathbb{R}$$

利用这一性质可以针对载波通信信号凑一个更简洁的形式：

$$x_{\mathrm{I}}(t)\sqrt{2}\cos 2\pi f_{\mathrm{c}}t + x_{\mathrm{Q}}(t)\sqrt{2}\sin 2\pi f_{\mathrm{c}}t$$

$$= \mathrm{Re}\left\{x_{\mathrm{I}}(t)\sqrt{2}\cos 2\pi f_{\mathrm{c}}t + x_{\mathrm{Q}}(t)\sqrt{2}\sin 2\pi f_{\mathrm{c}}t\right\}$$

$$= \mathrm{Re}\left\{x_{\mathrm{I}}(t)\sqrt{2}\cos 2\pi f_{\mathrm{c}}t - x_{\mathrm{I}}(t)\cdot \mathrm{j}\sqrt{2}\sin 2\pi f_{\mathrm{c}}t + \right.$$

$$\left. \mathrm{j}x_{\mathrm{Q}}(t)\sqrt{2}\cos 2\pi f_{\mathrm{c}}t - \mathrm{j}x_{\mathrm{Q}}\cdot \mathrm{j}\sqrt{2}\sin 2\pi f_{\mathrm{c}}t\right\}$$

$$= \mathrm{Re}\left\{x_{\mathrm{I}}(t)\sqrt{2}\exp\left(-\mathrm{j}2\pi f_{\mathrm{c}}t\right) + \mathrm{j}x_{\mathrm{Q}}(t)\sqrt{2}\exp\left(-\mathrm{j}2\pi f_{\mathrm{c}}t\right)\right\}$$

$$= \mathrm{Re}\left\{\left[x_{\mathrm{I}}(t) + \mathrm{j}x_{\mathrm{Q}}(t)\right]\sqrt{2}\exp\left(-\mathrm{j}2\pi f_{\mathrm{c}}t\right)\right\}$$

上式给出的就是载波信号的等效复基带表达。接下来讨论原始基带信号 $x_{\mathrm{I}}(t)$ 和 $x_{\mathrm{Q}}(t)$ 的恢复。由

$$\mathrm{Re}\{z\} = \frac{1}{2}\left(z + z^*\right)$$

可知

$$\mathrm{Re}\left\{x_{\mathrm{B}}(t)\sqrt{2}\mathrm{e}^{-\mathrm{j}2\pi f_{\mathrm{c}}t}\right\} = x_{\mathrm{B}}(t)\frac{\sqrt{2}}{2}\mathrm{e}^{-\mathrm{j}2\pi f_{\mathrm{c}}t} + x_{\mathrm{B}}^*(t)\frac{\sqrt{2}}{2}\mathrm{e}^{\mathrm{j}2\pi f_{\mathrm{c}}t}$$

将上式结果乘以 $\sqrt{2}\mathrm{e}^{\mathrm{j}2\pi f_{\mathrm{c}}t}$，得到

$$\mathrm{Re}\left\{x_{\mathrm{B}}(t)\sqrt{2}\mathrm{e}^{-\mathrm{j}2\pi f_{\mathrm{c}}t}\right\}\times\sqrt{2}\mathrm{e}^{\mathrm{j}2\pi f_{\mathrm{c}}t} = x_{\mathrm{B}}(t) + x_{\mathrm{B}}^*(t)\mathrm{e}^{\mathrm{j}4\pi f_{\mathrm{c}}t}$$

将这一结果经过带宽为 W 的理想低通滤波后，就可以恢复 $x_{\mathrm{B}}(t)$。综上可得到恢复原始基带信号 $x_{\mathrm{I}}(t)$ 和 $x_{\mathrm{Q}}(t)$ 的接收机结构，如图6.29所示。

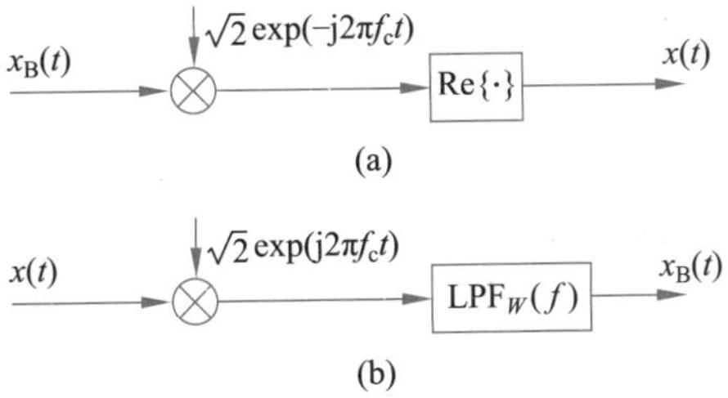

图 6.29 恢复原始基带信号 $x_{\mathrm{I}}(t)$ 和 $x_{\mathrm{Q}}(t)$ 的接收机结构

上述复基带模型可以用于简洁地表示、分析载波传输。将复基带模型用于载波传输的表示后，可得

$$\left[\sum_{k=-\infty}^{\infty}\left(x_k^{\mathrm{I}} + \mathrm{j}x_k^{\mathrm{Q}}\right)\delta\left(t - kT_{\mathrm{s}}\right)\right] * p(t) = \sum_{k=-\infty}^{\infty}\left(x_k^{\mathrm{I}} + \mathrm{j}x_k^{\mathrm{Q}}\right)p\left(t - kT_{\mathrm{s}}\right)$$

和

$$\left\langle\sum_{k=-\infty}^{\infty}\left(x_k^{\mathrm{I}} + \mathrm{j}x_k^{\mathrm{Q}}\right)p\left(t - kT_{\mathrm{s}}\right), p\left(t - kT_{\mathrm{s}}\right)\right\rangle = x_k^{\mathrm{I}} + \mathrm{j}x_k^{\mathrm{Q}}$$

于是，载波传输的收、发处理可以由图6.30表示。

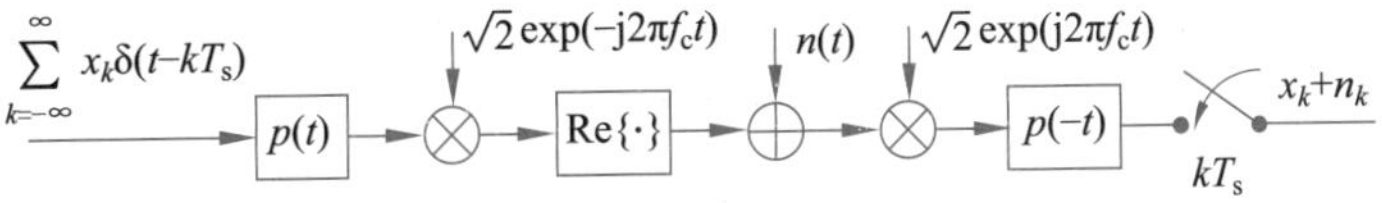

图 6.30 载波传输收、发处理的复基带等效表示

当 $f_c T_s \in \mathbb{N}$ 时，可用直接带通滤波的形式来表示 I、Q 路正交的载波传输，如图6.31 所示。

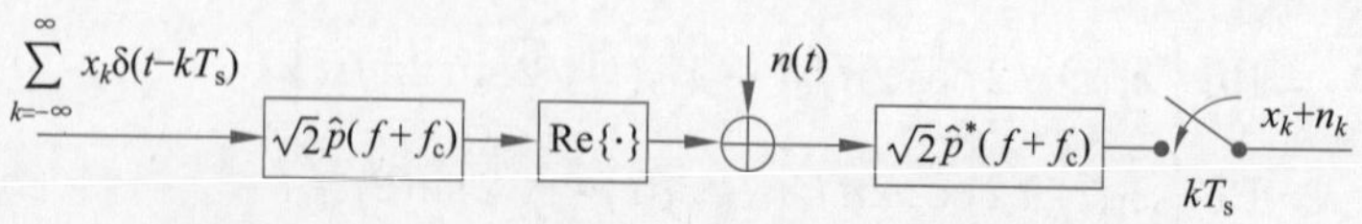

图 6.31　I、Q 路正交载波传输的直接带通滤波形式

显然，复基带等效模型可以更简洁地给出 I、Q 路形式。

6.2.6　复基带视角下的噪声

白高斯噪声是一个容易产生混淆的概念，需要从不同的角度反复介绍以加深读者的理解。本节从噪声的物理模型出发，运用复基带等效方法开展讨论。

在物理学中，加性噪声的功率谱为

$$S_n(f) = \frac{2Rh|f|}{\exp\left(\frac{h|f|}{kT}\right) - 1}$$

式中：R 为电阻；T 为温度；h 为普朗克常量，$h = 6.62 \times 10^{-34} \text{J·s}$；$k$ 为玻耳兹曼常量，$k = 1.3807 \times 10^{-23} \text{J/K}$。

根据上式可以看到，当频率在 10^{12}Hz 之内，功率谱密度保持近似平坦，其值为 $2kTR$。因此，可以把这个范围内的噪声功率谱记为 $S_n(f) = \frac{n_0}{2}$。

讨论满足 $|f| \leqslant W$ 的低通噪声，以及满足 $||f| - f_c| \leqslant W$ 的带通噪声的等效。只有它们对通信有着实质性的影响。事实上，在实际系统中有时也做带通或低通滤波的预处理。

对于基带噪声，有

$$S_B(f) = \frac{n_0}{2} \mathbb{1}\{|f| \leqslant W\}$$

通过傅里叶逆变换可以得到自相关函数为

$$R_B(\tau) = \mathscr{F}^{-1}[S_B(f)] = Wn_0 \operatorname{sinc}(2W\tau)$$

对于基带噪声，有

$$n_B(t) = \sum_{k=-\infty}^{\infty} n_k \operatorname{sinc}(2Wt - k)$$

式中：$n_k \overset{\text{i.i.d}}{\sim} \mathcal{N}(0, Wn_0)$ 为零均值高斯。

不难验证，按照上式构造的噪声具有功率谱 $S_B(f)$。

假定上述噪声的宽平稳性已经得到验证，则可以推导如下：

$$
\begin{aligned}
E\{n_B(t+\tau)n_B(t)\} &= E\{n_B(\tau)n_B(0)\} \\
&= E\left\{\left[\sum_{k=-\infty}^{\infty} n_k \operatorname{sinc}(2W\tau - k)\right] \cdot n_0\right\} \\
&= E\{n_0^2\} \operatorname{sinc}(2W\tau) \\
&= Wn_0 \operatorname{sinc}(2W\tau) \\
&= R_B(\tau)
\end{aligned}
$$

讨论如下带通噪声：

$$n_{\mathrm{p}}(t) = n_{\mathrm{I}}(t)\sqrt{2}\cos 2\pi f_{\mathrm{c}}t + n_{\mathrm{Q}}(t)\sqrt{2}\sin 2\pi f_{\mathrm{c}}t$$

其中，基带噪声 $n_{\mathrm{I}}(t)$ 和 $n_{\mathrm{Q}}(t)$ 的功率谱为 $S_{\mathrm{B}}(f)$。

验证其功率谱：

$$S_{\mathrm{p}}(f) = \frac{n_0}{2}\mathbb{1}\left\{||f| - f_{\mathrm{c}}| \leqslant W\right\}$$

如图6.32所示。

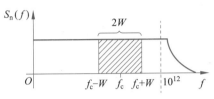

图 6.32　带通噪声的功率谱

计算自相关函数：

$$E\left\{n_{\mathrm{p}}(t+\tau)n_{\mathrm{p}}(t)\right\} = E\left\{n_{\mathrm{I}}(t+\tau)n_{\mathrm{I}}(t)\right\}2\cos 2\pi f_{\mathrm{c}}(t+\tau)\cos 2\pi f_{\mathrm{c}}t +$$
$$E\left\{n_{\mathrm{Q}}(t+\tau)n_{\mathrm{Q}}(t)\right\}2\sin 2\pi f_{\mathrm{c}}(t+\tau)\sin 2\pi f_{\mathrm{c}}t$$

注意：这里不能直接使用平稳性做下一步推导。仅当满足

$$E\left\{n_{\mathrm{I}}(t+\tau)n_{\mathrm{I}}(t)\right\} = E\left\{n_{\mathrm{Q}}(t+\tau)n_{\mathrm{Q}}(t)\right\}$$

时，才能利用三角公式

$$\cos\alpha\cos\beta + \sin\alpha\sin\beta = \cos(\alpha - \beta)$$

来证明平稳性。

对于宽平稳的噪声，可以令 $t = 0$，从而得到

$$R_{\mathrm{p}}(\tau) = E\left\{n_{\mathrm{I}}(\tau)n_{\mathrm{I}}(0)\right\} \cdot 2\cos 2\pi f_{\mathrm{c}}\tau = 2Wn_0\,\mathrm{sinc}\,(2W\tau) \cdot \cos(2\pi f_{\mathrm{c}}\tau)$$

对上式做傅里叶变换，可得

$$S_{\mathrm{p}}(f) = \mathscr{F}\left[R_{\mathrm{p}}(\tau)\right] = \frac{n_0}{2}\mathbb{1}\left\{||f| - f_{\mathrm{c}} \leqslant W|\right\}$$

验证完毕。注意：对于零均值的高斯过程，$R(\tau)$ 或 $S(f)$ 决定了一切统计特性。

为了配合载波传输的通信信号的表达形式，也给出带通噪声的三种表达形式：

标准正交基线性组合形式为

$$n_{\mathrm{p}}(t) = \sum_{k=-\infty}^{\infty}\left(n_k^{\mathrm{I}}\,\mathrm{sinc}\,(2Wt-k)\sqrt{2}\cos 2\pi f_{\mathrm{c}}t + n_k^{\mathrm{Q}}\,\mathrm{sinc}\,(2Wt-k)\sqrt{2}\sin 2\pi f_{\mathrm{c}}t\right)$$

复基带形式为

$$n_{\mathrm{p}}(t) = \mathrm{Re}\left\{\left[n_{\mathrm{I}}(t) + \mathrm{j}n_{\mathrm{Q}}(t)\right]\sqrt{2}\mathrm{e}^{-\mathrm{j}2\pi f_{\mathrm{c}}t}\right\}$$

复电平形式为

$$n_{\mathrm{p}}(t) = \mathrm{Re}\left\{\sum_{k=-\infty}^{\infty}\left[n_k^{\mathrm{I}}(t) + \mathrm{j}n_k^{\mathrm{Q}}(t)\right]\mathrm{sinc}(2Wt-k)\sqrt{2}\mathrm{e}^{-\mathrm{j}2\pi f_{\mathrm{c}}t}\right\}$$

在复基带等效下，噪声的生成如图6.33所示。

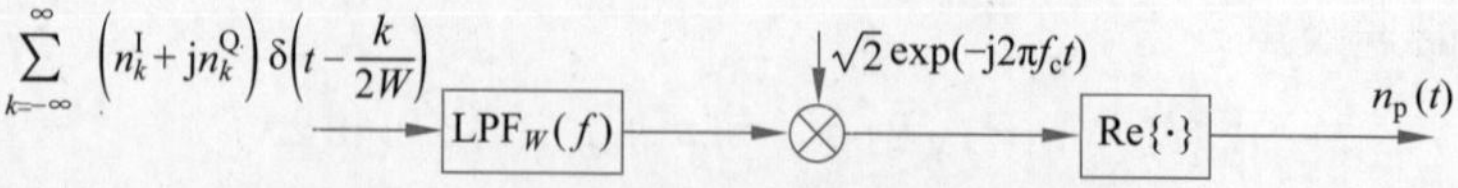

$\sum_{k=-\infty}^{\infty}\left(n_k^{\mathrm{I}}+\mathrm{j}n_k^{\mathrm{Q}}\right)\delta\left(t-\frac{k}{2W}\right)$
$\mathrm{LPF}_W(f)$
$\sqrt{2}\exp(-\mathrm{j}2\pi f_{\mathrm{c}}t)$
$\mathrm{Re}\{\cdot\}$
$n_{\mathrm{p}}(t)$

图 6.33 复基带等效模型中的噪声生成

注意：对带限于 W 的成形脉冲 $p(t)$，有频域特性

$$\mathrm{LPF}_W(f)\cdot\hat{p}^*(f)=\hat{p}^*(f)$$

以及时域特性

$$\mathrm{sinc}(2Wt)*p(\pm t)=p(\pm t)$$

因此，在复基带等效下，噪声的接收处理则如图6.34所示。

$n_{\mathrm{p}}(t)$
$\sqrt{2}\exp(\mathrm{j}2\pi f_{\mathrm{c}}t)$
$p(-t)$
kT_{s}
$n_k^{\mathrm{I}}+\mathrm{j}n_k^{\mathrm{Q}}$

图 6.34 复基带等效模型中的噪声接收

6.2.7 典型载波传输——正交幅度调制、相移键控和频移键控

在介绍完载波传输的一般性理论后，介绍工程上常用的三种典型的载波传输方案。为简洁期间，正交幅度调制和相移键控用复基带表示，这两种载波传输方式都是承载复电平序列的。

正交幅度调制的电平集合为（这里“$\oplus$”表示两个集合中各任取一个元素组合后相加得到新集合的运算，即 $\{\mu_1,\mu_2,\cdots,\mu_N\}\oplus\{v_1,v_2,\cdots,v_M\}=\{\mu_i+v_j:\ i=1,\cdots,N,j=1,\cdots,M\}$）

$$\mathscr{A}=\{\pm A,\pm 3A,\cdots,\pm\sqrt{m-1}A\}\oplus\mathrm{j}\{\pm A,\pm 3A,\cdots,\pm\sqrt{m-1}A\}$$

对应的星座图如图6.35所示。

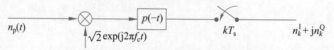

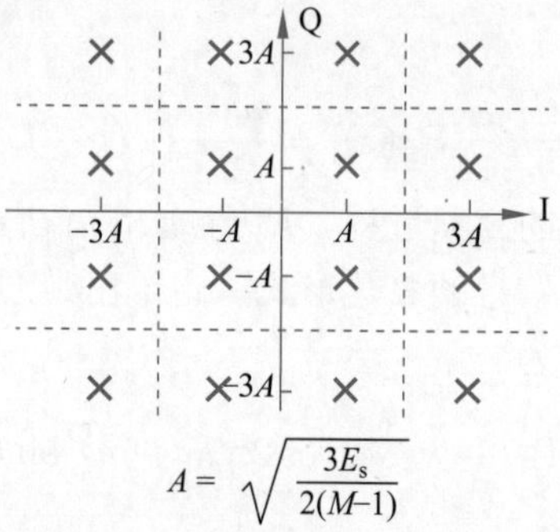

Q
I
3A
A
−A
−3A
−3A
−A
A
3A
$A=\sqrt{\frac{3E_{\mathrm{s}}}{2(M-1)}}$

图 6.35 正交幅度调制的复电平集合（星座图）

正交幅度调制误比特率为

$$P_{\mathrm{b}}^{\mathrm{QAM}}=\frac{4}{\log_2 M}\left(1-\frac{1}{\sqrt{M}}\right)Q\left(\sqrt{\frac{3\log_2 M}{M-1}\cdot\frac{E_{\mathrm{b}}}{n_0}}\right)$$

相移键控的电平集合为

$$\mathscr{A}=\left\{A\mathrm{e}^{\mathrm{j}\frac{2k\pi}{M}}:k=0,1,\cdots,M-1\right\}$$

对应的星座图如图6.36所示。

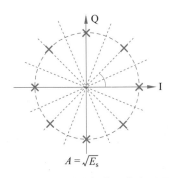

图 6.36 相移键控的复电平集合（星座图）

相移键控误比特率为

$$P_{\mathrm{b}}^{\mathrm{PSK}} = \frac{2}{\log_2 M} Q\left(\sin\frac{\pi}{M}\sqrt{2\log_2 M \frac{E_{\mathrm{b}}}{n_0}}\right)$$

频移键控承载矢量电平，频移键控的电平集合为正交矢量的完备集合，其发射机框图如图6.37所示。

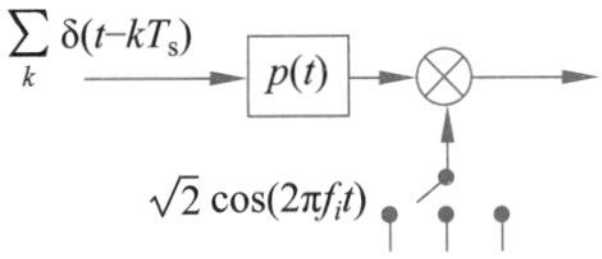

图 6.37 频移键控的发射机框图

成形脉冲 $p(t)$ 带限于 $\dfrac{\Delta f}{2}$，$\Delta f = |f_i - f_{i-1}|$。也可以取方形脉冲作为成形脉冲 $p(t)$，但是要求其必须满足 $T_{\mathrm{s}} f_i \in \mathbb{N}$。

频移键控的误比特率为

$$P_{\mathrm{b}}^{\mathrm{FSK}} \approx \frac{1}{2}\left\{1 - \int_{-\infty}^{\infty}\frac{1}{\sqrt{2\pi}}\exp\left(-\frac{u^2}{2}\right)\left[1 - Q\left(u + \sqrt{2\log_2 M \cdot \frac{E_{\mathrm{b}}}{n_0}}\right)\right]^{M-1}\mathrm{d}u\right\}$$

第7章

差错控制编码

7.1 差错控制的基本概念

7.1.1 有错信道的建模

7.1.1.1 一般信道

对一般通信系统而言，信道是位于发射机输出物理量（信道的输入）与接收机输入物理量（信道的输出）之间的一个变换。这个范畴非常大，信道的输入物理量和输出物理量甚至可以是不同类型的物理量（如电压、温度、尺寸、力、位移、字符等），可以是标量、矢量、波形、图形等，但都能表示为可选集合中元素的形式。信道的输入集合与输出集合可以相同，也可以不同。

对一个信道而言，在一次信道使用中（这里"信道使用"是一个单位，代表的是利用一次信道），所有可能的输入集合为 $\mathcal{S}$，所有可能的输出集合为 $\mathcal{R}$。这两个集合仅由信道本身决定，与信源及信道编码无关。

信道内部的行为则可一般性地建模为输入-输出转移概率 $P(y \mid x)$，其中 $x \in \mathcal{S}, y \in \mathcal{R}$，即给定输入元素 x 条件下的输出元素 y 的概率（当输出取值连续时，用概率密度函数表示）。

在通信中，发射机根据信源消息选择信道允许输入集合中的一个元素发送（送往信道入口），而接收机则需要根据在信道出口观察到的输出（作为接收机的输入）判决发送端发送的是什么信源消息。

由于一般信道的输出集合 $\mathcal{R}$ 与输入集合 $\mathcal{S}$ 并不相同，因此谈不上传输出错。信道的影响通常是引入了一定的模糊度，也就是说，不同的输入 x 可以导致有一定非0概率输出相同的 y，此时根据信道输出 y 去判断信道输入 x，结果不唯一，也就是说会产生误判。

通常会考虑一种常见的特殊离散信道模型，其特点是信道的输出集合 $\mathcal{R}$ 与输入集合 $\mathcal{S}$ 相同，而且都是离散集合，于是可以根据一次传输中 y 是否不等于 x 来判断此次传输信道使用，是否引入了差错。

例 7.1 某个信道的输入集和输出集都是英文字母（集合大小为26），若某次信道使用输入为 a，输出为 a，则认为此次信道使用没有出错；若某次信道使用输入为 a，输出为 k，则认为此次信道使用发生了错误。

例 7.2 某个信道的输入集和输出集都是由5个英文字母构成的字符串集合（集合大小

为 26^5），当输入 greet 时，输出 great，则认为本次信道使用产生了错误；当输入 great 时，输出 abcde，也认为本次信道使用产生了错误。这两次信道各产生了"一次"错误，因为都是一次信道使用[①]，信道的转移概率是从长度为 5 的字符串转为另一个长度为 5 的字符串的概率，只不过从输入元素的表示（长度为 5 的字符串）上看，其表示的字母分别错了 1 个和 5 个。

　　例 7.3　某个信道的输入集和输出集都是英文字母（集合大小为 26），此时信道的转移概率是从每个输入字母到输出字母之间的转移概率。而某个通信系统在利用此信道进行通信时，采取每次传输使用 5 次信道的方式进行。则：如果在第 1 次传输中，5 次信道使用的输入依次为 greet，输出依次为 greet；在第 2 次传输中，输入依次为 greet，输出依次为 great；在第 3 次传输中，输入依次为 great，输出依次为 abcde。在 3 次传输中，第 1 次传输正确，后两次传输出错，平均每次传输错误率为 2/3；三次传输每次使用了 5 次信道，共 15 次信道使用，而三次传输发生信道出错的事件数分别为 0 次、1 次和 5 次，平均每次信道使用出错率为 $(1+5)/15 = 40\%$。

7.1.1.2　常见的二元对称信道

　　二元对称信道的每次使用中输入和输出均为逻辑 $\{0,1\}$。注意，这里的输入与输出只要是二元集合即可，可以是 {甲、乙}，{黑、白}，{天、地}，{A，B}，甚至是 {狗、写}，它们可以有任何意义，只要不等即可。记为 $\{0,1\}$ 只是为了方便，此时并没有对其赋予数的含义。

　　二元对称信道的特点是，$P(\text{output1} \mid \text{input0}) = P(\text{output0} \mid \text{input1}) = \varepsilon$，即发送其中任意一个元素的出错的概率都是相等的。其转移概率如图 7.1 所示。

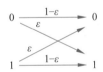

图 7.1　二元对称信道差错转移概率

　　在一次传输中多次使用二元对称信道的情况下，记录成功/错误的事件，得到的序列，称为此次传输的**错误图案**。通常将错误事件记为 1，正确事件记为 0。如某次传输的信道输入依次为 1101001，信道输出是 1011010，则信道产生的错误图案为 0110011。根据一次传输中多次使用信道的错误事件的独立与否，又分为随机错误信道与突发错误信道。

　　图 7.2 显示了一个实际系统中的等效二元离散符号信道（最大的虚线框）的例子。图中，通信的收发两端的实际信道是一个加性高斯白噪声（AWGN）波形信道。在实际应对波形信道时，常引入调制解调。

　　在发送端通过 M 元调制模块实现 M 元符号到波形的映射，在接收端引入解调器给出 M 元符号判决，这样在发送端的调制器入口到接收端的解调器出口之间，即调制器-AWGN 信道-解调器三者的级联，构成了一个 M 元符号输入，M 元符号输出的 M 元离散符号信道。

　　当 $M = 2^b$ 时，在发送端可以将 b 个二元符号通过串并变换和比特串到 M 元符号的映射实现从二元符号流到 M 元符号流的映射，再结合 M 元调制实现对二元符号流到波形的

　　[①] 在这里提到了信道的一次使用和多次使用，其每一次使用是指信道转移概率的一次转移。在一次传输中，可以使用多次信道。

映射。相应地，在接收端得到解调的 M 元符号后，通过符号到比特串的映射和并串变换恢复出发送的二元符号序列。这样从发送端的串并变换入口到接收端的并串变换出口之间就构成了一个二元符号流输入二元符号流输出的信道。

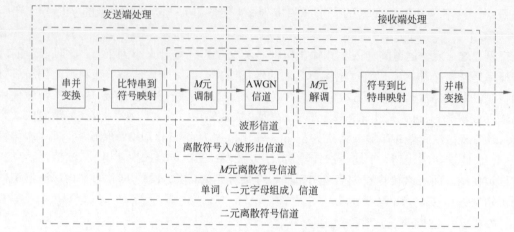

图 7.2　调制器-AWGN 信道-解调器三者的级联

这个二元符号流输入与输出的信道也可以看成单个的二元符号输入、二元符号输出的信道。但是，当看成单个二元输入与输出信道的多次使用时，该信道的出错事件不一定是独立的。

以正交 8FSK（8 元频移键控）调制为例来说明。当采用 8FSK 时，每个调制符号用 8 种频率之一的波形表示不同的消息符号，在正交 FSK 中这 8 种波形相互正交，在 AWGN 信道中发送某个波形时错成其他任意 7 种波形的概率是相同的。也就是说，一旦发生错误，在等效的二元离散符号信道上就会形成一串长度为 3 的错误图案，图案取值为 "001，010，011，100，101，110，111" 中的任意一个。

换句话说，当误符号率为 ε 时，一组当中的 3 个比特，要么以 $1-\varepsilon$ 的概率完全正确，要么以 $\varepsilon/7$ 的概率发生上述 7 种错误图案中的任一种错误。总结来看，就是这 3 个符号的错误事件相互之间是不独立的。尽管可以计算出整个二元输入输出信道的平均误符号率 $(1\times 3+2\times 3+3\times 1)/7\varepsilon = 12/7\varepsilon$，但我们不能把它看成差错率为 $\dfrac{12}{7}\varepsilon$ 的独立二元对称信道。

确切地说，它是一个二元输入输出的有突发错的信道。

同样，当调制器换成 M-QAM 或 MPSK 时，若 $M>4$ 时，会发现上述等效二元输入输出信道是会有突发错的。

在实际应用中，突发错信道也不仅存在于高阶调制解调中，即使是 BPSK，若它经历的噪声功率随时间变化，或传输的信号功率随时间发生变化，或传输的信道的增益随时间发生变化，都会造成解调后的差错概率的波动，也会产生一定的突发错。

在实际的有突发错的信道中，常用的一种处理方法是在发送端引入一个交织器，即将符号流顺序按一定规则打乱（称为交织）后，再送入可能存在突发错的信道，然后在有突发错的信道的接收端将接收符号流按预定的打乱规则恢复原来的顺序（解交织）。

引入交织和解交织后，等效的二元符号信道的平均差错率没有发生变化，但突发错将会被打散，只要交织长度够长、够乱，等效的二元输入输出信道就可以近似认为是独立的二元对称信道了。

7.1.1.3 二元对称信道的差错控制或信道编译码

对于二元对称信道而言，因为输入和输出都只有二元，如果一次消息传输只能使用一次二元对称信道，而消息集最小也要有两个元素，因此其许用码字集 $\mathcal{C}$ 只能是信道的所有可能输入集 $\mathcal{S}$。接收端也只能根据信道输出集 $\mathcal{R}$ 的两个可能元素去判断发送是哪个，因此不可能有额外的检错能力（当信源熵不为0时），而且当信源消息等概时，最优判决的差错概率是 $\min\{\varepsilon, 1-\varepsilon\}$。

为了获得更高的可靠性，在一次传输中必须使用多次信道，具体地讲，当一次传输中二元对称信道可以被使用 n 次时，其输入序列的可能组合构成的集合大小为 2^n，为了以一定冗余为代价换取差错率的下降或可靠性的提升，消息集 $\mathcal{M}$ 大小需要满足 $|\mathcal{M}| < 2^n$。

在讨论和设计信道编码时，通常假设经过理想的信源编码，待传的消息是等概率的。因此，此信道编码的传输效率为 $\dfrac{\log_2 |\mathcal{M}|}{n}$ bpcu（即每次信道使用的比特数，bit/channel use）。其物理意义为平均每次的信道使用可以传输的信息量。注意，此时没有保证正确传输，也就是说，这只是发送信息速率。其实接收端获得的真正的信息速率（每次信道使用获得的信源信息量）可能小于它。

当消息也采用二元符号表示时，使用 n 次二元对称信道的一次传输，其信道编码可输入的消息的表达不超过 k 个二元符号。则此编码的**编码效率**为 $R = \dfrac{k}{n}$。此时的信道编码就是把 2^k 种消息映射到 n 次信道使用的 2^n 种可能的信道输入符号序列集中的一个大小为 2^k 的子集，这个子集中的每个元素（长度为 n 的二元序列）称为一个**许用码字**。

更一般地，当消息表示用一串 M 元符号的形式，为了进行差错控制，将其分成 k 个 M 元符号一组，每一组编码成 n 个 M 元符号的编码块进行传输，这种方式称为**分组编码**。

7.1.1.4 一般编码举例

例7.4 (重复码) 对于消息符号序列和信道输入符号序列均取自于同一个 M 元集合的情况，一种常见的引入冗余的编码方式就是重复码。

具体而言，就是将一个消息符号重复 n 次，使用 n 次信道，完成一次传输。

例如，对于 $M = 2$ 的情形，消息符号和信道输入符号均取自 $\{0,1\}$，当 $n = 4$ 时，许用码字集为 $\{0000, 1111\}$，最小汉明距离等于4，因此该重复码构成一个 $(4,1,4)$ 码。

对于 $M = 3$ 的情形，消息符号和信道输入符号均取自 $\{x,y,z\}$，当 $n = 5$ 时，许用码字集为 $\{xxxxx, yyyyy, zzzzz\}$，最小汉明距离等于5，因此该重复码构成一个 $(5,1,5)$ 码。

此外，对上述的重复码做一些变形仍可构成等价的重复码：许用码字仍为 M 个，长度为 n，其中第 i 个编码符号为待编码消息（取自消息符号集）到信道输入符号集（与消息符号集相同）的第 i 种一一映射。只要为 n 个编码符号的每一个选定一定映射，仍可以构成一个 $(n,1,n)$ 码，相当于也是一个等价的重复码。具体而言，对 $M = 2$，许用码字集 $\{0111, 1000\}$ 就也是一个等价的 $(4,1,4)$ 重复码。

对 $M = 3$，许用码字集 $\{xyxyz, zzyzx, yxzxy\}$ 也是一个等价的 $(5,1,5)$ 重复码。 ■

例7.5 (正交码) 定义 $\bar{A}$ 为二元矩阵 A 的逐元素取反形成的矩阵。定义取值为二元的矩阵 $\boldsymbol{H}_0 = [0]$，通过递推的方式，即 $\boldsymbol{H}_{i+1} = \begin{bmatrix} \boldsymbol{H}_i & \boldsymbol{H}_i \\ \boldsymbol{H}_i & \overline{\boldsymbol{H}_i} \end{bmatrix}$，可以得到任意 $\boldsymbol{H}_i, i > 0$。例如：

$$\boldsymbol{H}_1 = \begin{bmatrix} 0 & 0 \\ 0 & 1 \end{bmatrix}, \quad \boldsymbol{H}_2 = \begin{bmatrix} 0 & 0 & 0 & 0 \\ 0 & 1 & 0 & 1 \\ 0 & 0 & 1 & 1 \\ 0 & 1 & 1 & 0 \end{bmatrix}, \quad \boldsymbol{H}_3 = \begin{bmatrix} 0 & 0 & 0 & 0 & 0 & 0 & 0 & 0 \\ 0 & 1 & 0 & 1 & 0 & 1 & 0 & 1 \\ 0 & 0 & 1 & 1 & 0 & 0 & 1 & 1 \\ 0 & 1 & 1 & 0 & 0 & 1 & 1 & 0 \\ 0 & 0 & 0 & 0 & 1 & 1 & 1 & 1 \\ 0 & 1 & 0 & 1 & 1 & 0 & 1 & 0 \\ 0 & 0 & 1 & 1 & 1 & 1 & 0 & 0 \\ 0 & 1 & 1 & 0 & 1 & 0 & 0 & 1 \end{bmatrix}$$

$$\boldsymbol{H}_4 = \begin{bmatrix} 0 & 0 & 0 & 0 & 0 & 0 & 0 & 0 & 0 & 0 & 0 & 0 & 0 & 0 & 0 & 0 \\ 0 & 1 & 0 & 1 & 0 & 1 & 0 & 1 & 0 & 1 & 0 & 1 & 0 & 1 & 0 & 1 \\ 0 & 0 & 1 & 1 & 0 & 0 & 1 & 1 & 0 & 0 & 1 & 1 & 0 & 0 & 1 & 1 \\ 0 & 1 & 1 & 0 & 0 & 1 & 1 & 0 & 0 & 1 & 1 & 0 & 0 & 1 & 1 & 0 \\ 0 & 0 & 0 & 0 & 1 & 1 & 1 & 1 & 0 & 0 & 0 & 0 & 1 & 1 & 1 & 1 \\ 0 & 1 & 0 & 1 & 1 & 0 & 1 & 0 & 0 & 1 & 0 & 1 & 1 & 0 & 1 & 0 \\ 0 & 0 & 1 & 1 & 1 & 1 & 0 & 0 & 0 & 0 & 1 & 1 & 1 & 1 & 0 & 0 \\ 0 & 1 & 1 & 0 & 1 & 0 & 0 & 1 & 0 & 1 & 1 & 0 & 1 & 0 & 0 & 1 \\ 0 & 0 & 0 & 0 & 0 & 0 & 0 & 0 & 1 & 1 & 1 & 1 & 1 & 1 & 1 & 1 \\ 0 & 1 & 0 & 1 & 0 & 1 & 0 & 1 & 1 & 0 & 1 & 0 & 1 & 0 & 1 & 0 \\ 0 & 0 & 1 & 1 & 0 & 0 & 1 & 1 & 1 & 1 & 0 & 0 & 1 & 1 & 0 & 0 \\ 0 & 1 & 1 & 0 & 0 & 1 & 1 & 0 & 1 & 0 & 0 & 1 & 1 & 0 & 0 & 1 \\ 0 & 0 & 0 & 0 & 1 & 1 & 1 & 1 & 1 & 1 & 1 & 1 & 0 & 0 & 0 & 0 \\ 0 & 1 & 0 & 1 & 1 & 0 & 1 & 0 & 1 & 0 & 1 & 0 & 0 & 1 & 0 & 1 \\ 0 & 0 & 1 & 1 & 1 & 1 & 0 & 0 & 1 & 1 & 0 & 0 & 0 & 0 & 1 & 1 \\ 0 & 1 & 1 & 0 & 1 & 0 & 0 & 1 & 1 & 0 & 0 & 1 & 0 & 1 & 1 & 0 \end{bmatrix}$$

以 $\boldsymbol{H}_3$ 为例，它有 8 行 8 列，如果将它的每一行作为一个许用码字，共代表 8 种消息，或 3 个二元符号组成的消息符号串。由于每个许用码字长度为 8，就构成了一个 $(8,3)$ 码。进一步可以看出，这 8 个许用码字任意两个之间的汉明距离都等于 4，那么最小汉明距离也等于 4，因此这个码又可写成 $(8,3,4)$ 分组码。

对于任意两个码字之间的汉明距离等于码长一半的二元分组码，称为**正交码**。"正交"一词的含义所对应的物理意义是：如果对这种二元分组码，用对称双极性电平信道来传（0、1 分别映射为 $\boldsymbol{A}$ 和 $-\boldsymbol{A}$），每次传输占用的电平信道使用次数等于码长 n，而每次传输发送的 n 维矢量中，代表不同消息的实数域矢量之间内积（实数域上的加乘）为 0，即这些发送矢量之间是"正交"的，而且矢量长度（2 范数）都等于 $\sqrt{n}|\boldsymbol{A}|$。

可以很容易证明或验证，将上述方法形成的任意 $\boldsymbol{H}_i$ 的所有行作为所有许用码字，可构成 $(2^i, i, 2^{i-1})$ 分组码，且都是正交码。

例 7.6（奇偶校验码）　奇偶校验码，是一类用于检测单个符号错的二元分组码。分成奇校验码和偶校验码两类。

一个码长为n的奇校验码，定义为长度为n的二元码字中重量为奇数的码字为所有许用码字的分组码。

一个码长为n的偶校验码，定义为长度为n的二元码字中重量为偶数的码字为所有许用码字的分组码。

根据定义，可以很容易证明：

(1) 奇校验码的许用码字个数为2^{n-1}，

(2) 偶校验码的许用码字个数为2^{n-1}，

(3) 奇校验码的最小汉明距离为2，

(4) 偶校验码的最小汉明距离为2，

因此奇（或偶）校验码为$(n, n-1, 2)$分组码。

例 7.7 (七段码)　七段码将十六进制数字编码至七段数码管的点亮或熄灭。

数字	A	B	C	D	E	F	G
0	1	1	1	1	1	1	0
1	0	1	1	0	0	0	0
2	1	1	0	1	1	0	1
3	1	1	1	1	0	0	1
4	0	1	1	0	0	1	1
5	1	0	1	1	0	1	1
6	1	0	1	1	1	1	1
7	1	1	1	0	0	0	0
8	1	1	1	1	1	1	1
9	1	1	1	1	0	1	1
A	1	1	1	0	1	1	1
b	0	0	1	1	1	1	1
C	1	0	0	1	1	1	0
d	0	1	1	1	1	0	1
E	1	0	0	1	1	1	1
F	1	0	0	0	1	1	1

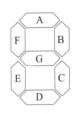

4比特的十六进制数字（部分字母采用了不同的大小写，以避免重复）按照七段数码管点亮为"1"、熄灭为"0"的规则编码为7比特的七段码后构成一种$(7, 4)$码，许用码字集的最小汉明距离为1，因此检错和纠错能力都为0。这是为了照顾人眼的识别（信道译码）能力，而对差错控制能力的一种牺牲。

例 7.8 (身份证码)　身份证的编码是一种比较特殊的编码——$(18, 17)$码，它的前17位是10元的消息符号序列，最后一位是一个11元符号，在具体编码过程中，它由一个以前面17个10元符号为输入的函数来确定。

它可以用于对抗一定程度上的符号传输错误。它传输过程中的各符号按顺序到达接收机，但没有丢失，则当17个符号中任意一位发生符号传输错误时都能被检测出来。

以下描述引自"公民身份号码"国家标准GB 11643—1999：

"公民身份号码是特征组合码，由十七位数字本体码和一位数字校验码组成。排列顺序从左至右依次为：六位数字地址码，八位数字出生日期码，三位数字顺序码和一位数字校验码。"

当把它当作信道编码时，前17位是待编码信息数据。在实际使用中，包括在手工录入中，可能会产生一定的差错，此时的信道为输入与输出均为11元有限符号集（十进制符号集基础上添加字母X）的信道。为了检查出其中可能出现的一定程度的错误，增加了第18位。不过按我国的身份证号码编码标准，这个校验位是一个11元符号集（十进制符号集基础上添加字母X）中的元素，录入（传输）时需要信道支持11元输入与输出。

身份证中各个位置上的号码字符应满足下列公式的校验：

$$\sum_{i=1}^{18} a_i W_i \equiv 1 \bmod 11$$

a_i 表示18位号码字符从右至左第 i 个符号的字符值（整数），最右侧符号为 a_1，是校验位。W_i 是上式加权和的加权系数，满足 $W_i = 2^{i-1} \bmod 11$。当 $i > 1$ 时，从右到左第 i 个编码符号就是 a_i 的十进制表示符号，对于第1个符号，即最右边的符号，分两种情况表示，当 $a_1 < 10$ 时，第1个符号表示为 a_1 的十进制表示符号，当 $a_1 = 10$ 时，第1个符号表示为X。

可见身份证编码是17位10元信息位，编码后形成18位11元许用码字，可以算是一种11元的 (18, 11) 码。∎

7.1.2　差错控制的基本机制

当各种传输错误皆可能发生时，无论采用什么样的编码映射，都存在出现差错的可能。为了让差错性能达到消息传输的可靠性要求，还需要引入一定的差错控制机制。

1. 反馈检验

图7.3为反馈检验过程，接收端将信息原样反馈给发送端，由发送端检错并决定重传与否，或通知对方是否收对了。反馈通道无错时可保证完全可靠传输，但对反馈通道要求太高，且时延很大。

图 7.3　反馈检验过程

2. 反馈重传

图7.4为反馈重传过程，由接收端检查错误，若发现错误，则请求发送端重传。其对反馈通道要求低，但时延仍很大。存在错误漏检时，也会出错，但最终出错概率可以控制得较低。如果信道比较差，可能每次都有错，就无法成功传输。因此，其常用于可靠性比较高的信道，如电缆或光纤。

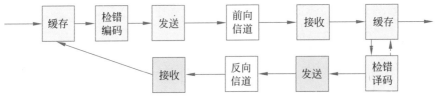

图 7.4 反馈重传过程

3. 前向纠错

图7.5为前向纠错过程，接收端直接纠正符号错误，判决发送的信息。其优点是：整个过程时延很小，在传输过程中即使有部分接收符号是错的，仍可通过纠错译码给出判决，适应信道条件较差的情况；同时前向纠错过程无需反馈通道，发送端无需缓存。相较有反馈重传的机制，前向纠错的缺点是存在译码失败或译码错误。

图 7.5 前向纠错过程

4. 混合重传

图7.6所示为一种混合重传过程，即为纠错和重传的结合，若纠错成功，则不要求重传，可以降低重传率；若纠错不成功，则要求重传。

图 7.6 混合重传过程一

图7.7所示为另一种混合重传过程，若纠错成功，则不要求重传，可以降低重传率；若纠错不成功，则要求重传，接收端可以存在上次收到的版本，辅助重传后的纠错译码，提高重传成功率。

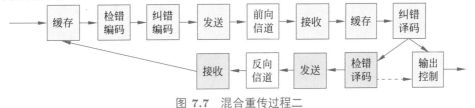

图 7.7 混合重传过程二

7.1.3 信道编码的本质

对一个每次信道使用的输入集合为 $\mathcal{S}$、输出集合为 $\mathcal{R}$ 的信道而言，若一次传输中要使用 n 次该信道，则一次传输中，所有 n 次信道使用的信道输入符号序列集合为 $\mathcal{S}^n$，所有 n 次信道使用的信道输出符号序列集合为 $\mathcal{R}^n$，这两个集合仅由信道本身决定，与信源及信道编码无关。

信道编码的本质就是为了在一次传输中让接收端能恢复出当前信源中发送的消息 m（取自消息集 $\mathcal{M}$），在发送端做一个映射，$f: \mathcal{M} \to \mathcal{S}^n$，将消息集中的任一个消息 m 映

射成 $\mathcal{S}^n$ 中一个元素，即一个长度为 n 的信道输入符号序列。

每个 $f:\mathcal{M}\to\mathcal{S}^n$ 映射，为一种信道编码。

给定映射 $f:\mathcal{M}\to\mathcal{S}^n$ 时，即给定一种信道编码方案时，在 $\mathcal{S}^n$ 中能被消息映射到的符号序列，称为该映射下（信道编码）的**许用码字**。在给定映射下，消息集中所有消息映射对应的许用码字构成的集合称为该映射下（信道编码）的许用码字集 $\mathcal{C}$。

当采用 n 次信道使用传输消息集 $\mathcal{M}$ 中的消息时，利用 n 次信道使用发送了一个许用码字的 n 个编码符号（信道输入符号），通过 n 次信道使用，信道输出序列是 $\mathcal{R}$ 中符号的有序组合，称为接收码字（取自 $\mathcal{R}^n$）。

在信源侧或发送方要对一个取自消息集 $\mathcal{M}$ 的消息 m 进行传输时，发送端要执行一个"信道编码"的操作，将对应于消息 m 的许用码字送入信道。在接收侧需要根据接收到的（信道输出的）接收码字，执行一个信道译码的操作。

信道译码可以是纠错译码，也可以是检错译码。若是纠错译码，则是在接收侧的一个映射，$g:\mathcal{R}^n\to\mathcal{M}$。它将信道输出集映射到消息集，或根据接收码字判决发送的是哪个许用码字及其对应的消息（纠错译码）。若是含报错的译码，它在输出（向上一层或应用层汇报）时需要根据此次传输收到的（送给译码器的）接收码字判断此次传输译码是成功还是失败。若成功，则输出所判决的发送消息（或对应的许用码字），若失败，则给出一个失败指示 ϵ。因此，含报错的译码也是一种映射，$g:\mathcal{R}^n\to\mathcal{M}'$，其中 $\mathcal{M}'=\mathcal{M}\cup\{\epsilon\}$，即消息集基础上增加一个报错声明。

在含报错的译码中，一个特例是针对一种特殊信道（输入与输出集合相同且离散，$\mathcal{R}=\mathcal{S}$），根据接收码字判断此次传输的 n 次信道使用中是否存在 1 次或多次信道使用中发生了符号错。具体操作是检查接收码字是否属于许用码字集 $\mathcal{C}$，若是，则汇报该许用码字对应的消息；若不是，则汇报出错。对这一类译码称为检错译码。

在选定一种信道编码，即选定映射 f 后，不同的译码方案具有不同的差错控制性能。

对纠错译码，我们关注的是传输差错概率：

$$P_e = P(m'\neq m|x=f(m),m'=g(y))$$

其中，m 以概率 $P(m)$ 取自 $\mathcal{M}$，信道输入输出 x,y 服从转移概率 $P(y\mid x)$。

对含报错的译码关注的是以下 4 个性能指标：

正确率：$P_c = P(m'=m|x=f(m),m'=g(y))$

成功传输率：$P_{suc} = P(m'\neq\epsilon|x=f(m),m'=g(y))$

成功传输条件下的正确率：$P_{c|suc}=\dfrac{P(m'=m|x=f(m),m'=g(y))}{P(m'\neq\epsilon|x=f(m),m'=g(y))}$

成功传输条件下的错误率：$P_{e|suc}=\dfrac{P(m'\neq m|x=f(m),m'=g(y))}{P(m'\neq\epsilon|x=f(m),m'=g(y))}$

显然，任何一对映射 (f,g) 均可作为一对信道编码和信道译码，只要给定消息的分布、信道的转移概率，就可以评价这一对信道编译码的性能，如差错概率、检错概率、漏警率、成功率等。

编码的设计就是要找到一种好的 f 以及相应的 g。这个过程是离线的，设计好之后，f 和 g 就可以固化到收发信机中去执行。

f 和 g 也可以是动态的，即每次传输可以用不同的 f/g 对，但是收发两端要对齐或者同步，并且要有一个约定。这个约定就是一种协议，协议设计在整个通信系统设计中也是需要注意的，只不过在本章暂不讨论，这里只涉及 f 和 g 的设计，即编码设计和译码设计。

7.1.4　可靠性的度量

不同的随机性信道模型，对差错控制编码可能会有不同的能力要求。本节讨论有限错误数的信道和符号独立差错信道这两种典型的模型。

对于有限错误数的信道，通常假设在利用 n 次信道使用，传输一个码长为 n 的许用码字时，只有 a 次信道使用发生错误，a 不大于某个给定值，而事先不知道具体是哪 a 次信道使用。对这类信道中的编码，关心的是发现和纠正错误的能力。

对于每次信道使用独立发生错误的信道（本书主要讨论二元对称信道），有限次信道使用（有限长度差错控制编码）不可能达到完全可靠的传输。具体而言，发送某个许用码字后，错成任何一个其他许用码字的概率都不为 0，因此只能关心编译码之后的残留错误概率（不可纠或不可检的概率）。

1. 发现和纠正错误的能力

一般意义上的发现和纠正错误的能力是指发前给定许用码字和信道产生哪些错误图案的情况下能发现出错或纠正错误的能力。因此，广义上的发现和纠正错误的能力与具体的发送许用码字和具体的错误图案相关。不过，当比较保守地评价编码的性能时会用狭义的纠错能力和检错能力来表述。本书后面的讨论中，如不特别说明，只讨论以下定义的狭义的发现和纠正错误能力。

(1) 纠错能力 t：在传输任意一个许用码字时，发生了不多于 t 个符号差错的任意错误图案，都能被纠正。

(2) 检错能力 e：在传输任意一个许用码字时，发生了不多于 e 个符号差错的任意错误图案，都能发现传输出错（不要求发现是什么样的错误）。

(3) 检错时纠错 (e,t)：在传输任意一个许用码字时，发生了不多于 e 个符号差错的任意错误图案，都能发现有错；在发现错误的情况下，如果错误符号数不多于 t 个，不管它是什么图案，都能纠正；即在保证纠正不多于 t 个错时，仍能检任意 e 个错。

2. 编译码后的可靠性

这里讨论的是通过发送端编码、信道和接收端译码后，向信宿上层（链路层以上，或传输层以上）交付的数据的可靠性。在不同的差错控制传输方式下，所关心的可靠性度量有所差异。

在反馈重传方式中，编译码的目的是发现传输过程中是否出现错误。在这种方式中每次传输，通过译码判决后，将发生以下三种事件之一：

(1) 接收到的码字不是许用码字，此时译码器会向上层汇报传输出错，其发生的概率称为检错概率，记为 P_d。

(2) 接收到的码字是许用码字，且是发送的许用码字，这是一次正确传输事件，其发生的概率称为正确传输概率，记为 P_c。此时译码器会向上层汇报传输成功，并将接收的码字及其对应的消息码字向上层提交。

(3) 接收到的码字是许用码字，但不是发送的许用码字，此时译码器也会向上层汇报传输成功，并将接收的码字及其对应的消息码字向上层提交；然而实际上此次传输出现的错误没有被译码器检测出来。其发生的概率称为漏检概率，记为 P_e。

显然，这三种事件的发生概率之和 $P_c + P_d + P_e = 1$。发生第 2、3 种事件，译码器都会向上报告译码成功而向上交付数据，因此译码成功概率 $P_{suc} = P_c + P_e$，每次译码成功向上层交付的数据块中，出错的概率为 $\dfrac{P_e}{P_{suc}} = \dfrac{P_e}{P_c + P_e}$；发生第 1、3 种事件，意味着传输过程中出错了，其发生概率为 $P_d + P_e$，但这些传输错误事件中只有第 1 种能被检测出来，因此错误的检出率为 $\dfrac{P_d}{P_d + P_e} = \dfrac{P_d}{1 - P_c}$。

在前向纠错方式中，每次传输接收机都必须向上层交付所判决出来的发送端发送的消息，因此这个提交的数据的正确性就是应用该传输方式时所必须关注的。

前向纠错中向上提交的数据的正确性有多种评价方式，统称其为误码率[①]。而在具体评价时必须明确所讨论的是哪种具体的评价方式。相应地，误码率就有了不同的名称分类，常见的有以下四种。

(1) 误比特率：对于信源数据用二元符号表示的情形，在接收机的译码器就需要向上层提交所恢复的二元符号序列。当译码器向上层提交 N_u 个二元符号中有 N_e 个错与相应的发送符号不同时，提交数据的误比特率定义为 $P_b = \lim\limits_{N_u \to \infty} \dfrac{N_e}{N_u}$。

(2) 误符号率：对于信源数据用 M 元符号表示的情形，在接收机的译码器就需要向上层提交所恢复的 M 元符号序列。当译码器向上层提交 N_u 个 M 元符号中有 N_e 个与相应的发送符号不同时，提交数据的误比特率定义为 $P_s = \lim\limits_{N_u \to \infty} \dfrac{N_e}{N_u}$。

(3) 误块率：当信源数据采用分组码进行传输时，发送端对 k 个信源符号分成 1 组进行编码传输，接收机的译码器每收到一个分组，完成判决后就会向上层交付一个分组的信源数据判决。误块率定义为 $P_{BL} = \lim\limits_{N_{提交} \to \infty} \dfrac{N_{错}}{N_{提交}}$。注意，此处一个提交的发送分组是否出错，就要看这个分组与发送分组是否相同。如果一个分组由 k 个比特数据构成，这 k 个比特只要有一个出现收发不一致，整个分组的传输就计一次错误。

(4) 误帧率：当信源数据具有一定的帧结构时，在接收端的上层会以每一帧交付的数据与发送帧相比是否存在差异来评价帧级别的可靠性。当接收的一帧与发送端帧不完全相同时，算是发生一次帧错误。当译码器向上层提交 $N_{提交}$ 个帧中有 $N_{错}$ 个与相应的发送帧不同时，提交数据的误帧率定义为 $P_{Fr} = \lim\limits_{N_{提交} \to \infty} \dfrac{N_{错}}{N_{提交}}$。注意，在实际的传输方案设计中，一帧可能由多个编码块构成，也可能一个编码块包含多个帧，甚至编码块的边界和帧边界也可能出现不对齐的情况，因此误帧率和误块率也应区别对待。

对于输入与输出符号集合相同的离散信道，引入发、收两端的编译码后错误率往往与所采用编码方案的检错和纠错能力直接相关，在信道质量较好的情况下，两者呈现单调关系。由于直接以最终差错率为目标的设计往往复杂度较高，因此在设计编码时通常以检错能力和纠错能力为目标。这样的设计相对简单，也具有一定的指导意义。

---

① 说明：通信系统的直接目标是优化差错率、丢失率，不论是离散信道还是连续信道。

7.1.5　离散信道的检错与纠错

7.1.5.1　二元对称信道下的译码准则

译码准则不仅与应用需求有关（如信源概率分布、不同错误形式的代价分布等），也与具体的差错控制方法有关。下面对纠错译码、检错译码和纠检错译码三种方法进行介绍。

1. 纠错译码方法

对于二元对称信道而言，所有可能的信道输出集合与信道允许的输入集合是相同的，如图7.8所示，这里显示的每个点，代表一个矢量（n次信道使用），即表示信道的可能输出元素集合，也是信道输入集合（发送码字集），也是信道编码的备选码字集合，对于任一种信道编码，其许用码字集将在里面抽取。

图 7.8　信道允许的输入与输出集合

如图7.9所示，对某个有4种可能消息的信源$|\mathcal{M}| = 4$，按某种信道编码方式抽取了其中4个元素作为许用码字集，图中被圈住的元素为对应消息的许用码字。

对于有差错的信道，发送某个许用码字后（作为信道输入），接收到的（信道输出）可能是所有码字中的任意一个（以不同的概率）。

在纠错译码方式下，每一种译码映射，需要将所有可能的接收码字进行完全的分类，即分为$|\mathcal{M}| = 4$个子集，每个子集对应一个发送许用码字，即对应一种消息。一旦收到某个接收码字，即可按其所属子集给出判决。所有可能的接收码字被分成了4类，如图7.10所示。

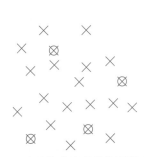

图 7.9　某种信道编码的许用码字子集　　图 7.10　接收按所属子集给出判决

显然，在给定许用码字集和信道转移概率的情况下，对接收码字的不同分类判决，即不同的子集划分，会得到不同的判决差错概率。一般会采用最小差错概率的译码准则，以及在此准则下的子集划分。

当给定信道时（在二元对称信道中就是要给定ε），一种编码方式（许用码字集）会对应一种最优的判决方法和相应的最低差错概率。对于编码设计而言，则是要选择最好的编码，以得到此信道下的最小差错概率。原则上讲，一种信道对应一种最优编码，而如果同一种编码用于不同的信道（如在二元对称信道中要适应不同的 ε），那么不一定保证这种编码在任意信道条件下都是最优的。

下面将具体针对二元对称信道，讨论如何为给定的许用码字集设计其判决准则。

对于差错概率为 ε 的二元对称信道，特别是独立的二元对称信道，即不同次信道使用中出现错误的事件相互独立时，发送某个长度为 n（使用二元对称信道 n 次）的码字 c 错成某个码字 r 的概率为

$$P_e = \varepsilon^{d_{\mathrm{Ham}}(c,r)}(1-\varepsilon)^{n-d_{\mathrm{Ham}}(c,r)}$$

式中：$d_{\mathrm{Ham}}(c,r)$ 为码字 c 与码字 r 之间的汉明距离，定义为码字 c 与码字 r 对应 n 个符号位置上有符号差异的位置的个数。

显然，当 $\varepsilon < 0.5$ 时，差错概率随 $d_{\mathrm{Ham}}(c,r)$ 增加而呈负指数衰减。也就是说，经过这种信道传输后汉明距离越小的序列错误事件发生的概率越大。

由于信源消息等概时，最小差错概率判决准则对应于最大似然准则，因此在这个条件下，二元对称信道中的最优译码准则就等价于最小汉明距离准则。

例 7.9 某 $(4,2)$ 分组码，许用字集 $\{1100,0111,0011,1010\}$，该 $(4,2)$ 码的距离特性如下：

	1100	0111	0011	1010
1100	0	3	4	2
0111	3	0	1	3
0011	4	1	0	2
1010	2	3	2	0

采用这个 $(4,2)$ 码后发送各许用码字后发生各种错误时的接收码字如下：

许用码字	1100	0111	0011	1010
无错传输	1100	0111	0011	1010
错 1 位	1101	0110	0001	1011
错 1 位	0100	0101	0010	0010
错 1 位	1110	1111	1011	1000
错 1 位	1000	0011	0111	1110
错 2 位	0000	…	0000	0000
错 2 位	1001		1001	…

上表的各列表示，发送该列首行码字，即许用码字，经过无错传输、错 1 位、错 2 位……的接收码字，该表只画了一部分，还可以继续往下画。

可以看到，表中实线框部分的接收码字，与本列首码字的汉明距离是 1，与其他列首的汉明距离都大于 1，说明这些接收码字的最佳判决应该是本列首，应将其列入该列首码字的判决集合中。

进一步地，表中长虚线框部分的接收码字与本列首码字的汉明是 1，但也出现在了其

他列中，即同一个码字不止出现在一列，即与多于1个许用码字的汉明距离同为1，但与其他许用码字的距离大于1，因此相同码字的最佳判决不唯一。为给每个许用码字划分出不相交的判决区域，可以在表中只保留相同码字中的一个，其他的码字删除，如表7.1中的长虚线框所示。

还注意到在错一位的4行里，点虚线框的接收码字，刚好等于某个许用码字，也就是说，当发送该列的列首时，只要传输错了某个特定的1位，就变成另一个许用码字。因此上述(4,2)码的纠错能力为0，这也与该码最小距离为1相印证。由于无错传输时的接收码字就是许用码字，因此点虚线框里的这些码字就不能留在它的列首码字的判决码字集中，应删除。

到这一步，即处理完该表中第2~5行，即不出错的情况和错1位的情况之后，已经确定的可以放到各许用码字的判决集中的码字有14个。而由于码字长度为4，共可能有16种不同的接收码字。因此还需要继续列出其他的传输错误情况。表中给出了错2位时的部分情况，即点画线框里的码字。增加点画线框里的码字后，这个表就包含所有可能的接收码字了，没有必要再增列更多的行。

点画线框里的码字也表现了与不同许用码字的最小距离同为2的情况，因此不能作唯一判决。当要求为所有许用码字分割其判决区域时，可以对点画线框里的码字选择任一所在列，归入该列列首码字的判决集合。

显然，这样的判决区域划分可以不唯一，但对于二元对称信道，它们译码后的残留错误概率（误字率）没有区别，都是最小差错概率，如表7.1中的点画线框所示。

表7.1和表7.2给出了不同的划分。

表 7.1 例7.9中(4,2)码的各许用码字的最佳判决区划分（方案一）

许用码字	1100	0111	0011	1010
	1100	0111	0011	1010
	1101	0110	0001	
	0100	0101	0010	
	1110	1111	1011	
	1000			
	0000			
	1001			

表 7.2 例7.9中(4,2)码的各许用码字的最佳判决区划分（方案二）

许用码字	1100	0111	0011	1010
	1100	0111	0011	1010
	1101	0110	0001	1011
	0100	0101	0000	0010
	1110	1111	1001	1000

2. 检错译码方法

对于信道输入与输出集合相同的信道,检错译码就是检查收到的码字是不是许用码字:若收到的是一个许用码字,则判定发送发送的是这个码字;若收到的不是许用码字,则报告本次接收失败(传输出错)。检错译码图例如图7.11所示。

图 7.11   检错译码图例

显然,当发送某个许用码字,而经过信道后收到的是另一个许用码字时,检错译码将无法发现这次错误,而将汇报一次成功接收,并输出一个错误的判决。

3. 纠检错译码方法

纠检错译码方法介乎检错译码和纠错译码之间,它将所有可能的接收码字集分成 $|\mathcal{M}|+1$ 个子集(其中 $\mathcal{M}$ 为消息集)。其中 $|\mathcal{M}|$ 个子集对应于 $|\mathcal{M}|$ 种消息判决,另一个对应于报错(发现传输出错)。如图7.12所示,该分组码用于传输4种消息,有4个许用码字,它们各自的判决区如图中虚线框所示,即收到某个虚线框里的码字,将判决为该框内的许用码字,而如果收到虚线框外的接收码字将汇报成传输出错。采用这种译码方式的基本出发点是:当收到某些接收码字,如果判断成一个许用码字的可信度较高时,就给出一个肯定的判决输出;如果这个判决不是很可信时,例如最像的和次像的许用码字的后验概率差别不大,则为了保证输出的可信度,而宁可放弃本次判决,给出一个弃权(报错)的结论。

图 7.12   纠检错译码方法图例

7.1.5.2   最小汉明距离与纠检错能力的关系

如前所述,当 $\varepsilon < 0.5$ 时,一次传输中信道发生错误(不是判决发生错误),即 $r \neq c$ 的事件的概率随 n 次信道使用中发生符号错误的个数呈单调减关系。也就是说,n 次信道使用中符号错误数越小,发生的概率越大。为此,人们用可以纠正的符号错误的个数定义纠错能力的概念。

纠错能力 t:若在一个码组中发生了任意图案的不多于 t 个符号差错,则都能被纠正。

检错能力 e:若在一个码组中发生了任意图案的不多于 e 符号差错,则都能被发现(发生了错误,但不要求发现是什么样的错误)。

检错时纠错 (e,t)：若在一个码组中发生了任意图案的不多于 e 符号差错，则都能被发现；若进而错误符号数不多于 t 个，则不管它是什么图案都能纠正；或者说，在保证纠正不多于 t 个错时，仍能检任意 e 个错。

1. 仅用于纠错的情况

从图7.13中可以看出，以一个许用码字为中心，半径为 t 的球中的所有元素（码字），都是在发送该球中心所对应的许用码字时，发生不多于 t 个位置错误下的所有可能的接收码字。只有所有这些等半径的球都不相交，才能保证传输任意许用码字，产生任意不多于 t 个错的错误图案时，都能按最小汉明距离译码准则判断成发送的许用码字（完成正确的纠错）。反之，如果存在两个许用码字 $\boldsymbol{a}$ 和 $\boldsymbol{b}$，以它们为球心半径为 t 的球相交于 $\boldsymbol{x}$，不妨设 $d(\boldsymbol{x},\boldsymbol{a}) \leqslant d(\boldsymbol{x},\boldsymbol{b})$，则发送 $\boldsymbol{b}$ 时就会在信道发生不超过 t 个错误的情况下被误判成 $\boldsymbol{a}$。

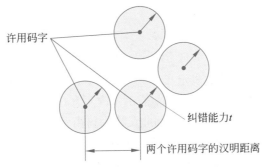

图 7.13 仅用于纠错的情况图例

为保证所有半径为 t 的球都不相交，则要求任意两个球心的距离大于 $2t$，也就是说，任意两个许用码字之间的汉明距离最小值 $d_{\min} \geqslant 2t + 1$。这体现了分组码的最小码距与纠错能力之间的关系。

2. 含报错的纠错

与分组码仅用于纠错时最小码距 $d_{\min}$ 与纠错能力 t 的关系类似，若需要在分组码能纠任意 t 个错的同时，还能发现任意的超过 t 个但不超过 e 个错，如图7.14所示，要求任意许用码字为中心、以 e 为半径的球，与其他任意许用码字为中心、以 t 为半径的球不相交。因此要求任意许用码字的汉明距离大于 $t + e$，即 $t + e + 1 \leqslant d_{\min}$。

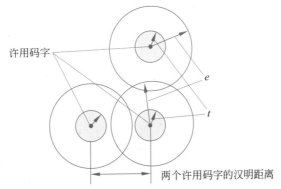

图 7.14 含报错的纠错情况图例

特别地，若不要求有纠错能力，即只提供检错功能，则 $e + 1 \leqslant d_{\min}$。

3. 仅用于检错的情况

作为带报错的纠错情况的一个特例，$t = 0$。如图7.15所示，为了能发现任意 e 位的符号错，要求以任意一个许用码字为中心、以 e 为半径的球，都不包含其他许用码字，因此要求任意许用码字间汉明距离大于 e，即 $e + 1 \leqslant d_{\min}$。

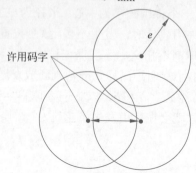

图 7.15 仅用于检错的情况图例

4. 自由距与分组码的3参数表示

由于任一许用码字附近距离小于 $d_{\min}$ 的范围内不存在其他许用码字，最小码距 $d_{\min}$ 体现了许用码字在码空间中的自由程度，因此又称为自由距，记为 d_{free} 或 d_{f}，是给定一种编码方案的重要评价指标。一个 (n, k) 分组码（码长为 n 个符号，信息位长为 k 个符号），若它的最小码字或自由距为 d_{f}，则记为 (n, k, d_{f}) 分组码。

7.2 线性分组码

7.2.1 线性分组码的引出

前面在讨论离散信道的一般编码时，面对的是输入输出符号集相同的信道，而且信道的输入只是一个符号集，它作为信道编码输出许用码字中的每个符号的选取集合。也没有要求这个符号集与信源表示的符号集相同。这样宽松的假定可以给编码设计以最大的优化空间，但毕竟设计和实现都会比较复杂或缺少指导。为此，在实际应用中常要引入一些约束，以便分析、设计与实现。考虑如下约束：

(1) 信源消息由取自某个信源符号集的符号串表示。

(2) 信源符号集、每次信道使用的输入集、每次信道使用的输出集为同一符号集。

(3) 对该符号集赋予满足一定要求的加法和乘法运算，使之成为域。

(4) 许用码字集中多个码字之间的线性组合（每个码字的所有符号用域中任意一个元素加权，加权后的码字进行逐符求和得到一个新的码字）仍为许用码字。

满足这些条件的，尤其是第4个条件，即许用码字线性组合仍为许用码字，即许用码字集关于线性组合封闭，这样的编码称为**线性码**。当固定许用码字的长度，即每个码字的符号数或每个码字需要使用的信道次数为固定值时，这种编码称为**线性分组码**。

称其为分组码是相对于流编码而言的，这一点会在卷积码一节讨论。在本节先介绍有限域的一些基本特点，再给出线性分组码的数学定义。

简单地说，域就是一个定义了元素间的两种运算（加法和乘法）的集合，同时，还要满足以下要求：

(1) 第一种运算称为加法运算，该集合构成一个交换群（称为加法群）。

(2) 第二种运算称为乘法运算，集合中的任意元素与加法群中的恒等元相乘，等于加法群的恒等元，集合中除加法群中的恒等元之外的所有元素构成的子集，关于乘法运算也构成一个交换群（称为乘法群）。

其中加法群的恒等元称为该域的 0 元，乘法群的恒等元称为该域的 1 元。元素个数有限的域，称为有限域。含 q 个元素的有限域记为 $\mathrm{GF}(q)$。

下面简单介绍群的定义。一个集合 $\mathcal{G}$，当其中元素间运算"+"满足如下条件时，构成一个群：

- 运算封闭，$\forall a, b \in \mathcal{G} \implies a + b \in \mathcal{G}$；
- 有恒等元，$\exists e \in \mathcal{G}, \forall a \in \mathcal{G} \implies a + e = a$；
- 有逆元，对 $\mathcal{G}$ 中的恒等元 e，$\forall a \in \mathcal{G}, \exists b \in \mathcal{G}, \mathrm{s.t.} a + b = e$；
- 满足结合律，$\forall a, b, c \in \mathcal{G} \implies (a + b) + c = a + (b + c)$。

无限群的例子有：实数集及其加法，虚数集及其加法，整数集及其加法，π 的整数倍集集合及实数加法，正实数集及其乘法，$m \times n$ 实矩阵集及矩阵加法，$m \times m$ 实满秩方阵集及矩阵乘法。有限群的例子有：小于整数 K 的非负整数集及模 K 加法，小于素数 p 的正整数集及模 p 乘法。

交换群定义为其运算满足交换律的群：$\forall a, b \in \mathcal{G} \implies a + b = b + a$。

交换群的例子有：实数集及其加法，虚数集及其加法，整数集及其加法，π 的整数倍集集合及实数加法，正实数集及其乘法，$m \times n$ 实矩阵集及矩阵加法，小于整数 K 的非负整数集及模 K 加法，小于素数 p 的正整数集及模 p 乘法。

例 7.10 (有限域)　小于素数 p 的非负整数集及模 p 加法和模 p 乘法，以二元域和三元域为例，如图7.16和图7.17所示。

加法	0	1
0	0	1
1	1	0

乘法	0	1
0	0	0
1	0	1

图 7.16　二元域的加法和乘法

加法	0	1	2
0	0	1	2
1	1	2	0
2	2	0	1

乘法	0	1	2
0	0	0	0
1	0	1	2
2	0	2	1

图 7.17　三元域的加法和乘法

有限域虽然只定义了加法和乘法，但由于它们都是可交换的，且所有元素都有加法逆，所有非零元都有乘法逆，因此相当于也定义了减法和除法，即有限域有加、减、乘、除的四则运算。

有限域的构造只需要定义集合以及集合上的运算，使之满足域的要求即可。域的元素也可以不用整数表示，例如，在集合 $\{\|, \perp, \neq\}$ 上按图7.18定义加、乘运算，也能构成一个

有限域。

加法	$\neq$	$\parallel$	$\perp$
$\neq$	$\neq$	$\parallel$	$\perp$
$\parallel$	$\parallel$	$\perp$	$\neq$
$\perp$	$\perp$	$\neq$	$\parallel$

乘法	$\neq$	$\parallel$	$\perp$
$\neq$	$\neq$	$\neq$	$\neq$
$\parallel$	$\neq$	$\parallel$	$\perp$
$\perp$	$\neq$	$\perp$	$\parallel$

图 7.18　集合 $\{\parallel, \perp, \neq\}$ 上的加法和乘法

可以验证，在上述加法和乘法定义下，集合 $\{\parallel, \perp, \neq\}$ 构成一个三元域。例如，元素 $\neq$ 是加法恒等元，因为在加法中，任意元素与 $\neq$ 运算后都不发生变化，且 $\neq$ 在乘法运算中作用于任意元素结果都是 $\neq$。因此 $\neq$ 又可称为这个三元域的 0 元。

元素 $\parallel$ 是乘法恒等元，因为在乘法中，任意元素与 $\parallel$ 运算后都不发生变化。而且除了加法恒等元（乘法 0 元）之外，其他任何元素（非 0 元，即 $\parallel$ 和 $\perp$）在乘法定义上都有逆，即存在集合中的一个元素与之相乘后等于乘法恒等元 $\parallel$（$\parallel$ 的逆元是 $\parallel$，$\perp$ 的逆元是 $\perp$）。

在限定编码符号采用有限域中的元素之后，就可以给出线性分组码在数学上的定义了。

通常把码字（组）写成矢量形式 $c = [c_{n-1}, \; c_{n-2}, \cdots, \; c_1, \; c_0]$，$c_j \in \mathrm{GF}(q)$。在符号域为 $\mathrm{GF}(q)$ 的码字集合 $\mathcal{C}$ 中，任意取 $c_1, c_2 \in \mathcal{C}$。任取 $b_1, b_2 \in \mathrm{GF}(q)$，均满足 $c_3 = b_1 c_1 + b_2 c_2 \in \mathcal{C}$。则称码字集合 $\mathcal{C}$ 就是一种 $\mathbf{GF}(q)$ **上的线性分组码**。

推论 7.1　在线性分组码中，全零（零是指组成码字的各个符号所属的域上的加法恒等元）序列必为许用码字（证明：任意序列以 0 加权就得到全零序列）。

推论 7.2　在二元域上的一个长度为 n 的符号序列（矢量）集（此集合中每个元素为一个矢量，矢量由一组二元域上的符号组成），成为一个线性分组码许用码字集的充要条件是其中任意两个元素（不论是否相同）的逐位模二和（二元域上的矢量加）仍为许用码字。

例 7.11 (判断分组码是否线性码)

(1) q 元域符号的标准重复码，如 $\{(000), (111)\}$ 是线性码。

(2) 符号取自 $\mathrm{GF}(q)$ 上的等价重复码不一定是线性码。

(3) 偶校验码 $\{(000), (011), (101), (110)\}$ 是线性分组码，它的最小码距（汉明距）是 2。

(4) 偶校验码中去掉一个许用码字的集合 $\{(000), (011), (101)\}$ 不是线性分组码。

(5) 奇校验码 $\{(001), (010), (100), (111)\}$ 不是线性分组码，虽然它的最小码距与偶校验码一样。

(6) 例 7.5 中的正交码，在结合模 2 加法和模 2 乘法的二元域上，是线性分组码。因为它含全 0 码字，且任意 2 个许用码字之和刚好为许用码字。 ■

例 7.12　例 7.9 中 (4,2) 分组码的许用码字集 $\{1100, 0111, 0011, 1010\}$ 是否为线性码？

单看这个码字集，在没有定义符号间的运算前，无法判定是否线性码。为了能评价它是否线性码，需要将符号集 $\{0,1\}$ 赋以加乘运算，当按模 2 加、乘去定义此二元集合的运算时，可以验证 $\{0,1\}$ 在模 2 加与模 2 乘下构成了二元域，即 $\mathrm{GF}(2)$。

这样就能确定其是否为 $\mathrm{GF}(2)$ 上的线性分组码。

根据线性码的要求，任意数量的许用码字的线性组合仍应为许用码字。然而，我们如果挑选其中的前两个码字 1100 和 0111，按前述定义的加法和乘法做如下线性组合得到的码字：

$$1 * (1100) + 1 * (0111) = 1100 + 0111 = 1011$$

注意，这里的码字间加法运算是逐符号运算，不含进位。

可以看到，许用码字集里的前两个许用码字之和1011不在许用码字集中，因此这个$(4,2)$分组码不是线性分组码。

当然，对这个$(4,2)$分组码而言，我们判断它不是线性分组码，还有另一个线索，即，这个许用码字集中没有包含全0码字。

例 7.13 另一个$(4,2)$分组码，其许用码字集 $\{1100,1001,1111,1010\}$ 是否为线性码。同样，在没有定义二元符号集上的加乘运算时，无法确定该码是否线性分组码。按模2加乘去定义该符号集的加乘时，它也不是线性分组码，因为许用码字集中没有全零码字。但我们如果将该二元编码的符号集上的加法和乘法做如图7.19定义时，也能构造成GF(2)，但这里"1"是加法的恒等元，而"0"是乘法的恒等元。

加法	1	0
1	1	0
0	0	1

乘法	1	0
1	1	1
0	1	0

图 7.19 例7.13中的符号集上的加法和乘法

此时，1111就是全零码字。但也不足以说明这个码是线性分组码。我们还要进一步看各种线性组合是否封闭。前两个许用码字的和：$0*(1100)+0*(1001)=1100+1001=1010$刚好是第4个许用码字。

第1个和第3个许用码字的和：$0*(1100)+0*(1111)=1100+1111=1100$等于第1个许用码字（1111是全零码字，任意码字与它相加都不变）。

第1个和第4个许用码字的和：$0*(1100)+0*(1010)=1100+1010=1001$等于第2个许用码字。

还可以验证第2个和第4个许用码字的和刚好等于第1个许用码字。

如此，我们验证了所有许用码字的线性组合仍为许用码字，因此上述许用码字集，在这里定义的GF(2)上是线性分组码。

由这个例子可以看到，线性分组码的讨论是与符号上定义的加乘运算密切相关的，必须在指定的域上才能讨论线性特性。

在实际应用中通常不采用这个例子中容易混淆的运算定义，对于GF(p)的定义（p为素数）一般保持模p加乘的定义，这样就不会出现1111为全零码字的看似奇怪的结论。在后续讨论中，如无特别说明，均采用模p加乘定义素数元有限域GF(p)的运算。

7.2.2 线性分组码的最小码距

一个线性分组码的码字**重量**定义为该码字的各个符号中非0符号的个数。同样这里的0为符号域上的加法恒等元。

推论 7.3 符号取自GF(q)的任意两个等长码字之间的汉明距离就是这两个码字差的重量。

$$d_{\text{Ham}}\left(\boldsymbol{c}_1,\boldsymbol{c}_2\right)=w\left(\boldsymbol{c}_1-\boldsymbol{c}_2\right)$$

注意，这个结论并不限于许用码字，而是任意的码字。以前之所以只讲汉明距离而不提码字之间的差，是因为一般编码中无须定义加法和乘法，因此没有关于码字之差的定义。而当码字取自于有限域时，即码字符号被赋予了加法运算之后，才有差的概念。

推论 7.4　一个线性分组码，其最小码距（汉明距）就等于最小非零许用码重。

证明： 在线性分组码中，任意两个许用码字之差仍为一个许用码字。因此最小汉明距离（自由距），即任意两个不同的许用码字之差的重量的最小值，不低于最小非0许用码字的重量。而最小重量的非全0许用码与全0码（也是许用码组）的汉明距等于最小非零码重，因此最小非零码重不小于自由距。因此对于**线性码而言，最小码距（汉明距）就等于最小非零许用码重**。　□

例 7.14　在某个按模2运算定义的GF(2)上的码长为5的线性分组码(n, k, d_f)，已知它有如下几个许用码字：11100，10011，01111。求该码的最短的信息位长度k和此时最小汉明距离d_f。

显然，如果不要求最短的k，k可以取5，这样就得到一个$(5, 5)$码，它的许用码字遍历所有的长度为5的二元码字，当然也包含题中所要求包含的3个许用码字，此时的最小码距为1，因此是一个$(5, 5, 1)$码。

但5是不是最小的k呢？当然不是！

我们看到，这三个码字中前2个的和等于第3个，即$11100 + 10011 = 01111$。

也容易看到这3个码字之中任意2个的和等于另一个。因此如果将这三个码字和全0码字00000，构成一个4个码字的集合，就能满足线性组合封闭。

这样就得到一个许用码字集$\{00000, 11100, 10011, 01111\}$，构成一个$(5, 2)$线性分组码。

这个$(5, 2)$线性分组码的任意两个不同许用码字之间的距离等于它们之差（另一个非0的许用码字）的重量，而该许用码字集中非0码字的最小重量为3，因此该码的最小汉明距离等于3。于是，满足题意的码为$(5, 2, 3)$线性分组码。　■

7.2.3　生成矩阵

之前给出的关于线性分组码的定义只规定了许用码字集的线性组合封闭性，没有规定如何从消息映射到这个许用码字集。这是因为一般而言，消息集的表示不一定与信道输入或信道编码的输出具有相同的符号集。那么，怎样进行消息到许用码字的映射比较好呢？当然不同的映射方式有各自的优缺点。例如，当不同的消息错误事件会有不同的代价时，会根据在信道传输和译码判决中不同的错法去设计这个映射，或从编译码的复杂度的角度去设计这个映射。

一般的映射就是查表，它需要一张长度为消息的可能数量（或许用码字集大小）、宽度为码长的表。显然，当许用码字集很大时，其实现复杂度是相当高的，当然如果可用的存储空间够大，查表也不失为一种高速实现方法。

对于GF(q)上的码长为n的线性分组码，其许用码字集是q^n种信道输入的一个子集。由于定义了加法和乘法运算，其许用码字集必然是GF(q)上的n维空间的一个子空间。也就是说，每个码字都是该空间的一个矢量，而许用码字则是许用码字子空间中的一个矢量。

存在一组在GF(q)上的线性无关的n维矢量：

$$\boldsymbol{g}_0 = \left(\begin{array}{ccccc} g_{0, n-1}, & g_{0, n-2}, & \cdots, & g_{0, 1}, & g_{0, 0} \end{array} \right)$$

$$\boldsymbol{g}_1 = \left(\begin{array}{ccccc} g_{1, n-1}, & g_{1, n-2}, & \cdots, & g_{1, 1}, & g_{1, 0} \end{array} \right)$$

$$\boldsymbol{g}_2 = \begin{pmatrix} g_{2,n-1}, & g_{2,n-2}, & \cdots, & g_{2,1}, & g_{2,0} \end{pmatrix}$$

$$\cdots\cdots$$

$$\boldsymbol{g}_{k-1} = \begin{pmatrix} g_{k-1,n-1}, & g_{k-1,n-2}, & \cdots, & g_{k-1,1}, & g_{k-1,0} \end{pmatrix}$$

其中$g_{i,j} \in \mathrm{GF}(q), i = 0, 1, \cdots, k-1, j = 0, 1, \cdots, n-1$。由它们通过用$\mathrm{GF}(q)$上的元素进行任意加权后组合，张成许用码字子空间，$\boldsymbol{g}_0, \boldsymbol{g}_1, \boldsymbol{g}_2, \cdots, \boldsymbol{g}_{k-1}$就是它的一组基。

事实上，给定一个线性加权封闭的子集$\mathcal{C}$，可以通过递推的方法找到这样一组基，这组基的个数k就是这个子空间的维数。

同样也很容易证明，给定一个$\mathrm{GF}(q)$上的k维子空间（许用码字集），选定k个基后，该子空间中的任何矢量，均可以通过对这组基用$\mathrm{GF}(q)$上的唯一一组k个元素进行加权获得。即：

若码长为n的$\mathrm{GF}(q)$上的线性分组码$\mathcal{C}$的许用码字子空间由一组基$\boldsymbol{g}_0, \boldsymbol{g}_1, \boldsymbol{g}_2, \cdots, \boldsymbol{g}_{k-1}$张成，则对$\forall \boldsymbol{c} \in \mathcal{C}$，存在唯一的一个$\mathrm{GF}(q)$上的$k$维矢量，$\boldsymbol{d} = (d_{k-1}, d_{k-2}, \cdots, d_1, d_0)$，满足$\boldsymbol{c} = \sum_{i=0}^{k-1} d_i \boldsymbol{g}_i$。

因此$\mathrm{GF}(q)$上的k维矢量空间与$\mathrm{GF}(q)$上的n维码字空间中的k维许用码字子空间之间形成了一一对应的关系。

也就是说，如果信源消息也采用$\mathrm{GF}(q)$上的符号来表示，使用线性分组码$\mathcal{C}$，一次可以传输k个信源符号。此时的映射方式就可以通过将信源消息表示成k维矢量$\boldsymbol{d}$，采用$\boldsymbol{c} = \sum_{i=0}^{k-1} d_i \boldsymbol{g}_i$的方式进行。

这样，我们就实现了$\mathrm{GF}(q)$上的k个符号消息序列到n个符号的编码序列的映射，构成一个(n, k)线性分组码。

特别地，若将k个基（行矢量）排成矩阵的形式：

$$\boldsymbol{G} = \begin{pmatrix} \boldsymbol{g}_{k-1}^{\mathrm{T}} & \boldsymbol{g}_{k-2}^{\mathrm{T}} & \cdots & \boldsymbol{g}_1^{\mathrm{T}} & \boldsymbol{g}_0^{\mathrm{T}} \end{pmatrix}^{\mathrm{T}}$$

或

$$\boldsymbol{G} = \begin{pmatrix} \boldsymbol{g}_{k-1} \\ \boldsymbol{g}_{k-2} \\ \vdots \\ \boldsymbol{g}_0 \end{pmatrix}$$

则可以简洁地记为

$$\boldsymbol{c} = \boldsymbol{d}\boldsymbol{G}$$

此时的信道编码操作就是一个矢量乘矩阵的操作，运算量为nk^2，存储量为nk（$\boldsymbol{G}$的大小）。

当然，这种编码映射过程的前提是信源消息已表达成$\mathrm{GF}(q)$上的k维矢量的形式，若是其他形式，则需要一定的转换。当消息符号集不是$\mathrm{GF}(q)$上的符号时，需要进行符号转换；即使当消息是用$\mathrm{GF}(q)$上的符号表示的，但长度不等于k时，也要进行一定的转换，特别是当长度大于k时，需要分成若干组长度不大于k的消息分组（这也是分组码这个名称的一个来源），当消息分组长度小于k时，往往通过填塞一定数量的固定符号（常用0）来

凑出一个 k 维矢量 $\boldsymbol{d}$。

例 7.15（线性分组码的编码） 考虑以下参数：$n = 6, k = 3$，效率 $R = 1/2$ 的线性分组码，生成矩阵取

$$\boldsymbol{G} = \begin{pmatrix} 1 & 1 & 0 & 1 & 0 & 0 \\ 0 & 1 & 1 & 0 & 1 & 0 \\ 0 & 0 & 1 & 1 & 0 & 1 \end{pmatrix}$$

当信息序列 $\boldsymbol{d} = [1\,1\,0]$ 时的编码后许用码字为

$$\boldsymbol{c} = \begin{pmatrix} 1 & 1 & 0 \end{pmatrix} \begin{pmatrix} 1 & 1 & 0 & 1 & 0 & 0 \\ 0 & 1 & 1 & 0 & 1 & 0 \\ 0 & 0 & 1 & 1 & 0 & 1 \end{pmatrix} = \begin{pmatrix} 1 & 0 & 1 & 1 & 1 & 0 \end{pmatrix}$$

完整的信息序列到许用码字的映射表为

d	c
000	000000
001	001101
010	011010
011	010111
100	110100
101	111001
110	101110
111	100011

从中可以看出，最小非 0 码重为 3，因此该码的自由距为 3。当该码用于纠错时，可以纠正任意 1 位的错误，而如果将该码用于纯检错，可以检出任意 2 位的错误。 ■

例 7.16 前面例子中出现过的部分线性分组码的生成矩阵。

重复码 $\{(000), (111)\}$：

$$\boldsymbol{G} = \begin{pmatrix} 1 & 1 & 1 \end{pmatrix}$$

$(5, 2, 3)$ 码 $\{(00000), (11100), (10011), (01111)\}$：

$$\boldsymbol{G} = \begin{pmatrix} 1 & 1 & 1 & 0 & 0 \\ 1 & 0 & 0 & 1 & 1 \end{pmatrix}$$

偶校验码 $\{(000), (011), (101), (110)\}$：

$$\boldsymbol{G} = \begin{pmatrix} 1 & 0 & 1 \\ 0 & 1 & 1 \end{pmatrix}$$

7.2.4 系统码

在接收侧译码时，无论是检错译码还是纠错译码，译码器首先作出的判决是一个许用码字，而不是原始的消息符号序列。为了得到原发送的消息，需要一个逆映射。简单来讲，需要根据译码判决得到的许用码字（n 个符号），恢复出 k 个符号的消息序列。一般而言，这个操作可以根据 $\boldsymbol{c} = \boldsymbol{dG}$ 解线性方程组得到，这个方程组有 n 个方程 k 个未知数，由于生成矩阵 $\boldsymbol{G}$ 的各行为许用码字子空间的 k 个基，$\boldsymbol{G}$ 是行满秩的，因此根据 $\boldsymbol{c} = \boldsymbol{dG}$ 求解 $\boldsymbol{d}$ 可以

得到唯一解。

这个解方程的运算量与 nk^2 成正比。由于这是对每一次接收译码都需要付出的计算量，当 k 比较大时，通信过程中付出的计算代价是很可观的。然而，如果通过在编码设计过程中引入相应的解方程操作使得在具体每次译码中能避免解方程的操作，将可以大大降低实际通信中所需付出的计算代价。

具体地说，如果生成矩阵中第 j 列的 k 个分量中只有第 i 行为 1，这一列的其他分量均为 0，那么对于任意一个许用码字 c，它的第 j 位 c_j，与该许用码字对应的信息序列的第 i 位 d_i 的关系为 $c_j = d_i$。

因此，若生成矩阵 G 中能找到 k 个这样的列（每列均只有一个非 0 元且等于 1），而且这 k 列中每一列的非 0 行号各不相同，则所有的 $d_i, i = 0, 1, \cdots, k-1$，都能找到至少一个 j，使 $c_j = d_i$。这样，当接收端判断出发送的许用码字 c 之后，直接读取这些 c_j，就可以得到对应于许用码字 c 的信源消息的 k 个符号。满足这种特性（有 k 个重量为 1 且互相在有限域上正交的列）的生成矩阵构造的线性分组码映射称为**系统码**。其特征是编码序列中直接包含所有信息符号。

确切地说，系统码只是线性分组码的一种映射方式，任意一种线性分组码，都存在其系统码映射方式，也存在非系统码映射方式。

下面讨论如何将任意线性分组码的生成矩阵 G 转换成系统码生成矩阵形式的方法（保持许用码字集不变）。

对于一个 (n, k) 线性分组码，由于生成矩阵 G 的 k 行线性无关，因此至少能找到 k 列线性无关，不妨令这 k 列为生成矩阵的前 k 列，即 $G = \begin{bmatrix} G_1 & G_2 \end{bmatrix}$，其中 G_1 为 k 行 k 列的满秩矩阵（当前 k 列线性相关时，可以先通过列置换，将线性无关的列交换到前 k 列，对此列置换后的矩阵转换为系统码后，再反列置换，即可同时保证生成矩阵为系统码的形式，且生成矩阵的行空间仍为原许用码字集）。

因此有 $G = G_1 \begin{bmatrix} I_k & G_1^{-1}G_2 \end{bmatrix} = G_1 \begin{bmatrix} I_k & Q \end{bmatrix}$，其中 $Q = G_1^{-1}G_2$，I_k 为 k 行 k 列的单位阵。在执行编码操作时，有 $c = bG = bG_1 \begin{bmatrix} I_k & Q \end{bmatrix}$。

令 $d = bG_1$ 表示信息矢量，则在 c 的前 k 位正好为信息序列 d，后 $m = n - k$ 位为冗余的监督位（校验位）。

注意，由于 G_1 操作作用在 $[I_k \quad Q]$ 左侧，其作用为行变换，同时由于 G_1 可逆，因此矩阵 $[I_k \quad Q]$ 与 G 具有相同的行空间。即用 $[I_k \quad Q]$ 作生成矩阵的线性分组码与用 G 作生成矩阵的线性分组码，其许用码字集完全相同（对应的码字间距离特性，如最小汉明距离或自由距离，不会发生变化），所不同的仅是各许用码字所代表的消息序列不同而已。

例 7.17　将下面一个 $n = 6, k = 3, R = 1/2$ 的生成矩阵 G 转换成同一码字集的系统码的生成矩阵：

$$G = \begin{pmatrix} 1 & 1 & 0 & 1 & 0 & 0 \\ 0 & 1 & 1 & 0 & 1 & 0 \\ 0 & 0 & 1 & 1 & 0 & 1 \end{pmatrix}$$

$$\xrightarrow{\text{第一行减第二行（模 2 减）}} \begin{pmatrix} 1 & 0 & 1 & 1 & 1 & 0 \\ 0 & 1 & 1 & 0 & 1 & 0 \\ 0 & 0 & 1 & 1 & 0 & 1 \end{pmatrix}$$

$$\xrightarrow{\text{第一行减第三行}} \begin{pmatrix} 1 & 0 & 0 & 0 & 1 & 1 \\ 0 & 1 & 1 & 0 & 1 & 0 \\ 0 & 0 & 1 & 1 & 0 & 1 \end{pmatrix}$$

$$\xrightarrow{\text{第二行减第三行}} \begin{pmatrix} 1 & 0 & 0 & 0 & 1 & 1 \\ 0 & 1 & 0 & 1 & 1 & 1 \\ 0 & 0 & 1 & 1 & 0 & 1 \end{pmatrix}$$

于是就可以得到同一个线性分组码的一种系统码生成矩阵 $\boldsymbol{G}_{系统码} = \begin{bmatrix} \boldsymbol{I}_3 & \boldsymbol{Q} \end{bmatrix}$，其中

$$\boldsymbol{Q} = \begin{pmatrix} 0 & 1 & 1 \\ 1 & 1 & 1 \\ 1 & 0 & 1 \end{pmatrix}$$

可以看出，两种编码都是 $(6,3,3)$ 线性分组码（括号中的第 3 个分量为自由距离），其许用码字集完全相同，但与消息序列的映射不一样，如图 7.20 所示，其中系统码的前 3 个符号刚好等于消息序列。

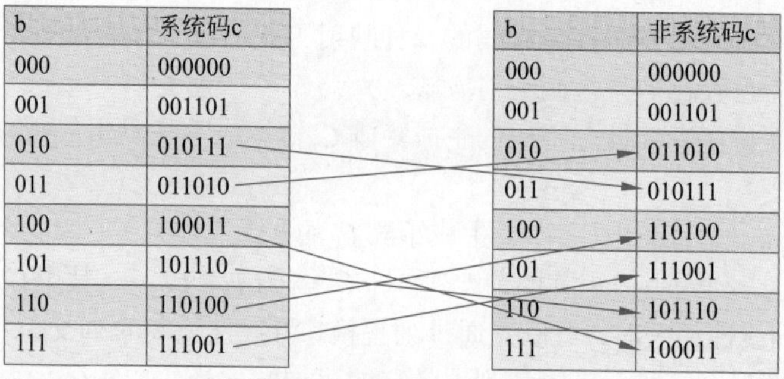

b	系统码c
000	000000
001	001101
010	010111
011	011010
100	100011
101	101110
110	110100
111	111001

b	非系统码c
000	000000
001	001101
010	011010
011	010111
100	110100
101	111001
110	101110
111	100011

图 7.20 系统码和非系统码对应图

例 7.18 例 7.16 中部分线性分组码的系统码生成矩阵。

重复码 $\{(000),(111)\}$：

$$\boldsymbol{G}_{系统码} = [\boldsymbol{I}_1 \quad \boldsymbol{Q}] = (\ 1 \quad 1 \quad 1\ )$$

$(5,2,3)$ 码 $\{(00000),(11100),(10011),(01111)\}$：

$$\boldsymbol{G}_{系统码} = [\boldsymbol{I}_2 \quad \boldsymbol{Q}] = \begin{pmatrix} 1 & 0 & 0 & 1 & 1 \\ 0 & 1 & 1 & 1 & 1 \end{pmatrix}$$

偶校验码 $\{(000),(011),(101),(110)\}$：

$$\boldsymbol{G}_{系统码} = [\boldsymbol{I}_2 \quad \boldsymbol{Q}] = \begin{pmatrix} 1 & 0 & 1 \\ 0 & 1 & 1 \end{pmatrix}$$

7.2.5 线性分组码的陪集译码或标准阵列译码

对二元对称信道而言，包含线性分组码在内的任意分组码，当信源等概率分布时，最小差错概率判决准则就等价于最小汉明距离准则。对于一个有 M 个长度为 n 的许用码字的二元分组码 $\mathcal{C}$，经过二元对称信道后的接收码字集 $\mathcal{R}$ 共有 2^n 个可能的接收码字 $\boldsymbol{r}$。

为了实现译码，即根据接收码字 $\boldsymbol{r}$ 推断发送的许用码字。可以将 $\mathcal{R}$ 分成互不重叠的 M

个判决区 $\mathcal{S}_i, i = 1, 2, \cdots, M$，对应于 M 个许用码字 $\boldsymbol{c}_i, i = 1, 2, \cdots, M$，即接收判决为

$$\hat{c} = \boldsymbol{c}_i, \quad \text{当且仅当} \boldsymbol{r} \in \mathcal{S}_i$$

这个子集（判决区）划分，可以在给定编码方案，即许用码字集 $\mathcal{C}$ 后，在实际接收之前，就划分好。在实际接收到某个接收码字后，直接查询即可完成推断。

对于二元对称信道，发送任何一个许用码字，接收码字集 $\mathcal{R}$ 里的任意码字都可能成为接收码字，也就是说，对于误符号率不为 0 的二元对称信道，不论采用哪种判决区划分，判决后的差错概率都不等于 0。

显然，给定许用码字集 $\mathcal{C}$ 后，不同的判决区划分方案，其判决差错率就有可能不同，其中可以达到最小差错概率的判决区划分具有如下特点（最大后验概率准则）：

$$P\left(\text{发送} \boldsymbol{c}_i \mid \text{收到} \boldsymbol{r}\right) \geqslant P\left(\text{发送} \boldsymbol{c}_j \mid \text{收到} \boldsymbol{r}\right), \forall i, j, \boldsymbol{r} \in \mathcal{S}_i, i \neq j$$

当发送信源等概时，这个最大后验概率准则等价于最大似然准则：

$$P\left(\text{收到} \boldsymbol{r} \mid \text{发送} \boldsymbol{c}_i\right) \geqslant P\left(\text{收到} \boldsymbol{r} \mid \text{发送} \boldsymbol{c}_j\right), \forall i, j, \boldsymbol{r} \in \mathcal{S}_i, i \neq j$$

进而对二元对称信道而言，等价于最小汉明距离准则：

$$d_h\left(\boldsymbol{c}_i, \boldsymbol{r}\right) \leqslant d_h\left(\boldsymbol{c}_j, \boldsymbol{r}\right), \forall i, j, \boldsymbol{r} \in \mathcal{S}_i, i \neq j$$

也就是说，当信源等概率分布、信道为二元对称信道时，最小差错概率的译码判决区划分方案中，$\boldsymbol{c}_i$ 的判决区 $\mathcal{S}_i$ 中的所有接收码字与其他的许用码字的汉明距离都应不小于该接收码字到 $\boldsymbol{c}_i$ 的汉明距离。

如果 $\mathcal{S}_i$ 中有些码字与 $\boldsymbol{c}_i$ 的汉明距离小于该码字与其他许用码字的汉明距离，那么 $\boldsymbol{c}_i$ 就是这些接收码字的唯一最小汉明距离许用码字。

如果 $\mathcal{S}_i$ 中有个码字 $\boldsymbol{r}$，与 $\boldsymbol{c}_i$ 的汉明距离等于该码字与其他某个许用码字（如 $\boldsymbol{c}_j$）的汉明距离，那么 $\boldsymbol{c}_i$ 就不是唯一最小汉明距离许用码字，即还有一些许用码字，与 $\boldsymbol{c}_i$ 拥有一样的"与 $\boldsymbol{r}$ 的最小汉明距离"，此时将 $\boldsymbol{r}$ 重新划分到 $\mathcal{S}_j$，也不影响译码后的平均差错概率。

注意，上述判决区的划分只涉及了许用码字集和二元符号集，没有涉及符号集上的运算，也就是说上述讨论不限于有限域上的编码。

对编码符号集合引入加法运算构成有限群之后，当发送许用码字 $\boldsymbol{c}$ 且接收码字为 $\boldsymbol{r}$ 时，可以定义误差码字或误码图案 $\boldsymbol{e} = \boldsymbol{r} - \boldsymbol{c}$。显然，误码图案的每个分量都取自编码的符号域，且有 $\boldsymbol{r} = \boldsymbol{c} + \boldsymbol{e}$。上述最小汉明距离译码准则或判决区划分准则就变成了：

$$w\left(\boldsymbol{r} - \boldsymbol{c}_i\right) \leqslant w\left(\boldsymbol{r} - \boldsymbol{c}_j\right), \forall i, j, \boldsymbol{r} \in \mathcal{S}_i, i \neq j$$

下面考虑线性分组码的许用码字 $\boldsymbol{c}_i$ 的判决区 $\mathcal{S}_i$。当发送许用码字 $\boldsymbol{c}_i$，且实际接收到 $\mathcal{S}_i$ 中的码字时，发生的误码图案集合为 $\mathcal{E}_i \triangleq \{\boldsymbol{r} - \boldsymbol{c}_i \mid \boldsymbol{r} \in \mathcal{S}_i\}$。

当发送另一个许用码字 $\boldsymbol{c}_j$ 且发生 $\mathcal{E}_i$ 中的误码图案时，得到的接收码字集合为 $\{\boldsymbol{r}' \mid \boldsymbol{r}' = \boldsymbol{c}_j + \boldsymbol{e}, \boldsymbol{e} \in \mathcal{E}_i\} = \{\boldsymbol{r}' \mid \boldsymbol{r}' = \boldsymbol{c}_j + \boldsymbol{r} - \boldsymbol{c}_i, \boldsymbol{r} \in \mathcal{S}_i\} = \{\boldsymbol{r}' \mid \boldsymbol{r}' = \boldsymbol{r} - (\boldsymbol{c}_i - \boldsymbol{c}_j), \boldsymbol{r} \in \mathcal{S}_i\}$，即等价于 $\mathcal{S}_i$ 平移了 $\boldsymbol{c}_i - \boldsymbol{c}_j$ 的结果，或 $\mathcal{S}_i$ 中所有元素减去某个许用码字 $\boldsymbol{c}_i - \boldsymbol{c}_j$。定义 $\mathcal{S}_j^i = \mathcal{S}_i - (\boldsymbol{c}_i - \boldsymbol{c}_j) = \{\boldsymbol{r}' \mid \boldsymbol{r}' = \boldsymbol{r} - (\boldsymbol{c}_i - \boldsymbol{c}_j), \boldsymbol{r} \in \mathcal{S}_i\}$，在集合 $\mathcal{S}_j^i$ 中（发送 $\boldsymbol{c}_j$ 时发生 $\mathcal{E}_i$ 中的错误，即将以 $\boldsymbol{c}_i$ 为中心的 $\mathcal{S}_i$ 平移到以 $\boldsymbol{c}_j$ 为中心），对于 $\forall \boldsymbol{r}' \in \mathcal{S}_j^i$，有 $\boldsymbol{r}' + (\boldsymbol{c}_i - \boldsymbol{c}_j) \in \mathcal{S}_i$，对任意 $\boldsymbol{c}_k \neq \boldsymbol{c}_i$，有 $w\left(\boldsymbol{r}' + (\boldsymbol{c}_i - \boldsymbol{c}_j) - \boldsymbol{c}_i\right) \leqslant w\left(\boldsymbol{r}' + (\boldsymbol{c}_i - \boldsymbol{c}_j) - \boldsymbol{c}_k\right)$，即 $w\left(\boldsymbol{r}' - \boldsymbol{c}_j\right) \leqslant w\left(\boldsymbol{r}' - \boldsymbol{c}_j + (\boldsymbol{c}_i - \boldsymbol{c}_k)\right)$，考虑到各种 i, j, k 组合下的 $\boldsymbol{c}_j - (\boldsymbol{c}_i - \boldsymbol{c}_k)$ 遍历所有非 $\boldsymbol{c}_j$ 的其他许用码字，可得：当接收机

收到 S_j^i 中的任一码字时，以最小汉明距离判决都可以判为 c_j。

例 7.19 $(4,1)$ 重复码有两个码字分别为 $c_0 = 0000$，$c_1 = 1111$。这里许用码字的下标从 0 开始到 $2^k - 1$，而不是从 1 到 2^k，是因为目前已从一般的分组码具体化到线性分组码，而线性分组码中必然包含一个全 0 许用码字，因此不妨令其为 c_0。将所有 16 种可能的接收码字，按最小汉明距离准则划分判决区，可以有多种方案，其中之一是表7.3。

表 7.3 可能的接收码字和判决区

$c_0 = 0000$		$c_1 = 1111$	
S_0	$\mathcal{E}_0$	S_1	$\mathcal{E}_1$
0000	0000	1111	0000
0001	0001	1110	0001
0010	0010	1101	0010
0100	0100	1011	0100
1000	1000	0111	1000
0011	0011		
0101	0101		
1001	1001		
0110	0110		
1010	1010		
1100	1100		

$$S_0 = \{0000, 0001, 0010, 0100, 1000, 0011, 0101, 1001, 0110, 1010, 1100\}$$

$$S_1 = \{1111, 1110, 1101, 1011, 0111\}$$

这种划分规则把重量为 2 的误码图案都划给了 $\mathcal{E}_0$。

可以看到，在 S_1 中所有的接收码字，到 c_1 的距离都小于到 c_0 的距离，这些误码图案的集合 $\mathcal{E}_1$ 的重量都不超过 1。而将以 c_1 为中心的 S_1 平移到以 c_0 为中心得到的 $S_0^1 = c_0 + \mathcal{E}_1 = \{0000, 0001, 0010, 0100, 1000\}$。$S_0^1$ 中的所有码字到其中心 c_0 的距离小于到其他许用码字（这里的 c_1）的距离。

同样，考虑到 S_0 中任意码字到 c_0 的距离，都不大于该码字到 c_1 的距离，而将以 c_0 为中心的 S_0 平移到以 c_1 为中心得到的 $S_1^0 = c_1 + \mathcal{E}_0$，其中所有码字到其中心 c_1 的距离也不大于到其他许用码字（这里的 c_0）的距离。■

从这个例子及其判决区的划分可以发现，尽管不同许用码字的判决区不同（互不相交），但它们的误码图案集 $\mathcal{E}_0$ 和 $\mathcal{E}_1$ 有一部分是相同的。当然，上面的判决区划分也不是唯一的，不同的划分，得到的误码图案集自然也不一样，对于线性分组码，存在这样一种划分，使得所有许用码字的判决区对应的误码图案集都相同下面给出一种标准阵列的译码方法，即划分判决区的方法。

先准备一个 2^{n-k} 行 2^k 列的空表（初始化标准阵列），逐行填写，具体执行步骤如下：

(1) 将所有许用码字排为一行，最左边为全 0 码字 $c_0 = 0$，构成标准阵列的第 0 行，令 $j = 1$。

(2) 选出尚未出现在标准阵列第 $0 \sim j-1$ 行的 n 维向量中重量最小的一个向量作为 e_j，加在第 0 行上构成第 j 行。

(3) 若还有未出现在标准阵列的向量，则 $j = j + 1$，返回 (2)。

j	$\mathcal{S}_0$	$\mathcal{S}_1$	$\mathcal{S}_2$	$\cdots$	$\mathcal{S}_{2^k-1}$
0	c_0	c_1	c_2	$\cdots$	c_{2^k-1}
1	$e_1 + c_0$	$e_1 + c_1$	$e_1 + c_2$	$\cdots$	$e_1 + c_{2^k-1}$
2	$e_2 + c_0$	$e_2 + c_1$	$e_2 + c_2$	$\cdots$	$e_2 + c_{2^k-1}$
$\vdots$	$\vdots$	$\vdots$	$\vdots$		$\vdots$
$2^{n-k} - 1$	$e_{2^{n-k}-1} + c_0$	$e_{2^{n-k}-1} + c_1$	$e_{2^{n-k}-1} + c_2$	$\cdots$	$e_{2^{n-k}-1} + c_{2^k-1}$

从下面的表述中可以看出，这样填写的表格刚好遍历 2^n 个可能的接收码字。

其中 $j = 0$ 的一行相当于无错传输，即 $e_0 = \mathbf{0}$ 时，发送许用码字得到的接收码字，这一行的各个元素对应于发送本许用码字时的最佳判决区的中心。

第 j 行第 i 列的位置所填的码字，是"发送许用码字 c_j（第 i 列列首）时，发生误码图案为 e_j(第 j 行行首) 时的接收码字"。

其中 c_0 对应的一列为发送全 0 码字时最可能错成的码字或最可能的误码图案。

每一列是列首许用码字的最佳判决区。

采用这种判决区划分方法，可以使得每个判决区的误码图案集都完全相同，即等于第 0 列的图案集。

对 (n, k) 线性分组码，标准阵列有 2^{n-k} 行。

c_m 对应的解码区域 $\mathcal{S}_m$ 即为标准阵列中与 c_m 同列的所有码字构成的集合。

实例：求例7.17中 $(6,3)$ 码的标准阵列，收到 011110 时，如何判决？

根据标准阵列的操作步骤，可以得到如下的标准阵列表。从表中可以看到码字 011110 所在的行首为 000100，列首为 011010，因此可以判断，最可能的发送许用码字是列首 011010，此次传输所发生的误码图案为行首 000100。

e	$c_0 + e$	$c_1 + e$	$c_2 + e$	$c_3 + e$	$c_4 + e$	$c_5 + e$	$c_6 + e$	$c_7 + e$
000000	000000	001101	010111	011010	100011	101110	110100	111001
000001	000001	001100	010110	011011	100010	101111	110101	111000
000010	000010	001111	010101	011000	100001	101100	110110	111011
100000	100000	101101	110111	111010	000011	001110	010100	011001
000100	000100	001001	010011	011110	100111	101010	110000	111101
001000	001000	000101	011111	010010	101011	100110	111100	110001
010000	010000	011101	000111	001010	110011	111110	100100	101001
000110	000110	001011	010001	011100	100101	101000	110010	111111

子群和陪集

所有长度为 n 的二元码字集 Ω，含 2^n 个不同的码字，在定义了二元符号上的加法之后，也可通过逐符号相加来定义这些码字之间的加法。容易证明，Ω 在逐符号加法定义下也构成一个群，即加法满足封闭性、结合律、有恒等元，可逆。其恒等元是全0码字。

对一个(n,k)线性分组码，许用码字集$\mathcal{C} = \{c_0, c_1, \cdots, c_{2^k-1}\}$，是$\Omega$的一个子集。也容易证明，在许用码字集中按逐符号加法也满足一个群的定义，因此线性分组码许用码字集$\mathcal{C}$构成Ω一个子群，其有2^k个元素（码字）。

定义 7.1（陪集的定义）对于群Ω中的一个子群$\mathcal{C}$，任取$a \in \Omega$，称$\{a + c | c \in \mathcal{C}\}$为$\mathcal{C}$的一个陪集，记为$a + \mathcal{C}$，$a$称为这个陪集的陪集首。

例 7.20 所有整数在整数加法定义下构成一个整数群$\mathcal{G}$，十进制末位为0的整数子集为整数群中的一个子群$\mathcal{G}'$，$23 + \mathcal{G}'$得到$\mathcal{G}'$的一个陪集，其特点是所有元素除以10余3。

陪集的特性

(1) 一个陪集中任何一个元素，都可以作为其陪集首，即$(a + c) + \mathcal{C} = a + \mathcal{C}, \forall c \in \mathcal{C}$。因为对$\forall c' \in \mathcal{C}$，有$(a + c) + c' = a + (c + c') \in a + \mathcal{C}$。

用上例整数群$\mathcal{G}$和10的整数倍子群$\mathcal{G}'$：$50 \in \mathcal{G}' \Longrightarrow (50 + 23) + \mathcal{G}' = 23 + \mathcal{G}'$。

另一种表述：$\forall x \in a + \mathcal{C}$，有$x + \mathcal{C} = a + \mathcal{C}$，因为若$x = a + c'$，其中$c' \in \mathcal{C}$，则$\forall c \in \mathcal{C}$，有$x + c = a + (c' + c) \in a + \mathcal{C}$。

用上例整数群$\mathcal{G}$和10的整数倍子群$\mathcal{G}'$：$73 \in 23 + \mathcal{G}' \Longrightarrow 73 + \mathcal{G}' = 23 + \mathcal{G}'$。

(2) $\mathcal{C}$的不同陪集之间没有交集，即若$a, b \in \Omega, a \neq b$，则要么$a + \mathcal{C} = b + \mathcal{C}$，要么$(a + \mathcal{C}) \cap (b + \mathcal{C}) = \varnothing$。

因为，两个陪集只要共有某个元素d，它们就都可以用d作为陪集首，自然就是两个相同的集合。

用上例：所有除以10余数不同的整数分属于不同陪集。

(3) 对于一个有限群Ω中的一个子群$\mathcal{C}$，有$\dfrac{|\Omega|}{|\mathcal{C}|}$个不同的$\mathcal{C}$的陪集，这些陪集的并集就是$\Omega$。找出这些不同陪集的方法之一为：

① $\mathcal{C}$本身就是一个$\mathcal{C}$的陪集，作为第0个陪集，$j = 0$。

② 为了得到第$j+1$个陪集时，在Ω中任取一个不属于第$0 \sim j$个陪集中的元素c_{j+1}，陪集$c_{j+1} + \mathcal{C}$必不同于前j个陪集，可以作为第$j+1$个陪集。

③ $j = j + 1$，重复第②步，直到Ω中所有的元素都被分配到各个陪集中去。

再回到标准阵列的形成方法，可以看出其形成方法的第②步很关键，它保证了：

- 每一行的行首重量不大于本行其他码字。
- 每一行构成一个陪集，各行不等。
- 取各行的行首作为陪集首，则从上到下各陪集的陪集首重量单调增。

7.2.6 校验矩阵

$\mathrm{GF}(q)$上的(n,k)线性分组码的许用码字集为$\mathrm{GF}(q)$上的n维线性空间中的一个k维子空间，这个k维子空间可以由k个线性无关的矢量作为基张成。根据线性空间的理论，必然存在一个与该k维许用码字子空间$\mathcal{C}$正交的$n-k$维子空间$\mathcal{F}$，即$\mathcal{C}$中任意矢量与$\mathcal{F}$中任意矢量正交，且$\mathcal{C}$与$\mathcal{F}$共同张成完整的n维空间，因此$\mathcal{F}$称为$\mathcal{C}$的零空间。其中矢量正交由矢量内积为0来定义。即当$\mathrm{GF}(q)$上的n维矢量

$$x_1 = (\ x_{1,n-1} \quad x_{1,n-2} \quad \cdots \quad x_{1,1} \quad x_{1,0}\ ), x_2 = (\ x_{2,n-1} \quad x_{2,n-2} \quad \cdots \quad x_{2,1} \quad x_{2,0}\ )$$

满足 $\langle \boldsymbol{x}_1, \boldsymbol{x}_2 \rangle = 0$，称矢量 $\boldsymbol{x}_1$ 与 $\boldsymbol{x}_2$ 正交，其中 $\langle \boldsymbol{x}_1, \boldsymbol{x}_2 \rangle \triangleq \boldsymbol{x}_1 \boldsymbol{x}_2^{\mathrm{T}} = \sum_{j=0}^{n-1} x_{1,j} x_{2,j}$。

作为 k 维许用码字子空间 $\mathcal{C}$ 的零空间 $\mathcal{F}$，其子空间维数 $m = n - k$，因此可以由 m 个线性无关的矢量张成。这 m 个矢量中的每一个均与任意许用码字正交。下面介绍如何从 k 维许用码字子空间 $\mathcal{C}$，根据其生成矩阵，得到其零空间的一组基。也就是说，找到 $m = n - k$ 个线性无关且与任意许用码字正交的矢量（一个矢量 $\boldsymbol{h}$ 与 $\mathcal{C}$ 中任意矢量正交的一个充要条件是 $\boldsymbol{h}$ 与 $\mathcal{C}$ 的 k 个基均正交，即与 $\boldsymbol{G}$ 的所有行正交）。

为方便起见，这里仍假设 $\boldsymbol{G}$ 的前 k 列线性无关，可写成 $\boldsymbol{G} = [\ \boldsymbol{G}_1 \quad \boldsymbol{G}_2\ ]$，其中 $\boldsymbol{G}_1$ 为可逆方阵。则有 $\boldsymbol{G} = [\ \boldsymbol{G}_1 \quad \boldsymbol{G}_2\ ] = \boldsymbol{G}_1[\ \boldsymbol{I}_k \quad \boldsymbol{Q}\ ]$，其中 $\boldsymbol{Q}$ 和 $\boldsymbol{G}_2$ 为 k 行 $n-k$ 列矩阵，$\boldsymbol{Q} = \boldsymbol{G}_1^{-1} \boldsymbol{G}_2$。构造矩阵 $m = n - k$ 行 n 列的矩阵 $\boldsymbol{H} = [\ -\boldsymbol{Q}^{\mathrm{T}} \quad \boldsymbol{I}_m\ ]$。

可以验证 $\boldsymbol{G} \boldsymbol{H}^{\mathrm{T}} = \boldsymbol{0}$，也就是说矩阵 $\boldsymbol{H}$ 的每一行与 $\boldsymbol{G}$ 的每一行正交，或者说 $\boldsymbol{H}$ 的每一行均与 $\mathcal{C}$ 中的所有许用码字正交。

同时，由于 $\boldsymbol{H}$ 中包含一个 m 阶可逆方阵，$\boldsymbol{H}$ 的所有行必然全部线性无关。这样 $[\ -\boldsymbol{Q}^{\mathrm{T}} \quad \boldsymbol{I}_m\ ]$ 的所有行就构成了 $\mathcal{C}$ 的 m 维零空间的一组基。

例 7.21　$n = 6, k = 3, R = 1/2$，且

$$\boldsymbol{G} = \begin{pmatrix} 1 & 1 & 0 & 1 & 0 & 0 \\ 0 & 1 & 1 & 0 & 1 & 0 \\ 0 & 0 & 1 & 1 & 0 & 1 \end{pmatrix}$$

$$\boldsymbol{G}_1 = \begin{pmatrix} 1 & 1 & 0 \\ 0 & 1 & 1 \\ 0 & 0 & 1 \end{pmatrix}, \quad \boldsymbol{G}_2 = \begin{pmatrix} 1 & 0 & 0 \\ 0 & 1 & 0 \\ 1 & 0 & 1 \end{pmatrix}$$

则

$$\boldsymbol{G} = (\ \boldsymbol{G}_1 \quad \boldsymbol{G}_2\ ) = \boldsymbol{G}_1 (\boldsymbol{I}_3 \quad \boldsymbol{G}_1^{-1} \boldsymbol{G}_2) = \boldsymbol{G}_1 (\boldsymbol{I}_3 \quad \boldsymbol{Q})$$

其中 $\boldsymbol{Q} = \boldsymbol{G}_1^{-1} \boldsymbol{G}_2 = \begin{pmatrix} 0 & 1 & 1 \\ 1 & 1 & 1 \\ 1 & 0 & 1 \end{pmatrix}$，即

$$\boldsymbol{G} = \begin{pmatrix} 1 & 1 & 0 & 1 & 0 & 0 \\ 0 & 1 & 1 & 0 & 1 & 0 \\ 0 & 0 & 1 & 1 & 0 & 1 \end{pmatrix} = \boldsymbol{G}_1 (\boldsymbol{I}_3 \quad \boldsymbol{Q}) = \begin{pmatrix} 1 & 1 & 0 \\ 0 & 1 & 1 \\ 0 & 0 & 1 \end{pmatrix} \begin{pmatrix} 1 & 0 & 0 & 0 & 1 & 1 \\ 0 & 1 & 0 & 1 & 1 & 1 \\ 0 & 0 & 1 & 1 & 0 & 1 \end{pmatrix}$$

$$\boldsymbol{H} = (\ -\boldsymbol{Q}^{\mathrm{T}} \quad \boldsymbol{I}_3\ ) = \begin{pmatrix} 0 & 1 & 1 & 1 & 0 & 0 \\ 1 & 1 & 0 & 0 & 1 & 0 \\ 1 & 1 & 1 & 0 & 0 & 1 \end{pmatrix}$$

读者自行验证 $\boldsymbol{H}$ 中的每一行是否与 $\boldsymbol{G}$ 中的每一行正交。

例 7.22　例 7.16 中重复码，$(5, 2, 3)$ 码，偶检验码的校验矩阵。

重复码 $\{(000), (111)\}$：

$$\boldsymbol{H} = [-\boldsymbol{Q}^{\mathrm{T}} \quad \boldsymbol{I}_2] = \begin{pmatrix} 1 & 1 & 0 \\ 1 & 0 & 1 \end{pmatrix}$$

$(5,2,3)$ 码 $\{(00000),(11100),(10011),(01111)\}$：

$$H = \begin{bmatrix} -Q^{\mathrm{T}} & I_3 \end{bmatrix} = \begin{pmatrix} 0 & 1 & 1 & 0 & 0 \\ 1 & 1 & 0 & 1 & 0 \\ 1 & 1 & 0 & 0 & 1 \end{pmatrix}$$

偶校验码 $\{(000),(011),(101),(110)\}$：

$$H = \begin{bmatrix} -Q^{\mathrm{T}} & I_1 \end{bmatrix} = \begin{pmatrix} 1 & 1 & 1 \end{pmatrix}$$

7.2.7　用校验矩阵进行译码

对于一般分组码而言，要判断一个接收码字是否是许用码字，需要判断它是否在许用码字集中。最占空间却最快的方法就是制作一张 2^n 大小的表。另一种方法是将接收到的码字与许用码字集中的所有元素进行比对，这个运算量正比于 2^k。

而如果要进行纠错译码，则需要将接收码字与所有许用码字相比，找到最小汉明距离的许用码字，再反映射到消息序列，这个运算量也正比于 2^k。

而对于线性分组码而言，可以利用其线性组合封闭性，得到更有效的判断方法。

具体地讲，如果发送的是一个许用码字 $c \in \mathcal{C}$，收到一个码字 r，在检错时需要识别它是否属于 $\mathcal{C}$，在纠错时要找到 $\mathcal{C}$ 中与 c 的汉明距离最近的码字。

对于线性分组码，由于定义了符号域，而二元对称信道接收符号也取自同一域。可以将误码图案 e 定义为 $e = r - c$。在接收侧，在不知道实际发送的 c 是哪个许用码字的情况下，自然也无法知道误码图案。相反，若有办法得知误图案的估计值，则可以给出发送码字的估计值。

下面分析 e 取不同值时会有什么现象。

首先，e 的重量越轻，出现的概率 $(\varepsilon^{w(e)}(1-\varepsilon)^{n-w(e)})$ 越高（当信道的符号差错概率 $\varepsilon < 0.5$ 时）。

其次，如果 $r \in \mathcal{C}$，即接收码字 r 是许用码字，则 e 也属于 $\mathcal{C}$，误码图案也是许用码字。这里分两种情况：$r = c$，即 $e = 0$；$r \neq c$，即 $e \neq 0$。但由于信源消息通常是等概率的，因此 c 的取值先验概率也是相等的，接收机收到一个属于 $\mathcal{C}$ 的 r 是无法区分这两种情况的，通常只能认为接收正确，也就是说在检错译码操作时，汇报"译码成功"并输出此接收码字；在纠错译码操作时，也直接将此接收码字作为译码输出。

因此，在检错译码时，即使汇报"译码成功"，也存在着误报的可能。这种误报的概率的一个上界为

$$P_{误报} \leqslant (1-\varepsilon)^n \sum_{e \in \mathcal{C}, e \neq 0} \left(\frac{\varepsilon}{1-\varepsilon} \right)^{w(e)}$$

可以用联合界的方法来证明此上界。当 $\varepsilon \ll 0.05$ 时，此界比较紧，其中贡献最大的为最小码重（最小码距）错误事件。

当 $r \notin \mathcal{C}$ 时，显然有 $e = r - c \notin \mathcal{C}$，接收机可以判断出经过信道传输，$n$ 个符号中有 1 个或 1 个以上符号出错。对于检错译码，只需要报告"传输有错"，此时不存在误报的情况。

对线性分组码而言，n 维接收码字 r 属于 k 维许用码字子空间 $\mathcal{C}$ 的一个充要条件是 r 与

$\mathcal{C}$ 的 $n-k$ 维零空间正交。这个充要条件也可以表示为 r 与 $\mathcal{C}$ 的零空间中的 $n-k$ 个基（线性无关的基）正交，若将这 $n-k$ 个基写成行矢量，构成一个 $n-k$ 行的矩阵 $\boldsymbol{H}$，则 r 为许用码字的充要条件就是 $r\boldsymbol{H}^{\mathrm{T}}=\boldsymbol{0}$。或定义 $s\triangleq r\boldsymbol{H}^{\mathrm{T}}$ 为**校正子**。r 为许用码字的充要条件是校正子为全0，这里校正子序列长度为 $\boldsymbol{H}$ 的行数。因此，矩阵 $\boldsymbol{H}$ 又称为校验矩阵或监督矩阵。

事实上，有时校验矩阵 $\boldsymbol{H}$ 的行数也允许多于 $n-k$，此时校正子也会长于 $n-k$。注意，为了保证起到检错的作用，$\boldsymbol{H}$ 的每一行必须是 $\mathcal{C}$ 的零空间上的矢量，且保证这些行里至少存在 $n-k$ 个线性无关行。

可见，通过引入校验矩阵验证接收码字是否属于许用码字集就变成了一个简单的"求校正子（矢量乘矩阵），并检查其是否全零"的操作。

对于纠错译码，当 $r\notin\mathcal{C}$，即 $e=r-c\notin\mathcal{C}$ 时，不能只声明有错，而且要给出一个判决，这个判决就是有可能出错的，因此需要按一定准则（通常是最小误判概率）进行。

当接收机接收到 r 时，可能是 $\mathcal{C}$ 中任意一个 c，经过信道后发生错误图案 $e=r-c$ 而得到。也就是说，收到 r 时的可能发送码字集是 $\mathcal{C}$，而可能的误码图案的集合是 $\mathcal{E}(r)=\{r-c\mid c\in\mathcal{C}\}$，译码就是要找到最可能的误码图案 $e^*(r)\triangleq\arg\min\limits_{e\in\mathcal{E}(r)}w(e)$。

而对于线性分组码，可以发现（容易证明）：有很多 r 具有相同的可能误码图案集，因此可以具有相同的最可能的误码图案。具体地讲，对所有的 $r'\in\mathcal{E}(r)$，均有 $\mathcal{E}(r)=\mathcal{E}(r')$。或者说，$r$ 加上任何一个许用码字 c，其对应的最可能的误码图案都相同。于是，可以把具有相同的可能误码图案集的接收码字分成一类（一类共有 2^k 个码字），它们有相同的最轻误码图案，它们构成许用码字集的一个陪集，它们具有相同的最轻的误码图案，即在标准阵列中该陪集的陪集首。所有可能的接收码字（共 2^n 种）可以分成 $2^m=2^{n-k}$ 类。

显然，在与接收码字 r 具有相同误码图案集 $\mathcal{E}(r)$ 的接收码字 r' 都属于 $\mathcal{E}(r)$，且具有相同的校正子。因为 $r+c$ 的校正子为 $r'\boldsymbol{H}^{\mathrm{T}}=(r+c)\boldsymbol{H}^{\mathrm{T}}=r\boldsymbol{H}^{\mathrm{T}}$。

而若两个接收码字 r 和 r' 的校正子相同，即 $r'\boldsymbol{H}^{\mathrm{T}}=r\boldsymbol{H}^{\mathrm{T}}$，则 $(r'-r)\boldsymbol{H}^{\mathrm{T}}=\boldsymbol{0}$，可推出 $r'-r$ 为许用码字，因此 r' 与 r 具有相同的可能误码图案集：$\mathcal{E}(r)=\mathcal{E}(r')$，并具有相同的最可能误码图案。

总结：根据接收矢量 r，可以得到校正子 s，每个 s 取值对应于一个最可能的误码图案。或者说，一个陪集中的所有码字具有共同的校正子，不同的陪集具有不同的校正子。若将每一个陪集中重量最轻的元素作为其陪集首，则给定编码方案后，就能确定不同校正子与陪集首的对应关系。

于是，线性分组码的译码，就是要事先准备一张表，即所有可能的校正子与其对应的最可能误码图案的表，在每次传输时，每收到的个接收码字 r，先计算校正子 $s=r\boldsymbol{H}^{\mathrm{T}}$，再查表找到最可能的误码图案 e^*，最后用误码图案修正接收码字 $c^*=r-e^*$，以得到最可能的发送许用码字。

例 7.23 例7.17中 $(6,3)$ 系统码传输出错后的译码过程。

$$G=\begin{pmatrix} 1 & 0 & 0 & 0 & 1 & 1 \\ 0 & 1 & 0 & 1 & 1 & 1 \\ 0 & 0 & 1 & 1 & 0 & 1 \end{pmatrix}$$

$$G = (\ I_3 \quad Q\ )$$

$$Q = \begin{pmatrix} 0 & 1 & 1 \\ 1 & 1 & 1 \\ 1 & 0 & 1 \end{pmatrix}$$

$$H = (\ -Q^{\mathrm{T}} \quad I_3\ ) = \begin{pmatrix} 0 & 1 & 1 & 1 & 0 & 0 \\ 1 & 1 & 0 & 0 & 1 & 0 \\ 1 & 1 & 1 & 0 & 0 & 1 \end{pmatrix}$$

$$GH^{\mathrm{T}} = (\ I_3 \quad Q\ ) \begin{pmatrix} -Q \\ I_3 \end{pmatrix} = \begin{pmatrix} 0 & 0 & 0 \\ 0 & 0 & 0 \\ 0 & 0 & 0 \end{pmatrix}$$

$$d = (\ 1 \quad 0 \quad 1\ ) \Rightarrow c = (\ 1 \quad 0 \quad 1\ ) \begin{pmatrix} 1 & 0 & 0 & 0 & 1 & 1 \\ 0 & 1 & 0 & 1 & 1 & 1 \\ 0 & 0 & 1 & 1 & 0 & 1 \end{pmatrix} = (\ 1 \quad 0 \quad 1 \quad 1 \quad 1 \quad 0\ )$$

错误情况1：

$$e = (\ 0 \quad 1 \quad 0 \quad 0 \quad 0 \quad 0\ ) \Rightarrow r = c + e = (\ 1 \quad 1 \quad 1 \quad 1 \quad 1 \quad 0\ )$$

先计算校正子：

$$s = rH^{\mathrm{T}} = (\ 1 \quad 1 \quad 1 \quad 1 \quad 1 \quad 0\ ) \begin{pmatrix} 0 & 1 & 1 \\ 1 & 1 & 1 \\ 1 & 0 & 1 \\ 1 & 0 & 0 \\ 0 & 1 & 0 \\ 0 & 0 & 1 \end{pmatrix} = (\ 1 \quad 1 \quad 1\ ) = eH^{\mathrm{T}}$$

因为 s 不全为0，因此有错，但错误图案不唯一。显然，如果发送的是全0码字，且实际的误码图案为111110，那么其校正子也是这个。

从最大似然的角度看，要找一个可使校正子等于111的，重量最轻的误码图案，它的发生概率最大。而重量为1的误码图案对应的校正子刚好是 H^{T} 对应于错误位置的那一行。由于 H^{T} 中只有第2行为111，因此判断 $e = 010000$。

错误情况2：

$$e = (\ 1 \quad 0 \quad 1 \quad 0 \quad 0 \quad 0\ ) \Rightarrow r = c + e = (\ 0 \quad 0 \quad 0 \quad 1 \quad 1 \quad 0\ )$$

$$s = rH^{\mathrm{T}} = (\ 0 \quad 0 \quad 0 \quad 1 \quad 1 \quad 0\ ) \begin{pmatrix} 0 & 1 & 1 \\ 1 & 1 & 1 \\ 1 & 0 & 1 \\ 1 & 0 & 0 \\ 0 & 1 & 0 \\ 0 & 0 & 1 \end{pmatrix} = (\ 1 \quad 1 \quad 0\ ) = eH^{\mathrm{T}}$$

因为 s 不全为0，因此有错，但错误图案不唯一。显然，如果发送的是全0码字，且实际的误码图案为000110，那么其校正子也是这个。我们要找一个重量最轻的误码图案。重量为1的误码图案对应的校正子刚好是 $\boldsymbol{H}^{\mathrm{T}}$，对应于错误位置的那一行，$\boldsymbol{H}^{\mathrm{T}}$ 中没有哪一行等于110，因此误码图案重量不为1。重量为2的误码图案对应校正子为 $\boldsymbol{H}^{\mathrm{T}}$，对应于错误位置的那两行的和，110等于第1行加第3行，也等于第4行加第5行，或第2行加第6行，即 $\boldsymbol{e}$ 可以是101000或000110或010001，它们的发生概率相同，且没有其他具有更低发生错误的误码图案。在实际译码时只有随机选取一个输出。

错误情况3：

$$\boldsymbol{e} = (\,0 \quad 1 \quad 1 \quad 0 \quad 0 \quad 0\,) \Rightarrow \boldsymbol{r} = \boldsymbol{c} + \boldsymbol{e} = (\,1 \quad 1 \quad 0 \quad 1 \quad 1 \quad 0\,)$$

$$\boldsymbol{s} = \boldsymbol{r}\boldsymbol{H}^{\mathrm{T}} = (\,1 \quad 1 \quad 0 \quad 1 \quad 1 \quad 0\,) \begin{pmatrix} 0 & 1 & 1 \\ 1 & 1 & 1 \\ 1 & 0 & 1 \\ 1 & 0 & 0 \\ 0 & 1 & 0 \\ 0 & 0 & 1 \end{pmatrix} = (\,0 \quad 1 \quad 0\,) = \boldsymbol{e}\boldsymbol{H}^{\mathrm{T}}$$

因为校正子 s 不全为0，因此有错，但错误图案不唯一，显然，如果发送的是全0码字，且实际的误码图案为110110，那么其校正子也是这个。要找一个重量最轻的误码图案。重量为1的误码图案对应的校正子刚好是 $\boldsymbol{H}^{\mathrm{T}}$ 对应于错误位置的那一行，$\boldsymbol{H}^{\mathrm{T}}$ 中第5行为010，因此误码图案判为000010，译码结果变成110100，与发送码字相比错了3位，其中信息位错了2位。可见，此时信道上两位错误的误码图案导致了译码后错误比特数的增加，出现越纠越错的现象。其原因是这种编码的最小码距为3，当错了特定的两位后，就变成与另一个许用码字距离只有1。

1. 查表法译码

事先：将所有校正子的取值与其对应的最轻的误码图案制成一张表，译码时：先计算出校正子 s，再查表得到最可能的误码图案。

校正子	最可能的误码图案（陪集首）
000	000000
001	000001
010	000010
011	100000
100	000100
101	001000
110	000110, 101000, 010001
111	010000

2. Remark 7.2.1(例子的结论)

由于重量为1的误码图案对应的校正子刚好是 $\boldsymbol{H}^{\mathrm{T}}$ 对应于错误位置的那一行，而 $\boldsymbol{H}^{\mathrm{T}}$ 的每一行都不完全相同，因此重量为1的不同的误码图案对应的校正子都不相同，据此该

$(6,3)$ 码可纠正任意的一个错。

同样也可分析出，这个 $(6,3)$ 码还能发现某些特定位置组合的 2 个错，而另外某个特定位置的 2 个错则会导致译成另一个许用码字，其原因在于该码的最小码距等于 3。

通过例子，可以进一步了解到，如果想要设计一个纠 t 个错的线性分组码，则要求其能纠正重量不超过 t 的任意错误图案。也就是说，对任意重量不超过 t 的错误图案，都要有对应的不同的校正子。即要求校验矩阵的所有列当中，任意 1 列、2 列、3 列、$\cdots$、t 列的线性组合都要不相同。

作为一个简单的情况，我们研究纠 1 个错的二元线性分组码，此时要求校验矩阵的所有列各不相同，且不为全 0。而对于有 m 个校验位的线性分组码，其校验矩阵有 m 行，GF(2) 上所有可能不同的列数（码长 n）最多为 $2^m - 1$。这样就得到一个用 m 位冗余实现纠 1 个错的最长的二元线性分组码，其编码效率为 $R = \dfrac{2^m - 1 - m}{2^m - 1}$，这种 $(2^m - 1, 2^m - 1 - m, 3)$ 码称为**汉明码**。

例 7.24 (汉明码举例：$m = 3$ 的情况)。

$$\boldsymbol{H} = \begin{pmatrix} 1 & 1 & 1 & 1 & 0 & 0 & 0 \\ 1 & 1 & 0 & 0 & 1 & 1 & 0 \\ 1 & 0 & 1 & 0 & 1 & 0 & 1 \end{pmatrix}$$

该校验矩阵为 $m = 3$ 行，$n = 7$ 列，每列各不相同，且不为全 0，$\boldsymbol{H}$ 的 7 个列矢量遍历了所有非 0 列。

此码许用码字长度为 $n = 7$（校验矩阵的列数），许用码字空间的零空间为 $m = 3$ 维（校验矩阵的最大线性无关行数），因此许用码字的码字空间为 $k = n - m = 7 - 3 = 4$ 维，因此对应编码的信息位个数为 $k = 4$，许用码字集大小为 $2^k = 16$。

当传输中有 1 个位置出错，即误码图案重量为 1 时，若错误位置位于从右往左数第 i 位时，错误图案矢量乘以 $\boldsymbol{H}^{\mathrm{T}}$，即校正子 $\boldsymbol{s} = \boldsymbol{r}\boldsymbol{H}^{\mathrm{T}}$ 将等于 $\boldsymbol{H}$ 从右向左数第 i 列的转置。又由于 $\boldsymbol{H}$ 的各列不重复，不同错误位置的错误图案将会有不同的校正子，因此此码可以纠正任意 1 个位置错的错误图案。

每个许用码字的判决区中，所有 1 位发生错误的情况（7 种）和无错的情况（1 种），都是可以纠正的，即这些码字仅与该许用码字的汉明距离最小，与其他许用码字的汉明距离都大于 1，这些码字都可以做唯一的最大似然判断。

而该码共有 $2^k = 16$ 个许用码字，所有可能的接收码字共有 $2^n = 128$ 个，从这个角度看，每个许用码字的判决区也只能有 128/16=8 个码字。因此该码的每个码字的判决区中的所有码字都是具有唯一最大似然判决。换句话说，以每个许用码字为中心，汉明距离不超过 1（该码的纠错能力）的码字构成的码字集合（一个高维空间上的球），刚好等于该许用码字的唯一最佳判决区。所有 16 个判决区（球）互不相交，而它们的并集，刚好是所有的可能接收码字集（128 个码字，全集）。即此时 7 维接收码字空间，刚好划分成了 16 个球，球与球之间不相交，相邻的球之间也无缝隙。

不同 m 取值的汉明码，都具有上述特点，即 $2^m - 1$ 维空间，可以划分为 2^k 个半径为 1 的球。它们互不相交，也无缝隙。 ■

7.3　循环码

7.3.1　循环码的定义

循环码是一大类应用非常广泛的线性分组码。它在线性分组码本身引入的乘加运算之外，进一步引入了多项式进行分析和处理，具有很好的代数结构，可以用更简洁的方法去实现编码、译码和编码设计。

GF(q) 上的循环码定义为编码符号取自 GF(q) 且满足任意许用码字的循环移位仍为许用码字的线性分组码。

循环移位一次是指将一个 n 长序列的最左边一个符号移动到最右边，原来的其他符号依次向左移位一次。循环码的许用码字集满足循环封闭和线性组合封闭的特点，或循环码是循环封闭的线性分组码。

例 7.25 (常见编码)。

- $(3,2,2)$ 偶校验码：许用码字集 $\{000,011,101,110\}$ 显然是循环码。
- $(3,2,2)$ 奇校验码：许用码字集 $\{001,010,100,111\}$ 虽然满足循环封闭性，但它不满足线性加权和的封闭性，不是线性码，当然就是不算循环码。
- $(4,2,2)$ 正交码：在 $(3,2,2)$ 偶校验码的每个许用码字尾巴上添一个 0，得到 $\{0000, 0110,1010,1100\}$，它仍然是线性分组码，但不是循环码，因为 1010 循环移位一次后得到的 0101 不在许用码字集中。 ∎

在循环码的分析、设计、实现中常用的不是码字的矢量表现形式，而是它的多项式形式。具体地讲，需要将一个长度为 n 个 GF(q) 元域上符号的序列表示成一个不超过 $n-1$ 次的多项式，其从高次到低次的各项系数依次为该符号序列由左到右的 n 个符号。例如，若码字序列为 $\boldsymbol{a}=(a_{n-1},a_{n-2},\cdots,a_1,a_0)$，则表示成 $a_{n-1}x^{n-1}+a_{n-2}x^{n-2}+\cdots+a_1x+a_0$，记为 $a(x)=\sum\limits_{i=0}^{n-1}a_ix^i$。显然，$\boldsymbol{a}$ 循环移位一次得到的码字序列 $(a_{n-2},a_{n-1},\cdots,a_0,a_{n-1})$ 对应的码字多项式为

$$a_{n-2}x^{n-1}+a_{n-3}x^{n-2}+\cdots+a_0x+a_{n-1}$$
$$=a_{n-1}x^n+a_{n-2}x^{n-1}+a_{n-3}x^{n-2}+\cdots+a_0x+a_{n-1}-a_{n-1}x^n$$
$$=xa(x)-a_{n-1}(x^n-1)$$
$$=xa(x)\bmod(x^n-1)$$

这里用到了多项式取模操作，所有的运算都需要按 GF(q) 上的运算，对二元域而言，$x^n-1=x^n+1$。也就是说，一次循环移位操作相当于码字多项式乘以 x 再用 x^n-1 取模。同理，两次循环移位操作，相当于码字多项式乘以 x^2 再用 x^n-1 取模；v 次循环移位操作，相当于码字多项式乘以 x^v 再用 x^n-1 取模。

7.3.2　生成多项式与生成矩阵

下面不加证明地给出一些循环码的特点和结论。

结论一： 一个 GF(q) 上的码长为 n 的循环码，其所有许用码字的最高次首一公倍式 $g(x)$

（即 $g(x)$ 的最高幂次系数为1，而所有许用码字都是 $g(x)$ 的倍式，且幂次高于 $g(x)$ 的多项式不能整除某些许用码字多项式）称为该循环码的**生成多项式**。换句话说：**循环码的许用码字必须是生成多项式的倍式。**

结论二：GF(q) 上的码长为 n 的循环码，其生成多项式 $g(x)$ 必须是 $x^n - 1$ 的因式，即 $g(x) \mid x^n - 1$。

结论三：GF(q) 上的码长为 n 的循环码，若其生成多项式 $g(x)$ 的最高幂次为 m，则其许用码字子空间为 $n - m$ 维，即该循环码为 $(n, n-m)$ 线性分组码，其零空间为 m 维。

结论四：GF(q) 上的码长为 n 的循环码，若其生成多项式 $g(x)$ 的最高幂次为 m，则其许用码字子空间的 $k = n - m$ 个基可选为 $x^{n-m-1}g(x), x^{n-m-2}g(x), \cdots, xg(x), g(x)$，或 $x^i g(x), i = 0, 1, \cdots, k-1$。这些基都是 $g(x)$ 的倍式，写成符号序列的形式就是生成多项式序列的不同次左移（后面补0）。

结论五：GF(q) 上的码长为 n 的循环码，若其生成多项式 $g(x)$ 的最高幂次为 m，则其许用码字子空间的 $k = n - m$ 个基也可选为 $x^{m+i} - (x^{m+i} \bmod g(x)), i = 0, 1, \cdots, k-1$，其中由于 $g(x)$ 的最高次为 m 次，系数为1，因此 $x^m - (x^m \bmod g(x)) = g(x)$。此时这些基也都是 $g(x)$ 的倍式，而此时分别写成符号序列的形式，会发现其前 $k = n - m$ 位均只有一个1（因为任意多项式按 m 次多项式 $g(x)$ 取模后的结果多项式最高幂次小于 m），因此，用它们作线性分组码的生成矩阵时可以得到一个系统码，该生成矩阵前 $n - m$ 列为单位阵。

结论六：采用结论五构造的生成矩阵在对 GF(q) 上的 $n - m$ 维消息符号矢量 $\boldsymbol{d} = (d_{k-1}, d_{k-2}, \cdots, d_1, d_0)$ 或消息多项式 $d(x) = \sum\limits_{i=0}^{k-1} d_i x^i$ 进行编码时，得到的编码多项式为

$$c(x) = \sum_{i=0}^{k-1} d_i \left(x^{m+i} - (x^{m+i} \bmod g(x)) \right) = \sum_{i=0}^{k-1} d_i x^{m+i} - \left(\sum_{i=0}^{k-1} d_i x^{m+i} \bmod g(x) \right)$$
$$= x^m d(x) - (x^m d(x) \bmod g(x))$$

其中：第一项 $x^m d(x)$ 对应的码字序列就是消息序列后面添 m 个0；第二项 $-x^m d(x) \bmod g(x)$ 就是第一项除以 $g(x)$ 得到的余式再取 GF(q) 上的加法逆（逐项取加法逆，对二元码而言就是其自身），其多项式幂次不超过 $m - 1$，共有 m 项，对应的符号序号序列就是一个长度为 m 的序列。也就是说，这样编码出来的前 $k = n - m$ 位刚好为信息序列，而最后 m 位就是冗余校验位。

综上所述，给定循环码生成多项式 $g(x)$，即可确定循环码码长 n，即满足 $g(x) \mid x^n - 1$，并可确定所支持的循环码每次编码的信息位个数 $k = n - m$。对于待编码的信息码字多项式 $d(x)$（幂次不超过 $k - 1$），其系统码编码过程就是先计算 $q(x) = x^m d(x) \bmod g(x)$，再得到编码码字多项式 $d(x) = x^m d(x) - q(x)$。

例 7.26（系统循环码编码）。

- 用长除法实现 GF(2) 上的 $(7, 4)$ 系统循环码；
- 选生成多项式 $g(x) = x^3 + x^2 + 1$，其幂次 $m = 3$，可以验证 $g(x)$ 是 $x^7 - 1 = x^7 + 1$ 的因子，因此可以作为码长为7的二元码循环码的生成多项式，每个编码块的信息位长度 $k = n - m = 4$。

其生成矩阵（各行分别为 $x^3 g(x), x^2 g(x), x^1 g(x), x^0 g(x)$）可以为

$$\begin{pmatrix} 1 & 1 & 0 & 1 & 0 & 0 & 0 \\ 0 & 1 & 1 & 0 & 1 & 0 & 0 \\ 0 & 0 & 1 & 1 & 0 & 1 & 0 \\ 0 & 0 & 0 & 1 & 1 & 0 & 1 \end{pmatrix}$$

也可以为系统码的形式（各行分别为 $x^6 - \left(x^6 \bmod g(x)\right), x^5 - \left(x^5 \bmod g(x)\right),$ $x^4 - \left(x^4 \bmod g(x)\right), x^3 - \left(x^3 \bmod g(x)\right)$），即

$$\begin{pmatrix} 1 & 0 & 0 & 0 & 1 & 1 & 0 \\ 0 & 1 & 0 & 0 & 0 & 1 & 1 \\ 0 & 0 & 1 & 0 & 1 & 1 & 1 \\ 0 & 0 & 0 & 1 & 1 & 0 & 1 \end{pmatrix}$$

例如，第 1 行的计算，通过多项式除法可以得到 $x^6 \bmod g(x) = x^2 + x^1$，因此第一行为 $x^6 - x^2 - x^1 = x^6 + x^2 + x^1$，即编码码字为 1000110。

用这个循环码对信息数据 1001 进行编码的过程如下：

(1) 待编码数据 1001（待编码信息矢量长度为 4，是因为码长 $n = 7$，而生成多项式 $g(x)$ 幂次 $m = 3, k = n - m = 4$）写成多项式形式 $d(x) = x^3 + 1$。

(2) 计算 $q(x) = x^m d(x) \bmod g(x) = \left(x^6 + x^3\right) \bmod g(x) = x + 1$，过程见图 7.21。

(3) 编码结果的多项式形式为 $c(x) = x^m d(x) - q(x) = x^6 + x^3 - x - 1 = x^6 + x^3 + x + 1$，编码码字为 1001011。

(4) 可以看到，生成的编码码字多项式是生成多项式的倍式：$x^6 + x^3 + x + 1 = \left(x^3 + x^2 + 1\right)\left(x^3 + x^2 + x + 1\right)$。

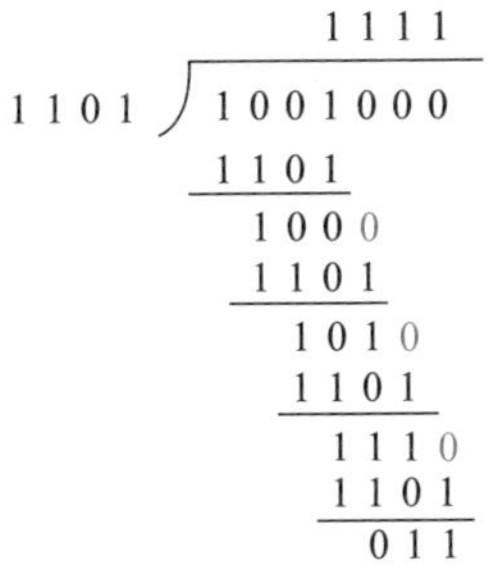

$$\begin{array}{r} 1111 \\ 1101\, \overline{\big)\, 1001000} \\ 1101 \\ \hline 1000 \\ 1101 \\ \hline 1010 \\ 1101 \\ \hline 1110 \\ 1101 \\ \hline 011 \end{array}$$

图 7.21　通过长除法求余式的过程

7.3.3　循环码的检错与纠错译码

循环码作为一种线性分组码，可以用一般的线性分组码译码方法进行译码，即根据用接收矢量 r 乘以其校验矩阵（监督矩阵）H（可以根据生成矩阵 G 转换得到）得到校正子 s，根据其校正子是否全 0 判决接收到的是否为许用码字。为了实现纠错译码，需要根据校正子 s 找到最可能的误码图案 $\hat{e}$，然后对接收矢量进行修正得到最可能的发送许用码字 $\hat{c} = r - \hat{e}$。

由于对循环码多了循环封闭的约束，可以有更多的方法进行检错和纠错译码。具体来讲，可以根据循环码的许用码字 $c(x)$ 为生成多项式 $g(x)$ 的倍式，通过对接收码字多项式 $r(x)$

除以 $g(x)$ 求余式的方式计算**循环码校正子** $s(x) \triangleq r(x) \bmod g(x)$，根据 $s(x)$ 是为否 0 判断 $r(x)$ 是否为许用码字多项式。

同样，在纠错译码时可根据 $s(x)$ 尝试恢复最可能的误码图案多项式 $\hat{e}(x)$，再得到最可能的发送许用码字多项式 $\hat{c}(x) = r(x) - \hat{e}(x)$。

令 $s(x)$ 为 $r(x)$ 的校正子，其中 $r(x) = c(x) + e(x)$，此时 $e(x)$ 未知，因此 $c(x)$ 也未知，译码就是要找一个最可能的 $e(x)$，满足 $r(x) - e(x)$ 是一个许用码字，或为 $g(x)$ 的倍式。

考虑到 $s(x) = r(x) \bmod g(x) = e(x) \bmod g(x)$，译码的差错就变成寻找一个最可能的误码图案 $e(x)$，满足 $e(x) \bmod g(x) = s(x)$，或寻找一个满足 $e(x) \bmod g(x) = s(x)$ 的重量最轻的 $e(x)$，作为最可能的误码图案多项式 $\hat{e}(x)$。

具体的译码方法有很多，一般要根据循环码的一些特点。本节只介绍其中一个最简单的纠一个错的循环码的算法例子。

先观察接收码字循环移位后，校正子发生的变化。

令 $r_1(x) = xr(x) \bmod (x^n - 1)$，为接收码字向左循环移一位的码字；

$e_1(x) = xe(x) \bmod (x^n - 1)$，为误码图案向左循环移一位的码字/图案；

$c_1(x) = xc(x) \bmod (x^n - 1)$，为发送许用码字向左循环移一位的码字，根据循环码的定义，$c_1(x)$ 也是一个许用码字，因此 $g(x) \mid c_1(x)$。

令 $s_1(x) = r_1(x) \bmod g(x)$，为接收码字向左循环移一位后的新的校正子，由于 $r_1(x) = e_1(x) + c_1(x)$，且 $g(x) \mid c_1(x)$，显然有 $e_1(x) \bmod g(x) = s_1(x)$。

因此，问题"寻找一个满足 $e(x) \bmod g(x) = s(x)$ 的重量最轻的 $e(x)$"也就等价于"寻找一个满足 $e_1(x) \bmod g(x) = s_1(x)$ 的重量最轻的 $e_1(x)$，再将 $e_1(x)$ 向右循环移一位恢复得到 $e(x)$"。

根据定义 $s_1(x) = r_1(x) \bmod g(x)$，容易证明 $s_1(x) = xs(x) \bmod g(x)$。也就是说，$s_1(x)$ 是原始校正子 $s(x)$ 左移一位（不是循环移位）除以 $g(x)$ 的余式。相当于，计算 $s(x)$ 的长除法完成之后在原被除式最后添一位 0，再执行一步长除得到的结果余式。

$s_1(x) = xs(x) \bmod g(x)$ 的证明：

$s_1(x) = r_1(x) \bmod g(x) = (xr(x) \bmod (x^n - 1)) \bmod g(x) = xr(x) \bmod g(x)$

$\qquad = x(r(x) \bmod g(x)) \bmod g(x) = xs(x) \bmod g(x)$ ■

同理，令 $r_j(x) = x^j r(x) \bmod (x^n - 1)$ 为接收码字向左循环移 j 位的码字，$e_j(x) = x^j e(x) \bmod (x^n - 1)$ 为误码图案向左循环移 j 位的码字/图案，$c_j(x) = x^j c(x) \bmod (x^n - 1)$ 为发送许用码字向左循环移 j 位的码字，根据循环码的定义，$c_j(x)$ 也是一个许用码字，因此 $g(x) \mid c_j(x)$。

因此，问题"寻找一个满足 $e(x) \bmod g(x) = s(x)$ 的重量最轻的 $e(x)$"也等价于"寻找一个满足 $e_j(x) \bmod g(x) = s_j(x)$ 的重量最轻的 $e_j(x)$，再将 $e_j(x)$ 向右循环移 j 位恢复得到 $e(x)$"。

而 $s_j(x) = x^j s(x) \bmod g(x)$，即在计算 $s(x)$ 的长除法完成之后在原被除式最后添 j 位 0，再执行 j 步长除得到的结果余式。这里整数 j 的选择可以是任意的，但考虑到循环移位 n 位就等于没有移位。因此有 $r_n(x) = r(x)$ 且 $s_n(x) = s(x)$。因此，如果令 $s_0(x) = s(x)$，则对于 $j = 0, 1, 2, \cdots, n-1$，只要能确定其中一个 $e_j(x)$，译码工作基本只剩下移位和修正了。

下面介绍一个纠错能力不小于1（最小码距或最小码重不小于3）的二元循环码，只纠正不超过1位错（当最轻误码图案重量超过1位时，直接报错，不再纠正）的情况下的译码方法和过程。

在得到一个接收码字多项式 $r(x)$ 后，首先计算其校正子 $s(x) = r(x) \bmod g(x)$。若 $s(x) = 0$，则判定 $\hat{e}(x) = 0$，认为传输中没有发生符号错，$\hat{c}(x) = r(x)$。

若 $s(x) \neq 0$，则传输中至少有1位符号发生了错误。由于在这个译码任务中只需要找到重量为1的误码图案，如果找不到就直接报错，因此只需要关心以下这些误码图案：$100\cdots000, 010\cdots000, 001\cdots000, \cdots, 000\cdots100, 000\cdots010, 000\cdots001$。换句话说，就是要看这些误码图案中哪个误码图案的校正子等于 $s(x)$（因为 $e(x) \bmod g(x) = s(x)$）。

注意到误码图案 $000\cdots001$ 其多项式表示为1，当 $g(x)$ 的幂次非0时，该误码图案的校正子等于1。这就意味着，若 $s(x) = 1$，则错误位置就在最后一位。若 $s(x) \neq 1$，则要么错误位置不在最后一位，要么错误图案重量大于1。

此时，如果 $s(x)$ 之后再继续添0长除的步骤，依次得到 $s_j(x)$，当某个 $s_j(x) = 1$ 时，说明接收码字向左循环移位 j 位的误码图案为 $000\cdots001$，即 $\hat{e}_j(x) = 1$。于是，找到了错误符号在序列中的位置，将 $000\cdots001$ 向右循环移位 j 次，即可得到估计的最可能的误码图案 $\hat{e}(x)$。

这样总结起来，这种译码方法如算法7.1所示。

算法 7.1　译码方法总结

1　计算校正子：$s(x) = r(x) \bmod g(x)$，令 $s_0(x) = s(x)$
2　**for** $j = 0 : n-1$ **do**
3　　**if** $s_j(x) = 1$ **then**
4　　　$\hat{e}(x) = x^{(n-j) \bmod n}$
5　　　go to step 9
6　　**else**
7　　　$s_{j+1}(x) = x s_j(x) \bmod g(x)$
8　　**end**
9　**end**
10　报告：译码失败（传输中误符号数大于1），结束译码
11　$\hat{c}(x) = r(x) - \hat{e}(x)$
12　根据 $\hat{c}(x)$ 求 $\hat{d}(x)$，结束译码

例 7.27（循环码校正子译码）。

采用例7.26中的 $(7,4,3)$ 循环码，生成多项式为 $x^3 + x^2 + 1$。当接收机收到的码字序列为1000011时，求最可能的发送许用码字和信息序列。

先将接收码字多项式除以生成多项式求余式，即求校正子。可以用长除法来实现，如图7.22所示。得到的余式（校正子）序列为101，不等于000，因此传输过程中出现了错误。由于这个 $(7,4)$ 码的自由距离为3，可以纠1个错，下面将试着找到这1位错的位置。

由于校正子不等于001。因此信道产生的错误图案不可能是0000001，因为0000001的校正子序列为001。于是，需要将这个长除操作继续进行下去，即在被除式1000011后面添1个0，再执行一步除法，得到余式111；由于它不等于001，在被除式后再添1个0，再执

行一步除法，得到余式011；由于它仍不等于001，需要将上述添0除一步重复下去。当在原被除式1000011后面添了4个0之后，余式终于等于001，则说明接收码字循环左移4次后，校正子等于001，即错误图案循环左移4次后的校正子等于001，即重量为1的错误图案循环左移4次后等于0000001。于是将0000001向右循环移位4次，或继续向左循环移位 $n-4=3$ 次，就是原始的错误图案，即0001000。

用判断出来的错误图案去修正接收码字，即得到判决的许用码字 $1000011-0001000=1001011$，而由于采用的是系统循环码，译码输出的信息序列应为该许用码字的前 k 位，即1001。

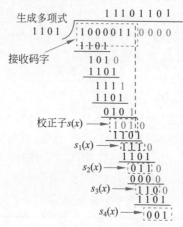

图 7.22　例7.27译码的除法执行过程

7.3.4　循环冗余校验

本节讨论另一种类似循环码的编码方法，即采用类似循环码讨论中的结论五和结论六的方式形成许用码字集，但不再有循环封闭性要求的编码，即不再要求 $g(x)\mid x^n-1$。

对 GF(q) 的任意最高幂次为 m 的首一多项式 $g(x)$ 和任意的大于 m 的整数 n，也可以挑选 $n-m$ 个码字，其多项式分别为 $x^{n-1}-\left(x^{n-1}\bmod g(x)\right),x^{n-2}-\left(x^{n-2}\bmod g(x)\right),\cdots,$ $x^{m+1}-\left(x^{m+1}\bmod g(x)\right),x^m-\left(x^m\bmod g(x)\right)$，其中由于 $g(x)$ 的最高次为 m 次，系数为1，因此 $x^m-(x^m\bmod g(x)=g(x))$。很容易看到，这些多项式对应的长度为 n 的码字矢量是线性无关的，因为以它们为行的 $n-m$ 行 n 列矩阵的前 $n-m$ 列为单位阵。因此，可以用这个 $n-m$ 行 n 列的矩阵作为生成矩阵构成一个 $(n,n-m)$ 线性分组系统码。

与前面的结论六分析类似，这个系统码也可以通过以下方法进行编码：给定 GF(q) 上一个 $k=n-m$ 维消息符号矢量 $\boldsymbol{d}=(d_{k-1},d_{k-2},\cdots,d_1,d_0)$ 或消息多项式 $d(x)=\sum_{i=0}^{k-1}d_ix^i$，$c(x)=x^md(x)-x^md(x)\bmod g(x)$，即由右边添 m 个0的码字对应的多项式除以 $g(x)$ 得到余式后得到的 m 个系数逐符号取加法逆，添加到 k 个待编码消息符号后面即可。

这样得到的系统码所有许用码字，都是 $g(x)$ 的倍式。因此，在进行检错译码时，同样可以通过求校正子 $s(x)\triangleq r(x)\bmod g(x)$，并根据其是否为0来判断 $r(x)$ 是否为许用码多项式。

采用这种系统码及相应的校正子检错方法的编码检错方式称为**循环冗余校验**（CRC）。

但是，CRC编码方式并没有限定 $g(x)$ 的选择和 n 的取值之间的关系，实际应用中往往是选定一个 $g(x)$ 来对任意长度的消息序列进行编码和校验。

显然，CRC是线性分组码，也是系统码，但不能确保是循环。因为只要不满足 $g(x)\mid x^n-1$，CRC的许用码字集就不能满足循环封闭，很多依赖循环码特性进行的码设计及纠错译码方法难以发挥作用，所以CRC通常只用于检错而不用于纠错。

例 7.28 (CRC编码)。

考虑 $m=3$ 次多项式 $g(x)=x^3+x^2+1$，用该多项式对长度 $k=3$ 的信息序列进行CRC编码。可以得到8种许用码字：$000000,001101,010111,100011,011010,101110,110100$ 和 111001。所有这些许用码字的多项式形式，都是 $g(x)$ 的倍式，如 111001 的多项式形式 $x^5+x^4+x^3+1=(x^2+1)g(x)$。

由于部分码字的循环移位不是许用码字，这个码不是循环码。例如，100011 循环移位成 000111 后不在许用码字集合内，即循环运算不封闭。许用码字都是 $g(x)$ 的倍式，却不能循环封闭的原因在于 $g(x)\nmid x^n-1$。具体地：$(x^n-1)\bmod g(x)=(x^{m+k}-1)\bmod g(x)=(x^6+1)\bmod g(x)=x^2+x+1\neq 0$。

7.4　卷积码

7.4.1　面向比特流的编码

实际应用中信源会持续产生信息符号流。为了提高此类信源信息通过信道传输的可靠性，需要对信息符号流进行信道编码，得到编码符号流，送入信道进行传输，如图7.23所示。

图 7.23　对信息流编码的模型

通过对线性分组码的讨论，可以发现引入分组码获得传输可靠性的提升，其关键有两点：一是引入冗余，二是引入符号间的关联。所谓引入关联，就是使至少部分编码符号要受若干消息符号的影响，而一个消息符号要能影响到多个编码符号。在线性分组码中，这种关联是通过生成矩阵中大于1的行重和列重实现的。具体地讲，就是有些编码符号是若干消息符号的线性组合。而为了达到尽可能好的关联性能，在保持 $R=k/n$ 基本不变的前提下，要求有足够长的码长 n 或 k。

注意，在线性分组码中这种相关性全部发生在一个编码分组内，即一个分组的编码输出只与该 (n,k) 码的 k 个信息符号有关。即使连续传输多个分组，其相关性也只限于各个分组内部。

1. 利用分组码对信息流编码

信息流编码的一种简单的编码方案是直接利用前面讨论过的线性分组码，将信息符号流分段成 GF(q) 上的多个 k 维矢量（称为一个分组），然后利用 (n,k) 分组码进行编码传输，如图7.24所示。接收端将恢复出来的各个分组信息符号重新串接起来得到接收信息符号流。

具体操作：先对信息序列按一定长度分段，对每段分别进行分组编码，其中第 i 段的

编码映射为 $c_i = f_i(d_i)$，实现将第 i 个 k 维信息矢量编码成第 i 个 n 维编码矢量，当采用线性分组码时，有 $c_i = d_i G_i$，其中 G_i 为 k 行 n 列矩阵。当采用非时变线性分组码时，有 $c_i = d_i G$。

分组码编码中第 i 个输出编码码段只与第 i 个输入信息段有关，即编码在段间没有记忆性（或没有约束）。

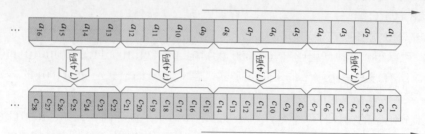

图 7.24　利用分组码对信息流编码

2. 面向信息流的有记忆编码

如图7.25所示，总平均编码效率仍为4/7，但由于引入了记忆，即使丢弃了一组，仍有可能从其他组恢复相关信息。

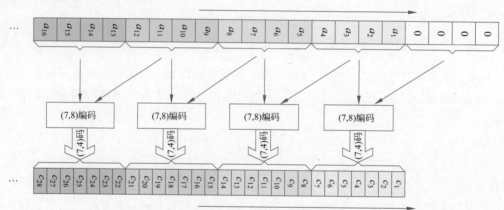

图 7.25　面向信息流的有记忆编码

从这个例子，很容易想象，当需要进行连续多个分组的传输时，引入跨分组的关联性，有望进一步提高传输的可靠性。或者，在达到相当的可靠性要求的情况下，减少对每个分组的长度的要求，即在保持编码效率 $R = k/n$ 不变的情况下，通过引入块间约束或关联，减小 n 和 k 的数值。当编码输出与编码输入之间采用线性关联时，这种利用块间关联的编码具有如图7.26所示的结构。

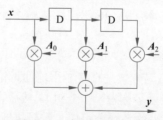

图 7.26　块间关联的编码

第 i 个编码输出码段为 $\boldsymbol{y}_k = \sum_{i=0}^{m} \boldsymbol{x}_{k-i}\boldsymbol{A}_i$，其中 $\boldsymbol{A}_i$ 为 k 行 n 列矩阵，图7.26中每个延时器对应于 k 维矢量的时延或 k 个D触发器。由于这种编码的生成方式与线性信号系统中的卷积相类似，因而称为**卷积码**。

卷积码的**约束长度** γ 常指加权抽头个数，$\gamma = m + 1$，m 为寄存器级数。此例为 $m = 2$，$\gamma =3$。通常把每段输入 k 个符号输出 n 个符号，约束长度为 γ 的卷积码，记为 (n, k, γ) 卷积码，图7.25的例子为 $(7, 4, 2)$ 卷积码。

3. 卷积码的多项式表示

第 i 个编码输出码段为 $\boldsymbol{x}_{k-i}\boldsymbol{A}_i$ 的卷积码，其多项式表示为

$$\boldsymbol{y}_k = \sum_{i=0}^{m} \boldsymbol{x}_{k-i}\boldsymbol{A}_i$$

$$G(D) = \sum_{i=0}^{m} D^i \boldsymbol{A}_i$$

式中 $\boldsymbol{A}_i$ 为 k 行 n 列矩阵，D 可以理解成时延。

图7.27给出了一个 $m = 2$，$\boldsymbol{A}_0 = (\ 1 \quad 1\ )$，$\boldsymbol{A}_1 = (\ 0 \quad 1\ )$，$\boldsymbol{A}_2 = (\ 1 \quad 1\ )$ 的 $(2,1,3)$ 卷积码的例子。

常用 $\boldsymbol{y}$ 的各路对应的加权系数从左到右（低阶到高阶）序列表示该多项式：图7.27中系数为 $(101,\ 111)$，用八进制表示为 $(5, 7)$。

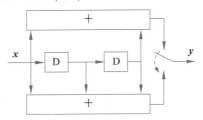

图 7.27　卷积码的多项式表示图例

例 7.29 (编码实例（图7.27的编码器输入110，顺序为先左后右）)。

编码过程如图7.28所示。

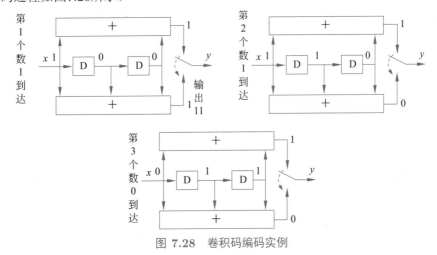

图 7.28　卷积码编码实例

- 初状态为两个 D 触发器全 0。
- 在全局同步时钟控制下，x 由 0 变 1（输入第一个 "1"）后，在下一个时钟沿到来前，D 触发器状态仍为全 0，此时转动开关将两个求和支路结果输出，分别为 "1" 和 "1"，即 11。
- 下一个时钟到来时，两个 D 触发器状态（从右到左，即从高到低）变成 "01"，x 呈现第 2 个 "1"，y 输出 10。
- 下一个时钟到来时，两个 D 触发器状态（从右到左，即从高到低）变成 "11"，x 呈现第 3 个数 "0"，y 输出 10。
- 注意，此时每个输入时钟内，有两个输出，因此输出时钟应该是输入时钟的 2 倍，相当于做了一个并串变换，即前三组编码输出比特按顺序为 111010。 ■

4. 卷积码的矩阵表示

$$C = (\ C_0 \quad C_1 \quad C_2 \quad \cdots\ )$$

$$= (\ D_0 \quad D_1 \quad D_2 \quad \cdots\ ) \begin{pmatrix} A_0 & A_1 & A_2 & \cdots & A_m & \cdots \\ 0 & A_0 & A_1 & \cdots & A_{m-1} & \cdots \\ 0 & 0 & A_0 & \cdots & A_{m-2} & \cdots \\ \vdots & \vdots & \vdots & \vdots & \vdots & \ddots \end{pmatrix}$$

7.4.2 卷积码的表示方式

1. 移位寄存器

卷积码的移位寄存器表示形式主要用于数字电路的实现，如图7.27所示。

2. 树图

卷积码的树形图表示如图7.29所示，其中每一分支上分别标出分支条件（编码输入，标在图中竖线上）和分支输出（当前分段编码输入后产生的一段编码输出）。

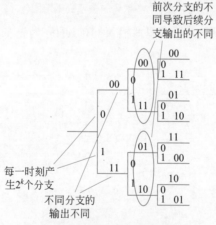

图 7.29 卷积码的树形图表示实例

3. 状态图

非时变卷积码可以用状态转移图表示，如图7.30所示。图中的各顶点就是当前的卷积码寄存器状态，两个状态之间的有向边（转移分支）表示状态间的转移可能，以及造成该转移的条件和编码输出，转移分支上的标记x/y表示该分支的起始状态在编码器输入矢量x的情况下会发生此分支转移，转移达该分支的到达状态，并输出编码后的矢量y。

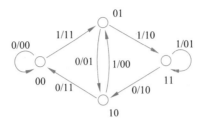

图 7.30　非时变卷积码的状态图表示实例

4. 网格图

有限记忆卷积码的输出取决于D触发器的取值和当前的输入，D触发器的取值称为状态，可选个数$M = 2^{km} = 2^{k(\gamma-1)}$。

在有限记忆卷积码的网格图表示中，以全部D触发器的组合值为状态，如D_2D_1，描述从当前状态在不同输入时的输出及将到达的状态，每个分支上的标注为x/y，分别表示当前的输入矢量（符号）和编码输出矢量（符号）。

从卷积码的网格图，可以看到以下信息：

- 有多少个状态（根据每组信息长度k和状态数可进一步推出约束长度）。
- 每个时刻的每个状态在下一时刻会变成几个状态（与k有关）。
- 每个状态在什么条件下会在下一时刻到达哪个状态（状态间的连线，与当前的编码输入信息比特组合有关）。
- 发生该次状态转移的同时，编码器会输出什么。
- 网格图还能用于描述时变卷积码，即每个时刻的状态数、转移连线（分支）、分支对应的输入、分支对应的输出都可以随不同的时刻而不同。

网格图上的路径

从0时刻的全0状态出发，由t个首尾相接的分组分支（图中的边）串接而成的边的序列，称为卷积码的网格图上的一条可行的**路径**（终止于t时刻的某个状态）。一条可行路径上各分支的输入分组串接起来得到的符号序列d和输出分组串接起来得到的符号序列c，就代表了从卷积码初始状态输入信息符号序列d经过编码后得到编码序列c。以网格图7.31为例，图中的粗线就是一条可行的路径，其输入序列为110，编码输出序列为111010，该路径从00状态出发，先后经历状态01、11到达状态10。

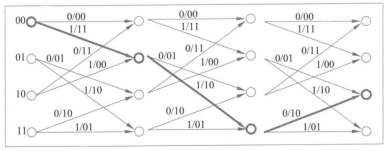

图 7.31　有限记忆卷积码的网格图表示

7.4.3　维特比译码

本节讨论卷积码的最大似然译码，这是一种在卷积码的网格图上基于动态规划思想的寻找最大似然路径的高效译码方法，称为维特比译码。半无限（有起点，无终点）的面向流的编码经过信道后在接收端将得到一个接收符号流。对二元域上的 (n, k, γ) 卷积码而言，它的编码起始于全 0 状态（即 $\gamma - 1$ 级移位寄存器，每级寄存器的 k 个比特全部清零），称其为在第 0 时刻处于 0 状态。

在进行卷积码的编码过程中，当第 t 时刻编码器处于状态 s_t 时，第 $t+1$ 个节拍，编码器读入 k 比特待传信息，据此形成一个本节拍的 n 个二元编码符号，并将编码器状态更新为第 $t+1$ 时刻的状态 s_{t+1}。本节拍的 n 个二元编码符号经并串变换形成二元符号流之后，送往二元输入信道的入口，使用 n 次二元信道进行传输。

由于共有 $\gamma - 1$ 级移位寄存器，该卷积码的状态数为 $2^{k(\gamma-1)}$。而在 T 节拍之后，即到达 T 时刻时，由于经过了 T 个节拍，参与编码的信息位共有 kT 个。由于待传输的信息位是任意地取自于二元域，共有 2^{kT} 种不同的序列代表 2^{kT} 种不同的信源消息。此时的卷积编码器共输出了 nT 个二元符号。

在接收端，在 T 时刻能接收到 nT 个信道输出，作为接收符号序列，显然随着 T 的增加，接收的码字长度也在增加，其中涉及的信息比特数 kT 也在不断增加。

在 T 时刻，接收机需要根据接收到的 nT 个接收符号，判断发送的 2^{kT} 种不同的信源消息中哪一个最有可能。

7.4.3.1　硬判决维特比译码

如前所述，当信源的消息发生概率都相同时，最小差错概率译码就等价于最大似然译码。当面对的是二元对称信道时，又等价于最小汉明距离译码。

具体而言，由于在 T 时刻，参与编码的信息比特数为 kT，因此最大似然译码就是要在 2^{kT} 个可能的许用码字（序列）中找到与接收码字（序列）汉明距离最小的一个，然后将该编码输出序列所对应的信息序列（编码输入序列）作为当前的译码判决。

考虑到 T 的取值不受限，会无限增加，直接遍历 2^{kT} 个可能的许用码字，找最小汉明距离的方法，运算量随 kT 呈指数增加，从计算复杂度的角度来看是不可接受的。需要找到更有效的，至少运算量不随 T 呈指数增加的方法。

维特比算法就是这样一种算法，它的基本思想来源于动态规划，就是在图中找最短距离路径的方法。这里需要用到卷积码的网格图描述，具体而言，就是从在一个由 T 个节拍网格图组成的，从时刻 0 的 0 状态出发到时刻 T 的所有状态的共 2^{kT} 条路径（每条路径有其对应的信息序列/编码序列，由路径中的每一拍的分支上的输入/输出串接得到）中找一条编码序列与接收码字序列汉明距离最小的路径。

图 7.32 给出了一个 $(2, 1, 3)$ 卷积码在 $T = 5$ 下的网格图。因为 $n = 2, k = 1$，对应的信息序列长度为 $kT = 5$ 比特，编码序列长度为 $nT = 10$ 个二元符号，约束长度 $\gamma = 3$，因此状态数为 $2^{k(\gamma-1)} = 4$。由图 7.32 可见，从时刻 0 到时刻 5 共经历了 5 个节拍，进行了 5 个分组的有记忆编码，每个分组输入 $k = 1$ 比特的待编码信息，输出 $n = 2$ 个编码后的二元符号。

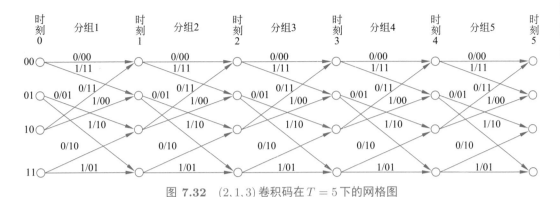

图 7.32 $(2,1,3)$ 卷积码在 $T=5$ 下的网格图

当输入信息序列为 01010（左侧先输入）时，其编码路径从 00 状态出发，经过 5 个节拍的状态分别为 $00,01,10,01,10$，编码输出为 0011010001。其编码过程为从 0 时刻的 00 状态到时刻 5 的某个状态的一条路径，如图7.33的粗线路径所示。

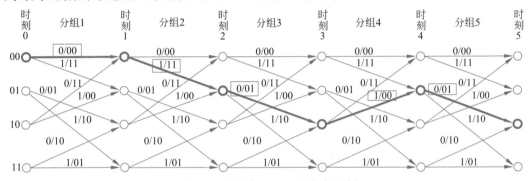

图 7.33 编码输入 01010 的编码路径

从时刻 0 的 00 状态到时刻 5 的某一状态共有 $2^{kT}=32$ 条路径，各自对应于 $2^{kT}=32$ 个不同的长度为 $kT=5$ 的待编码信息序列和长度为 $nT=10$ 的编码序列。图7.34和图7.35表示了另外两条序列：一条的编码输入和输出序列分别为 00010 和 0000001101；另一条的编码输入和输出序列分别为 11001 和 1110101111。

注意这 $2^{kT}=32$ 条路径，各自互不完全重叠，但有一些路径之间有部分重叠，如图7.36所示，输入 01010 和 11010 的两条编码路径，它们在前三个分组的编码输出不同，而后两个分组的编码输出完全相同，而且经历的状态也完全相同。

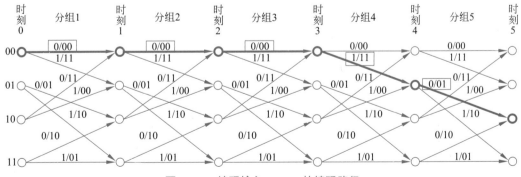

图 7.34 编码输入 00010 的编码路径

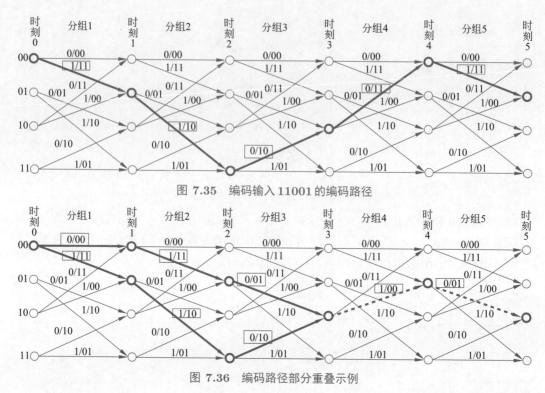

图 7.35　编码输入 11001 的编码路径

图 7.36　编码路径部分重叠示例

由图7.36可以发现，由于在分组1时的输入不同，从00状态出发进入了两个不同的状态，输出了不同的编码分组，因而代表了不同的路径；但到时刻3，两条路径汇聚到了同一状态（状态10），进而由于这两条路径在分组4、5上信息输入序列没有区别，在第4、5个时间节拍中的状态转移路径就不会有区别（在第3拍后从同一状态出发，相同的编码输入，后续的路径当然就相同）。因为根据网格图的转移关系，从任一时刻开始，后续经历的转移分支和状态仅由当前状态和后续输入的信息序列决定。

下面将试着回答，当接收序列为1101101100时，最佳判决是什么？

显然，最大似然译码就是要在 $T=5$ 时刻的共 $2^{kT}=32$ 条路径中找一条与接收序列的汉明距离最小的路径。

为此，需要计算每条路径与接收序列的汉明距离，例如，对于信息序列输入为01010的路径，从网格图中可以看到，其编码路径从00状态出发，经过5个节拍的状态分别为00、01、10、01、10，编码输出则为0011010001。这条路径对应的许用码字与接收序列1101101100之间的汉明距离为 $2+1+2+2+1=8$。

注意，这个序列汉明距离是由5个节拍中各个分支距离的和构成的，即在第1、2、3、4、5拍，其编码输出（从网格图的转移分支可以看到）分别为00,11,01,00,01，其中第1拍编码输出00，与接收的第1拍两个符号11的汉明距离为2，第2拍编码输出11，与第2拍两个接收符号01的汉明距离为1，以此类推。

为此，可以把所有5拍状态转移的所有分支与对应当前拍接收的 n 符号的汉明距离全部求出来并把它标在相应的分支上，如图7.37所示。

这样，就可以得到一个有向图，各条边上标注的是该分支的汉明距离。剩下的任务就是找到从0时刻（最左侧）节点00（状态）各条出发，到达 T 时刻（最右侧）所有节点（状态）的路径中的最短路径（分支度量之和最小的路径）。

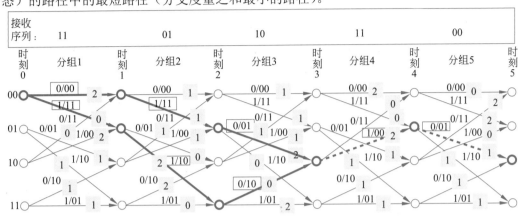

图 7.37　$(2,1,3)$卷积码在$T=5$下的网格图下的接收判决

从图7.37中还可以看出，图中粗线标出的两条路径，如果按它们的前三个分组和后两个分组分成两个分段，那么它们的后一个分段路径完全相同，因此这两条路径的后一个分段与接收序列的后一个分段的汉明距离是相同的，都为$2+1=3$。

因为任一条路径的编码序列与接收序列之间的汉明距离等于这条路径上各个编码分组与接收分组之间的汉明距离之和，自然等于这条路径上任意的各分段（任意分段方式，任意分段数量，任意分段点）的距离之和。因此该图中，如果要对比两条路径中哪一条与接收序列的汉明距离更近，只需要比较前一分段即可（后一分段中两条路径是完全相同的）。从图中可以看出，信息序列01010和11010两条编码路径的前一分段与接收序列之间的汉明距离分别为$2+1+2=5$和$0+2+0=2$，因此可以判断在这两条序列中11010的编码序列与接收序列的汉明距离更近。

从这个例子还容易联想到，对于前3拍编码输入010和110，而后续编码输入序列相同的两条编码序列010XXXXXX$\cdots$和110XXXXXX$\cdots$，由于它们只在前3拍有所不同，但时刻3到达同一状态10，它们的编码序列仅在前3个分组有所不同，后面的分组都相同。因此，根据前3个分组的编码序列与接收序列的汉明距离上后者的汉明距离更小，可以判断，无论后续接收序列是什么，都可以知道，110XXXXXX$\cdots\cdots$比010XXXXXX$\cdots\cdots$更像。

这个例子给出我们一个启示，当需要寻找2^{kT}个可能的许用码字（序列）中最像的一条路径时，可以在时刻$t<T$处将长度为T分组的序列分成前后两段，各自有2^{kt}和$2^{k(T-t)}$个信息子序列。

经过$t\geqslant\gamma-1$时刻（γ为该卷积码的约束长度）的某个状态s的路径共有$2^{k(T-\gamma+1)}$条，这些路径的前一段共有$2^{k(t-\gamma+1)}$条，后一段共有$2^{k(T-t)}$条。由于总路径与接收序列的距离等于各分段与接收序列的汉明距离之和，如果在经过t时刻状态s的$2^{k(T-\gamma+1)}$条总路径中找一条与接收序列的距离最小的一条，就等价于在$2^{k(t-\gamma+1)}$条前一分段（子路径）中找一条距离最小的，再在$2^{k(T-t)}$条后分段（子路径）中找一条距离最小的，把它们接起来得到的总路径就是"经过t时刻状态s的$2^{k(T-\gamma+1)}$条总路径中距离最小的"。再对$2^{k(\gamma-1)}$种不同的状态s遍历找到最小的，就达到了2^{kT}条总路径中找距离最小的目的。

注意，进行这样分解后，运算量从2^{kT}变成$2^{k(\gamma-1)}\left(2^{k(t-\gamma+1)}+2^{k(T-t)}\right)=2^{kt}+2^{k(T-t+\gamma-1)}$，运算量明显减少。

上面只讨论了一个把总路径分解成两段的情况，事实上可以把总路径按每分组一段进行分解，从而把运算量减少到极致。

下面采用递推的方式寻找最短路径。

译码第一分组如图7.38所示，从00状态出发会有$2^k = 2$个分支，分别通过输入0和1到达1时刻的00状态和01状态，分支编码输出分别为00和11，与接收符号块（接收序列1101101100的第一分组11）的汉明距离分别为2和0。

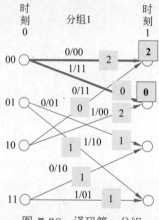

图 7.38　译码第一分组

由于0时刻所有非0状态都是不可能状态，因此从0时刻到1时刻的所有可能序列都已标出，如图7.38中第一分组的两条粗线分支所示。由于这个分段只有一个分组，因此这两条粗线也代表到达1时刻的所有路径。这两个序列或路径（由1级分支构成）与接收序列之间的汉明距离分别为2和0（在本节中，当提到网格图上一段路径与接收序列的汉明距离时，指的是将接收序列截取相应的一个分段（起止时刻对应于所指的网格图上那段路径的起止时刻）后，与所指的网络图上那段路径之间的汉明距离），把对应的距离（2和0）分别标在$t = 1$时刻的两个可达状态（00和01）上方，如图7.38中有边框的两个数字所示。

第二分组如图7.39中，分组2对应的网络图所示，从1时刻的00状态产生两个分支到达2时刻的00, 01状态，这两个分支（00和11）与第二分组的接收序列01之间的距离均为1，因此，从0时刻的00状态到2时刻的00、01状态各自只有一条可能的路径，其编码输入分别为00和01，编码输出分别为0000和0011，编码输出与接收序列之间的距离分别为$2+1 = 3$和$2+1 = 3$（其中前一个2是第一时刻状态00上标注的第1分组的编码输出与接收序列之间的距离，后一个1是从1时刻状态00出发到2时刻的分支上的汉明距离）。于是，就可以在2时刻的状态00和01上分别标上3，表示从0时刻的00状态到2时刻的这两个状态的唯一路径的编码序列与接收序列之间的汉明距离。

同理，在第二分组，从1时刻的01状态，产生两个分支到达2时刻的10、11状态，这两个分支（01和10）与第二分组的接收序列01之间的距离分别为0和2（在第二分组的分支上已标出，见图7.39），因此，从0时刻的00状态到2时刻的10、11状态各自只有一条可能的路径，其编码输入分别为10和11，编码输出分别为1101和1110，编码输出与接收序列之间的距离分别为$0+0 = 0$和$0+2 = 2$（求和的前一项0是第1时刻状态01上标注的第一分组的编码输出与接收序列之间的距离，后一项0和2分别是从1时刻状态01出发到2时刻的状态10和11的分支上的汉明距离）。于是，就可以在2时刻的状态10和11上分别标上0和2（求和后的结果），表示从0时刻的00状态到2时刻的这两个状态的唯一路径的编码序列与接收序列之间的汉明距离。

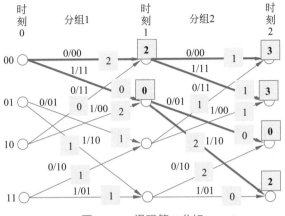

图 7.39 译码第二分组

到目前为止，即时刻2，从0时刻的00状态出发根据不同的信息序列编码所到达的状态都是各不相同的。时刻2的所有状态都有一条唯一的从0时刻00状态出发的路径，其编码序列与接收符号序列之间的汉明距离已标在图7.39中时刻2的相应状态上方。

从第三分组开始情况发生了变化。例如，对于第3时刻的状态01，从1时刻00状态出发，共有两条可能的路径到达此状态。从图7.40中可以看出，它可以是从第2时刻的00状态经过分支(1/11)到达，也可以从第2时刻的10状态经过分支(1/00)到达。我们知道，到达2时刻的00、10状态的编码序列分别为0000和1101，其与接收序列的汉明距离已标在第2时刻的00和10状态上方，分别为3和0。

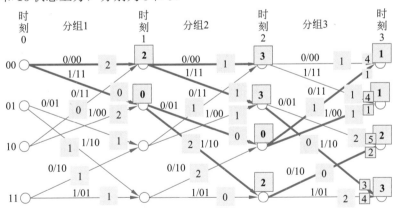

图 7.40 译码第三分组

于是，可以知道：从0时刻的00状态，到3时刻的01状态存在两条路径，分别为000011和110100（相应的信息序列分别为001和101），它们与接收序列前三分组的汉明距离分别为3+1和0+1（求和的第一项（值分别是3和0）分别为从0时刻的00状态到2时刻的00和10状态的路径编码输出（0000和1101）与接收序列1101的汉明距离，已标在2时刻的相应状态上；求和的第二项（值分别是1和1）是这两条路径的当前分支编码块（11和00）与第三段接收序列10之间的汉明距离），并将这两个和（4和1），代表到达3时刻01状态出发的2条路径各自的总度量，标在到达3时刻01状态的两个分支上，如图中有边框的小字体数字所示。

可见，在第三时刻的任一个状态s，都会存在多条来自0时刻的00状态的路径，它们与接收序列之间的汉明距离可能会不同。在从0时刻的00状态出发到达第3时刻的状态s的所有路径中，可以选出与接收序列之间距离最小的一个，将其距离度量标在第3时刻s的上方。具体到这个例子的时刻3的01状态，可以看出两条路径的度量$3+1>0+1$，因此来自时刻2的状态10的一条路径胜出，将分组3中到达时刻3的状态01的两条分支中胜出的那一条，即从时刻2的状态10到时刻3状态01的那个分支，加粗，将在时刻3的状态01的上方，标注从0时刻的00状态到3时刻的01状态的所有路径中最优路径的度量$0+1=1$。

对时刻3的其他状态，都会有来自时刻2的不同状态的分支可以到达。对它们做同样的处理，计算并标出到达各状态的两条路径的总度量，然后选一个度量更好的（汉明距离最小的），将此分支加粗，并将这个更好的总度量标在3时刻该状态的上方。

同样，在第4时刻的每一状态，也会存在多条来自0时刻的00状态的路径，它们与接收序列之间的汉明距离可能会不同。

但是，时刻4的每一状态，来自0时刻的00状态的路径，必然要经过第3时刻的某个状态。例如，到达第4时刻的状态10，会经过第3时刻的状态01或状态11。其中来自第3时刻的状态01的路径有前述的两条，来自第3时刻的状态11的路径也有两条。

这些路径都有4分组，注意到此时各路径与接收序列之间的汉明距离是各分组汉明距离之和，因此也是前3分组的距离与第4分组距离的和。

其中来自第3时刻的状态01的2路径，在第4分组经过的是同一分支，因此这两条路径的第4分组距离是相同的。也就是说，第4时刻来自到第3时刻同一状态01的多条路径，都经历了相同的第4分组分支，其中距离最小的那一条路径，其前3分组所经历的路径，就是前3分组到达状态01的多条路径中距离最小的那一条。

鉴于此，在分组3的到达状态01的多条到达路径中确定了其中最短一条之后，就可以把其他"不好"的路径丢弃，只存下与接收码字距离最短的那一条。如图7.41中粗线分支代表的。在译码过程中，在每一时刻的每个状态，都只保留一条残留路径，即在该时刻到达该状态的所有路径中与接收码字最像的那一条路径。我们将残留路径的汉明距离再标注在图7.41中相应的状态旁，表明到当前时刻当前状态的所有可能路径中与接收序列汉明距离最短的那一条的度量（汉明距离）。

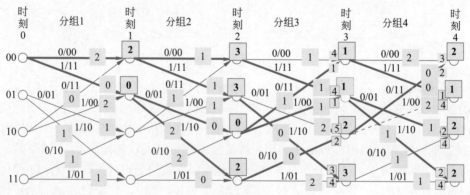

图 7.41 译码第四分组

这样，在已知到达第 t 时刻的每个状态的最优路径（残留路径）及其度量（汉明距离）的情况下，再观察第 $t+1$ 时刻，就可以采用递推的方式求第 $t+1$ 时刻每个状态的最优路径（残留路径）及其度量。

如图7.42所示，在求第4时刻的状态10的残留路径时，注意到它的前一时刻状态只可能来自01和11状态。而在已知第3时刻的01和11状态的残留路径的度量（分别为1和3）的情况下，只需要将第3时刻01状态残留路径度量"1"加上第4分组的对应分支（从3时刻的01状态到4时刻的10状态）度量"1"，就代表了经过3时刻的状态01的所有可能路径中最好的路径的度量 $1+1=2$。

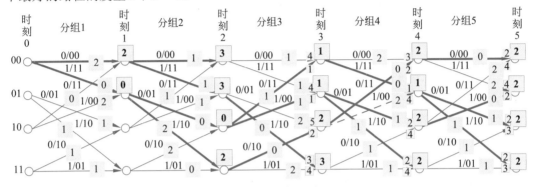

图 7.42　译码第五分组

同样，对于4时刻的状态10的另一个前序状态11，其在第3时刻的残留路径度量为3，加上第4分组的分支（从3时刻的11状态到4时刻的10状态）度量"1"，就得到经过3时刻状态11的所有可能路径中最好的路径的度量 $3+1=4$。

对于4时刻的状态10，将所有前序状态残留路径度量，加上对应的第4分组的分支度量进行对比，选出最好的（最小汉明距离的）一个作为本时刻本状态的残留路径及其度量。在这个例子里，就是来自3时刻的状态01的那个分支。再将此残留路径度量 $(\min(2,4)=2)$ 作为4时刻的状态10的残留路径度量。

这样，对于 $T=5$ 时刻的4个状态，都有一条从时刻0的状态00出发，经过5个分组到达该状态的一条残留路径，各自是到达此状态的8（32/4，总可能路径数除以状态数）条路径中与接收序列距离最小的那一条，这4个状态的残留路径的度量也已标在各状态的上方。选出度量最好的（距离最小的）那个状态，其对应的残留路径就是到达时刻 $T=5$ 的所有 $2^{kT}=32$ 条路径中最像的那一条，从网格图7.43上把这条残留路径的输入序列和输出序列读出来（从 T 时刻度量最优的状态出发，反向回溯加粗的分支即可），即得到最大似然的译码输出（最可能的信息序列和最可能的编码序列）。

通过上面的介绍，可以发现，在这个递推算法中每一分组需要对每个状态计算其残留路径。而计算 $t+1$ 时刻一个状态的残留路径时，需要根据其前续 t 时刻 2^k 个状态的残留路径加上相应的分支度量，再选其中最好度量的一路。也就是说，每一分组的运算量是 $2^{(\gamma-1)}$ 个加比选。每个加比选中，包含 2^k 次加法和一次 2^k 中取最小的操作。因此，每一分组的运算量大约是 $2^{k(\gamma-1)}$ 个加法和比较操作。T 分组的运算量就是 $2^{k(\gamma-1)}T$，因此是正比于时间 T，而不是与其呈指数增长的关系。

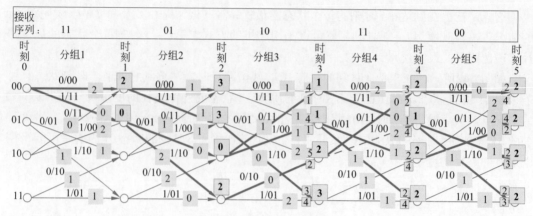

图 7.43　最大似然译码输出

1. 维特比译码算法的一般描述

(1) 从第 0 时刻的全零状态开始（零状态初始度量为 0，其他状态初始度量为无穷大）。

(2) 在任一时刻 t，对每个状态只记录到达路径中度量最大（最像）的一个（残留路径）及其度量（状态度量）。

(3) 在向 $t+1$ 时刻前进过程中，对 t 时刻的每个状态作延伸，即在状态度量基础上加上分支度量，得到 $2^k M$ 条路径。k 为每时刻编码的输入比特数，若是 k 个 p 元符号，则应换成 p^k。

(4) 对所得到的 $t+1$ 时刻到达每个状态的 2^k 条路径进行比较，找到一个度量最大的作为残留路径。

(5) 直到码的终点，若确定终点是一个确定状态，则最终保留的路径就是译码结果。

残留路径的记录形式可以是这条路径的输入/输出序列。其优点是只要选定当前的最优残留路径，就可以直接读出对发送信息序列或编码序列的最优判决。但这样做要求在每次加比选操作后应进行一次序列的复制操作，随着译码的进行，残留路径长度也在增加，每次的复制量也要增加。

另一种记录形式可以避免每次加比选后的序列复制，具体做法是在对时刻 t 状态 s 的加比选操作时，只记录所选残留路径在 $t-1$ 时刻的状态。也就是说，为第 t 时刻准备 M（状态数）个存储单元，记录该时刻的残留路径在 $t-1$ 时刻的状态。这样记录的好处是，每一时刻每个状态只做一个状态记录的动作。其代价是在第 L 时刻需要进行译码判决输出时不能一次性读出最优残留路径的输入/输出序列，需要执行 L 步的回溯操作。

2. 维特比译码的复杂度

(1) 对信息序列长度为 L 个分组，信息符号取自 GF(p) 上的 $(n, k, m+1)$ 卷积码。

① 状态数为 p^{km}，因此对每个时刻要做 p^{km} 次加比选得到 p^{km} 个状态的残留路径。

② 因此总运算量约为 $p^{km}L$ 次加比选。

③ 每次加比选包括 p^k 次加法和 p^k-1 次比较。

(2) 同时，要能保存 p^{km} 条残留路径，需要 $p^{km}L$ 个存储单元。

3. 维特比译码的特点

(1) 维特比算法是最大似然的序列译码算法。

(2) 译码运算量与信道质量无关。

(3) 总运算量与接收到的分组数（正比于当前实际传输码长）呈线性关系。

(4) 存储量与接收到的分组数呈线性关系。

(5) 运算量和存储量都与状态数呈线性关系。

(6) 状态数随分组大小 k 及编码深度 m 呈指数关系。

运算量与码长呈线性关系意味着在一定硬件或软件实现下所能支持的译码最高速率（由运算复杂度决定的、支持的译码吞吐量，bit/s）与码长无关。因为给定编码的状态数，以及硬件/软件实现方式，每执行一个分组的运算量或所需的执行时间是确定的，单位时间内可以执行的译码分组数量也是确定的。

完整的维特比译码存储量与码长呈线性关系意味着对无限码长（对信息流进行编码传输的情况）要求有无限的存储量。因为当接收到到第 L 个分组时，完整的译码要完成全部的回溯，即将第 L 时刻的最优残留路径回溯一直找到第 1 时刻，因此在回溯之前，要求译码器把整个残留路径存下来。因此，由于实际硬件的存储空间总是有限的，当分组数 L 趋于无穷时，存储空间迟早要被占满而造成溢出。

7.4.3.2 无限长卷积码的译码

如前所述，在有限存储空间的限制下，无限长卷积码的完整维特比译码是无法实现的。同时在实际面向比特流的传输应用中，往往也不允许接收端一直运行维特比译码的前向递推，而始终不回溯，输出信息比特流的判决。换句话说，在实际应用中，当有一定的时延约束时，不得不在没有收到全部分组的情况下给出一部分判决。

具体而言，往往在收到第 t 个分组时，需要对 $t - L$ 个分组之前的信源信息比特流给出一个估计或判决，以确保应用层能及时获得信源的信息。

滑动窗维特比译码算法：

(1) 在第 t 时刻，将 $t - L$ 时刻前的路径结果直接输出。

(2) 由于在 $t + 1$ 时刻及以后时刻不再需要对 $t - L$ 时刻前的路径结果进行判决，在存储空间中不再需要保存 $t - L$ 时刻前的内容。

(3) 因此，在译码器内部只需要保存残留路径在 $t - L$ 时刻到 t 时刻之间的信息，其所需的存储量控制在 $p^{km}L$。

(4) 这里的 L 被称为译码深度，它不再随码长的增加而增加，因而特别适合信息流的卷积码编译码。

滑动窗维特比译码算法是从解决有限存储量问题和有限译码时延需求的角度而设计的，但由于它进行了提前判决，t 时刻后的接收序列不再对 $t - L$ 时刻之前的信息序列的判决作出贡献，因此可以说，滑动窗算法只是一种准最优算法。

但是，注意到以下事实，就可以认识到滑动窗维特比译码算法在一定条件下是可以很接近最优性能的。

对于一个 M 状态（对 GF(p) 上的 $(n, k, m + 1)$ 卷积码，$M = p^{km}$）的卷积码，t 时刻共有 M 条残留路径，然而这 M 条残留路径在 $t - 1$ 时刻所处的不同状态数有相当大的概率是小于 M 的，也就是说，只占 t 时刻可能的状态数的一部分。换句话说，这 M 条残留路径在回溯过程中，回溯一步到达 $t - 1$ 时刻处，不同的残留路径发生了状态合并，在 $t - 1$ 时刻只剩下 M 状态的一部分，再回溯到 $t - 2$ 时刻，将再次发生合并，剩下的可能的状态数就更少了，因此回溯 L 步到达 $t - L$ 时刻后，t 时刻的 M 条残留路径将以很大的概率合并到同一个状态。即 t 时刻的所有这些残留路径在 $t-L$ 时刻之前的路径将以很大的概率完全重叠，此时再接收更多的后续分组，对 $t-L$ 时刻之前的判决已不产生任何影响。如图7.44所示，在最右侧时刻的各状态都有一个最优残留路径，但它们的左侧5拍的路径是完全重叠的，因此当译码进行到最右侧时，任选一条残留路径，将其前5拍对应的信息序列输出，都是全局最佳译码输出。

图 7.44　卷积码滑动窗译码算法图解

因此，只要译码深度 L 足够大，滑动窗维特比译码算法就可以在性能上与无限长最优译码非常接近。通常译码深度只要有编码约束长度的5~10倍，其性能损失就可以忽略不计了。

7.4.3.3　有限长卷积码

标准的卷积码是针对无限长比特流信源译码的，其编码过程是有起点（起始于全0状态）却没终点的。而在实际系统中，卷积码也会被用于传输有限长的信息序列。

具体而言，当利用 $\mathrm{GF}(p)$ 上的 $(n,k,m+1)$ 卷积码进行有限长信息序列传输时，由于每个分组的输入信息符号数为 k，待编码的信息符号序列长度一般为 k 的整数倍，如 Lk 个信息符号构成的一个符号序列或消息块，可以分成 L 个分组输入到 $(n,k,m+1)$ 卷积码编码器进行编码，经过 L 个分组输入后，即在第 L 时刻编码器可能到达的状态数 $M=p^{km}$，所有可能的不同许用码字路径数为 p^{kL}，当 $L \geqslant m$ 时，到达每个状态的不同许用码字路径数为 $p^{k(L-m)}$。p^{kL} 个许用码字的编码符号序列中的每个许用码字，就是由这 p^{kL} 条可能路径上对应的那一条中各分组的分支输出串接而成。

由于这种卷积码编码方式在输入 L 个分组后，编码器就停止工作了，可称其为截断的卷积码。利用这种方法对一个长度为 Lk 个信息符号构成的一个符号序列，按 $\mathrm{GF}(p)$ 上的 $(n,k,m+1)$ 卷积码进行编码后，形成 Ln 个编码符号。从整体上看，这就得到一个 (Ln,Lk) 线性分组码，其编码效率为 $R_{\text{分组}}=\dfrac{Lk}{Ln}=\dfrac{k}{n}=R_{\text{卷积}}$。

然而，在实际应用中会发现，上述分组码的最小汉明距离无法设计得足够大。其具体原因在于：若两个许用码字各自 L 个输入信息分组序列中，前 $L-1$ 个分组都完全相同，仅最后第 L 个分组的输入有所不同，则这两个许用码字在网格图上的路径，其前 $L-1$ 个分组完全相同，在第 $L-1$ 时刻到达相同的状态，仅在最后一个分组会因为输入了不同的分组而经历不同的分支到达第 L 时刻的两个不同的状态。因此，这两个信息序列经过编码以后的编码符号序列中仅在最后一个分组输出会有所不同，也就是说，其汉明距离不会超过 n。而且这个最小汉明距离的上界不会因为约束长度的增加，或编码的记忆长度的增加而有所改善。

换句话说，直接截断的卷积码构成的线性分组码，其纠错能力并不随卷积码的约束长度增加而增加。

这个现象的物理意义是：卷积码是通过引入记忆来对编码序列进行保护的，不同的许用码字之间，之所以会有比较大的差异（汉明距离），是因为不同的许用码字在网格图中走过了不同的路径,或者说经过了不同的状态。两个许用码字所经历的不同的分支(分组)数越多,其汉明距离越大。

在网格图上,如果两个路径在 t 时刻处于不同的状态,这两条路径的各自第 $t+1$ 个分组就位于网格同中的不同的分支,它们的输出(第 $t+1$ 拍的编码)就会以比较大的概率有所不同。于是,这两条路径(从 0 到 $t+1$ 时刻)的汉明距离相比于只看从 0 到 t 时刻的汉明距离会以比较大的概率增加。如果这两条路径在 $t+1$ 时刻仍到达不同的状态,那么再引入第 $t+2$ 拍的编码,其汉明距离还能增加。总之,只要这两条路径还没有在某个时刻到达同一状态,继续增加编码拍数,都能使这两条路径之间的汉明距离不断增加。

对于一个约束长度为 $m+1$ 的卷积码而言,从 t 时刻某个状态出发经历两个不同分支到达 $t+1$ 的两个不同状态后,至少要到 $t+m+1$ 时刻才能汇聚到同一个状态。也就是说,利用这 $m+1$ 拍的不同分支,可以设计出比较大的许用码字(编码路径)间汉明距离,上限为 $n(m+1)$(以图 7.32 为例,$m=2$,因此最小汉明距离的上限是 $2 \times 3 = 6$,而实际的最小汉明距离为 5)。然而,对于上述的截断卷积码而言,它在 L 时刻就停止了编码,对于在 $L-1$ 时刻及之前时刻均经历了相同分支(前 $L-1$ 个分组输入都相同的两个信息序列),编码后的差异,仅剩下最后一拍,导致其汉明距离不会超过 n(以图 7.32 为例,$n=2$,截断卷积码的最小码距不超过 2)。

为了解决在截断时出现的汉明距离受限于 n 的问题,一种方法是令编码继续操作下去。其准则是,在第 L 拍输入后,再经历 m 拍编码,使所有许用码字的路径都能汇聚到同一状态。在实际操作中,这个同一状态常选为全 0 状态。

在给定 $(n,k,m+1)$ 卷积码网格图之后,从 L 时刻的每个状态出发,都只有唯一的路径可以经过 m 拍到达全 0 状态。为了确保在 $L+m$ 时刻所有许用码字路径都能回到全 0 状态,编码器在输入 L 个分组后,最后的 m 个分组必须沿着这个唯一归零路径输入相应的分组,并将输出分组作为许用码字编码符号也送入信道进行传输。为此,实际编码的分组数为 $L+m$,实际送往信道传输的符号数变成 $(L+m)n$,于是构成了 $(Lk,(L+m)n)$ 分组码。这种截断的卷积码称为收尾的截断卷积码(相应地,前面只编码 L 拍的方案,则称为不收尾的截断卷积码)。

相比于不收尾的截断卷积码,收尾的截断卷积码具有很好的距离特性(随约束长度增加而增加),但其代价是编码效率有所降低,$R_{\text{分组}} = \dfrac{Lk}{(L+m)n} = \dfrac{L}{L+m}\dfrac{k}{n} = \dfrac{1}{1+m/L}R_{\text{卷积}}$。

现在我们以 7.4.3.1 节中的例子来看一下有限长卷积码的例子。

7.4.3.1 节的例子讨论的是无限长卷积码在接收端收到 5 个编码分组时的临时状态。此时编码器所有的 4 种可能的编码状态都是允许的,当接收机收到后续的分组后,译码器的残留路径会不停地延展。当采用滑动窗维特比译码时,如果窗长度设为 20,则收到第 20+1=21 个分组后,即可以输出第 1 个分组的译码判决(对第 1 拍编码输入信息的判决);当收到第 $20+5=25$ 个分组时,前 5 拍的编码输入信息判决均已完成。

然而,当要传的信息比特数有限时,采用此卷积码进行传输时,只能进行截断处理。

先考虑采用不收尾的截断卷积码传输,由于 $n=2$,$k=1$,$L=5$ 拍可以编码的信息序列长度为 5 个比特,于是构成一个 $(10,5)$ 分组码,编码效率为 0.5。

当接收到的 10 个二元符号为例子中的接收序列时,其译码过程也是要在第 5 时刻的所有32条可能的许用码字路径中选出编码序列与接收序列汉明距离最小的路径。采用例子中的维特比译码，在第5时刻得到了对应于4个可能状态的4条残留路径，最优路径就是这4条残留路径中距离度量最小的一条。

不过从例子的结果来看，这4条残留路径的距离度量都等于2，即4条路径的编码序列分别为1110101100，101000100，101111101，1101111110，与接收序列1101101100汉明距离恰巧都为2。因此，其中任意一条都可以作为最大似然的判决。

接下来讨论有收尾的截断卷积码传输，由于该卷积码为$(2,1,3)$卷积码，寄存器级数$m=3-1=2$，因此需要$m=2$拍收尾，即最后需要2拍才能实现从任意状态汇聚到同一个指定状态。而如果信道只允许传输5个分组，那么可进行编码的信息序列就只能有$5-m=3$个分组。于是该分组码就是一个$(10,3)$码，效率为0.3。

当接收到的10个二元符号为例子中的接收序列时，其译码过程也是要在第5时刻到达指定收尾状态的所有可能许用码字路径中找到编码序列与接收序列汉明距离最小的那一条路径。而能到达第5时刻的指定收尾状态的许用码字路径只有$p^{k(5-m)}=8$条，其中与接收序列汉明距离最小的那一条就是将维特比译码算法运行到第5时刻的指定收尾状态的残留路径。

在实际应用中，通常将指定收尾状态定为全0状态，而在这个例子中从第5时刻的全0状态回溯，得到的编码序列就是1110101100，对应的信息序列为11000。而由于最后2拍的编码输入只是为收尾而设的，实际的来自信源的信息只有前$5-m=3$位，即110。因此，对于指定收尾于全0状态的截断卷积码，其译码判决信息序列为110。

7.4.3.4 软判决维特比译码

在前面的章节中，我们讨论的编码和译码主要是针对二元对称信道的。对于二元对称信道，在信源消息等概情况下的最佳纠错译码（最小差错概率准则）为最小汉明距离译码准则。

然而，在实际通信系统中通常要面对连续信道，一个典型的例子就是AWGN信道或加性高斯噪声电平信道。在前面的电平信道和波形信道传输中，我们通常在利用此类信道时，在发送端会引入离散符号到电平或波形的映射（调制），而在接收端则进行相反的操作，解调或符号判决。通过调制和解调判决通常可以构建一个等效的离散输入、离散输出的信道。例如，在发送端进行BPSK调制，接收端进行BPSK解调判决时，当收发之间的波形信道为AWGN信道，且采用根号升余弦收发滤波器使得接收判决前无符号间串扰时，从发送端的BPSK调制器入口到接收端的BPSK解调判决输出口构成一个无记忆的二元对称信道。

为了对抗此二元对称信道可能引入的符号差错，可以在发送端调制前对待传的消息进行二元冗余编码，可以是分组码，也可以是卷积码，而在接收端，则可以对BPSK解调判决输出以最小汉明距离准则进行译码。

注意，以上的接收机由三个模块级联构成：BPSK符号解调器、符号判决器、最小汉明距离译码器。其中解调器输出的是判决前的有噪电平序列，每个电平对应于发送端的一个BPSK符号；判决器则将每个有噪电平判决为一个二元符号。对于在发送端采用二元(n,k)分组码的系统，每个编码块的传输，将传n个BPSK符号，在接收端解调器会输出n个有噪电平符号。如果我们将符号判决器和最小汉明距离译码器的级联看成一个整体，这个整体的作用就是要根据输入的n维实矢量，判断发送端编码器发送的是哪个许用码字。上面的这个方案中，为了完成这个判断，执行了两步操作：符号判决、序列译码。考虑到符号判决这个环节是一个不可逆的非线性操作，会损失一部分的信息，造成纠错性能的损失（纠错后的残留错误率），为了避免这个信息损失，我们将考虑能否将其合并为一步来完成。

在本节中，我们把这个问题建模成一个二元输入，任意输出的无记忆信道的编码传输问题。我们先对信道进行一下建模。

每次信道使用，输入 $x \in \{0, 1\}$，输出 $y \in \mathcal{Y}$。信道转移概率为 $P(y \mid x)$（注意这里采用离散的表示，即概率，当 $\mathcal{Y}$ 为连续集合时，可以用微分量 $P(y \mid x) = p(y \mid x)\mathrm{d}y$ 来表示）。当观察到该信道输出 y 时，可以计算对数似然比 $r = \ln \dfrac{P(y \mid x = 0)}{P(y \mid x = 1)}$，联合译码器要完成的任务就是找到

$$\operatorname*{argmax}_{\boldsymbol{c} \in \mathcal{C}} \prod_{i=1}^{n} P(y = y_i \mid x = c_i)$$

其中 c_i 是许用码字 $\boldsymbol{c}$ 的第 i 个符号，y_i 是第 i 次信道使用的信道输出符号。

这种直接利用接收符号序列进行译码，而不是先对接收符号序列判决成编码符号再译码的译码器，称为软判决译码器。相对地，用硬判决译码这个词来描述先对接收符号序列判决成编码符号再译码的方案。

$$
\begin{aligned}
\operatorname*{argmax}_{\boldsymbol{c} \in \mathcal{C}} \prod_{i=1}^{n} P(y = y_i \mid x = c_i) &= \operatorname*{argmax}_{\boldsymbol{c} \in \mathcal{C}} \prod_{i=1}^{n} \frac{P(y = y_i \mid x = c_i)}{\sqrt{P(y = y_i \mid x = 1) P(y = y_i \mid x = 0)}} \\
&= \operatorname*{argmax}_{\boldsymbol{c} \in \mathcal{C}} \prod_{i=1}^{n} \left(\frac{P(y = y_i \mid x_i = 0)}{P(y = y_i \mid x_i = 1)} \right)^{\frac{1 - 2c_i}{2}} \\
&= \operatorname*{argmax}_{\boldsymbol{c} \in \mathcal{C}} \sum_{i=1}^{n} \frac{1 - 2c_i}{2} \ln \frac{P(y = y_i \mid x_i = 0)}{P(y = y_i \mid x_i = 1)} \\
&= \operatorname*{argmax}_{\boldsymbol{c} \in \mathcal{C}} \sum_{i=1}^{n} (1 - 2c_i) r_i
\end{aligned}
$$

其中：$r_i = \ln \dfrac{P(y = y_i \mid x_i = 0)}{P(y = y_i \mid x_i = 1)}$ 为逐符号对数似然比。另外，注意，这里的运算 $1 - 2c_i$ 是指将原来在 GF(2) 上的 c_i 当成整数进行运算的结果：即当 $c_i = 0$ 时，$1 - 2c_i = 1$；当 $c_i = 1$ 时，$1 - 2c_i = -1$。

当采用二元域上的 $(n, k, m+1)$ 卷积码时，在接收了 L 个分组后，得到的第 t 个分组的第 i 个符号的对数似然比为 $r_{t,i} = \ln \dfrac{P(y = y_{t,i} \mid x_{t,i} = 0)}{P(y = y_{t,i} \mid x_{t,i} = 1)}$。

因此，软判决维特比译码的目标就是要在长度为 L 个分组的所有许用码字（网络图上的路径）中选择上述度量（对数似然比度量最大的一个），即寻找

$$\operatorname*{argmax}_{\boldsymbol{c} \in \mathcal{C}} \sum_{t=1}^{L} \sum_{i=1}^{n} (1 - 2c_{t,i}) r_{t,i}$$

其中：$c_{t,i}$ 为所许用码字 $\boldsymbol{c}$（网络图上的某一条从 0 时刻的全 0 状态出发的路径）在第 t 拍的编码输出分组中第 i 个编码符号。

这也是一个最大度量路径搜索问题，而我们注意到一条路径的度量是由该路径的每一拍的分支度量之和得到。因此，维特比算法依然可以通过以正比于 L 的运算量找到最优解，

只是要将硬判决译码中的汉明距离度量换成上述度量 $\sum_{i=1}^{n} (1 - 2c_{t,i}) r_{t,i}$；同时，加比选换成选最大，初始化时的非0状态的度量设为负无穷。

通过实际的译码性能仿真评估可以看到，在BPSK调制或双极性传输下，经过加性高斯噪声信道后，对同一个卷积码，软判决译码的误码性能比硬判决的要好2dB左右，即在达到相同的译码后误码率的情况下，软判决所需的信道信噪比，要比硬判决低2dB左右。卷积码译码后的误码率在不同的场合会有不同的要求。

将卷积码用于无限长的信息比特流编码时，由于只要传的时间够长，迟早会出错，因此整体出错的概率趋于1，没有实际意义。此时，更关心的是平均每传输1个信息比特时译码出错的比特数，即信息误比特率。

将卷积码用于有限长的消息块进行编码传输时，除了有时要考虑信息误比特率之外，有时也要考虑整个块出错的概率，即误块率。

因此，在讨论误码率时通常需要明确，关注的是误比特率还是误块率，或是其他某种差错概率。

7.5 差错控制编码知识总结和扩展

7.5.1 差错控制编码在通信系统中的定位

本节将以信道编码为核心，从宏观上梳理通信的基本概念，以及出于模块化、标准化思想而抽象出来的离散符号信道及其相应的差错控制。然后就差错控制中出现的基本概念和经典编码方法进行梳理，形成相应的知识体系的一种描述。需要强调的是，这只是关于信道编码知识体系的一种描述方式，便于读者进一步了解本书中的相关概念在系统中的位置和作用，以及体会通信相关的新问题、新方法的可开拓的方式。但这显然也不是唯一的方式，读者在学习本书之后，在实践中，以及阅读更多更深入的参考文献和当前新的研究进展之后，希望能形成各自的知识和认知体系。

通信的基础是要有位于信源侧（发送端）和信宿侧（接收端）之间的一个物理信道，如图7.45所示。发送端产生信道的输入，接收端需要根据信道的输出重建与信源相关的信息。这个物理信道的输入和输出的形式可以是任意的，输入形式和输出形式也可不相同，但至少应有这样一个特点：信道输出可以在一定程度上受到信道输入的影响。

图 7.45　收发之间可以通信的必要条件：信道

当信源是数字化的（如消息、数据通常以比特流或比特串形式表示），或可以由原来的信源形式数字化成比特流或比特串时，为了利用好这个物理信道，需要在发送端有一个数字发射机完成比特流式比特串到信道输入形式的映射。在接收端则需要一个接收机，根据信道输出判断出发送的是什么比特流或比特串。如图7.46和图7.47所示，有的系统还会利用在接收端和发送端之间可能存在的反向通道，反馈一些数据，以实现一些交互协议。

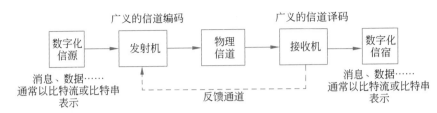

图 7.46　数字通信的基本框图（1）

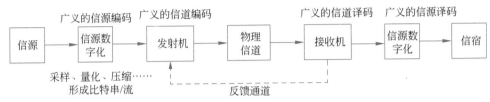

图 7.47　数字通信的基本框图（2）

而当信源本身不是数字化的或并不打算将其数字化时，可以直接完成从信源到信道输入的映射，又称信源信道联合编码（JSCC）。即直接以信宿侧重建信源信号的质量为目标，对发射机和接收机进行优化设计，如图7.48所示。其特点是，如果能得到最优设计，就可以实现信源与物理信道的最佳适配。

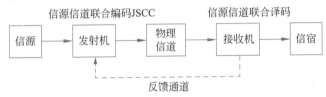

图 7.48　信源到信道的直接编码

设计时把信源和物理信道的所有情况都能考虑周全，不仅可以达到最佳适配，还可以在所有可以考虑到的信源、信道情况组合下，都能有良好的综合表现。

但这种联合设计，特别是联合优化，主要有两个缺点：

一是当出现了之前没考虑到的信道或信源时，需要重新设计收发信机；

二是综合最优的设计可能会非常复杂，难以进行理论建模。

针对第二个缺点，人们已在尝试通过机器学习的方法直接训练所谓端到端的模型，但它的可解释性和泛化能力仍具有相当大的提升空间。

为了采用相同或类似的方法对不同的物理信道进行差错控制，通常采用如下方法：通过针对特定物理信道设计相应的发变换和收变换，实现通过信源侧（发送端）的符号串去影响信宿侧（接收端）得到的符号串。这种方法屏蔽了物理信道的一些特点，如变形、旋转等，甚至可以屏蔽物理信道的物理实质，如电、磁、机械等，如图7.49所示。

图 7.49　在收发两侧增加收发变换得到等效符号信道

这种将物理信道通过收发变换等效为符号信道的方法，其目的就是尽可能构建一个便于后续编码设计的、统一接口的（与物理信道形式无关的）信道。

比较理想的收、发变换，希望能具有以下特点：

(1) 等效的符号信道无记忆；

(2) 等效的符号信道时不变；

(3) 引入收发变换后信道容量损失尽可能小（即等效信道容量与物理信道容量的差距尽可能小）。

当物理信道为带限的 AWGN 波形信道时，发送端采用根号升余弦成形的基带调制，接收端采用匹配滤波并在最佳采样点采样，则构成一个无记忆的电平信道，且当滚降系数为 0 时，容量无损失。

在电平信道的基础上，发送端引入一个离散符号到电平的映射模块，该等效的符号信道就变成离散符号输入，实数/复数输出的无记忆信道。

在离散符号输入，实数/复数输出的无记忆信道基础上，将输出的实数/复数按发送离散符号进行判决，新的等效的符号信道就变成离散符号输入，离散符号输出的无记忆信道。

上述离散符号输入，离散符号输出的无记忆信道在二元离散符号的情况下，其等效符号信道就是二元对称信道。

通过收发变换构建出等效的无记忆非时变符号信道后，特别是构建出离散符号信道后，就与实际的物理信道形式无关。换句话说，不同物理信道，如波形、电压、振动等，引入了相应的收发变换后，都可以等效成离散符号信道，差错控制就可以只针对离散符号信道进行设计，而不必对每种物理信道单独设计。

例如，对于两个不同的物理信道：一个是以纸张为信道，发送端通过打印出图形让接收端读取；另一个是电信道，发送端通过发送随时间变化的电压波形，让接收端读取。当这两个信道分别进行各自的收发变换，如前一个信道将符号序列变换成条形码或二维码，后一个信道则通过脉冲成形的线性调制，在各自的接收端通过二维码读取或匹配滤波采样判决都可以得到一串接收符号。如果变换的设计得当，可以做到等价的符号信道均为无记忆离散符号信道，当这两个等效离散符号信道的转移概率矩阵相同时，对上一层的差错控制任务而言，两个不同的物理信道（电、纸）的差异就不再存在了。也就是说，同一个差错控制编码在具有相同转移概率矩阵的等效离散符号信道上其性能没有差异，不论这个等效离散符号信道的具体实现在物理上是通过电、纸，还是其他的如声、光、触摸等，只要给不同的物理介质配以不同的符号映射手段即可。

信道质量与差错控制编码

对于一个离散符号信道而言，其信道质量有不同的评价方法，客观地讲，信道质量可以由其转移概率来表征。特别是对二元对称信道而言，只有一个参数，即误符号率，当误符号率小于 1/2 时，它越大，信道质量越差。对多元符号信道而言，简单的误符号不能完全反映信道质量，此时可以讨论它的信道容量，信道容量越大，信道质量越好。

给定信道质量时，选用不同的差错控制编码可以获得不同的差错性能（检错率、漏检率、成功率、正确率、误块率等），但也会付出不同的代价，如传输效率、时延等。

在实际应用中，如果面对信道质量已知的信道，那么可以在多种差错控制编码中挑选性能最合适的一个（差错控制协议、编码方案），即差错性能、传输效率、时延等的合理折中。

然而，当信道质量不固定，每次传输都可能不一样时，就需要采用一定的措施去解决。

例如：传输前先对信道性能测量和反馈，进行所谓的自适应编码；也可以采用所谓的鲁棒的编码，考虑最差的情况进行编码；也可以利用反馈重传实现等效码率的自动调整。

上面讨论的是信道质量不固定但仍需要保证待传的信源比特流的正确传输的场景，此时需要在差错控制编码这一层做出相应的自适应调整。然而，如果待传的信源比特流本身是原始信源（如图像、视频）通过有损压缩得到的，那么整个通信的目标并不是把压缩后的比特流进行高质量恢复，而是在信宿侧对原始信源（图像、视频）按其自身的质量度量（如恢复图像的峰值信噪比，甚至主观评价）来进行高质量恢复。那么，还可以通过动态改变信源压缩率的方式改变对信道传输比特率的要求，从而获得更有效的通信（用更少的信道资源完成更高质量的信源恢复）。

这就引出了另一个话题，即信源信道联合编码（JSCC）。联合编码仍可以分成两层，即信源编码和信道编码，但两层的编码参数可以一起随着信道质量的变化（甚至包括信源本身特性的波动）而变化，即两层编码参数的联合动态优化。还可以进一步把这两层编码合并成一层，做更彻底的联合编码。

当然，信源信道联合编码在应对信道质量不固定的问题时也可以有两条路线：一条是做自适应（根据信道特性和信源特性的变化而变化，前提是先感知到这个变化）；另一条则是鲁棒的编码，即采用统一的联合编码，以不变应万变。其本质在于，此类通信是允许信源传输有损的，不论采用什么编码方式，不论是否引入编码参数自适应，信道质量变差时，信宿能获得的有关信源的信息损伤恶化是必然的。我们所能做到的，只是希望找到某种或某些方式，使得在当前的信道质量条件下，信宿处得到的信源信息损伤尽可能小。也就是说，鲁棒的JSCC要求在采用同一种信源、信道编码及其参数配置情况下，当信道质量在发生各种变化时，信宿得到的信源信息损伤始终得到很好的控制，而不会严重恶化。

鲁棒的JSCC是目前比较热门的话题，但需要注意的是，鲁棒本质是有一定范围的，只有做了合适的限定，即对信源的变化范围和信道的变化范围做出一定的限定，才有可能得到合适的效果。超出这个范围，其性能还是无法得到保障的。一个可能的假想是：限定范围越大，鲁棒性越强，但其性能损失越大；限定范围越小，越有针对性，优化设计的性能越好。

目前比较热的基于人工智能的自学习方法，可以获得给定训练集所代表的信源、信道变化范围内的鲁棒编码，但超出这个范围，其性能就不能保证了，即泛化能力还有待提高。

7.5.2 差错控制编码相关概念梳理

对离散信道的差错控制编码而言，本书讨论的只是其中的比较基础的概念和基本的编码方法，对进一步的扩展到更高性能的短码和逼近信道容量极限的长码限于篇幅和课时并没有涉及。图7.50把这些可能涉及的概念、方法进行了一个梳理。（这只是一种梳理，建议读者在学习之后，通过自行梳理得到自己的知识体系，并在进一步了解其他概念、方法和实践之后，不断地修订自己的知识体系。）

在图7.50中，我们按本书出现的顺序进行，首先从差错控制方式上讨论了几种可以实现差错控制的协议，其中大部分都涉及了要通过在发送端增加与信源数据相关的冗余的编码方式。

在冗余编码中，我们讨论了如何评价一个编码的好坏的性能度量，结合性能度量的译码准则，以及常见的编码方式。

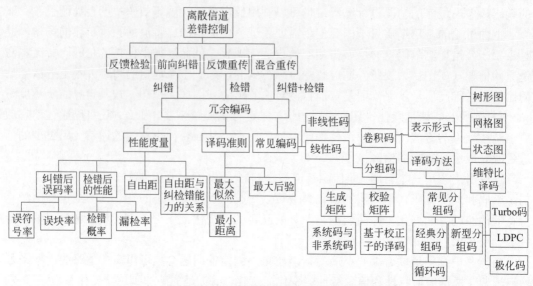

图 7.50　差错控制编码相关概念梳理

在性能度量中纠错和检错后的性能是直接度量，它将直接影响上层（应用层、网络层）体验到的传输质量。但这种直接度量一般不太容易得到解析表达式，或者说在设计过程中不太直观。因此又介绍了一个比较直观的间接度量——自由距，它和某种意义上定义的纠错能力和检错能力有比较直接的关系，但这个纠错能力和检错能力与纠检错后的差错性能的关系也不是很直接，只能说当信道质量非常好（渐近无穷好）时，自由距和纠检错后的差错性能具有单调的关系。

在具体的编码方式中只提到了线性码，因为它比较好分析和设计，而更广义的是可以扩展到非线性码的。在这点上并没有展开讨论，实际应用中涉及的也很少（AI设计的编码除外）。

对线性码这一实用的一大类又分成了固定码长的分组码和不固定码长（面向流）的卷积码两类，这两类在实际系统中都有广泛的应用。

对于卷积码而言，主要涉及它是如何引入各个子块之间的记忆的，可以用树图、状态图、网格图、冲激响应等方式进行表达。对于这种有记忆的编码的译码，则是要在各种可能的信息比特流对应的编码路径中寻找最可能的路径。此类方法很多，本书只讨论了在有限状态（或状态数不是非常大）时有最优译码方法——维特比译码。然而，如果为了提高卷积码的性能而增加其约束长度，可能导致状态数十分巨大，使得维特比译码在复杂度上也难以支撑，此时的一些在树图上的搜索算法也将发挥作用。

在分组码方面，线性分组码有比较容易分析和设计的代数结构，其基础工具就是生成矩阵和校验矩阵，分别用于编码和译码，同时也可用于编码的性能分析和设计。在常见的线性分组码中，本书只基于生成矩阵和校验矩阵介绍了比较经典的分组码（如汉明码），并简单介绍了一大类短码（循环码）。此外，为了逼近信道容量的极限，近些年在另一大类分组码——长码方面也取得了长足的进展，限于篇幅，本书只利用下一节对其作一些粗略的介绍。

7.5.3　逼近信道容量的分组码简介

经过数十年的发展，分组码在逼近信道容量的研究上取得了长足的进步，其典型代表就是 Turbo 码和低密度校验码 (LDPC)，它们通过特定的编码设计和迭代译码，已达到在码长为数千个比特时，与信道容量的差距缩小到 1dB 以下，该差距还随着码长的增加而持续逼近 0。

Turbo 码和 LDPC 都是长码，而且也都属于线性分组码。其中 Turbo 码又称并行级联卷积码，它将一定长度的待编码信息比特序列按不同的顺序输入两个系统卷积码的编码器，然后将两个系统卷积码编码输出的校验比特序列连同信息比特序列一起组成一个许用码字。虽然 Turbo 码采用的卷积码的约束长度不长，但由于两个卷积码编码器输入的信息序列的顺序差异可以非常大，从整体的编码结构上可接近随机编码的形式（从信息论角度来讲，只要码长足够长，随机编码即可逼近信道容量极限）。

接收端在对 Turbo 码进行译码时，首先针对第一个系统卷积码，利用接收到的信息符号序列和校验符号序列（软判决信息）进行译码，得到按第一个系统卷积码的信息序列各符号的软判决信息；然后将此信息送往第二个系统卷积码的译码器，辅助其译码，译码输出的信息序列符号的软判决信息，再送回给第一个系统卷积码的译码器；如此反复迭代，直到收敛。这个迭代译码过程，由于类似于涡轮发动机的反馈工作原理，因此被其发明者称为 Turbo 译码，并进而将并行级联卷积码称为 Turbo 码。

LDPC 则是另一种形式的长码，它从整体上看也是类似随机编码的长码，为了能用低复杂度译码实现逼近最优的译码性能，也采用了软输出的迭代译码方法。具体而言，其每次译码迭代由行译码和列译码两步构成。在行译码时，利用校验矩阵的每一行给出的约束（许用码字与校验矩阵的每一行都正交），对这一行中非 0 元素位置对应的编码比特的置信度（像 1 或像 0 的后验概率）进行估计。遍历校验矩阵所有行之后，每个编码比特都会从若干行得到置信度信息，对这些置信度信息进行合并后，得到列译码输出（这一列对应的编码比特的置信度），如此行译码-列译码-行译码-列译码……，不断迭代。这种迭代译码为了得到很好的收敛性能，要求校验矩阵的各行（各列）中非零元素尽可能少，也就是说校验阵列具有稀疏性或很低的密度，因此被称为低密度校验（Low Density Parity Check）码。

Turbo 码和 LDPC 可以获得逼近容量的性能是在实现中看到的，理论上并不严谨。而后出现的 Polar 码则被更严格地在理论上证明了它可以以码长增加为代价，无限逼近信道容量。在这里，我们只做形象的一些解释。

Polar 码的编码器由级联的极化模块组成。一个最基本的级化模块如图 7.51 所示。它面对两次相同条件转移概率的但独立的信道 (W) 使用，即信道 W 用两个 x 符号输入，得到两个 y 符号输出。

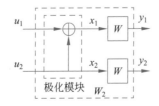

图 7.51　Polar 码基本极化模块

在发送端，若将两个 u 符号经过图中的线性变换（一个直通，一个异或）转换成两个 x 符号送往信道 W，则由于极化变换是一个离散可逆变换，两个 y 符号与两个 x 符号之间的总互信息量等于两个 y 符号与两个 u 符号之间的总互信息量。然而，当把两个 y 符号与两个 u 符号之间的总互信息量，拆解成两个 y 符号与第一个 u 符号的互信息量，以及在第一个 u 符号条件下两个 y 符号与第二个 u 符号之间的互信息量时，即将两次 W 信道使用，拆解成两个关于 u 的子信道使用时，总的互信息量不变；但拆解的 u 子信道中 u_1 的互信息量减少（最小可减到 0bit），u_2 的互信息量增加（最大增加到 1bit），呈现出各子信道的容量之间的两极分化的现象。

将这种极化模块进行级联，可将 $n = 2^m$ W 信道使用拆解成同样数量的子信道，当级联次数足够多时，这样的子信道（n 次）中大部分的互信息量（与接收序列之间，在一定条件下）非 0 即 1。如果只利用其中互信息量为 1 的子信道（k 次）传输信息，而将其他子信道的输入强制置为 0，就构成一个 (n, k) 线性分组码，且可确保正确传输。由于 k 次互信息量为 1 的子信道使用的总互信息量（$k$bit），等于 n 次 W 信道使用的总互信息量，因此 W 信道的平均每次使用的可达容量为 k/n，而该误码率 R 也正好等于 k/n。即该码在码长无穷时，可以逼近信道容量。

在实际应用中，特别是在移动通信标准化中，由于历史的关系和技术成熟性和兼容性等众多因素，主要还是采用 Turbo 码和 LDPC。其中尽管 LDPC 的编码的提出时间较早，但由于当时缺乏有效的迭代译码方法，未发现其逼近信道容量的潜力。第一个利用迭代译码实现接近信道容量的长码是 Turbo 码，而当时正赶上第 3 代移动通信标准化的机会得以先行落地到标准中。

随着 LDPC 的迭代译码的被提出，LDPC 也具有接近信道容量的性能，结合 LDPC 更易于通过并行译码实现高吞吐量译码器的特点，在 5G 标准化中得以被确认为长码的标准。而由于 Polar 码可以与 CRC 结合在中短码传输中获得比其他方案更好的性能，以支持短报文的控制消息的形式落地到 5G 标准中。

第8章

差错控制 II

信道编码技术具有前向检错和纠错能力，但任何信道编码方案的前向检错能力和纠错能力都是有上限的，当传输信道上的噪声或干扰较大时，通信的接收端仍可能无法发现码字错误，或者发现错误后无法完全纠正码字错误。在信道编码的基础上，双向通信链路中可通过反馈重传请求（Automatic Repeat Query，ARQ）技术，进一步提高通信传输的可靠性。ARQ技术的主要设计思想是接收端对数据块进行检错，告知发送端数据块是否被正确接收：当数据块被正确接收时，接收端反馈ACK给发送端；当检测到数据块发生传输错误时，接收端反馈NAK给发送端，并请求对数据块进行重传，直到数据块被正确接收，如图8.1所示。

图 8.1 反馈重传请求示意图

考虑一个双向通信链路，发送端和接收端使用了某种前向信道编码方案，发送端传输数据块，接收端能够对数据块进行处理并反馈信息到发送端，具有一定的信道检错和纠错能力。当这一信道为二元对称信道时，设 p 为二元对称信道的差错概率，n 为数据块长度，则在1次传输中数据块被正确接收的概率为

$$P_c = (1-p)^n$$

令 P_d 为在1次传输中数据块出错且被接收端检测出错误的概率，P_e 为在1次传输中数据块出错但无法被接收端检测出错误的概率；则 P_d、P_e 的值均取决于具体检错码的设计，有如下关系：

$$P_c + P_d + P_e = 1$$

当数据块在传输中发生了误码时，接收端会出现三种处理状态：当误码比特数低于前向信道编码的纠错能力时，接收端通过信道译码纠正误码；当误码比特数超过前向信道编码的纠错能力但仍低于前向信道编码的检错能力时，接收端通过ARQ机制向发送端反馈误码状态，发送端重新传递这一数据块；当误码比特数超过前向信道编码的检错能力时，即出现了接收端无法检测出的错误时，数据块才会最终被错误地接收。

在以下的推导分析过程中，设置接收端在检测出误码后，将都通过ARQ机制反馈误码状态，请求重传数据块，即接收端不进行译码纠错。纠错本身也会有一定概率出错，在本章的例题中对比了在接收端不进行纠错的 ARQ 机制下和在接收端进行纠错且无 ARQ 机制下的数据块被错误接收的概率 P_B 和传输速率。

考虑 ARQ 机制下的数据块重传之后，数据块被错误接收的概率 P_B 是多次重传后仍出现了无法被检测的错误的概率累加之和：

$$P_B = P_e + (P_d P_e) + (P_d^2 P_e) + (P_d^3 P_e) + \cdots$$
$$= \frac{P_e}{1 - P_d}$$

由约束关系

$$P_c + P_d + P_e = 1$$

可得

$$P_B = \frac{P_e}{P_c + P_e}$$

式中：P_c 由信道误码特性 p 及数据块长度 n 决定。因此，为了实现更低的错误接收概率 P_B，需要设计具有更低的 P_e 性能的信道编码方案。

在通信系统中，不同的 ARQ 协议中接收端遵循不同机制进行 ACK 或者 NAK 的反馈；同时发送端在收到或者未收到 ACK 或者 NAK 后，也将根据具体的 ARQ 协议决定是否重传数据块。典型的 ARQ 协议包括：

(1) 停止-等待 ARQ：发送端发出数据块后，等待接收端反馈，接收端反馈 ACK 信息，确认正确接收数据块后，发送端才发送下一个数据块。

(2) 后退 N 帧（Go-Back-N，GBN）ARQ：发送端持续地发送新的数据块，接收端持续接收并校验数据块，当出现校验错误时向发送端反馈 NAK，发送端重传 NAK 指示的数据块以及它以后的全部数据块。

(3) 选择重传（Selective Repeat）ARQ：与后退 N 帧 ARQ 类似，不同的是仅对发生传输错误的数据块进行重传。

8.1 停止-等待 ARQ

停止-等待 ARQ 是一种用于无线通信网络中实现可靠性传输的通信控制协议（图8.2）。在该协议中，接收端接收到一个数据块后，会立即给发送端发送一个确认包（ACK），表示数据块被正确接收，或者发送一个 NAK，表示收到数据块但数据块有错。相应地，发送端收到 ACK 后发送下一个数据块，若收到 NAK，则重新发送这个数据块。若发送端在一定时间内未收到 ACK 或者 NAK，则重发数据块直到数据块被正确接收，或按 ARQ 协议规定超过重传次数后终止对该数据块的传输。

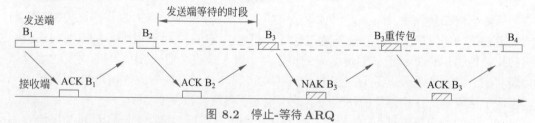

图 8.2　停止-等待 ARQ

停止-等待 ARQ 的主要过程如下：

(1) 发送端发送一个数据块，同时启动一个计时器，此后停止发送新的数据块，并等待接收端反馈的确认信息。

(2) 接收端对数据块进行信道编码的检错，若数据块在传输过程中没有发生错误，或者实际发生了错误但接收端无法检测出错误，则接收端向发送端反馈 ACK。发送端收到 ACK 以后，开始发送下一个数据块。

(3) 若数据块传输过程中发生可被检测的错误，则接收端向发送端反馈 NAK。发送端收到 NAK 后，重新传输这一数据块。

(4) 若发送端在约定的等待时间内没有收到 ACK 或者 NAK，即计时器超时，则发送端将重新发送此数据块，并重启计时器，等待接收端重新发送 ACK。

(5) 在重新传输期间，来自信源的后续数据块将被存到发送端的缓冲区中，等待稍后传输。

停止-等待 ARQ 运行流程中，在无传输错误发生的情况下，发送器发送两个相邻数据块的时间间隔 T_{RTT} 如图 8.3 所示。

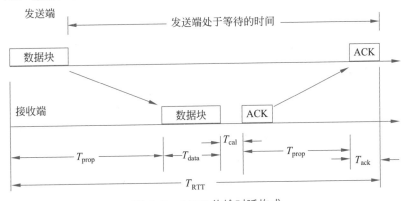

图 8.3 ARQ 传输时延构成

数据块发送时间为

$$T_{\text{data}} = \frac{n}{R_{\text{b}}}$$

式中：R_{b} 为信道在单位时间可传输的比特数（bit/s）；n 为数据块长度（bit）。

从发送端来看，发出数据块至收到 ACK 确认为止的时间，即所有时延分量之和：

$$T_{\text{RTT}} = T_{\text{data}} + (2T_{\text{prop}} + T_{\text{cal}} + T_{\text{ack}})$$

式中：T_{prop} 为电磁波空间传播时间，由收发两端的空间距离和信道类别决定；T_{cal} 为接收端对数据块的解码时间；T_{ack} 为发送 ACK 所需的时间。

除发送数据块的时间之外，其他时间等效的发送码字长度为

$$n' = R_{\text{b}}(2T_{\text{prop}} + T_{\text{cal}} + T_{\text{ack}})$$

不存在重传时，停止-等待 ARQ 策略对应的吞吐量为

$$\eta_{\text{SW},0} = \frac{k}{T_{\text{RTT}}R_{\text{b}}}$$
$$= \frac{k}{n + n'}$$

式中：k 为数据块中的有效信息比特数。

这里的吞吐量是指整个传输时延内，用于传递有效信息比特的时间的占比，是一个归一化的百分比，无量纲。因而，吞吐量是以有效的信息比特长度 k 计算的，而并不是加了信道编码保护后的数据块长度 n 计算的。

当出现误码时，相同数据块被多次重新传递，这里不考虑信号强度低于接收端的接收灵敏度而无法检测数据块的情况，即每次数据块传递后接收端都会反馈 ACK 或者 NAK，则一个数据块完成传递的次数的期望如下：

$$E(N_{\mathrm{R}}) = (1 - P_{\mathrm{d}}) + 2P_{\mathrm{d}}(1 - P_{\mathrm{d}}) + 3P_{\mathrm{d}}^2(1 - P_{\mathrm{d}}) + \cdots$$
$$= \frac{1}{1 - P_{\mathrm{d}}}$$

停止-等待 ARQ 策略对应的吞吐量为

$$\eta_{\mathrm{SW}} = \frac{\eta_{\mathrm{SW},0}}{N_{\mathrm{R}}}$$
$$= \frac{k}{n + n'}(1 - P_{\mathrm{d}})$$

图8.4示出了停止-等待 ARQ 策略的吞吐量 η_{SW} 随着二元对称信道传输的差错概率 p 以及数据块长度 n 的变化趋势。图中假设所有的传输错误都可以被检测，即

$$P_{\mathrm{d}} = 1 - (1 - p)^n$$

由图可得，吞吐量随着数据块长度的增加而先增后减。

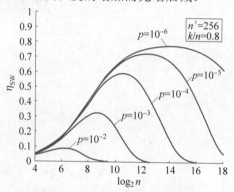

图 8.4 停止-等待 ARQ 性能

8.2 后退 N 帧 ARQ

停止-等待 ARQ 中发送端发出一个数据块后，一直处于等待状态，直到接收端正确接收数据块并返回 ACK，或者发送端在等待约定时间内未收到 ACK 时，发送端才继续发送下一个数据块或者重传当前数据块。停止-等待 ARQ 协议的设计机制简单，但显然通信信道经常处于空闲状态。由于吞吐量主要取决于数据块的大小和接收端的处理时延，当发送端的发送速率很高时，停止-等待 ARQ 协议的通信信道利用效率并不高。

为提高信道的利用效率，在后退 N 帧 ARQ 协议中发送端持续发送多个数据块，由此使用了较大的缓存空间来存储已经发出但尚未被确认的数据块；接收端接收数据块后，进行 ACK 或者 NAK 确认；若发送端判决某个数据块未被成功接收，则将此数据块及其之后的所有已发送数据块均进行重新传递。

后退 N 帧 ARQ 的主要工作过程如下：

(1) 发送端将数据分割成较小的数据块并按顺序编号，发送端发送当前窗口内的数据块后，启动一个超时计时器。

(2) 接收端正确接收到数据块后发送一个确认包 ACK，确认当前正确接收到的数据块的最大编号。若检测出数据块错误，则发送一个 NAK。

(3) 发送端接收到对某个数据块的 NAK 后，将此编号数据块及其之后的所有数据块重传，并为当前窗口重新启动超时计时器。

(4) 接收端接收到重传的数据块后，丢弃此编号之后已被接收的数据块，并根据新接收的数据块编号继续接收。

(5) 若发送端在计时器超时后仍未收到 ACK 确认包，则会重传已发送但尚未确认的最小编号及其之后的所有数据块，并重新启动超时计时器。

后退 N 帧 ARQ 与停止-等待 ARQ 相比，其可以通过选择合适的窗口大小和重传次数进一步实现高效的重传机制，提供相对更高的吞吐量，实现网络带宽利用率最大化。具体来说，后退 N 帧 ARQ 的发送端需要维护一个窗口，以及对应的计时器，对于大量数据传输，这些状态信息的存储与处理会占用一定的存储和计算资源。同时，后退 N 帧 ARQ 的延迟时间会受到多个因素的影响，如窗口大小、重传次数、数据块大小等因素。若窗口过小，则容易造成网络延迟；若窗口过大，则在网络拥塞时的大量重传会进一步加重网络传输压力。

后退 N 帧 ARQ 运行流程中，在无传输错误发生的情况下，则有：

不存在重传时，从发送端来看，连续发送若干数据块，随后依次收到对应数量的 ACK；在图 8.5 示例中，电磁信号传播和 ACK 反馈的时间约为 7 个数据块传递的时间长度，当通信链路上传递的数据块足够多时，这 7 个数据块的额外时延几乎可以忽略。在这一近似下，不存在重传时后退 N 帧 ARQ 策略对应的吞吐量为

$$\eta_{\text{GBN},0} = \frac{k}{n}$$

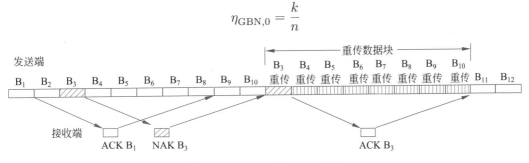

图 8.5　后退 N 帧 ARQ 机制

存在重传时，在后退 N 帧 ARQ 机制下，发送端不仅要重新发送出错的数据块(如图 8.5 所示的 B_3 数据块)，而且 B_3 数据块之后的 7 个数据块 $B_4 \sim B_{10}$ 也将被重新发送。这里仍然沿用 8.1 节中的变量定义，则除了重传数据块 B_3 之外，新增发送的数据长度是由下式决定的：

$$n' = R_{\text{b}}(2T_{\text{prop}} + T_{\text{cal}} + T_{\text{ack}})$$

记

$$T_{\text{u}} = 2T_{\text{prop}} + T_{\text{cal}} + T_{\text{ack}}$$

则可定义 T_{sus} 为成功传输一个数据块所平均占用信道的时间。

若1次传递即成功，则 $T_{sus} = T_{data}$，发生的概率为 $1 - P_d$；若2次传递即成功，则 $T_{sus} = 2T_{data} + T_u$，发生的概率为 $P_d(1 - P_d)$；若3次传递即成功，则 $T_{sus} = 3T_{data} + 2T_u$，发生的概率为 $P_d^2(1 - P_d)$。因此，可以计算 T_{sus} 的期望为

$$E(T_{sus}) = T_{data}(1 - P_d) + (2T_{data} + T_u)P_d(1 - P_d) + (3T_{data} + 2T_u)P_d^2(1 - P_d) + \cdots$$

$$= \frac{T_{data}}{1 - P_d} + T_u\left(\frac{P_d}{1 - P_d}\right)$$

$$= \frac{n + n'P_d}{R_b(1 - P_d)}$$

后退 N 帧 ARQ 策略的吞吐量为

$$\eta_{GBN} = \frac{k}{T_{sus}R_b}$$

$$= \frac{k(1 - P_d)}{n + n'P_d}$$

图8.6示出了后退 N 帧 ARQ 策略的吞吐量 η_{GBN} 随着二元对称信道传输的差错概率 p 以及数据块长度 n 的变化趋势。图中假设所有的传输错误都可以被检测，即 $P_d = 1 - (1 - p)^n$。由图8.6可得，后退 N 帧 ARQ 的吞吐量随着数据块长度增大而单调递减。

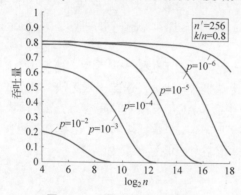

图 8.6 后退 N 帧 ARQ 性能

8.3 选择重传 ARQ

选择重传 ARQ 机制下，发送端收到接收端的 NAK 反馈后，发送端仅对发生传输错误的信息进行重传。选择重传 ARQ 与后退 N 帧 ARQ 相比，其进一步提升了重传的效率，提供相对更高的吞吐量。然而，发送端与接收端设计的复杂度也进一步增加，不仅发送端需要对发送的数据块进行编号排序，而且发送端和接收端都需要对数据块进行缓存。

选择重传 ARQ 的主要过程如下：

(1) 发送端将数据分割成较小的数据块并按顺序编号，发送端为每个数据块启动一个超时计时器。

(2) 接收端正确接收到数据块后，发送一个确认包 ACK，确认当前收到的数据块编号，并将该数据块存储在接收端的缓存区中。若检测出数据块错误，则发送一个 NAK。

(3) 发送端接收到 ACK 确认包后，关闭相应的计时器，并发送窗口内的下一个未确认数据块，为其启动一个超时计时器。

(4) 当发送端在计时器超时或者收到接收端对于某个数据块的NAK重传请求时,会重传这个数据块。

不存在重传时,选择重传ARQ策略对应的吞吐量与后退 N 帧ARQ策略吞吐量的分析相同:

$$\eta_{\mathrm{SR},0} = \frac{k}{n}$$

存在重传时,在选择重传ARQ机制下,发送端只需要重新发送出错的数据块(如图8.7所示的 B_3 数据块),这里仍然沿用8.1节中的变量定义,则除了重传数据块 B_3 之外,无须再发送 T_{u} 对应的任务。

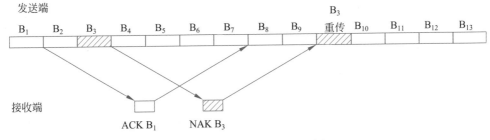

图 8.7 选择重传 ARQ 机制

成功传输一个数据块平均占用信道的时间为

$$T_{\mathrm{sus}} = T_{\mathrm{data}}\,(1-P_{\mathrm{d}}) + 2T_{\mathrm{data}}\,P_{\mathrm{d}}\,(1-P_{\mathrm{d}}) + 3T_{\mathrm{data}}\,P_{\mathrm{d}}^2\,(1-P_{\mathrm{d}}) + \cdots$$
$$= \frac{T_{\mathrm{data}}}{1-P_{\mathrm{d}}}$$
$$= \frac{n}{R_{\mathrm{b}}\,(1-P_{\mathrm{d}})}$$

重传ARQ策略的吞吐量为

$$\eta_{\mathrm{SR}} = \frac{k}{T_{\mathrm{sus}}\,R_{\mathrm{b}}}$$
$$= \frac{k\,(1-P_{\mathrm{d}})}{n}$$

图8.8示出了选择重传ARQ策略的吞吐量 η_{SR} 随着二元对称信道传输的差错概率 p 以及数据块长度 n 的变化趋势。图中假设所有的传输错误都可以被检测,即 $P_{\mathrm{d}} = 1-(1-p)^n$。由图8.8可得,选择重传ARQ的吞吐量随着数据块长度增大而单调递减。

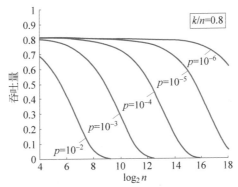

图 8.8 选择重传 ARQ 性能

8.4 混合ARQ机制

针对多种业务特征、信道特征、调制解调器特点、信道编译码器特点等，在通信系统中设计了多种ARQ策略混合的重传机制。例如，针对时延敏感的低速率语音业务采用停止-等待ARQ，针对时延不敏感的高速率数据业务采用选择重传ARQ等。

考虑调制解调器特性时，可以设计更为复杂的ARQ机制，提高传输吞吐量性能和传输时延性能。例如，考虑通信系统使用了高阶数字调制器16QAM，其码字与符号的映射关系星座图如图8.9所示。

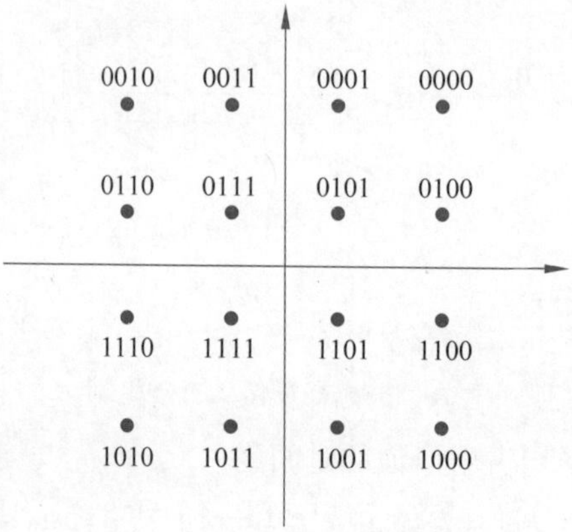

图 8.9　16QAM星座图

显然，不同符号的功率不同，其对应码字在相同信道中传递时出错的概率也不同。在图8.9中码字0010对应的符号功率大于码字0111对应的符号功率，当信道中噪声功率保持恒定时，接收端收到两个符号的信噪比不同，码字0111比码字0010出错概率更高。

可以设计一种更高效率的混合ARQ机制，接收端收到的数据块校验错误后，接收端缓存出错的数据块，并发出NAK；当发送端收到NAK（或者发送端对某个数据块设置的超时定时器已经超时，判决传输错误时），发送端可以不重发整个数据块，数据块是由若干码字构成的，因此可以挑出数据块中包含的一些出错概率更高的码字进行重传，这种机制下发送端需要同时传输更多的指示信息来标记当前重传的比特流在数据块中的位置顺序；接收端将重传的比特流填入缓存的出错的数据块中的对应位置，再送信道译码器进行译码校验。在这种ARQ机制下，降低了重传的比特数量，缩短了重传的时延，提高了传输性能；其代价是接收端需要更多的缓存空间，发送端和接收端的计算处理复杂度更高一些。

进一步，上述ARQ依赖一个简单的ACK/NACK反馈消息。若允许多比特反馈消息，则也可以提高ARQ性能。例如，当传输信道的误码性能变化时，ARQ机制中的超时定时器参数将影响传输吞吐量，可以通过多比特的反馈消息，指示信道特征的动态变化，实时调整发送端ARQ超时定时器的参数等。

例 8.1　在使用BPSK调制的通信系统中考虑停止-等待ARQ协议来提高传输的可靠性。假设该二元对称信道采用$(7,4)$汉明码用于差错检测，信噪比$\dfrac{E_b}{N_0} = 8.4\text{dB}$，传输速率$R_b = 100\text{b/s}$，传输时延$2T_{\text{prop}} = 300\text{ms}$，忽略此系统中发送ACK所需的时间$T_{\text{ack}}$与接收端对信息数据块的解码时间$T_{\text{cal}}$。试求：

(1) 系统吞吐量（归一化占比）和系统传输速率。(2) 系统数据块被错误接收的概率。
(3) 不使用 ARQ 只使用前向纠错，计算系统数据块被错误接收的概率。

解：(1) 由于此系统使用了 $(7,4)$ 汉明码，所以二元对称信道的符号信噪比为

$$\frac{E_\text{s}}{N_0} = \frac{4}{7} \frac{E_\text{b}}{N_0} \approx 6.0\text{dB}$$

相应地，BPSK 符号错误概率 $p \approx 0.002$。

出现可检测错误的概率为

$$\begin{aligned}
P_\text{d} &= 1 - P_\text{c} - P_\text{e} \\
&= 1 - (1-p)^7 - \left[7p^3(1-p)^4 + 7p^4(1-p)^3 + p^7 \right] \\
&\approx 0.014
\end{aligned}$$

因此，发送次数的期望为

$$N_\text{R} = \frac{1}{1 - P_\text{d}}$$

在停止-等待 ARQ 协议下，两个相邻数据块的发送间隔为

$$\begin{aligned}
T_\text{RTT} &= (2T_\text{prop} + T_\text{cal} + T_\text{ack}) + T_\text{data} \\
&= 0.3 + \frac{7}{R_\text{b}}
\end{aligned}$$

吞吐量为

$$\begin{aligned}
\eta_\text{SW} &= \frac{k}{T_\text{RTT} N_\text{R} R_\text{b}} \\
&= \frac{k}{T_\text{RTT} R_\text{b}} (1 - P_\text{d}) \\
&\approx 10.7\% \\
&= 0.107 R_\text{b}(\text{ b/s })
\end{aligned}$$

(2) 在 ARQ 通信系统中数据块被错误接收的概率为

$$\begin{aligned}
P_\text{B} &= \frac{P_\text{e}}{P_\text{c} + P_\text{e}} \\
P_\text{e} &= 7p^3(1-p)^4 + 7p^4(1-p)^3 + p^7 \\
P_\text{c} &= (1-p)^7
\end{aligned}$$

将 P_e 和 P_c 的结果代入上式，得到

$$P_\text{B} \approx 5.65 \times 10^{-8}$$

(3) 若不使用 ARQ，由于 $(7,4)$ 汉明码只能纠 1 位错，则接收码字中出现 2 位及以上错误的概率为

$$\begin{aligned}
P_\text{B} &= 1 - \left[(1-p)^7 + 7p(1-p)^6 \right] \\
&\approx 8.34 \times 10^{-5}
\end{aligned}$$

因此，相比于使用前向纠错，使用 ARQ 协议能显著降低数据块被错误接收的概率，但是要以牺牲一定的吞吐量性能作为代价。

第9章

交换原理

9.1 交换的概念

1875年，贝尔发明了电话，各个用户家庭之间拉设电线，进行通话。随着用户数量不断增多，家庭之间的电话线缆也越来越多。1878年，美国贝尔公司开设了第一个市内电话交换所，使用电线连接电话交换所和辖区内的20个用户家庭的电话，采用人工交换方法建立通话双方之间的有线连接（图9.1）。用户使用电话可以直接和人工交换所的话务员通话，说明要通话的另一方，话务员将通话双方的电话线连接起来，用户开始通话（图9.2）。

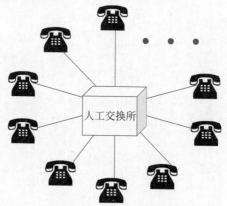

图 9.1 电话人工交换所的逻辑拓扑

图 9.2 人工电话交换机（中国原子城海北州邮政局照片）

为了提高电话交换的效率，1889年出现了机械式的自动电话交换机，这种交换机通常由一组中央轴控制的扇形转盘组成，其中安装有许多金属接线插孔，每个插孔与一个电话线路相连，呼叫号码被转换为一组电信号，交换机使用机械耦合器来识别呼叫的目标线路，并使用转换器在呼叫的两个线路之间连通。1965年5月美国开通了第一个模拟程序自动控制交换机（ESS No.1，程控交换机），1970年法国开通了第一个数字程控交换机（E10），1989年中国自主设计研发的首台ZX-500数字时分程控交换机在深圳问世。

交换机工作原理如图9.3所示，包括电路交换、报文交换和分组交换三种方式。

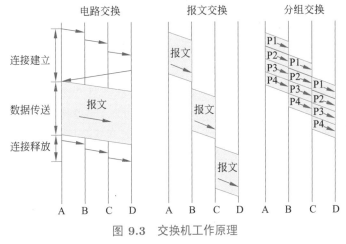

图9.3 交换机工作原理

电路交换是电话网络发展历程中出现的最早的、最主要的交换方式。在电路交换的网络中，每部电话均通过多个电路交换机连接成网络；主叫用户首先拨打被叫用户的电话号码，电路交换机识别被叫用户的电话号码，并根据电路交换机内部记录的电话号码与交换机端口之间的映射关系，找到被叫用户的电话机连接的端口；随后被叫用户的电话机振铃；被叫用户摘机，且摘机信号回送到主叫用户所连接的电话交换机后，呼叫建立过程完成，这时从主叫用户端到被叫用户端就建立了一条通信连接，进入用户通话过程。通话结束时用户挂机，挂机信号即通知了这条通信连接上所有电路交换机释放这条通信连接所占用的端口和线路。在电路交换机制下，建立的通信连接链路与链路上所传递的信息种类无关，既可以传递模拟语音信息，也可以传递数字化的数据信息。

报文交换又称存储转发交换，适应于19世纪的电报业务服务。要传递的电报内容整体发送，由多个交换机转发，实现报文从源节点发送到目的节点。在传输过程中，每个交换机一次发送整个报文给下一跳交换机；下一跳交换机存储接收到的报文，判断其目标地址、选择路由，在路由空闲时，将报文转发给后一跳的交换机。在报文交换中，每一条报文都被作为互不相干的实体处理。每一条报文都包含地址信息，一次交换后，报文中的信息会被读取并且确定下一次交换的传输路径。

分组交换与报文交换类似，同样是采用存储转发技术；区别在于报文交换中是将整个电报内容整体发送，而分组交换则把用户产生的信息内容划分为若干个分组数据包在网络中传递。这些分组数据包的长度可以是不固定的。分组数据包在网络中进行传递时可以被独立处理，每个分组数据包的包头都包含了源地址和目的地址。交换机将收到的分组先放入缓存，再查找交换机内部存储的转发表，找出到目的地址所对应的转发端口，然后由交换机将该分组送给对应的转发端口发送出去。只有当分组数据包在通信链路上传送时，通信链路才被占用。1969年12月，由4台计算机节点构成的分组交换网ARPANet投入运行，标志着以分组交换为特色的计算机网络进入了一个新的发展阶段，开启了现代数据通信时代。

　　分组交换与电路交换的主要区别体现在网络资源的占用和使用方式方面。电路交换属于"有连接"的、独占式的交换形式，在通信的源端节点和目的端节点之间建立通信会话后，将分配固定的传输信道资源给通信双方，这些信道资源将被独自占用，其他用户无法使用这些资源。分组交换则属于"无连接"的共享式的交换形式，当通信的源端节点和目的端节点之间建立通信会话后，并没有实际占用传输信道等传输资源，只有当此链路上相邻的两个节点发生数据包传递时，才占用传输信道资源，因此通信链路上的信道资源可以在一定条件下被其他用户使用。如图9.4所示，若用户节点1和用户节点2使用电路交换服务（如电话语音业务），则分配给这对用户的信道1~4资源将一直被占用，在本次服务结束前，其他用户无法使用信道1~4；若用户节点1和用户节点2使用分组交换服务（如数据上网业务），则这对用户之间的链路是虚拟链路，当用户节点1发出数据时，信道1将被占用，同时信道2~4并不被占用，仍可被其他用户使用，当交换节点1需要将用户节点1发送的数据包传递给交换节点2时，占用信道2，信道1和信道3~4可被其他用户使用。

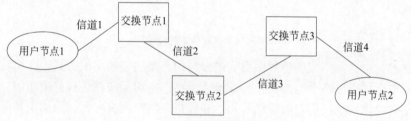

图 9.4　两用户间的交换节点与信道

　　交换机以及若干交换机构成的交换网络服务于多个用户，完成任意用户之间的数据交换。图9.5描述了由计算处理器、存储器、系统数据总线、用户接口构成的交换机的逻辑结构。用户数据通过系统数据总线，由计算处理器写入存储器；根据用户数据的交换要求，计算处理器将存储器中的用户数据再送入对应的用户接口，完成数据交换。在这一结构下，系统数据总线的最大读写速度、计算处理器的运行速度、存储器的空间大小和最大读写速度是约束交换机性能的主要因素。在用户数据到达时、至用户数据被成功交换后所使用的时间为交换时延，是评价交换机性能的重要指标之一。

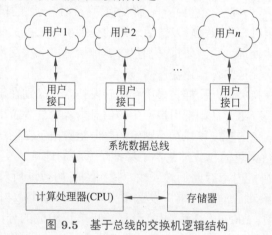

图 9.5　基于总线的交换机逻辑结构

需要交换的用户数据是由用户的业务产生的，其数据速率、数据包长度、产生的时间均具有随机性。当多个用户的交换数据同时到达并超过了交换机的处理速度时，会产生冲突，导致部分用户的交换服务被拒绝；或者当多个用户数据需要交换输出到同一个用户接口时，也会发生冲突，导致交换服务被拒绝。在研究中使用阻塞率或者服务率来量化描述这一交换机性能。图9.6描述了一种增加了输入输出端口缓存机制的交换机结构。图中的用户接口包括输入、输出的功能，当出现冲突时，可在用户接口连接的缓存器中缓存待交换的数据，通过缓存控制器和交换控制算法的联合调度，降低交换服务被拒绝的概率，提升交换机（交换网络）的性能。

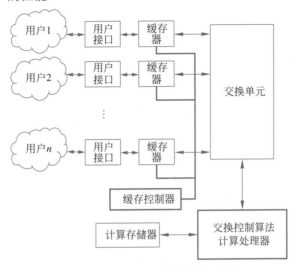

图 9.6　带缓存管理的交换机逻辑结构

交换单元是构成交换机的重要组成部分，它在交换机内部建立物理通道，为输入端口和输出端口之间提供连通性，使得信息在输入端和输出端之间传递。在信息的传递过程中，无论信息的表现形式是模拟信号还是数字信号，无论是电信号还是光信号，为了避免信号之间的干扰，传输物理通道可能采用空分、时分、码分等多种信道资源的划分方法，其中以空分、时分思想设计的交换单元被广泛使用，包括空分交换单元、时分交换单元，以及时-空-时等多级混合级联的交换单元。

9.2　交换结构

9.2.1　空分交换单元

空分交换单元的内部由一个开关阵列和一个控制存储器组成，控制存储器负责控制开关阵列中的每个开关的状态，从而实现输入线和输出线之间的连接。图9.7给出了一个由 $N \times M$ 的全连接阵列构成的空分交换单元结构，也称为纵横交换机。

NM 个交叉点上设置了开关，通过控制开关的通断状态，交叉点状态的组合可保证在 N 个输入与 M 个输出之间任意组合，构成在空间上相互隔离的正交化的物理连接通道。这种纵横交换机属于非阻塞交换机。在交换机的领域中，"非阻塞"的含义是当输入端口 i 和输出端口 j 为空闲时，可以在交换机中建立 i 到 j 的物理连接通道，并不会改变交换机当前已有的物理连接通道，即端口 i 到端口 j 的连接请求不会因为交换资源（交换机内部的交叉点）的缺乏而被拒绝服务。

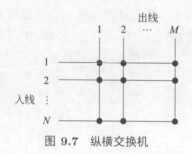

图 9.7　纵横交换机

显然，空分交换单元中交叉点的数量，即交换机的复杂度是 NM。当输入和输入端口数增加时，交叉点的数量也将迅速增加。为降低交换机复杂度，出现了多级空分交换的结构。

图9.8给出了一个两级的交换结构，第1级由 M 个 $N \times N$ 的全连接交换单元构成，第2级由 N 个 $M \times M$ 的全连接交换单元构成，总体来看构成了一个入线 MN 个端口、出线 MN 个端口的交换结构。在这一结构下，共有如下数量交叉点：

$$NNM + MMN = MN(N + M)$$

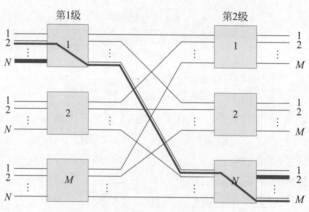

图 9.8　两级连接的空分交换单元结构

全连接的交换结构中的交叉点数量为 $MN \times MN$，两级交换结构降低了交叉点数量。但这一结构是有阻塞的。例如，当交换机内已经存在绿色的连接通道、进行数据交换时，对于空闲的红色的入端口和出端口便无法再建立连接通道、完成数据交换要求，只能拒绝红色端口上的通信业务，即产生了阻塞。

1953年，研究人员提出了非阻塞的多级交换结构——Clos 网络结构，其相比于全连接的空分交换结构，使用了更少的交叉点，并实现了非阻塞交换能力。

图9.9给出了一种三级的 Clos 网络结构。第一级使用了 M 个 $N \times r$ 的全连接交换单元，第二级使用了 r 个 $M \times M$ 的全连接交换单元，第三级使用了 M 个 $r \times N$ 的全连接交换单元。总体来看构成了一个 $MN \times MN$ 的交换结构，这一结构的第一级交叉点数量为 $M(N \times r)$，第二级交叉点数量为 $r(M \times M)$，第三级交叉点数量为 $M(r \times N)$，合计为 $C_3 = 2MNr + rM^2$。

可以证明，当 $r \geqslant 2(N-1) + 1 = 2N - 1$ 时，以上结构满足无阻塞条件。以下对这一条件的必要性进行说明。

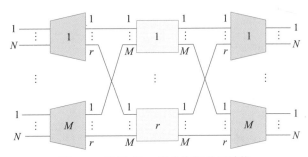

图 9.9　三级 Clos 空分交换单元结构

如图9.10所示，黑色（加粗）的入线和出线端口空闲，需要建立交换连接。对浅蓝色的输入来说，最坏的情况是除了黑色（加粗）端口外，所有其他的 $N-1$ 个输入端口都已经建立了连接，并且使用了第二级中的不同的交换单元，即占用了 $N-1$ 个第二级交换单元。同样地，对于蓝色的输出来说，最坏的情况是除了黑色（加粗）端口外，所有其他的 $N-1$ 个输出端口都已经建立了连接，并且使用了第二级中的不同的交换单元，即占用了 $N-1$ 个第二级交换单元，且与输入占用的 $N-1$ 个第二级交换单元不重叠。因此，在第二级交换单元中，至少还需要1个交换单元，为新增的黑色（加粗）入线和出线服务。因此，r 至少要等于 $2N-1$。

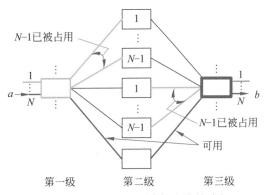

图 9.10　空闲入线到空闲出线的路径

对于一个 $MN \times MN$ 的 Clos 交换结构，在无阻塞条件下取 $r = 2N-1$，则交叉点数量为

$$C_3 = 2MNr + rM^2 = (2MN + M^2)(2N-1)$$

考虑一个交换结构的设计问题，当 MN 为定值时，令 $H = MN$，则交叉点数量为

$$C = 2H(2N-1) + \left(\frac{H}{N}\right)^2 (2N-1)$$

以 N 为变量，对上式取微分，可得：当 $N \approx \left(\dfrac{H}{2}\right)^{1/2}$ 时，所需的交叉点数目最少，为 $4H\left((2H)^{1/2} - 1\right)$。可以看到，使用 Clos 非阻塞3级交换机所需的交叉点数目与 $H^{1.5}$ 成正比，比纵横式交换机所需的 H^2 量级要少。

对于一般性的交换结构，输入端口数量和输出端口数量可能不相等，一般性的 Clos 网络结构如图9.11所示，其中 $r = N + J - 1$。

扩展来看，对于第二级中的每一个 $M \times K$ 交换单元，还可分解为一个三级 Clos 网络，则得到一个五级 Clos 网络。

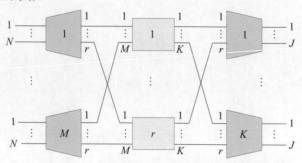

图 9.11 一般性的 Clos 空分交换单元结构

Clos 非阻塞交换结构降低了全连接空分交换结构的复杂度，但随着输入与输出端口数量的增长，交换机的硬件复杂度仍然很高。在实际交换机设计中很少使用非阻塞交换网络结构，通常是允许存在一定的阻塞率来进一步减少交叉点开关的数量。对于图9.9所示的三级交换网络，当 $r < 2N - 1$ 时，交换网络会存在一定的阻塞概率。

在某种交换结构的设计下，任意的输入与输出端口对存在多种可能的交换连接路径，并且与其他输入与输出端口对的路径有相互依赖关系，因此是一种非独立的、相互关联的概率问题，这使得其阻塞率计算问题几乎不可解。研究者给出了一种近似的计算方法，即假设确定任意的输入与输出端口对的交换路径的问题在概率上是独立的，则可近似的计算某种交换结构的阻塞概率。这一思想在交换机结构的设计中得到广泛应用。以下用这种思想估算三级交换网络的阻塞概率。

图9.9所示的三级交换网络共有输入端口 MN 个、输出端口 MN 个。任意一个输入端口和任意一个输出端口构成一条交换连接，假设这些交换连接之间是相互独立的。那么任选一个输入端口，建立至任意一个输出端口的连接，此连接建立失败的概率即为此三级交换网络的阻塞率。连接建立失败，意味着所选输入端口至所选输出端口的所有内部连接均已被占用。据此，将图9.9转化为图9.12。

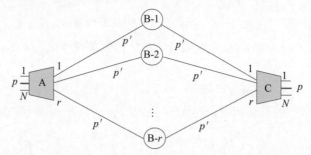

图 9.12 对于任意输入输出连接的三级交换网络内部连接逻辑

在图9.9所示的三级 Clos 网络中的第1级 M 个交换单元中任选1个，记为图9.12中第1级的单元 A。在此交换单元的 N 个输入端口中任选一个输入端口，作为计算所用的输入连接，设所选输入连接的阻塞率为 p，p 由整个交换网络中的用户业务决定。

在图9.9所示的三级 Clos 网络中的第3级 M 个交换单元中任选1个，记为图9.12中第3级的单元 C。在此交换单元的 N 个输出端口中任选一个，作为计算所用的输出连接。对于整个交换网络而言，无论从输入端或输出端观察，输出连接的阻塞率必然与输入连接的阻塞率相同。因此,对于这里选定的任意的输出连接,其阻塞率仍为 p。这一结论的详细说明可见【M. Schwartz, Telecommunication Networks, Addison-Wesley Publishing Co., 1988.】的10.3节。

单元A的输出端口共 r 个,分别连接到图9.9所示的三级 Clos 网络中的第2级 r 个交换单元,记为图9.12中第2级的单元 B-1, B-2, $\cdots$, B-r,则从单元A到第2级的 r 个单元的阻塞率为 p'。对于单元A而言,其输入端口共 N 个,输出端口共 r 个,并且无论从输入还是输出来看,被占用的端口数量是相等的,因此有 $Np = rp'$。

与上面的分析同理,单元C的输入端口共 r 个,分别连接到图9.9中网络的第2级 r 个交换单元的输出,即图9.12中第2级的单元 B-1, B-2, $\cdots$, B-r 的输出,则从第2级的 r 个单元到单元C的阻塞率也为 p',并且也满足 $rp' = Np$。

由上式可得

$$p' = \frac{N}{r} \times p$$

在图9.12中,当 $r < N$ 时,交换单元A处成为网络阻塞的瓶颈,A的阻塞率将主要决定这个交换结构的阻塞率,并且 A→B→C 的中间连接路径具有复杂的相互依赖关系,这里的阻塞率计算更为复杂。感兴趣的读者可参阅【Nesenbergs, M, Linfield R. Three Typical Blocking Aspects of Access Area Tele traffic. IEEE Transactions on Communications(1980) 28.9: 1662-1667】。本节主要讨论 $r > N$ 的情况,此时交换单元A和交换单元C不会产生阻塞,而阻塞主要由 A→B 和 B→C 的两组连接共同决定。

根据图9.12,上述三级交换网络的阻塞率为

$$T = \text{输入至输出的所有 A→B、B→C 的连接对均被占用的比例}$$

$$= (\text{任意一组 A→B、B→C 的连接对被占用的比例})^r$$

$$= (1 - \text{任意一组 A→B、B→C 的连接对空闲的比例})^r$$

$$= [1 - (1 - p')^2]^r$$

$$= \left[1 - \left(1 - \frac{N}{r}p \right)^2 \right]^r$$

例 9.1 一含 $N = 8$ 个输入端口的三级交换网络,$MN = 256$。试求:

(1) 非阻塞结构下该网络的交叉点数量。

(2) 若阻塞率 $T = 0.003$,线路负载 p 为 0.1 和 0.8 时该网络需要的交叉点数量。

解:(1) 非阻塞结构下,有 $r = 2N - 1$ 成立,计算得 $r = 2 \times 8 - 1 = 15$。

代入公式

$$C = 2MNr + rM^2 = \left(2MN + M^2 \right) \left(2N - 1 \right)$$

可求得交叉点数量 $C = 23040$。

(2) 阻塞时,$r = 2 \times N - 1$ 不再成立,已知线路负载 $p = 0.1$,$N = 8$,$T = 0.003$,经数值计算等方法可由上述阻塞率 T 的计算公式反求出 $r = 5$,最后代入公式

$$C = 2MNr + rM^2 = \left(2MN + M^2 \right) \left(2N - 1 \right)$$

可求得所需交叉点数量 $C = 7680$。同理,$p = 0.8$ 时,求得 $r = 14$,$C = 21504$。

图9.13给出了较低 ($p = 0.1$) 和高 ($p = 0.8$) 输入线路负载以及非阻塞结构下交叉点数

量随着输入端口数量 N 增加的变化对比。其中阻塞率 $T = 0.003$，$M = 4N$。可见，在输入负载较低的情况下，允许存在一定的、较低的阻塞率，相比于非阻塞网络可以大幅度的减少交叉点数量。

在输入负载较高的情况下，即使允许一定的阻塞率存在，交换网络所需的交叉点数量依旧过于庞大。此时，可以采用更多级数的交换网络，或者使用时分交换的方法，来进一步减少交叉点的数量。

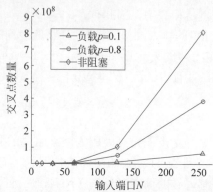

图 9.13　低、高负载有阻塞及非阻塞结构下空间交换单元交叉点数量对比

以上计算的前提是假设三级交换网络任意输入至输出连接的各条线路是相互独立的。实际上这条假设并不成立，因为在 $r > N$ 时，已占用的中间级连接线越多，其余的中间级连接线被占用的概率越小（同时最多只能有 N 条连接被占用）。因此，根据上述公式计算三级交换网络的阻塞率会存在一定的误差。当 $r > N$ 时，此公式高估了交换网络的阻塞率；当 $r < N$ 时，此公式低估了交换网络的阻塞率。1953年，Jacobaeus 提出了更为精确的计算公式：

$$T = \frac{(N!)^2}{r!(2N-r)!} p^r (2-p)^{2N-r}$$

详细推导可参见【A. A. Collins and R. D. Pedersen, Telecommunications, A Time for Innovation, Merle Collins Foundation, Dallas, TX, 1973】。在 r 远小于 N 或网络输入阻塞率很大时，此公式对整个交换网络的阻塞率的计算仍是不准确的，但这种情况在实际应用中并不多见。

9.2.2　时分交换单元

时分交换单元是指将输入的多路时分复用信号按照一定的规则进行时隙重排，实现输入线和输出线之间连接的一种交换机设计方法。图9.14给出了一种典型的共享存储器型的时分交换单元结构，交换机将输入的时分复用信号存储在共享的存储器中，其内部有 N 个存储空间，然后交换机按照输出线的要求从存储器中读出相应的信号，从而实现交换。

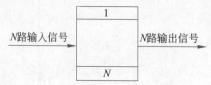

图 9.14　共享存储器型的时分交换单元结构

空分交换单元可交换模拟信号或者数字信号，而时分交换单元则只能交换数字信号。在历史上，时分交换单元是在 PCM 等语音数字化技术之后出现的交换机类型。

时分交换单元由信息存储器和控制存储器组成。信息存储器用来暂时存储要交换的数字化信息，又称缓冲存储器。控制存储器用来寄存数据帧的时隙地址，又称地址存储器。在存储器的读写控制策略方面，有以下两种方式（图9.15）。

(1) 输出控制：入线端口到达的数据帧按顺序写入存储空间，在输出时，出线端口根据控制存储器中寻址的结果，在对应的存储空间地址上读出数据帧。

(2) 输入控制：入线端口到达的数据帧根据控制存储器中寻址的结果，写入对应地址的存储空间，在输出时，出线端口顺序读取存储空间内的数据帧。

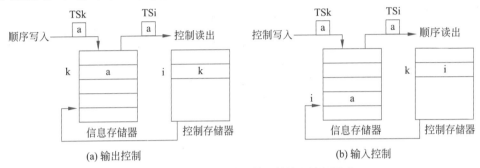

图 9.15　时分交换单元的两种读写控制策略

时分交换单元的存储器读写速度、存储空间的大小决定了交换能力。

假设某时分交换单元以 32 个时隙为一个周期构成一个帧，不断循环。系统中的通话者 X 和 Y 分别被分配了时隙 1 和 8，为了让 X 和 Y 能互相听见对方的语音，需要在第 n 帧的时隙 1 和时隙 8 分别存储来自 X 和 Y 的数字化语音信号，在第 $n+1$ 帧的时隙 1 和时隙 8 分别读取在第 n 帧存储的 Y 和 X 的语音信号并输出，以完成 X 和 Y 之间的语音信号交换。为保证 X 和 Y 的语音信号不丢失，交换机处理信息的速率至少是 X 或者 Y 的语音速率的 32 倍。

当时分交换单元设计每帧有 32 个时隙时，此交换机最多可同时支持 32 用户的业务交换；交换机的信息存储器 (IM) 的容量应为 32 个存储单元。以 64kb/s 的 PCM 语音业务为例，每个时隙需要存储 8bit 量化信号，则 IM 每一存储单元长度至少为 8bit。控制存储器 CM 的存储单元数与 IM 的存储单元数相等，但每个存储单元只需存放 IM 的地址码，对于上述 IM 容量为 32 的交换机，其每个 CM 存储单元的长度为 5bit，即 $2^5=32$。

一般地，当时分交换单元的存储器读写速率为 T、单用户的业务速率为 M，则在交换过程中分配给单个用户的时隙需要包含一个内存读周期和一个内存写周期，因此能够处理的最大并发用户数量为 $\dfrac{T}{2M}$。

对于 PCM 语音等周期性的固定速率的用户业务，单用户的业务速率可用采样率 S 和位数 B 来表示，$M=SB$，则时分交换单元的信息存储器大小为 $\dfrac{BT}{2M}$，控制存储器的大小为 $\dfrac{T}{2M}\log_2\left(\dfrac{T}{2M}\right)$。

在实际的通信网络中，用户业务的信息速率是变化多样的，并不完全是周期性的固定速率，因此在时分交换单元的输入端会采用多路信号的复接，由多路低速的数字信号复接构成满足交换机要求的固定速率的高速信号，并占用某些时隙进行交换，在输出侧再将高速信号解复接恢复成多路低速信号。

时分交换单元的处理延时是指交换单元接收完整的分组数据、提取与识别分组数据的标头、查找控制存储器以及分组在交换单元内被读写等操作所经历的时间，其主要取决于分组数据的长度、控制存储器内容的规模、交换单元处理器的处理能力等因素。早期的交换设备受限于处理器的处理速度，一般分组处理时间为毫秒量级，对应每秒处理几百个分组；现代交换设备的分组处理时间为微秒量级，对应每秒处理百万个分组。因而，分组的处理时间不再是影响交换时延的主要因素。如图9.16所示，在数据分组进入交换单元之前或者输出之后，一般设计了缓存器，以解决交换单元能力有限导致的交换端口冲突，减少数据分组丢包。数据分组在缓存器中排队等待被服务的时间是从用户角度来看引起交换延时的主要因素。使用排队论的方法对这一过程进行建模，可分为以下四个阶段：

(1) 用户业务的分组数据以一定的到达率进入缓存器；

(2) 在缓存器内排队等待被服务，对应产生了排队等待时间；

(3) 分组数据进入交换单元，产生了处理服务时间；

(4) 分组数据被送到对应的输出端口，完成数据分组交换，对应于服务率。

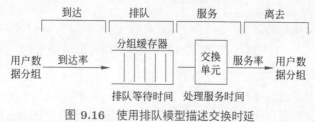

图 9.16　使用排队模型描述交换时延

若用户数据分组到达的概率服从泊松分布，则分组在缓冲器内排队遵循先入先出（FIFO）准则，每个分组的处理服务时间是独立同分布的。根据排队论与概率论的相关知识，此排队模型为 $M/G/1$ 模型，可分析平均排队等待时间等性能。

9.3　交换设备的部署

在通信领域中，"交换"一词最早出现在电话网络中，指的是在两部电话机之间实现物理线路连接，并传送语音信号。在有线电话网络中，每部电话都通过有线线缆固定连接到交换机上。交换机记录了端口与电话号码的对应关系，当电话呼叫建立连接时，交换机将通话双方的电话号码翻译为交换端口编号，将对应的端口连接起来，完成电话呼叫建立功能。当电话机数量增多后，就使用彼此连接起来的交换机来完成全网的交换工作，经典的有线电话网络采用树状拓扑连接不同层级的交换机，图9.17示出了不同层级的电话局通过交换网络连接的逻辑关系。交换机收到呼叫请求后，若被叫方不在其交换机管辖范围内，则直接转交给上一级交换机处理。

在计算机网络中，交换同样是网络的重要概念，并体现在多个网络层次上。

集线器是计算机网络中最简单的一种连接网络节点的设备。集线器工作于OSI参考模型中的第一层，即物理层。它的功能十分简单，以自己为中心，将所有网络节点连接起来，并在一条线路上有数据帧到达时，将其发送到其他所有线路上。

集线器并不读取分析数据帧的包头信息，例如在计算机网络中一个IP数据帧的包头包含了MAC地址、IP地址等信息，集线器并不解析这些包头信息，直接将数据帧转发给除了收到数据帧的端口之外的所有端口，因此有研究者将集线器看作一层交换机。

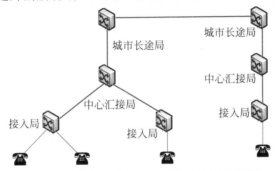

图 9.17 交换网络中不同层级电话局的连接逻辑

如果有两个数据帧同时到达集线器，就产生了冲突。当网络中多个节点同时发送数据时，大量的冲突将导致网络性能的明显下降。为解决这一问题，产生了交换机。一般来说，在数据链路层中传送的数据会被分成各个帧，其中帧头包含目标地址（物理地址，如MAC地址）。交换机从帧头中提取MAC地址，将MAC地址和收到这一数据帧的交换机的端口进行绑定，建立MAC地址和交换机端口号之间的对应关系表。当交换机从某个端口（如端口1）收到数据帧后，读取帧头信息，识别数据帧的目的节点的MAC地址，然后查找MAC地址和交换机端口号之间的对应关系表，若目的MAC地址在关系表内，则将此数据帧转发至对应的交换机端口上，若目的MAC地址不在关系表内，则将此数据帧转发至除端口1之外的所有其他端口上。

在计算机网络中，交换机主要根据数据帧中的MAC地址信息进行转发操作，通常称为二层交换机。有了交换机设备，计算机局域网从"共享式"演进到了"交换式"，其交换性能得到显著提高。

数据链路层的交换设备面对的是数据帧。在不同的网络中，帧的格式（图9.18）和大小可能是不同的。如果需要互联这样不同类型的网络，交换机等链路层设备就无能为力了。此时，必须使用网络层交换设备，也就是路由器。

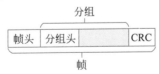

图 9.18 链路层中的数据帧结构

数据帧从数据链路层进入到网络层时，帧头和帧尾会被剥掉，作为一个分组被传递给路由软件。路由软件根据分组头中包含的目标地址（此时是逻辑地址，如IP地址）信息，查表决定如何转发分组，并据此重新将分组封装成帧，交给数据链路层发送至下一跳。可见，在网络层传输时，分组的物理地址会改变，而逻辑地址保持不变，路由器必须具有逻辑地址到物理地址的映射功能。路由器的详细工作原理将在第10章中阐述。

在网络应用中出现了三层交换机的设备，三层交换机具有少量的路由器的功能和完整的二层交换机的功能。在二层交换机的功能基础上，三层交换机会解析数据帧包头中的IP

地址和MAC地址，建立的是"IP地址、MAC地址、交换机端口"之间的映射关系表，扩展了二层交换机的"MAC地址、交换机端口"的映射关系表。

三层交换机收到数据帧后，会根据数据帧的目的节点IP地址，查询"IP地址、MAC地址、交换机端口"的映射关系表，若目的节点IP在此关系表内，则将数据帧转发至对应的交换机端口，若不在此关系表内，则仍在其他所有端口转发。三层交换机实现了部分IP数据包的快速交换功能，一般并不具备复杂的IP寻址路由功能。

第10章

多 址 接 入

多址接入（Multiple Access）是指多个用户/节点通过共享的物理信道发送数据。根据采用的技术不同，分为固定分配、随机接入、受控接入三类多址方式，以实现通信资源的共享。

10.1 固定分配

固定分配多址（Fixed Allocation Multiple Access, FAMA）是指通信资源以时、频、码等方式分割并分配给各节点。常用的固定分配方式包括频分多址、时分多址、码分多址等。

10.1.1 频分多址

频分多址（Frequency Division Multiple Access, FDMA）将可用频段分为若干频带，每个频带预先分配给某个节点使用，如图10.1所示。相邻频带被保护频带分隔以减少干扰。

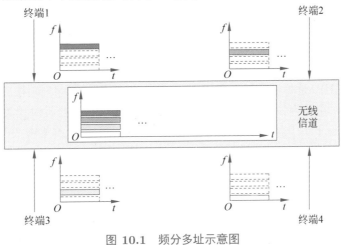

图 10.1 频分多址示意图

10.1.2 时分多址

时分多址（Time Division Multiple Access, TDMA）将可用时间分为若干时隙，每个时隙预先分配给某个节点使用，如图10.2所示。相邻时隙之间有保护间隔以减少干扰。在时分多址的帧结构中，每个时分多址帧分为参考信号和业务信号，如图10.3所示。帧的效率是指帧中用于数据传输的符号数占帧长度的比例。

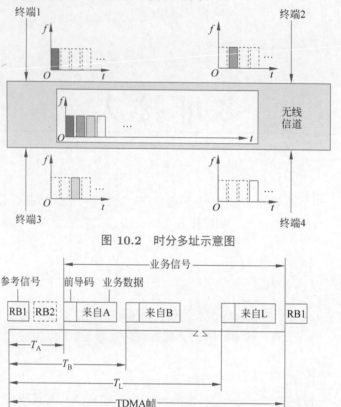

图 10.2　时分多址示意图

图 10.3　时分多址的帧结构

业务信号分为若干时隙,分配给不同节点。时分多址的难点在于不同用户之间时隙的同步,通常是利用参考信号中的特定结构实现帧同步。一种方式是采用独特码(Unique Word,UW)同步检测,UW 是每帧中的一段固定序列,接收端用相同序列与接收信号做相关,以此实现同步。若采用长为 N 的二元序列作为 UW,则完成 UW 接收时相关器应输出 N。实际中,相关器输出不小于阈值 $N - E$ 即判定检测到 UW,即允许 UW 发生至多个 E 错误。由于传输错误,存在漏检(完成 UW 接收时没有检测出 UW)和虚警(未接收到 UW 时判定检测出 UW)两类同步错误。假设信道为二元对称信道,传输错误概率为 p,则漏检概率为

$$Q = \sum_{i=E+1}^{N} C_N^i p^i (1-p)^{N-i}$$

设未接收到 UW 时,所有可能接收序列等概出现,则虚警概率为

$$F = 2^{-N} \sum_{i=0}^{E} C_N^i$$

若连续发送相同的独特码 K 次,只有 K 次都检测到才算完成同步。设单次漏检率和虚警率分别为 Q 和 K,则多独特码的漏检率为

$$Q_K = 1 - (1-Q)^K \approx KQ$$

虚警率为

$$F_K = F^K$$

若将这 K 个独特码序列合并为一个长的独特码并检测一次，则可以证明虚警率将小于或等于多独特码检测的虚警率。

10.1.3 频分多址和时分多址系统的容量分析

对频分多址和时分多址系统进行容量分析，比较其可达速率。以如下通信系统为例：带宽为 W 的 AWGN 信道，双边噪声功率谱密度为 $N_0/2$，总节点数为 K，节点 i 的发射功率 $P_i = P(1 \leqslant i \leqslant K)$。当只有一个节点，即 $K = 1$ 时，根据香农公式，其容量为

$$C = W \log_2 \left(1 + \frac{P}{W N_0} \right)$$

对于 FDMA 系统，若平均分配带宽，则每个节点的带宽为 W/K，因此每个节点的容量为

$$C_K = \frac{W}{K} \log_2 \left[1 + \frac{P}{(W/K) N_0} \right]$$

系统总容量为

$$K C_K = W \log_2 \left(1 + \frac{KP}{W N_0} \right)$$

该结果等于功率为 KP 的单节点的容量。给定带宽 W，随着节点数 K 增加，系统总容量可无限增长，但每个节点的容量会逐渐减小。

下面计算每个节点的单位带宽容量 C_K/W，根据平均每比特消耗能量计算公式 $E_b = P/C_K$，可得

$$\frac{C_K}{W} = \frac{1}{K} \log_2 \left(1 + K \frac{C_K}{W} \frac{E_b}{N_0} \right)$$

可依据上式通过数值方法计算得到每个节点的单位带宽容量 C_K/W，故 C_K/W 与带宽 W 无关，是 E_b/N_0 的函数，如图10.4所示。

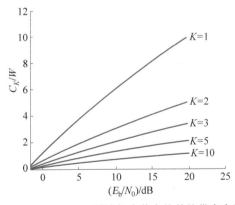

图 10.4 FDMA 系统每个节点的单位带宽容量

记单位带宽的系统总容量为 $C_n = K C_K / W$，则有

$$C_n = \log_2 \left(1 + C_n \frac{E_b}{N_0} \right)$$

即

$$\frac{E_b}{N_0} = \frac{2^{C_n} - 1}{C_n} \tag{10.1.1}$$

FDMA 系统单位带宽的总容量如图 10.5 所示。单位带宽的总容量 C_n 随 E_b/N_0 增加而增加，E_b/N_0 最小值为 $\ln 2$。

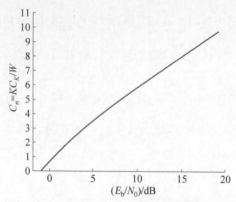

图 10.5　FDMA 系统单位带宽的总容量

而对于 TDMA 系统，每个节点带宽为 W，但只有 $1/K$ 的时间传输，在这一段时间的传输功率为 KP（平均功率限制为 P），每个节点的容量计算为

$$C_K = \frac{1}{K} W \log_2 \left(1 + \frac{KP}{WN_0} \right)$$

从结果来看，TDMA 与 FDMA 的单节点容量相等。但在实际系统中，当 K 很大时，单个节点的传输功率很难达到 KP。

10.1.4　码分多址

在码分多址（Code Division Multiple Access, CDMA）中，允许每个节点使用所有可用时频资源，但给每个节点分配独有的编码。一种形象的比喻是，在同一个屋子用不同语言交谈的人互不干扰。事实上，码分多址通过某种方式分割时频资源，时分和频分都可以看作码分的一个特例。

CDMA 需要尽可能减小各节点信号间的干扰，当各节点间干扰为 0 时，称其各自的信号为正交的。若一种正交信号满足时域正交，记 $x_i(t)$ 为节点 i 的传输波形，则有

$$\int_{-\infty}^{\infty} x_i(t)x_j(t)\mathrm{d}t = 0, \quad i \neq j$$

若一种正交信号满足频域正交，记 $X_i(f)$ 为节点 i 的传输波形的傅里叶变换，则有

$$\int_{-\infty}^{\infty} X_i^*(t)X_j(t)\mathrm{d}t = 0, \quad i \neq j$$

码分多址常用扩频码实现，又称扩频多址（Spread Spectrum Multiple Access, SSMA）。以 BPSK 调制、二元扩频码、加性噪声信道为例，设系统中共 M 个节点，各节点信息序列中的 1/0 映射为符号 1/−1。节点 i 分配到一个独有的 N 维二元扩频码序列 c_i，发送符号 d_i（不发送，则 $d_i = 0$）。如图 10.6 所示，信道输出为

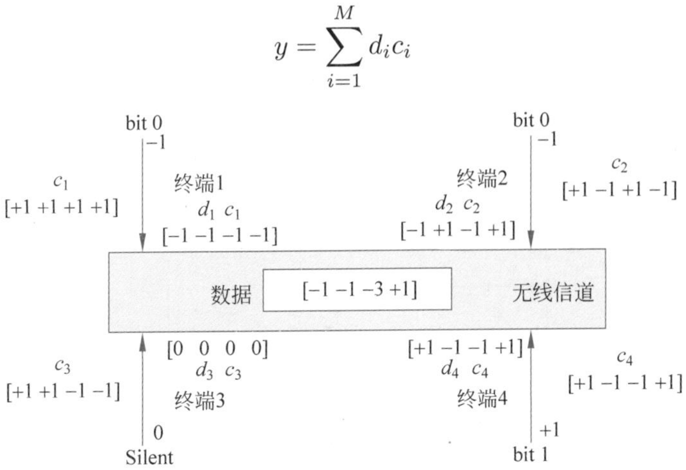

$$y = \sum_{i=1}^{M} d_i c_i$$

图 10.6　码分多址的示意图

扩频码解码采用相干解码，解得节点 i 的符号为

$$u_i = c_i^{\mathrm{T}} y / N$$

节点总数 M 不大于扩频码长度 N 时，可采用正交序列

$$c_i^{\mathrm{T}} c_j = 0, \quad i \neq j$$
$$c_i^{\mathrm{T}} c_i = N,$$

此时 $u_i = d_i$，没有节点间干扰。当 $M > N$ 时，无法给所有节点分配正交扩频码，可设计一定的非正交扩频码序列以减少节点间干扰。

沃尔什（Walsh）表是二元正交扩频码的一种构造方法，其行列数相等，且为2的幂次，每行为一个扩频码序列。沃尔什表的递推构造过程如下：

$$\boldsymbol{W}_1 = \begin{bmatrix} 1 \end{bmatrix}, \quad \boldsymbol{W}_{2^N} = \begin{bmatrix} \boldsymbol{W}_N & \boldsymbol{W}_N \\ \boldsymbol{W}_N & -\boldsymbol{W}_N \end{bmatrix}$$

例如：

$$\boldsymbol{W}_2 = \begin{bmatrix} 1 & 1 \\ 1 & -1 \end{bmatrix}, \quad \boldsymbol{W}_4 = \begin{bmatrix} 1 & 1 & 1 & 1 \\ 1 & -1 & 1 & -1 \\ 1 & 1 & -1 & -1 \\ 1 & -1 & -1 & 1 \end{bmatrix}$$

设传输符号序列的符号周期为 T_s，采用 N 维扩频码，扩频码每一位的传输时间称为码片间隔 T_c，$N = T_s/T_c$ 称为扩频因子。例如，BPSK调制二元扩频码的信号如图10.7所示。

考虑图10.8的扩频多址系统实现方案，$(a_k[0], a_k[1], \cdots)$ 为节点 k 的符号序列，$a_k[n] \in \mathcal{S} \subset \mathcal{C}$，$\mathcal{S}$ 为符号集合，$|\mathcal{S}| = M$，各符号独立同分布，且

$$E(a_k[n]) = 0, \quad E|a_k[n]|^2 = E_s$$

节点 k 的扩频码 $\boldsymbol{c}_k = [c_{k,1}, c_{k,2}, \cdots, c_{k,N}]^{\mathrm{T}} \in \mathcal{C}^N$，且

$$n|c_{k,m}| = 1$$

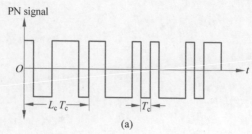

(a)

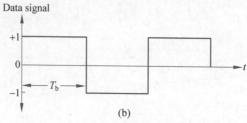

(b)

图 10.7 BPSK 调制二元扩频码的信号

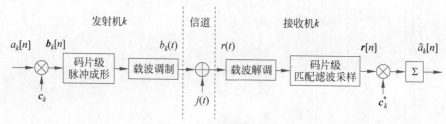

图 10.8 扩频多址系统实现方案

扩频后码片级符号序列为 $(\boldsymbol{b}_k^{\mathrm{T}}[0], \boldsymbol{b}_k^{\mathrm{T}}[1], \cdots)$，其中

$$\boldsymbol{b}_k[n] = a_k[n]\boldsymbol{c}_k$$

经码片级脉冲成形和载波调制，节点 k 发射波形 $b_k(t)$ 到加性信道，忽略热噪声、发射功率控制和同步误差，则接收波形为

$$r(t) = \sum_{k=1}^{K} b_k(t)$$

式中：K 为系统中节点总数。

对于节点 k 的接收，其他节点的信号之和为干扰，即

$$j_k(t) = \sum_{l=1, l \neq k}^{K} b_l(t)$$

经载波解调、码片级匹配滤波、采样接收得到码片级符号序列为 $(\boldsymbol{r}^{\mathrm{T}}[0], \boldsymbol{r}^{\mathrm{T}}[1], \cdots)$，其中，

$$\boldsymbol{r}[n] = \boldsymbol{b}_k[n] + \sum_{l=1, l \neq k}^{K} \boldsymbol{b}_l[n]$$

然后，相干解码得到估计符号为

$$\hat{a}_k[n] = \boldsymbol{c}_k^{\mathrm{H}} \boldsymbol{r}[n] / N$$

由 $\boldsymbol{b}_k[n] = a_k[n]\boldsymbol{c}_k$ 可知，估计符号为

$$\hat{a}_k[n] = \frac{\boldsymbol{c}_k^{\mathrm{H}}\boldsymbol{c}_k}{N}a_k[n] + \sum_{l=1,l\neq k}^{K}\frac{\boldsymbol{c}_k^{\mathrm{H}}\boldsymbol{c}_l}{N}a_l[n]$$

由于

$$\boldsymbol{c}_k^{\mathrm{H}}\boldsymbol{c}_k = \|\boldsymbol{c}_k\|_2^2 = N$$

则有

$$\hat{a}_k[n] = a_k[n] + \sum_{l=1,l\neq k}^{K}\frac{\boldsymbol{c}_k^{\mathrm{H}}\boldsymbol{c}_l}{N}a_l[n]$$

上式等号右边第一项为用户 k 的有用信号,第二项为干扰。

若扩频码正交,显然干扰项为 0。下面考虑非正交情况。假设各节点信源独立,由于 $E|a_k[n]|^2 = E_{\mathrm{s}}$,故而

$$E|\hat{a}_k[n]|^2 = E_{\mathrm{s}} + \sum_{l=1,l\neq k}^{K}\frac{|\boldsymbol{c}_k^{\mathrm{H}}\boldsymbol{c}_l|^2}{N^2}E_{\mathrm{s}}$$

上式等号右边第一项为信号功率,第二项为干扰功率。假设各扩频码各码片为独立同分布随机产生,即

$$\begin{cases} E(c_{k,m}) = 0 \\ E|c_{k,m}|^2 = 1 \end{cases}, \quad 1 \leqslant m \leqslant N, 1 \leqslant k \leqslant K$$

对所有 $k \neq l$,有

$$\begin{aligned} E|\boldsymbol{c}_k^{\mathrm{H}}\boldsymbol{c}_l|^2 &= E\left|\sum_{m=1}^{N}c_{k,m}^*c_{l,m}\right|^2 \\ &= \sum_{m=1}^{N}E|c_{k,m}|^2 E|c_{l,m}|^2 \\ &= N \end{aligned}$$

扩频解码的输出信干噪比为

$$\begin{aligned} (\mathrm{SINR})_{\mathrm{O}} &= E_{\mathrm{s}} \Big/ \left(\sum_{l=1,l\neq k}^{K}|\boldsymbol{c}_k^{\mathrm{H}}\boldsymbol{c}_l|^2 E_{\mathrm{s}}/N^2\right) \\ &= N/(K-1) \end{aligned}$$

另外,由于信源信息独立,扩频解码前

$$E\|\boldsymbol{r}_k[n]\|_2^2 = E\|\boldsymbol{b}_k[n]\|_2^2 + \sum_{l=1,l\neq k}^{K}E\|\boldsymbol{b}_l[n]\|_2^2$$

上式等号右边第一项为信号功率,第二项为干扰功率,且

$$E\|\boldsymbol{b}_k[n]\|_2^2 = E\|a_k[n]\boldsymbol{c}_k\|_2^2 = NE_{\mathrm{s}}, \quad 1 \leqslant k \leqslant K$$

扩频解码输入信干噪比为

$$(\mathrm{SINR})_{\mathrm{I}} = \|\boldsymbol{b}_k[n]\|_2^2 \Big/ \sum_{l=1,l\neq k}^{K}\|\boldsymbol{b}_l[n]\|_2^2 = \frac{1}{K-1}$$

相干解码前后的信干噪比关系为

$$(\text{SINR})_O = N(\text{SINR})_I$$

由此可见，即使扩频码非正交，使用扩频码也可以增大接收端的信干噪比，该倍数也称扩频增益，其可表示为

$$\text{PG} = \frac{T_s}{T_c} = \frac{R_c}{R_s} = N$$

10.1.5 码分多址系统的容量分析

以如下系统为例：带宽为 W 的 AWGN 信道，噪声的双边功率谱密度为 $N_0/2$，总节点数为 K，节点发射功率 $P_i = P\,(1 \leqslant i \leqslant K)$。CDMA 的容量与接收端检测方式有关。

对于单用户检测，其他节点的信号完全视作干扰。故每个节点的容量为

$$C_K = W \log_2 \left[1 + \frac{P}{WN_0 + (K-1)P} \right]$$

每个节点单位带宽的容量为

$$\frac{C_K}{W} = \log_2 \left[1 + \frac{C_K}{W} \frac{E_b/N_0}{1 + (K-1)(C_K/W)(E_b/N_0)} \right]$$

如图10.9所示。节点数 K 很大时，根据 $\ln(1+x) < x$，可得

$$\frac{C_K}{W} \leqslant \frac{C_K}{W} \frac{E_b/N_0}{1 + K(C_K/W)(E_b/N_0)} \log_2 e$$

单位带宽的总容量满足

$$C_n \leqslant \log_2 e - \frac{1}{E_b/N_0} < \log_2 e$$

可见 CDMA 单位带宽的容量随 E_b/N_0 增大而存在上限。与之对比，根据式(10.1.1)，TDMA 和 FDMA 系统的单位带宽容量随 E_b/N_0 增大而增大，无上限。

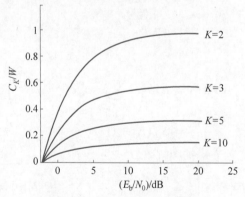

图 10.9　码分多址单位带宽容量

多用户检测中，接收端对各节点的信号进行联合解码，可以实现更高的系统容量。设节点 i 的速率为 R_i，则 CDMA 可实现的速率满足以下约束：

$$R_i < W \log_2 \left(1 + \frac{P}{WN_0} \right), \quad 1 \leqslant i \leqslant K$$

$$R_i + R_j < W \log_2 \left(1 + \frac{2P}{WN_0} \right), \quad 1 \leqslant i,j \leqslant K$$

$$\cdots$$

$$\sum_{i=1}^{K} R_i < W \log_2 \left(1 + \frac{KP}{WN_0}\right)$$

对 $R_i = R, 1 \leqslant i \leqslant K$ 的特殊情况，上述约束等价于

$$R < \frac{W}{K} \log_2 \left(1 + \frac{KP}{WN_0}\right)$$

该结果和 FDMA 和 TDMA 的容量相同。

例如，上述 CDMA 系统中节点数 $K = 2$ 时容量域即图10.10中五边形，其中

$$C_1 = C_2 = W \log_2 \left(1 + \frac{P}{WN_0}\right)$$

$$R_{1m} = R_{2m} = W \log_2 \left(1 + \frac{2P}{WN_0}\right) - C_1$$

$$= W \log_2 \left(1 + \frac{P}{P + WN_0}\right)$$

即 R_{1m} 为把节点2的信号看作噪声干扰时节点1的可达速率，故单用户检测的可达速率为图中阴影部分。

若采用 FDMA/TDMA，分别分配 α 和 $1 - \alpha$ 的带宽/时间资源给两个节点，则两个节点的容量域如图10.11 中虚线所示，分别为

$$R_1 = \alpha W \log_2 \left(1 + \frac{P}{\alpha WN_0}\right)$$

$$R_2 = (1 - \alpha)W \log_2 \left(1 + \frac{P}{(1 - \alpha)WN_0}\right)$$

故 FDMA/TDMA 可看作 CDMA 的特殊情况，而通常 CDMA 具有更大的容量域，这些容量域的增益是由多用户检测带来的。

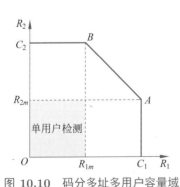

图 10.10　码分多址多用户容量域

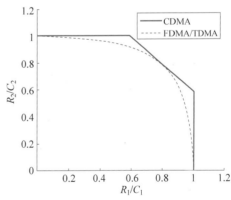

图 10.11　容量域对比

10.2　随机接入

虽然固定分配可以保证每个节点获得均等的通信资源和机会，但是会造成资源浪费。例如，当一个时隙被分配给某个节点，但该节点并没有数据需要发送时，就造成了时隙资源的浪费。此外，固定分配也无法适应网络中节点数量的动态变化。因此，很多网络，如局

域网（Local Area Network, LAN）和无线局域网（Wireless LAN）中的多址接入往往采用随机多址（Random Access）的方式。在随机接入中，没有中心式控制器进行接入控制（通信资源分配），节点终端根据共享介质（Medium）的状态（占用/空闲）自主决定是否传输。其主要特点包括：

（1）没有预先规定的传输时间，传输行为是随机的；

（2）终端之间竞争（Contention）使用信道；

（3）当多于一个终端同时使用信道时，会发生接入冲突（Collision），导致发生冲突的所有帧都损坏。

以太网示意图如图10.12所示。

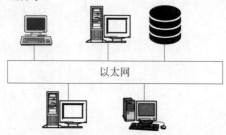

图 10.12　以太网示意图

为了尽可能避免冲突或在发生冲突时进行合理解决，一个随机接入协议需要解决以下问题：

（1）节点终端什么时候可以接入介质（开始传输）？

（2）如果介质当前被占用，那么节点终端应怎样做？

（3）如果发生了接入冲突，那么节点终端应怎样解决？

（4）怎样估算传输的成功率或网络的吞吐率？

下面几节将介绍具有代表性的随机接入协议，它们分别在不同程度上解决了以上的问题。

10.2.1　ALOHA协议

ALOHA是世界上最早的无线电计算机通信网，其采用的随机多址技术称为ALOHA协议。ALOHA协议在20世纪70年代由夏威夷大学研究人员提出，用于夏威夷群岛之间的无线通信。当然，该协议不仅用于无线局域网，而且可用于其他共享介质的网络系统。

ALOHA协议采用最朴素的随机接入方法，即终端只要有数据帧等待发送就立刻接入信道，传输一个经过信道编码的数据帧（假设帧的长度固定）。一个典型的ALOHA网络的帧传输如图10.13所示。图中总共发送了8个帧，其中只有2个帧成功传输，其余均发生冲突。只要某帧中的一个比特发生了冲突，整个帧均视作传输失败。

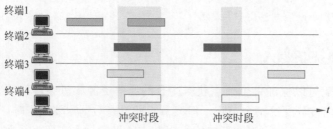

图 10.13　ALOHA 协议的帧传输

ALOHA 协议还引入了确认（Acknowledgment, ACK）和重传（Retransmission）机制。若接收方接收到帧并成功信道解码，会返回一个 ACK 帧给发送方。若发生冲突，则可分为两种情况：一是接收方没有接收到帧，发送方等待 ACK 超时；二是接收方信道解码检出错误，接收方返回 NAK（否定确认）给发送方。在两种情况下，发送方均需要重新传输该帧。

ACK 超时时间设置为两个最远终端的传播（Propagation）时延 T_{p} 的 2 倍，即 $2T_{\mathrm{p}}$。若发生冲突后立刻重传，则冲突的帧还会继续冲突，故终端需要独立退避（Backoff）一个随机的时间 T_{B} 之后再尝试重传。常用的退避时间为二进制指数退避（Binary Exponential Backoff），乘数 R 在 $\{0, 1, \cdots, 2^K - 1\}$ 中均匀分布，其中 K 为该帧传输失败的次数，退避时间 T_{B} 即为 R 乘以传播时延 T_{p} 或发送一帧所需的时间 T_{fr}。为了避免让网络发生拥塞，在重传最大次数 $K_{\max}$ 后，放弃传输该帧，一般取 $K_{\max} = 15$。ALOHA 协议运行的流程图如图10.14所示。

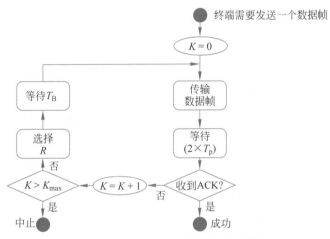

图 10.14　ALOHA 协议运行流程

注：K—尝试的数量；T_{p}—最大传播时间；R—（随机数）$0 \sim 2^K - 1$；T_{B}—（退避时间）$R \times T_{\mathrm{p}}$ 或 $R \times T_{\mathrm{fr}}$，T_{fr} 为平均传输时间。

定义脆弱时间（Vulnerable Time）为与某帧发生冲突的接入时段，如图10.15所示，B帧的脆弱时间包括其开始传输之前与之后各一个帧时，长度为 $2T_{\mathrm{fr}}$。

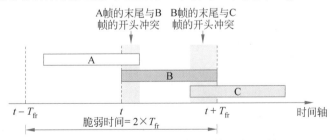

图 10.15　ALOHA 协议数据帧的脆弱时间

接下来分析 ALOHA 协议的吞吐率性能。假设业务的数据帧的平均到达率为 λ，则系统稳定要求平均成功发送帧的频率也为 λ。由于帧之间会发生冲突，假设冲突发生的频率为 λ_{r}，则总业务到达率（新到达＋重传）为 $\lambda_{\mathrm{t}} = \lambda + \lambda_{\mathrm{r}}$。设每个帧的长度为 b 比特，则实际

成功发送的吞吐率 $\rho' = b\lambda$。定义总业务量 $G' = b\lambda_t$，再令信道容量为 $R\text{bit/s}$，进一步可以定义归一化吞吐率（normalized throughput）$\rho = b\lambda/R \leqslant 1$，归一化总业务量（normalized total traffic）为 $G = b\lambda_t/R \leqslant \infty$。

每个帧的传输时间 $T_{\text{fr}} = b/R$，可得归一化吞吐率 $\rho = \lambda T_{\text{fr}}$，归一化总业务 $G = \lambda_t T_{\text{fr}}$。多个不关联用户的帧到达通常用泊松（Poisson）过程建模，在某段时间 τ 内到达 $K(K \geqslant 0)$ 个帧的概率为

$$P(K) = \frac{(\lambda\tau)^K e^{-\lambda\tau}}{K!}$$

为了成功传输一个帧（不发生冲突），需要在其脆弱时间内没有任何其他帧尝试发送，其概率为

$$P_s = P(K=0) = \frac{e^{-2\lambda_t T_{\text{fr}}}}{0!} = e^{-2\lambda_t T_{\text{fr}}}$$

该概率同时也可表示为业务到达率和总业务到达率的比值，$P_s = \lambda/\lambda_t$，因此 $\lambda = \lambda_t e^{-2\lambda_t T_{\text{fr}}}$，式两边同乘 T_{fr}，可得

$$\rho = Ge^{-2G}$$

此即归一化吞吐率与归一化总业务量的关系。对 G 求导计算得：当 $G^* = 0.5$ 时，最大归一化吞吐率为

$$\rho_{\max} = \frac{1}{2e} = 0.184$$

为了直观理解 $G^* = 0.5$ 的物理意义，考虑由于 ALOHA 协议中脆弱时间是传输时间的 2 倍，每传输一个帧会使 2 倍的传输时间不能接入其他帧。

例10.1 一个传输速率为 200kb/s 的共享信道中采用 ALOHA 协议传输 200bit 的帧，若所有终端发送帧的总频率分别为 1000 帧/秒、500 帧/秒、250 帧/秒，分别求系统的吞吐率？

解：每个帧的传输时间为

$$T_{\text{fr}} = \frac{200}{200} = 1(\text{ms})$$

总业务量为 $G = \lambda_t T_{\text{fr}} = 1$，归一化吞吐率 $\rho = Ge^{-2G} = 0.135$，实际吞吐率 $\rho/T_{\text{fr}} = 135$ 帧/秒。

总业务量为 $G = \lambda_t T_{\text{fr}} = 0.5$，归一化吞吐率 $\rho = Ge^{-2G} = 0.184$，实际吞吐率 $\rho/T_{\text{fr}} = 184$ 帧/秒。

总业务量为 $G = \lambda_t T_{\text{fr}} = 0.25$，归一化吞吐率 $\rho = Ge^{-2G} = 0.152$，实际吞吐率 $\rho/T_{\text{fr}} = 152$ 帧/秒。

10.2.2 时隙 ALOHA 协议

ALOHA 协议的缺点是过长的脆弱时间 $2T_{\text{fr}}$，时隙 ALOHA 协议（Slotted ALOHA）将时间分成长度为 T_{fr} 的时隙，并规定终端只能在每个时隙的开始进行发送，如图10.16所示。

由于每个终端只能在时隙的开始发送，如果某帧错过了一个时隙的开始，那么需要等到下个时隙才能传输。对于时隙 ALOHA 协议来说，其脆弱时间为 T_{fr}，若存在两帧在同一个时隙中传输，则会发生冲突，如图10.17所示。对比 ALOHA 协议，脆弱时间降低为原来的一半。与 ALOHA 协议一致，时隙 ALOHA 协议同样具有确认和重传机制，在冲突（收到 NAK 或超时）后随机等待整数个时隙后重传。

下面分析时隙 ALOHA 协议的吞吐率性能。某一帧成功传输等同于在该时隙没有其他

帧发送，即上个时隙内没有帧到达，概率为

$$P_s = P(K = 0) = \frac{e^{-\lambda_t T_{fr}}}{0!} = e^{-\lambda_t T_{fr}}$$

类似上一节的推导，将该概率表示为业务到达率和总业务到达率的比值，两边同乘T_{fr}，可得

$$\rho = Ge^{-G}$$

对G求导计算得到，当$G^* = 1$时，最大归一化吞吐率为

$$\rho_{max} = 1/e = 0.37$$

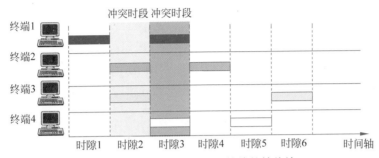

图 10.16 时隙 ALOHA 协议的帧传输

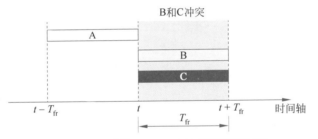

图 10.17 时隙 ALOHA 协议的脆弱时间

图10.18对比了 ALOHA 协议与时隙 ALOHA 协议的归一化吞吐率性能，可以看到，最大归一化吞吐率相比 ALOHA 协议提升了1倍。

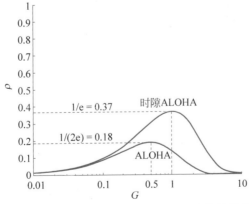

图 10.18 ALOHA 协议与时隙 ALOHA 协议的吞吐率对比

例 10.2 假设帧的到达和重传都是泊松过程，在时隙 ALOHA 协议中，设总到达率$\lambda_t = 10$个数据包/秒，帧的传输时间（时隙）为10ms，计算某一帧仅和其他一个帧冲突的概率。

解：

$$P(K=1) = \left. \frac{(T_{\mathrm{fr}}\lambda_{\mathrm{t}})^K \mathrm{e}^{-T_{\mathrm{fr}}\lambda_{\mathrm{t}}}}{K!} \right|_{K=1}$$

$$= \frac{(0.01 \times 10)^1 \mathrm{e}^{-0.01 \times 10}}{1!}$$

$$= 0.1\mathrm{e}^{-0.1} = 0.09$$

10.2.3　CSMA协议

载波侦听多路访问（Carrier Sense Multiple Access, CSMA）协议的基本思路是终端在发送前侦听通信介质是否占用，可降低冲突概率。虽然CSMA协议可以显著降低冲突概率，事实上，CSMA仍然不能完全避免冲突，如图10.19所示，C终端在B终端发送后，由于传播时延（虽然很短），未侦听到B的帧，并发送导致冲突。

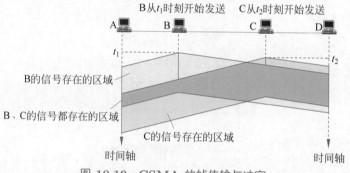

图 10.19　CSMA 的帧传输与冲突

为了分析CSMA的冲突，与分析ALOHA一样，先定义CSMA的脆弱时间。如图10.20所示，由于CSMA采用侦听，脆弱时间即为信号的传播时延T_{p}，即信号在网络中相距最远的两个终端之间的传播时间。当一个终端开始传输后，在脆弱时间内并非所有终端都能侦听到该传输信号，因此有发生冲突的风险。而在脆弱时间后，所有终端均可侦听到信号。

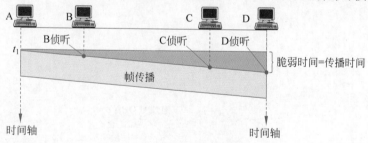

图 10.20　CSMA 的脆弱时间

当终端侦听到信道空闲/占用时，可以选择以下策略：

（1）1-坚持策略：当终端有需要发送的帧时，先侦听信道，若信道占用，则持续侦听；一旦信道空闲，则（以概率1）立刻发送该帧。其缺点是执行该策略的终端在信道解除占用时立刻进行发送，因此多个终端有可能同时发送，更易导致冲突。该策略的典型应用为以太网。

（2）非坚持策略：当终端有需要发送的帧时，先侦听信道，若信道空闲，则立刻发送该帧；若信道占用，则等待一段随机时间后再重新侦听信道（并重复前述侦听的逻辑）。该策略相比于1-坚持策略降低了发生冲突的概率，但也同时降低了网络资源利用率，因为可能出现信道空闲但无终端发送的情况。

（3）p-坚持策略：p-坚持策略应用在时隙系统中（时隙长度大于传播时间）。p-坚持策略示意图和流程图分别如图10.21和图10.22所示。

该策略分为以下步骤：

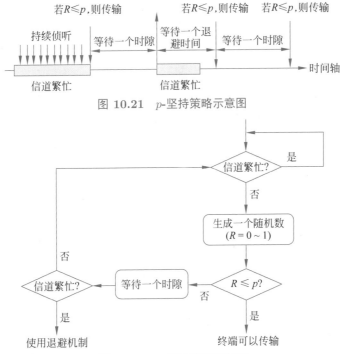

图 10.21 p-坚持策略示意图

图 10.22 p-坚持策略流程图

Step 1：当终端有需要发送的帧时，侦听信道：若侦听到信道占用，则持续进行侦听，回到Step 1；若侦听到信道空闲，则以概率$p(0 < p \leqslant 1)$直接发送该帧（流程结束）。另以$1 - p$概率选择不发送，等待下个时隙的起始，并再次侦听，进入Step 2；

Step 2：若信道空闲，则回到Step 1；若信道占用，则按照发生冲突处理，进行随机退避后继续侦听，回到Step 2。

在对应的时隙系统中，随机退避的退避时长（等待的时间，等待时间内不侦听）通常由一个整数随机数确定，则退避时长等于该整数个时隙的长度。p-坚持策略结合了前两个策略的优点，通过调整p，可以在冲突和效率中达到平衡。

10.2.4   CSMA/CD协议

带冲突检测的载波侦听多路访问（Carrier Sense Multiple Access/Collision Detection, CSMA/CD）协议的基本思路是终端开始发送帧后，同时侦听介质以确认是否成功传输，若发生冲突，则停止当前无意义的传输。其冲突检测如图10.23所示，终端A和终端C发生了冲突，终端C在t_3时刻检测到冲突，并立刻停止传输；终端A则在t_4时刻检测到冲突，并立刻停止传输。

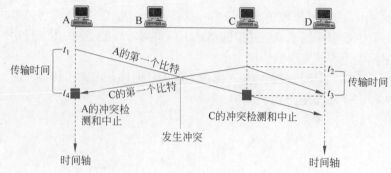

图 10.23　CSMA/CD 的冲突检测

为了能检测是否发生帧冲突，在发送最后一个比特时，应保证潜在的冲突一定已经发生，否则一旦传输结束，就不再做冲突检测，无从得知帧是否传输成功。故帧的传输时间至少应为 2 倍的最大传播时延，即

$$T_{fr} \geqslant 2T_p$$

对应最差情况下，假设两个终端 A、B 距离最远，其中终端 A 发送后经过 T_p 时间到达终端 B，而恰好终端 B 开始发送导致冲突，冲突再经过 T_p 时间才会来到终端 A，并被检测到。

例 10.3　传统以太网带宽为 10Mb/s，采用 CSMA/CD 协议，若最大传播时延为 25.6μs，求最小帧长。

解：

$$F = B \times T_{fr} \geqslant B \times 2T_p = 512\text{bit} = 64\text{B}$$

CSMA/CD 协议的流程图如图 10.24 所示，其与 ALOHA 协议的区别在于发送前先进行载波侦听再按策略发送或等待（对应一种坚持策略），在发送过程中连续不停地同时检测冲突，而当检测到冲突发生时，发送一段干扰信号（jamming）确保其他终端也感知到冲突的发生。

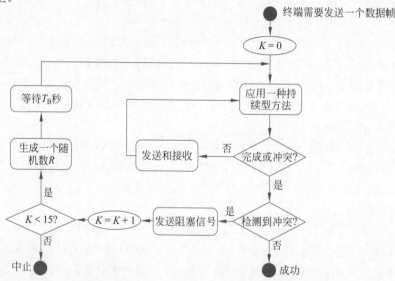

图 10.24　CSMA/CD 协议的流程图

注：K—尝试次数；R—（随机数）$0 \sim 2^K - 1$；T_B—（退避时间）$R \times T_{fr}$，T_{fr} 为帧平均传输时间。

终端在发送前侦听及正在发送时冲突检测，都需要监测信道的能量水平，以判断信道是否空闲。因此，CSMA/CD 的吞吐率显著高于 ALOHA 和时隙 ALOHA 协议。吞吐率与帧发送时间和传播时间的比值 T_{fr}/T_p 及选择的坚持策略有关。对于 1-坚持策略，当总到达率 $G^* = 1$ 时，最大归一化吞吐率在 0.5 左右。对于非坚持策略，当总到达率 $G^* = 3 \sim 8$ 时，最大归一化吞吐率可以达到 0.9 左右。

10.2.5　CSMA/CA 协议

CSMA/CD 协议的冲突检测只适用于有线网络，而对于无线通信系统，往往接收信号相比发射信号弱多个数量级，无法在传输的同时检测冲突。此时采用带冲突避免的载波侦听多路访问（Carrier Sense Multiple Access/Collision Avoidance, CSMA/CA）协议。CSMA/CA 协议的流程图如图 10.25，主要应用于无线网络。

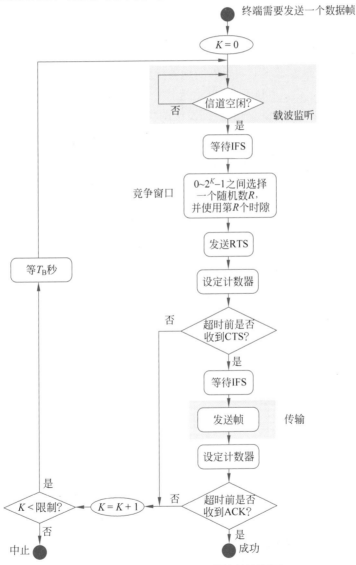

图 10.25　CSMA/CA 协议的流程图

注：K—尝试次数；T_B—退避时间；IFS—帧间距；RTS—请求发送；CTS—清除发送。

其主要通过以下方式解决冲突：

（1）帧间距（Inter-Frame Space, IFS）：为了避免冲突，即使侦听到信道空闲，也等待一段时间再重新侦听。因为即使信道看起来空闲，远处的终端可能已经开始传输。这段等待时间称为DIFS(Distributed IFS)。若等待后信道空闲，则再经过竞争窗口机制才开始发送流程。

（2）竞争窗口（Contention Window, CW）：利用随机数的特性避免冲突。竞争窗口由连续的时隙构成，其大小2^K为一个二进制指数，该指数K随竞争冲突、传输失败次数的增加而变大。当一个终端要发送数据时，它会在其竞争窗口内等待一个随机时间，即退避时间（backoff time）之后再次监听介质。退避时间为R个时隙，R为一个整数随机数，$R \in [0, 2^K - 1]$。为了控制退避过程，终端会设定一个计数器，即退避计数器（backoff counter），计数器的初始值为R。

进入竞争窗口后，终端在每个时隙都侦听信道。若信道空闲，则计数器在每个空闲的时隙减1，直到减到0时发送RTS（Request To Send）帧；若侦听信道忙，则重新等信道空闲DIFS的时间后，计数器从上次暂停的地方继续递减。若计数器递减到0时仍未侦听到信道空闲，则终端等待下一个DIFS时间后选择一个随机数R重新开始计数。

在竞争阶段，计数器数值越小的终端发送的优先级越高。该计数器的数值与两个方面有关：一是竞争窗口的大小，竞争窗口越小，其初始随机数倾向于越小；二是此前等待更久的终端由于已经递减了较多时隙，因此计数器数值会偏小，相对来说发送优先级更高。

（3）确认（Acknowledgment, ACK）：CSMA/CA协议使用ACK机制进行是否传输成功的最终确认。

此外，CSMA/CA协议中包含数据帧和控制帧，如图10.26所示。

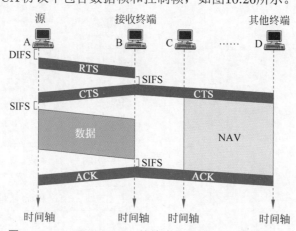

图 10.26 CSMA/CA 协议中数据帧和控制帧的交换

一次传输的具体过程如下：

（1）侦听信道，选用某种坚持策略，直至信道空闲，并等待DIFS时间后进入竞争窗口。竞争窗口归零后，发送终端发送一种控制帧RTS给接收终端。

（2）接收终端在SIFS（Short IFS）时间内处理RTS并回应另一种控制帧CTS（Clear To Send）给发送终端，表示接收终端已准备好接收数据。

（3）发送终端接收到CTS帧后，在SIFS时间后开始发送数据帧。

（4）接收终端成功接收到数据帧后，发送 ACK 帧给发送终端。由于没有冲突检测机制，确认机制对于 CSMA/CA 协议是必要的。

CSMA/CA 协议避免冲突的关键功能在于 RTS/CTS 机制。发送终端在 RTS 帧中包含需要占用信道的时间，CTS 帧也包含此时间，其他终端在收到 CTS 帧后后创建一个时钟，并在这段时间后再侦听信道是否空闲。因此，当终端有帧需要发送时，先检查该时钟是否到期，再侦听信道，进入发送流程。若 RTS 帧发生冲突，则发送终端等待 CTS 帧超时，发送终端进行退避。虽然不能进行冲突检测，但是 RTS/CTS 机制把冲突限制在短包，提高了网络的资源利用率。

同时，RTS/CTS 机制可以在一定程度上解决隐藏终端问题（hidden station problem），如图10.27所示。网络系统中存在三个终端，A 和 C 同时向 B 传输，由于 A 和 C 彼此不在无线通信或载波侦听范围，所以载波侦听无效。当 A 给 B 发送数据包时，因为侦听不到 A 的传输，C 可能会同时发起传输，因此造成 B 的接收受到冲突而失败。其本质是 CSMA 协议的侦听并未考虑到冲突实际上在接收端发生而不是在发送方。RTS/CTS 机制中，当 B 收到 A 的 RTS 帧时，会发送一个 CTS 短帧，从而使 C 得知隐藏终端的存在。但是，RTS/CTS 机制仍然无法避免 RTS 受到隐藏终端的影响而冲突，所以并不能完全解决隐藏终端问题。

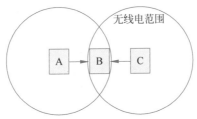

图 10.27 隐藏终端问题

类似地，还有暴露终端问题（exposed station problem）。考虑如图10.28所示的四个终端，B 向 A 正在传输，同时 C 想向 D 传输，却在载波侦听时感知到 B 的信号，从而错误地以为不能向 D 传输。而实际上 D 在 B 的传输距离之外，并不会受到干扰而导致接收失败。该问题同样可基于 RTS/CTS 机制解决，当 C 收到了 B 的 RTS，却没有收到来自 A 的 CTS，从而可以推断出其信号不会干扰到 A，故可以向 D 发送数据。

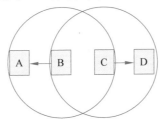

图 10.28 暴露终端问题

10.2.6 案例：IEEE 802.11 DCF 的饱和性能分析

IEEE 802.11 协议，即 Wi-Fi，其介质访问控制（Medium Access Control, MAC）层最经典的分布式协调功能（Distributed Coordination Function, DCF）就采用了 CSMA/CA

协议进行随机多址接入。DCF 定义了两种机制：基本接入机制，不使用 RTS/CTS 机制，仅通过 ACK 检测冲突，如图10.29所示；RTS/CTS 机制，通过 CTS 帧检测冲突，显著降低了冲突浪费的传输时长，如图10.30所示。

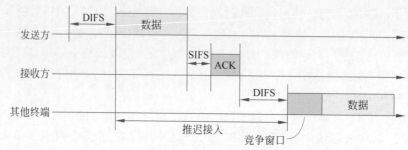

图 10.29　IEEE 802.11 DCF 的基本接入机制

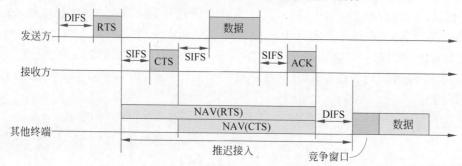

图 10.30　IEEE 802.11 DCF 的 RTS/CTS 机制

下面对这两种机制下的网络性能进行建模分析。我们关注系统在饱和情况下，即终端队列总是非空时的饱和吞吐率（Saturation Throughput）。假设信道理想，即只会由冲突导致丢包。终端数 n 有限，且无隐藏终端或暴露终端问题。假设每个终端发送帧的冲突概率是相等且独立的，给定终端总数 n 和传输概率 τ，则终端冲突概率为

$$p = 1 - (1 - \tau)^{n-1}$$

在终端数较多（$n > 10$）时，实验证明该公式非常准确。

竞争窗口内的时隙长度 σ 为任意终端检测到其他终端传输的最大时间，它由物理层决定，一般为 20μs、50μs 等。竞争窗的大小为 w，计数器的初始值在 $[0, w-1]$ 之间均匀分布。竞争窗口的大小根据冲突次数调整，首次传输时 $w = \mathrm{CW_{min}}$，每次传输冲突后 w 翻倍，直到最大值 $w = \mathrm{CW_{max}} = 2^m \mathrm{CW_{min}}$。计数器在信道空闲 DIFS 时间后开始递减，在检测到传输时冻结，再次空闲 DIFS 时间后继续递减。

考虑一个离散时间系统，$t = 0, 1, 2, \cdots, t$ 和 $t+1$ 对应于相邻两次计数器递减的起始时刻，则 t 和 $t+1$ 的间隔即为相邻两次计数器递减之间的时间间隔，该间隔可能为定长值 σ，也可能为变长的包括帧传输和 DIFS 的总时间。设 $b(t)$ 表示某终端的退避计数器的随机过程，由于竞争窗口的大小与冲突次数相关，$b(t)$ 并非马尔可夫的。若同时考虑退避阶段 $i = 0, 1, \cdots, m$，则在第 i 阶段最大长度退避为 $W_i = 2^i W$，并设 $s(t)$ 为退避阶段的随机过程。根据终端冲突概率的相等、独立性质，$\{s(t), b(t)\}$ 构成离散时间二维马尔可夫链，如图10.31所示。

其转移概率为

$$P\{i,k \mid i,k+1\} = 1, \quad i \in [0,m], \ k \in [0,W_i - 2]$$

$$P\{0,k \mid i,0\} = (1-p)/W_0, \quad i \in [0,m], \ k \in [0,W_0 - 1]$$

$$P\{i,k \mid i-1,0\} = p/W_i, \quad i \in [0,m], \ k \in [0,W_0 - 1]$$

$$P\{m,k \mid m,0\} = p/W_m, \quad k \in [0,W_0 - 1]$$

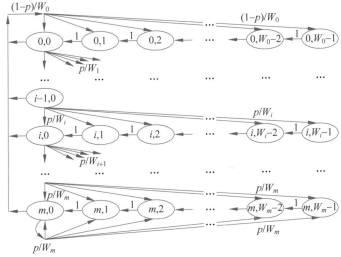

图 10.31　IEEE 802.11 DCF 的状态转移图

设该马尔可夫过程的稳态解为

$$b_{i,k} = \lim_{t \to \infty} P\{s(t) = i, n(t) = k\}, \ i \in [0,m], \ k \in [0,W_i - 1]$$

计数器递减是确定性的，若只关注 $\{s(t),0\}$ 之间的转移，则有

$$b_{i,0} = p \cdot b_{i-1,0} \Rightarrow b_{i,0} = p^i b_{0,0}, \ i \in [0,m-1]$$

$$b_{m,0} = p \cdot b_{m-1,0} + p \cdot b_{m,0} \Rightarrow b_{m,0} = \frac{p^m}{1-p} b_{0,0}$$

因此

$$\sum_{i=0}^{m} b_{i,0} = b_{0,0}/(1-p)$$

对于 $k \in [1, W_i - 1]$，有

$$b_{i,k} = \frac{W_i - k}{W_i} \cdot \begin{cases} (1-p)\sum_{j=0}^{m} b_{j,0}, & i = 0 \\ pb_{i-1,0}, & 0 < i < m \\ p(b_{m-1,0} + b_{m,0}), & i = m \end{cases}$$

利用 $\{s(t),0\}$ 之间关系上式可简写为

$$b_{i,k} = \frac{W_i - k}{W_i} \cdot b_{i,0}, \ i \in [0,m], \ k \in [0,W_i - 1]$$

这样，所有稳态概率 $b_{i,k}$ 都用 $b_{0,0}$ 和 p 表示出来。下面进行归一化：

$$1 = \sum_{i=0}^{m} \sum_{k=0}^{W_i-1} b_{i,k} = \sum_{i=0}^{m} b_{i,0} \sum_{k=0}^{W_i-1} \frac{W_i - k}{W_i} = \sum_{i=0}^{m} b_{i,0} \frac{W_i + 1}{2}$$

$$= b_{0,0} \left[W \left(\sum_{i=0}^{m-1} (2p)^i + \frac{(2p)^m}{1-p} \right) + \frac{1}{1-p} \right]$$

可得

$$b_{0,0} = \frac{2(1-2p)(1-p)}{(1-2p)(W+1) + pW(1-(2p)^m)}$$

基于稳态解 $b_{0,0}$，可以得出终端在任一（变长）时隙传输的概率：

$$\tau = \sum_{i=0}^{m} b_{i,0} = \frac{b_{0,0}}{1-p} = \frac{2(1-2p)}{(1-2p)(W+1) + pW(1-(2p)^m)} \tag{10.2.1}$$

可见，传输概率由冲突概率 p、最小竞争窗长度 W 和退避阶段数 m 共同决定。根据 $p = 1 - (1-\tau)^{n-1}$，与式(10.2.1)构成一组非线性方程，由单调性和连续性可知一定有唯一解 (p, τ)。

吞吐率为

$$S = \frac{E[\text{时隙内传输的有效负载信息}]}{E[\text{时隙长度}]}$$

设有终端传输的概率 $P_{\text{tr}} = 1 - (1-\tau)^n$，在有终端传输下，传输成功的概率为

$$P_{\text{s}} = \frac{n\tau(1-\tau)^{n-1}}{P_{\text{tr}}} = \frac{n\tau(1-\tau)^{n-1}}{1-(1-\tau)^n}$$

设 $E[P]$ 为平均数据包长，则每个（变长）时隙期望传输 $P_{\text{tr}}P_{\text{s}}E[P]$ 的数据量。再设 T_{s}、T_{c} 分别为成功传输和冲突时的平均信道占用时间，σ 为空闲时的占用时间（竞争窗时隙长度），则有

$$S = \frac{P_{\text{tr}}P_{\text{s}}E[P]}{(1-P_{\text{tr}})\sigma + P_{\text{tr}}P_{\text{s}}T_{\text{s}} + P_{\text{tr}}(1-P_{\text{s}})T_{\text{c}}} \tag{10.2.2}$$

对于基本接入机制（如图10.32所示），一次成功传输的信道占用为

$$T_{\text{s}}^{\text{basic}} = H + E[P] + \text{SIFS} + \delta + \text{ACK} + \text{DIFS} + \delta$$

式中：H 为帧头；δ 为传播时延。

图 10.32　基本接入机制中一次成功传输的信道占用

而对于冲突（如图10.33所示），信道占用为

$$T_{\text{c}}^{\text{basic}} = H + E[P^*] + \text{DIFS} + \delta$$

式中：$E[P^*] = E[E[\max(P_1, \cdots, P_k)|k]]$ 为发生冲突的最长数据包的期望长度。

图 10.33　基本接入机制中一次冲突的信道占用

对于RTS/CTS机制，一次成功传输的信道占用如图10.34所示，冲突的信道占用如

图10.35所示，故有

$$T_{\mathrm{s}}^{\mathrm{rts}} = \mathrm{RTS} + \mathrm{SIFS} + \delta + \mathrm{CTS} + \mathrm{SIFS} + \delta + H +$$

$$E[P] + \mathrm{SIFS} + \delta + \mathrm{ACK} + \mathrm{DIFS} + \delta$$

$$T_{\mathrm{c}}^{\mathrm{rts}} = \mathrm{RTS} + \mathrm{DIFS} + \delta$$

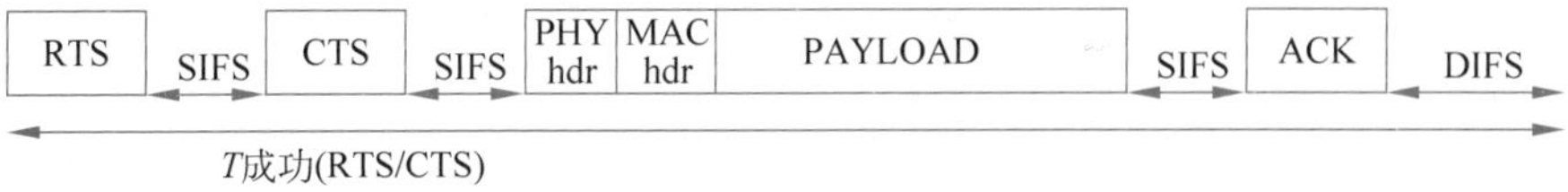

| RTS | SIFS | CTS | SIFS | PHY hdr | MAC hdr | PAYLOAD | SIFS | ACK | DIFS |

T成功(RTS/CTS)

图 10.34　RTS/CTS 机制中一次成功传输的信道占用

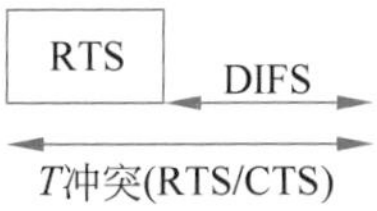

| RTS | DIFS |

T冲突(RTS/CTS)

图 10.35　RTS/CTS 机制中一次冲突的信道占用

根据仿真实验结果（如图10.36所示），性能分析模型与仿真非常符合，基本接入机制下吞吐率随终端数增加而明显下降，而 RTS/CTS 机制对终端数的变化非常鲁棒，这与 RTS/CTS 机制中冲突的信道占用时长较短有关。

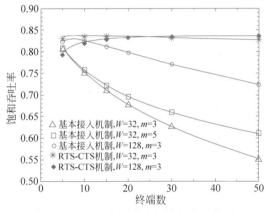

图 10.36　饱和吞吐率与终端数的关系

下面推导最大饱和吞吐率，整理式(10.2.2)可得

$$S = \frac{P_{\mathrm{tr}} P_{\mathrm{s}} E[P]}{(1 - P_{\mathrm{tr}})\sigma + P_{\mathrm{tr}} P_{\mathrm{s}} T_{\mathrm{s}} + P_{\mathrm{tr}}(1 - P_{\mathrm{s}}) T_{\mathrm{c}}} = \frac{E[P]}{T_{\mathrm{s}} - T_{\mathrm{c}} + \dfrac{\sigma(1 - P_{\mathrm{tr}})/P_{\mathrm{tr}} + T_{\mathrm{c}}}{P_{\mathrm{s}}}}$$

即需要最大化

$$\frac{P_{\mathrm{s}}}{(1 - P_{\mathrm{tr}})/P_{\mathrm{tr}} + T_{\mathrm{c}}/\sigma} = \frac{n\tau(1 - \tau)^{n-1}}{T_{\mathrm{c}}^* - (1 - \tau)^n (T_{\mathrm{c}}^* - 1)}$$

式中：$T_{\mathrm{c}}^* = T_{\mathrm{c}}/\sigma$ 为冲突的（归一化）信道占用时间。

对 τ 求导，并令导数为0，可得

$$(1 - \tau)^n - T_{\mathrm{c}}^* \{ n\tau - [1 - (1 - \tau)^n] \} = 0$$

当传输概率 $\tau \ll 1$ 时，有

$$(1 - \tau)^n \approx 1 - n\tau + \frac{n(n-1)}{2}\tau^2$$

可得传输概率的最优解为

$$\tau = \frac{\sqrt{[n + 2(n-1)(T_c^* - 1)]/n - 1}}{(n-1)(T_c^* - 1)} \approx \frac{1}{n\sqrt{T_c^*/2}}$$

该最优解与接入机制，以及终端数 n 和冲突的信道占用时间 T_c^* 有关。令 $K = \sqrt{T_c^*/2}$，则有最优传输概率 $\tau = 1/nK$。若终端数 n 比较大，则有

$$P_{\text{tr}} = 1 - (1 - \tau)^n = 1 - \left(1 - \frac{1}{nK}\right)^n \approx 1 - e^{-1/K}$$

$$P_{\text{s}} = \frac{n\tau(1-\tau)^{n-1}}{P_{\text{tr}}} \approx \frac{n}{(nK - 1)(e^{1/K} - 1)} \approx \frac{1}{K(e^{1/K} - 1)}$$

最大可实现吞吐率可估计为

$$S_{\text{max}} = \frac{E[P]}{T_s + \sigma K + T_c(K(e^{1/K} - 1) - 1)}$$

式中：$K^{\text{basic}} = 9.334$；$K^{\text{rts}} = 2.042$。当终端数 n 比较大时，最大可实现吞吐率与终端数无关。

吞吐率关于传输概率的实验结果如图10.37和图10.38所示。注意：两图的横轴尺度不同，分析估计与实际仿真结果吻合较好。实验结果表明，基本接入机制的最大吞吐率接近RTS/CTS 机制下的最大吞吐率。

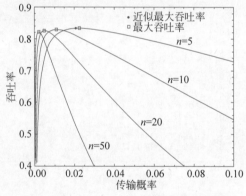

图 10.37　基本接入机制下吞吐率与传输概率的关系

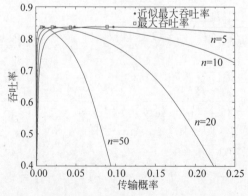

图 10.38　RTS/CTS 机制下吞吐率与传输概率的关系

10.3　受控接入

受控接入通常是指有一定权限和管理机制的网络访问方式，存在第三方控制节点接入权限，只有被授权的节点可以发送数据，以确保安全与合规。与之对比，随机接入是更加开放的网络访问方式，通常不需要严格的身份验证和访问控制。受控接入的特点是各个用户不能随意接入信道而必须服从一定的控制规则，典型技术包括轮询、令牌传递等。受控接入技术常见应用于局域网（LAN）。

10.3.1　轮询

轮询系统由一个主节点和多个从节点构成，如图10.39所示。所有数据交换都经过主节点，主节点通过选择帧和轮询帧控制接入节点。

图 10.39　轮询的网络拓扑

图10.40描述了主节点向从节点发送数据的过程。主节点发送数据前发送选择帧（SEL）给目标从节点B；目标节点B收到选择帧，准备就绪并向主节点回复ACK帧；主节点收到ACK帧后开始进行数据传输；目标节点B成功收到数据，对主节点回复ACK帧。

在轮询系统中，从节点向主节点发送数据的过程也是由主节点发起的。如图10.41所示，主节点准备接收数据前依次发送轮询帧给各从节点。若该从节点无发送需求，则回复NAK，主节点收到NAK后，则询问下一个从节点；若该节点有发送需求，则传输数据，主节点接收完成后，则向该从节点回复ACK，再进行对下一个从节点的询问。

轮询系统的一个重大缺点是，当主节点故障时整个系统都会失效。

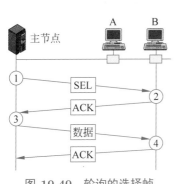

图 10.40　轮询的选择帧

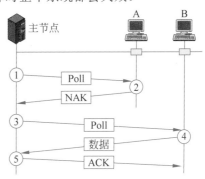

图 10.41　轮询的轮询帧

10.3.2　令牌传递

令牌传递是局域网数据传输的一种控制方法，多用于环形网。令牌传递系统中的节点组成一个逻辑上的环，每个节点都有一个前驱节点和一个后继节点。任何节点收到来自前驱的令牌才可发送数据，并在发送数据后将令牌发送给其后继节点。节点的逻辑拓扑是环，但物理拓扑结构未必是环，如图10.42所示。

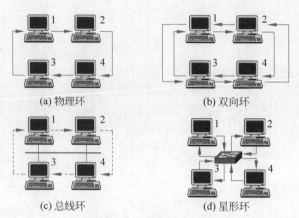

(a) 物理环 　　　　(b) 双向环

(c) 总线环 　　　　(d) 星形环

图 10.42　令牌传递的拓扑

　　在令牌传递系统中不会发生碰撞，这是因为某一时刻至多有一个节点在传送数据。但该系统最大的问题是令牌在传送过程中可能会丢失或被破坏，从而导致节点找不到令牌而无法传输数据。因此，在令牌传递系统中需要引入令牌管理，包括令牌的生成、分发、验证以及撤销令牌等，限制同一节点拥有令牌的时间，保证令牌不会丢失或损坏，以及设置不同节点的优先级。

第11章

网络路由

通过学习编码、传输、复用和多址等技术，了解了如何构建点对点及点对多点的数据传输。后续章节将关注在网络互联时多点到多点的传输。

网络可视为由多个设备（路由器、交换机等）互联构成的集合，这些设备通过各种通信介质如有线或无线方式相互连接，形成了一个复杂的、功能丰富的信息交换平台。把网络设想为一个广阔的城市，每个设备就是城市中的一栋建筑，这些建筑通过多条道路（通信链路）相连。信息，或称为数据包，犹如城市中穿梭的车辆，它们从一个建筑（通信设备）出发，通过城市的道路（通信链路）抵达另一个建筑（通信设备）。

为了确保数据包能够顺畅且准确地到达目的地，网络中存在一套传输的指导机制-网络路由。这一机制宛如城市中的交通导航系统，引导数据包寻找从起始点到目的地的最佳路径。这里的"最佳"不仅是距离最短，还可能考量到路径的传输速度、拥塞程度等，以确保数据传输的效率与可靠性。

核心而言，网络路由问题旨在回答如何为数据包在网络这个广阔的"城市"中寻找一条从源节点到目的节点的有效路径。这个路径并非随意选定，而是由一系列节点（设备）和链路（连接节点的通道）构成。确定这个路径的方法称为路由算法，该算法能够计算并确定数据包从出发点至目的节点的最佳路线。路由协议则是路由算法在不同网络设备上的标准化实现，它确保了即使在不同制造商的设备之间，数据包也能按照统一的规则和标准进行传输。

11.1 网络模型

在通信网络领域，建立一个清晰的网络模型对于理解路由问题和设计路由算法至关重要。使用一个有向图 $G = (V, E)$ 来表示一个网络，如图11.1所示，其中集合 $V = \{i, j, k, l\}$ 表示网络中的设备节点，集合 $E = \{(i, j), (j, k), (j, l), (l, i), (l, k)\}$ 表示设备节点之间的链路（或称为边）。在此模型框架下，d_{ij} 用以量化边 (i, j)，即从节点 i 到节点 j 的传输开销。一条有向路径 $p = \langle i, j, k \rangle$ 则定义了一条从节点 i 到节点 j 最后到节点 k 的具体路线，该路径的总传输开销由路径上每一对相邻节点间边的开销累加而成，即 $d_{ij} + d_{jk}$。

在网络中，两个设备间往往存在多条可达的有向传输路径。例如，在图11.1中，节点 i 和节点 k 之间存在两条有向路径 $p_1 = <i, j, k>$ 和 $p_2 = <i, j, l, k>$。网络路由的目标是为网络中任意两个设备寻找一条传输开销最小的有向路径。路由算法的作用是在给定的网络图模型下找出两节点间的最优传输路径。路由协议则利用这些算法来实现其策略和目标。协议具体规定路径选择的标准、信息传播的方式以及传输开销的定义，而算法则负责具体实现这些标准的计算过程。在具体的网络协议中，路径传输开销的衡量方式会有所不同，从而导致选取不同的传输路径。例如，当以节点间的传输距离作为度量传输开销标准时，节点 i 和节点 k 之间的最优路径为 $p_1 = <i, j, k>$。当以数据包延迟作为度量传输开销标准时，节点 i 和节点 k 之间的最优路径为 $p_2 = <i, j, l, k>$。许多复杂的路由问题实际上以最优路径问题为基础，将其作为求解过程中的一个子问题。因此，在网络路由的研究与实践中，解决最优路径问题是一项基础而关键的任务。

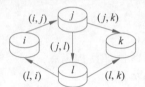

节点链路(边)	(i,j)	(j,k)	(j,l)	(l,i)	(l,k)
数据包延迟(s)	2	5	1	2	2
传输距离(km)	3	5	3	2	3

图 11.1　网络图模型示意

注: 图上的节点表示网络中的设备, 边表示设备间的通信链路。路径传输开销的衡量方式有所不同时会选取不同的传输路径。

11.2　路由算法

通信网络中的路由问题可以类比为人们日常生活中的寻路问题。基于路由的执行方式，路由算法可以主要分为集中式路由算法和分布式路由算法。集中式路由类似于我们拥有一张完整的地图，然后在地图上规划出一条从起始点到达目的点的最佳路线。这种策略依赖全面的网络信息，比如网络的连通性和各链路的传输开销（如距离）。这种策略方式的典型代表是链路状态（Link State，LS）路由算法。它通过向网络中的每个节点广播路由信息，使得每个节点都能掌握整个网络的拓扑结构，进而应用最短路径算法来确定最优路由，并据此构建路由转发表。分布式路由更像是没有全图的情况下，节点通过不断询问周围的节点，逐步探索出一条通往目的地的路径。这种策略通过迭代和分布式的计算方法，确定从源节点到目的节点的最佳路径。其中，没有任何单一节点掌握全网的拓扑结构信息，每个节点只基于邻近节点提供的信息来进行路由决策。距离向量（Distance Vector，DV）算法正是这类策略方式的代表，要求每个路由器将其路由表的全部或部分信息共享给邻近的节点。从本质上讲，链路状态路由算法通过广播向全网更新信息，而距离向量路由算法则是向相邻节点发送更新信息。两者在信息的分发方式和路由计算策略上各有特点。接下来将深入介绍这两种经典的路由算法，以帮助读者更全面地理解通信网络中的路由选择机制。

11.2.1　链路状态路由算法

链路状态路由算法基于全网络状态信息来进行路由选择，即需要了解网络中每条链路的传输开销。在实际运行过程中，每个节点会向网络中的其他节点广播链路状态信息，从而获取全局的网络状态。链路状态信息包含了节点间链路的属性和传输开销。链路状态路由算法的基本步骤如下：

(1) 每个路由器（网络节点）与其直接连接的邻居节点建立联系，这种联系称为邻接关系。

(2) 每个路由器向每个邻居节点发送链路状态通告（Link State Advertisement，LSA）。每条链路都会生成一个相应的LSA，包含链路标识、链路状态、路由器节点到链路的传输开销度量值，以及链路所连接的邻居节点。每个节点在收到链路状态通告后，将依次向其邻居节点继续转发（泛洪）这些通告。

(3) 每个路由器将收到的链路状态通告副本保存在其数据库中。如果所有路由器都正常运行，那么它们的链路状态数据库应保持一致。

(4) 基于完整的网络拓扑数据库（链路状态数据库），利用Dijkstra算法，路由器可以计算出网络每个路由器间的最短路径。最终，链路状态路由算法会查询链路状态数据库，找到每个路由器所连接的子网的最短路径信息，并将这些信息输入到路由转发表中。

1. Dijkstra算法

Dijkstra算法于1956年由荷兰计算机科学家Edsgar Dijkstra提出。该算法旨在解决有权图上的单源最短路径问题，即在图 $G = (V, E)$ 中找到从源节点 u 到其他所有节点 $v \in V - \{u\}$ 的最短（最小开销）路径。Dijkstra算法采用了一种贪心的策略，通过迭代来扩展已知最短路径的范围，最终覆盖到指定目的节点的路径。为了深入理解这一算法，在网络图模型的基础上引入以下几个符号：

$D(v)$——从源节点 u 到目的节点 v 的最短路径的距离。

$p(v)$——从源节点 u 到目的节点 v 沿当前最短路径上的前一个节点（v 的邻居）。

N'——一组节点的集合，若从源节点 u 到目的节点 v 的最短路径已经确定，则节点 v 会被包含在 N' 中。

d_{ij}——节点 i 和 j 之间边的距离。

通过这些符号的定义，可以更清晰地描述和理解Dijkstra算法的实现过程。

如算法11.1所示，Dijkstra算法在其初始化阶段构建一个集合 N'，该集合起初仅包含源节点 u。对图中每个顶点 $v \in V$，设立一个距离估计 $D(v)$。若 v 与 u 直接相连，则 $D(v)$ 等于两者之间的链路距离 d_{uv}；对于其他节点，$D(v)$ 初设为无穷大，即在初始阶段对于非直接相连节点的路径距离尚未明了。随后，算法进入执行阶段，寻找尚未包含在 N' 中且 $D(w)$ 值最小的节点 w，并将其纳入 N'。接着，针对节点 w 的每一个尚未纳入 N' 的邻居节点 v，更新 $D(v)$ 值，以确保它反映了通过 w 到达 v 的最短已知路径。该过程循环进行，直至所有节点均被纳入 N'。此时，每个节点 v 的 $D(v)$ 代表了从源节点 u 至目的节点 v 的最短路径距离。在算法的执行过程中，每次迭代均确定了一条最短路径，因此，最多经过 n 次迭代之后，将获得通往 n 个目标节点的最短路径。该算法得益于对全网络信息的完整掌握，它能够精确计算出最优路径。该算法的缺点是需要大量的信息交换和计算负担，在大型网络环境下会导致显著的资源开销。

以图11.2所示的网络为例，将展示如何使用Dijkstra算法计算从源节点 u 到所有可能目的节点的最短路径（该算法的计算过程可以通过表格的形式进行汇总，其中每一行记录了每次迭代结束时该算法的变量值）：

(1) 初始化阶段（Step 0），从源节点 u 到与其直接相连的邻居节点 i、k、j 的最短路径距离分别初始化为3、1和8。源节点 u 到 l 与 m 的路径距离被设为无穷大，因为它们不直接与节点 u 连接。

（2）第一次迭代时（Step 1），需要检查还未加到集合 N' 中的网络节点，找出具有最小距离的节点将其加入到集合 N' 中并更新所有节点的 D。在前一次迭代结束时，节点 k 具有最小距离，其路径距离为 1。因此 k 被加到集合 N' 中。然后更新所有节点的 D，产生表中第 2 行所示的结果。源节点 u 到 i 的路径距离未变。源节点 u 经过节点 k 到 j 的路径距离被更新为 5。因此，沿从 u 开始的最短路径到 j 的前一个节点被设为 k。类似地，源节点 u 到 k 经过 l 的路径距离被更新为 2。

（3）第二次迭代时（Step 2），节点 l 被发现具有最小路径距离 2。选择将 l 加到集合 N' 中，使得 N' 中含有节点 u、k 和 l。通过更新，产生如表中第 3 行所示的结果。

（4）迭代更新直到所有节点被加入到集合 N' 中。

算法 11.1　Dijkstra 算法

1　初始化 (Initialization)：

2　$N' = \{u\}$

3　**for** 所有节点 $v \in V$ **do**

4　　**if** v 邻接于 u **then**

5　　　$D(v) = d_{uv}$

6　　**else**

7　　　$D(v) = \infty$

8　　**end**

9　**end**

10　执行：

11　**while** $N'! \neq N$ **do**

12　　找到不在 N' 中并且 $D(w)$ 最小的节点 w；

13　　将节点 w 添加到 N' 中；

14　　更新节点 w 的每个邻居 v（v 不在 N' 中）的 $D(v)$：

15　　$D(v) = \min(D(v), D(w) + d_{wv})$；

16　**end**

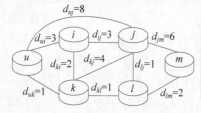

Step	N'	$D(i),p(i)$	$D(j),p(j)$	$D(k),p(k)$	$D(l),p(l)$	$D(m),p(m)$
0	u	3,u	8,u	1,u	∞	∞
1	$u\,k$	3,u	5,k	1,u	2,k	∞
2	$u\,k\,l$	3,u	3,l	1,u	2,k	4,l
3	$u\,k\,l\,i$	3,u	3,l	1,u	2,k	4,l
4	$u\,k\,l\,i\,j$	3,u	3,l	1,u	2,k	4,l
5	$u\,k\,l\,i\,j\,m$	3,u	3,l	1,u	2,k	4,l

图 11.2　一个计算机网络的抽象图模型及其运行的 Dijkstra 算法

2. 链路状态路由的振荡现象

链路状态路由算法在面对链路开销与网络负载相关联的情况时，有时会遭遇路由振荡的问题。假设在如图 11.3 所示的网络中，节点 i 和节点 k 各产生一个单元的流量发送给节点 j，而节点 l 向节点 j 发送了 e 个单位的流量，在初始状态时节点 l 向节点 j 传输的流量经过节点 k 进行路由转发。在该场景中链路开销等同于链路上的负载。当链路状态算法更新时，节点 l 经过节点 i 向节点 j 传输的开销变为 1，因此节点 l 将其到 j 的最优路径更新为顺时针方向。同理，节点 k 到 j 的最优路径也更新为顺时针方向，导致新的链路开销状态。然而，在链路状态算法的下一轮更新中，节点 i、l、k 都会发现存在一条到 j 的逆时针方向开销为 0 的路径，并将它们的流量转向该途径。随后的算法更新又可能使这些节点将流量重新路由至顺时针方向，形成一种不利的路由振荡现象。

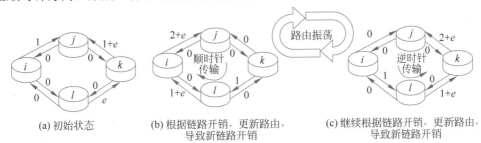

(a) 初始状态　　　(b) 根据链路开销，更新路由，　　　(c) 继续根据链路开销，更新路由，
　　　　　　　　　　　导致新链路开销　　　　　　　　　导致新链路开销

图 11.3　拥塞敏感的路由选择的振荡

为了防止此类振荡，一种方法是使链路开销与流量无关，这违背了路由选择避免高拥塞/负载链路的原则，因此不是一个较优的解决策略。另一种方法是避免所有路由器同时运行链路状态算法，让每个节点在不同时间运行该算法，从而减少全网同步更新路由信息导致的振荡。这种策略通过异步更新路由信息来稳定网络状态，避免同步操作导致的路由振荡问题。

11.2.2　距离向量路由算法

距离向量路由算法作为一种分布式的动态路由策略，依赖每个网络节点保持并定期更新一份包含到网络中其他所有节点的开销或距离估计的向量表。该算法允许每个路由器节点基于与邻近节点交换的信息来逐步优化其到达网络中每个节点的路由决策。通过采用 Bellman-Ford 最短路径算法，每个路由器节点能够迭代地探索并调整其路由表中的信息，直到发现所有可达目的节点的最优路径。距离向量算法的特点是能够自适应网络拓扑的变化，通过持续的信息交换和路径评估来调整路由选择。

1. Bellman-Ford 算法

Bellman-Ford 算法是一种计算图中单一源点到其他所有节点的最短路径算法。Bellman-Ford 算法能够处理带有负权重边的图，这是其相比于 Dijkstra 算法的一个显著优势。接下来将基于前述的图模型，详细介绍 Bellman-Ford 算法的流程和步骤。

定义 $D_i(j)$ 为从节点 i 到节点 j 的最短距离。节点 i 到所有节点的最短距离组成的向量称为距离向量，记作 D_i。d_{ik} 表示链路 (i, k) 的距离。因此，可以将从节点 i 经由最优节点到达节点 j 的最短距离的预计值表示为

$$D_i(j) = \min_{k \in V}[d_{ik} + D_k(j)]$$

上式揭示了 Bellman-Ford 算法的核心思想，即通过不断更新节点间估计的最短距离，找到从源节点到图中任意节点的最短路径。算法的每一步都尝试通过中转节点 k 来寻找是否存在更短的路径，即探索是否有 $d_{ik} + D_k(j)$ 小于当前已知的 $D_i(j)$，从而实现路径的优化与更新。

如图 11.4 所示的网络结构中，$D_l(m)$ 代表从节点 l 到节点 m 的距离，即链路 (l, m) 的权

重,其值为2。进一步可以计算出 $D_k(m)$,即从节点 k 到节点 m 的距离。根据定义,有 $D_k(m) = \min_v[d_{kv} + D_v(m)]$,代入具体的值,计算结果为 $D_k(m) = d_{kl} + D_l(m) = 1+2 = 3$。同样,可以计算出 $D_i(m)$,即从节点 i 到节点 m 的距离。根据定义,有 $D_i(m) = \min_v[d_{iv} + D_v(m)]$,代入具体的值,计算得到 $D_i(m) = d_{i,k} + D_k(m) = 5$。Bellman-Ford 算法通过迭代地更新每个节点的距离向量,直至算法收敛,从而计算出网络中各节点间的最短路径。

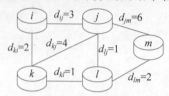

图 11.4 最短距离组成的距离向量计算示意图

Bellman-Ford 算法的计算过程描述如算法 11.2 所示。在初始化阶段,对所有目的节点 y,如果 y 不是 x 的邻接节点,则节点 x 到节点 y 的距离被设置为无穷大;对 x 的邻接节点,距离设置为两者之间的直接链路距离。随后,节点 x 将其距离向量,即一个包含到所有目标节点 y 的距离估计的向量,传递给所有邻居节点 w。在执行阶段,算法进入一个持续的循环,其中每个节点 x 考虑通过邻居节点 v 的路径来更新到每个节点 y 的最短距离估计 $D_x(y)$。如果在这一过程中任何目标节点 y 的 $D_x(y)$ 发生变化,即找到了一条更短的路径,那么节点 x 将会向所有邻居节点重新发送其更新后的距离向量。

算法 11.2 Bellman-Ford 算法

---

1 对于每个节点 x:初始化(Initialization);
2 **for** 所有目标节点 y **do**
3 | **if** 节点 y 不是 x 的邻接节点 **then** $d_{xy} = \infty$;
4 | $D_x(y) = d_{xy}$
5 **end**
6 **for** 所有邻居节点 w **do**
7 | 传送节点 x 的距离向量给节点 w,$\boldsymbol{D_x} = [D_x(y) : y \text{ in } N]$
8 **end**
9 **Loop**
10 | **for** 每个节点 y **do**
11 | | $D_x(y) = \min_v\{d_{xv} + D_v(y)\}$
12 | **end**
13 | **if** 对于目标节点 y 的 $D_x(y)$ 有所改变 **then**
14 | | 发送距离向量 $\boldsymbol{D_x} = [D_x(y) : y \text{ in } N]$ 给所有邻居节点
15 | **end**
16 **end**
17 **Forever**

---

2. 距离向量路由算法的无穷计数问题

当前节点和邻近节点距离发生变化时,距离向量路由算法可能会遇到无穷计数问题。

如图11.5所示，节点 j 和邻居节点的距离分别是 $d_{kj} = 2$，$d_{lj} = 1$。考虑当 j 和 k 的链路距离 d_{kj} 由2变成20，触发节点 j 重新计算后得到

$$D_j(k) = \min\{d_{kj} + D_k(k), d_{lj} + D_l(k)\} = \min\{20 + 0, 1 + 3\} = 4$$

情况似乎不像我们期望的那样 $D_j(k)$ 变为11。因为它反映了节点 l 基于旧信息对 $D_l(k)$ 的估计。在这种情况下，即便链路成本发生显著变化，节点 l 对此也并不知情。当节点 l 收到 j 的更新时，触发节点 l 的重新计算，得到

$$D_l(k) = \min\{d_{kl} + D_k(k), d_{lj} + D_j(k)\} = \min\{10 + 0, 1 + 4\} = 5$$

此时 l 又将更新发给 j，j 收到以后，得到 $D_j(k)$ 的值为6，又将更新发给节点 l。如此循环，直至 $D_j(k)$ 和 $D_l(k)$ 的值逐步逼近实际距离，即 $D_j(k)$=11，$D_l(k)$=10为止。然而，如果链路成本增加到极大值（如 d_{kj} 从2变为10000），就可能遭遇到无穷计数问题，即距离向量算法在尝试逼近最短路径的过程中，距离估计值无限增大，从而导致算法效率低下和路由信息延迟更新。

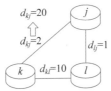

图 11.5　链路情况改变情况导致距离向量路由算法的无穷计数问题

11.2.3　两种路由算法比较

Dijkstra算法和Bellman-Ford算法都是用于在加权图中寻找单一源节点到其他所有节点的最短路径的算法，但两者在实现原理和效率上存在显著差异。Dijkstra算法和Bellman-Ford算法的对比见表11.1。从实现原理角度而言，Dijkstra算法是基于贪心算法原理，每次从未处理的顶点中选择距离最短的一个，更新其邻居的距离，直到所有顶点都被处理。Dijkstra算法不能处理带有负权重边的图。Bellman-Ford算法是通过对所有边重复进行操作，逐步更新所有顶点的最短路径估计，直到没有更多更新为止。Bellman-Ford算法能够处理带有负权重边的图。从算法复杂度角度而言，在最差情况下（$|E| = |V|^2$），Dijkstra算法的复杂度为 $\mathcal{O}(|V|^2)$ 优于Bellman-Ford算法的复杂度 $\mathcal{O}(|V|^3)$。在边的数量 $|E| \ll |V|^2$ 时，Bellman-Ford算法会在较少迭代后终止，需要运算量为 $\mathcal{O}(|V||E|)$，小于Dijkstra算法运算量。

表 11.1　Dijkstra算法和Bellman-Ford算法的对比

路 由 算 法	实现方式	算法思想	算法复杂度	网络图类型
Dijkstra算法	集中式	使用优先队列逐步扩展最近的节点，直到遍历所有节点	$\mathcal{O}(|V|^2)$	仅适用于非负权重图
Bellman-Ford算法	分布式	通过逐步松弛所有边，逐步逼近最短路径	$\mathcal{O}(|V||E|)$	适用于负权重图

11.3 路由协议

路由协议定义了网络中路由器之间如何交换信息，以及如何根据这些信息决定数据包的传输路径。这些协议旨在确保数据包能够沿着最优的路径从源节点传输到目的节点。路由协议与路由算法之间存在紧密的关系。路由算法是路由协议的核心部分，它是一套规则和计算过程，用于确定数据包在网络中从一个节点到另一个节点的最佳路径。路由协议则是实现路由算法的机制，它定义了路由信息的收集、处理和共享的具体方法。路由协议负责在网络中的路由器之间传递路由算法计算得到的路由信息，并根据这些信息更新路由表。简而言之，路由算法提供了计算最佳路径的逻辑和方法，而路由协议则是这些算法在实际网络设备中的应用。路由算法决定了如何计算路径，路由协议则决定了如何将这些计算的结果有效地应用于实际网络中，以及如何在路由器之间传递必要的信息。这种关系使得路由协议能够根据网络的实时状态动态地选择和更新路由，从而确保数据包能够通过最佳路径传输。

11.3.1 网络自治域

在实际的网络环境中，随着网络规模的迅速扩大，管理和维护变得日益复杂。当前的全球互联网由数十亿台路由器组成，这样庞大的数量使得在路由表中存储所有可能的路由信息几乎是不可能的。对于链路状态算法来说，网络中每个节点都需要定期广播其链路状态信息。然而，随着网络规模的扩大，这种广播的频率和范围会导致网络带宽需求急剧增加，甚至耗尽用于实际数据传输的带宽资源。与此同时，距离矢量算法在如此大规模的网络中也面临挑战。由于网络中路由器数量众多，距离矢量算法需要通过多次迭代才能达到收敛状态。然而，在规模庞大的网络环境下，迭代过程可能需要很长时间，甚至可能因为网络的动态变化而无法收敛，导致路由信息无法及时更新和传播。此外，互联网的结构是由多个独立的网络服务提供商（Internet Service Provider，ISP）组成的。这些ISP各自管理着自己的一部分网络，并且希望能够独立控制其网络内部的路由策略和配置。因此，为了有效管理和优化这些大规模网络的路由，自治系统（Autonomous System，AS）的概念被引入实际的网络中。每个AS通常由一组在相同管理控制下的路由器组成，例如这些路由器可能由同一家ISP运营，或者隶属于同一个公司的内部网络。

通过引入AS，网络得以被划分为多个相对独立的区域，每个AS可以根据自身需求选择适合的路由算法和策略。这种划分不仅简化了大规模网络的管理，也增强了网络的灵活性和可控性，从而使得在不同AS之间能够高效地进行路由信息的交换和数据传输。最终，通过在小规模的AS内部应用适当的路由协议，整个互联网得以实现大规模网络的有效路由和管理。

引入自治系统后，路由协议可分为域内路由和域间路由。域内路由协议负责在自治系统内部确定数据传输的路径，确保数据能够在同一AS内高效地到达目的节点。域间路由协议负责在不同的AS之间传递数据，保证跨域的数据传输能够顺畅进行。域间路由的核心在于网关的管理，这些网关通常是由一个AS内的一台或多台路由器组成。网关主要是将数据包从本AS转发到其他AS中的目标节点。因此，网关不仅承担着数据的转发任务，还需要处理复杂的路由选择问题。如图11.6所示，假设AS1内的一台路由器收到一个目标为AS1

外部的数据报文，则该路由器的任务是将数据包传递给 AS1 的网关。AS1 的网关必须具备足够的信息，了解通过哪条路径可以到达目标 AS。例如，AS1 的网关需要知道哪些目的地可以通过 AS2 到达，哪些目的地可以通过 AS3 到达。这些可达性信息对于 AS1 内的所有路由器至关重要，因为它们需要依赖这些信息来做出正确的路由决策。为了确保每个路由器能够准确地将数据包发送到最适合的网关，网关必须将这些可达性信息及时传递给 AS1 内的所有路由器。这种信息传递过程通常通过域内路由协议来实现，确保 AS 内的路由器能够同步更新路由信息。通过这种方式，数据包可以顺利地从 AS1 的内部节点经过网关传输到目标 AS，从而实现跨 AS 的数据传输。这种路由机制不仅提高了数据传输的效率，也增强了网络的灵活性和可扩展性，确保了互联网中不同自治系统之间能够高效协同工作，实现全球范围内的数据通信。

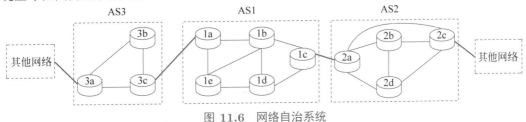

图 11.6　网络自治系统

11.3.2　域内路由

在网络通信中，常用的域内路由协议主要有两种：一是路由信息协议（RIP），其是一种经典的距离向量路由协议，特点是每 30s 交换一次距离矢量；二是开放最短路径优先（OSPF）协议，它是一种链路状态路由协议。这些路由协议在实际的网络环境中发挥了重要的作用，它们各自的特点和应用场景也有所不同，需要根据实际需求进行选择和配置。

1. 路由信息协议

路由信息协议（Routing Information Protocol，RIP）是一种分布式的基于距离向量路由算法的路由选择协议。其显著的特点是简单性，特别适用于小型网络环境。

在实际的互联网络中，路由协议的运作方式与理想化的图论模型存在一定的差异。路由器的核心任务不仅仅是与其他路由器进行通信，而是确保数据包能够有效地传递到各种目标网络。因此，路由器更关注到达目标网络所需的总开销，而非单纯到达其他路由器的开销。为了实现这一目标，路由信息协议要求每个路由器维护一张详细的路由表，这张路由表记录了从该路由器到达其他所有目标网络的距离，具体来说路由信息协议使用"跳数"来度量距离。对于与路由器直接相连的网络，距离定义为 1；对于与路由器非直接相连的网络，距离则通过该网络路径中经过的路由器数量来计算，每经过一个路由器，跳数就增加 1。这种"加 1"的机制反映了数据包在逐步接近目标网络的过程中，必须经过的中间路由器数量。

路由信息协议具备以下几个关键特性，这些特性共同构成了路由信息协议在小型网络中的有效运作基础：

（1）仅与相邻路由器交换信息。在路由信息协议中，路由器仅与那些可以直接进行通信的相邻路由器交换路由信息。这意味着信息的交换不需要通过中间路由器的转发来进行，路由器之间的通信是直接的，这一特性有助于减少网络中的冗余通信。

（2）交换当前路由表的完整信息。路由信息协议的一个显著特点是路由器之间会交换完整的路由表信息。每个路由器都会将自己当前掌握的所有路由信息与相邻路由器共享，这些信息包括到达自治系统内各个网络的最短距离以及到每个网络的下一跳路由器的地址。当网络拓扑发生变化时，路由器能够迅速将更新后的路由信息传递给相邻路由器，确保网络中的路由信息保持最新。

（3）按固定时间间隔交换路由信息。路由信息协议规定路由器以固定的时间间隔交换路由信息，通常为每隔30s变换一次路由信息。这种定期的更新机制使得路由器能够及时根据接收到的最新信息调整自己的路由表。当网络拓扑发生变化时，路由器会立刻将新的路由信息通报给相邻路由器，确保网络中各路由器的路由表迅速反映拓扑的变化。需要注意的是，路由器在启动时，其路由表可能是空的。此时，路由器首先会识别到达直接连接网络的距离（通常为1），然后与少量相邻路由器交换路由信息。通过不断的路由信息交换，所有路由器最终都会获得到达自治系统内任何一个网络的最短路径及其相应的下一跳路由器的地址。

路由信息协议倾向于选择跳数最少的路径作为最佳路由，跳数少意味着路径更短，数据传输更快速、更高效。然而，路由信息协议存在局限性：它规定路径中最多只能包含15个路由器，当跳数达到16时，就认为该路径是不可达的。这一限制直接决定了路由信息协议更适合应用于规模较小、层次较浅的网络环境，而对于大型网络其适用性较为有限。因此，虽然路由信息协议通过简洁的跳数机制提供了一种直观的路由选择方法，但其设计上的限制使得它在应对现代复杂网络结构时略显不足，尤其是在需要跨越大量路由器的大规模网络中。这也促使了更为复杂和灵活的路由协议的开发和应用，以满足不断增长的网络需求。

2. OSPF 协议

开放最短路径优先（Open Shortest Path First，OSPF）协议是一种经典且广泛使用的链路状态路由协议。"开放"的含义在于该协议是公开发布并可以自由获取的，这使得它在不同网络环境中得以广泛应用。在 OSPF 协议下，每个路由器都会将自己的链路状态信息洪泛至整个自治系统中的所有其他路由器，从而确保每个路由器都能获得网络的全局拓扑视图。OSPF 协议的一个显著特点是能够使用带宽、延迟等链路开销指标来评估路径的优劣。每个路由器都基于这些开销指标构建一个完整的网络拓扑图，并使用 Dijkstra 算法计算出最优路径以生成转发表。这样的设计使得 OSPF 协议能够有效地在大型复杂网络中进行路由选择，确保数据包以最优路径传输。

在安全性方面，OSPF 协议对路由器之间的通信进行了身份验证，以防止未经授权的路由器参与 OSPF 网络。这种身份验证机制能够有效阻止恶意攻击者向网络中注入错误的路由信息，从而保护网络的完整性和安全性。此外，OSPF 协议还支持等价多路径（Equal-Cost Multi-Path, ECMP）路由，当存在多条到达同一目的地且开销相同的路径时，OSPF 协议允许均衡地使用这些路径以分担负载，从而提高网络的资源利用率和传输效率。

OSPF 协议还支持在单个 AS 内构建层次结构，这种分层机制通过将 AS 划分为多个区域来实现。如图11.7所示，每个区域内的路由器运行各自的 OSPF 链路状态路由算法，并将其链路状态信息广播给该区域内的所有其他路由器。然而，区域内部的细节对于该区域之外的路由器来说是不可见的，这种设计有助于减少路由信息的传播范围和复杂度，从而提高网络的可扩展性。在区域间路由方面，OSPF 引入了区域边界路由器（Area Border Router，ABR）的概念。这些路由器负责处理发送到区域外的数据包，并通过骨干区域进行转发。骨干区域是 AS 内的核心部分，负责在不同区域之间进行路由数据的传递。具体而言，当数据包需要跨区域传输时，首先由源区域内的路由器将数据包发送到该区域的边界路由器，随后通过骨干区域将数据包传递到目标区域的边界路由器，最后由该边界路由器将数据包路由到最终的目的地。此外，OSPF 协议的分层结构还允许在局域网和骨干网之间分别进行链路状态信息的洪泛传播。每个节点维护其所在区域的详细拓扑信息，但对于其他区域的路由信息只了解到达方向，而不必掌握详细的路径。这种设计既保留了区域内部的完整性，又提高了网络的整体效率。通过这些特点，OSPF 协议不仅能够高效地管理和路由大型复杂网络中的数据流，还确保了网络的安全性和可靠性。这些特性使得 OSPF 协议成为一种在多种网络环境中应用广泛的路由协议，尤其在需要高度可扩展性和灵活性的大型企业网络和服务提供商网络中。

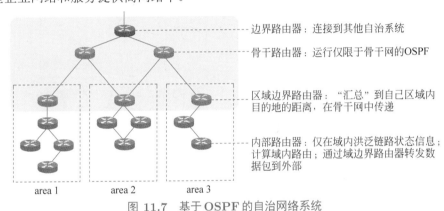

图 11.7　基于 OSPF 的自治网络系统

11.3.3　域间路由

域内路由主要关注如何将数据包从源节点高效地发送到目的节点，但它并未考虑到一些复杂的影响因素，例如政策因素。不同的自治系统会受到各种路由策略（如政治、经济、安全等）的影响，并会选择性地转发数据包。例如：某些电信公司只为自己的客户提供服务，而不为其他公司的客户服务；教育网不允许传输商业业务流量；一个用户的流量不应依赖与其存在利益冲突的方面进行转发。因此，需要域间路由来实现基于不同路由策略的不同 AS 间的流量传输。

1. 边界网关协议

边界网关协议（Border Gateway Protocol，BGP），也称为域间路由协议，BGP 为每个自治系统提供了一种方法，其中的 eBGP 实现了从相邻 AS 获取子网可达性信息的功能，而 iBGP 则实现了将可达性信息传播到 AS 内部所有路由器的功能。此外，BGP 还可以根据可达性信息和策略确定到其他网络的"优选"路由。在 BGP 会话中，两个 BGP 路由器通过半永久性的传输控制协议（TCP）连接交换 BGP 消息。这些消息将本路由器可达的目标网络前缀的路径信息通告给相邻的 BGP 路由器。如图 11.8 所示，当 AS3 的网关 3c 向 AS1

的网关1a通告路径时，AS3实际上是向AS1承诺它将转发数据报文。这种机制确保了互联网的稳定运行和数据的有效传输。

边界网关协议通过路由通告来传播路由信息。这些通告包含前缀和属性两部分。前缀指的是需要通告的目的地，属性则包括 AS-PATH 和 NEXT-HOP 两个重要的部分。AS-PATH 是前缀通告经过的自治系统列表，而 NEXT-HOP 则表示到下一跳 AS 的特定的内部 AS 路由器。BGP 的路由选择是基于策略的。接收路由通告的网关会使用导入策略来决定接受还是拒绝某条路径。同时，AS 的策略还会决定是否向其他相邻 AS 通告路径。图11.9是BGP路径通告的一个例子。首先，基于 AS3 的策略，AS3 的路由器 3c 将路径通告"AS3, X"（通过eBGP）发送给 AS1 的路由器 1a；然后，基于 AS1 的策略，AS1 的路由器 1a 接受路径 AS3, X，并将其传播（通过 iBGP）到所有 AS1 的路由器；最后，基于 AS1 的策略，AS1 的路由器 1c 向 AS2 的路由器 2a 通告（通过 eBGP）路径"AS1, AS3, X"。这样，路径信息就被成功地传播了出去。

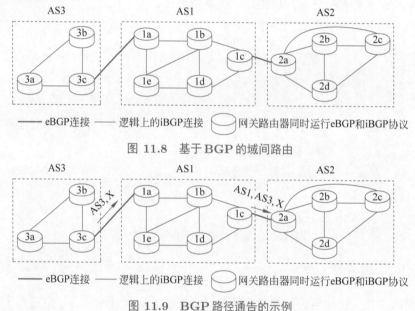

图 11.8　基于 BGP 的域间路由

图 11.9　BGP 路径通告的示例

2. BGP 劫持

BGP 劫持是一种网络攻击手段。具体来说，AS1 会更新其 BGP 路由信息，将网站 X "列入黑洞"。这意味着创建一条新的路径，将访问网站 X 的浏览器请求引导到一个"空路由"，而不是实际的网站 X。因此，当 AS1 内的用户试图访问网站 X 时，新的路由信息将把他们的浏览器请求导向这条空路由。然后，AS1 将这条新的路由信息发送到其相邻的 AS2。如果 AS2 未经验证该路由的正确性，就可能将该路由信息推送给全球各地的 AS。全球各地的 AS 可能会接受这条新的 BGP 路由，因为它提供了更细粒度的到网站 X 的路由信息。这可能导致全球各地的 AS 对网站 X 的请求被错误地导向了 AS1。这种现象称为 BGP 劫持。它是一种严重的网络安全问题，可能导致大量的网络流量被错误地导向，从而影响网络的正常运行。因此，网络管理员需要采取有效的措施，如使用路由策略和安全协议，以防止 BGP 劫持的发生。

11.3.4　域内和域间路由比较

在通信网络的构建和管理中，路由策略的选择和实施是至关重要的。路由策略决定了数据包在网络中的传输路径，直接影响了网络的性能和稳定性。本节比较域内路由和域间路由两种主要的路由类型。

如表11.2所示，域内路由和域间路由在网络设计和管理中扮演着不同的角色，体现了不同的技术特性和管理需求。在定义与用途方面，域内路由用于同一自治系统内部，负责确定到达AS内部各节点的最优路径，典型协议是OSPF和RIP。域间路由用于不同自治系统之间的路由选择，负责管理AS之间的连接，典型协议是BGP。在路径选择标准方面，域内路由通常基于度量值（如跳数、带宽、延迟）来选择最优路径。目标是找到从源节点到目标节点的最短或最优路径，以确保快速、高效的数据传输。域间路由基于策略和路径属性（如AS路径、前缀列表）来选择路径。通过复杂的策略定义和实现确保跨自治系统的数据传输符合运营商和组织的业务需求。在管理复杂度方面，域内路由管理相对简单，主要关注网络内部的优化和维护。由于路由更新和拓扑变化频繁，管理人员需要及时监控和调整路由配置。域间路由的管理复杂度较高，需要配置和维护复杂的路由策略和过滤规则。BGP的灵活性使得管理员能够实现精细化的路由控制，但也增加了管理的难度。在网络开销方面，由于域内路由需要频繁更新网络状态信息，网络开销较高。频繁的路由更新会占用较多的网络带宽和设备资源。域间路由网络开销较低，更新信息较少。BGP采用增量更新机制，只在必要时传递更新信息，减少了网络负担。在典型应用方面，域内路由主要用于企业内部网络和中小型网络，确保内部通信的高效和可靠。域间路由主要用于互联网骨干网之间的连接，管理大规模网络之间的互联和数据传输。

表 11.2　域内路由和域间路由的对比

路由类型	定义与用途	协议示例	路径选择标准	管理复杂度	可扩展性	网络开销
域内路由	负责确定到达AS内部各节点的最优路径	RIP、OSPF	基于度量值（如跳数、带宽、延迟）来选择最优路径	相对简单	适用于较小或中等规模的网络	通常较高，因需要频繁更新网络状态信息
域间路由	不同AS之间的路由选择	BGP	基于策略和路径属性（如AS路径、前缀列表）来选择路径	相对复杂	适用于大型网络	通常较低，因更新信息较少

综上所述，域内路由和域间路由在路径选择标准、更新方式、管理复杂度、策略控制和网络开销等方面都有显著的差异。域内路由关注的是单个自治系统内部的优化和高效通信，而域间路由则强调跨自治系统的策略控制和可扩展性，以应对复杂多变的网络互连需求。理解这些差异对于网络设计和管理至关重要，有助于实现高效、安全和稳定的网络运行。

第12章

拥塞控制

在网络中，每个源-目的对节点（Source-Destination, S-D）都会选择最短路径进行路由传输，这会导致某些链路出现"拥堵"，从而会降低网络传输效率。网络拥塞是指数据传输需求超过网络最大带宽容量时发生的现象，进而导致网络传输延迟增加和数据包丢失。其根本原因在于过多的数据源以超出网络承载能力的速率发送数据。解决网络拥塞问题，必须在拥塞发生时采取策略限制数据发送速率。

本章将深入介绍拥塞控制的一般性问题，旨在揭示网络拥塞如何对服务性能产生显著的负面影响。通过各种避免和应对网络拥塞的策略，人们可以更好地理解如何维持网络的高效和稳定运作。此外，本章还特别介绍了传输层中一个关键协议TCP拥塞控制机制作为处理网络拥塞问题的实例。

12.1 网络拥塞

本节通过由多条链路和交换机（或路由器）构成的交换网络，来深入探讨网络拥塞现象的产生及其影响。在网络中，某个特定的源节点可能拥有足够的输出链路容量来发送数据包。然而，数据包在网络传输的中途可能会遇到瓶颈，即某条链路正被多个不同的通信源共用。如图12.1所示，当两条高速链路同时向一条低速链路传输数据时，由于低速链路的转发能力远不及高速链路的数据传输速率，必然在低速链路处出现数据包的拥塞现象。这种情况下，尤其当中间路由器的缓存容量不足时，抵达该路由器的数据包可能因无处暂存而被直接丢弃。为了应对这种情况，会考虑扩展路由器的缓存容量，使其能够容纳更多的数据包，避免丢包。然而，仅仅扩大缓存空间并不能从根本上解决拥塞问题。因为路由器的输出链路的传输能力并未得到提升，增加缓存只会导致排队时间的显著延长，数据包的传输延迟将大幅增加。因此，网络拥塞问题不能简单地通过增加缓存空间来解决。

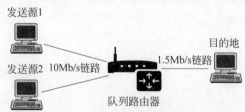

图 12.1 一个潜在的瓶颈路由器导致网络拥塞

拥塞控制与流量控制之间有着密切的联系。拥塞控制的目标是防止过多的数据流入网络，避免路由器或链路过载。这种控制机制的前提是网络能够承受当前的负载。拥塞控制是一个全局性的过程，涉及所有主机、路由器及其他影响网络传输性能的因素。需要注意，拥塞控制与路由选择并不是同一个概念。尽管路由协议可以通过对拥塞链路赋予更高的权重，试图让数据包绕开拥塞路径，但这并不能从根本上消除网络拥塞。在图12.1所示的网络中，所有的通信流量必须经过一个共同的路由器才能到达目的地。这是一个极端的情况，但在现实网络中某些关键路由器无法被绕过的现象并不罕见。这种情况下，该路由器必然成为网络瓶颈，出现严重的拥塞，而现有的路由机制对这种问题通常无能为力。这样的关键路由器常称为瓶颈路由器，它们是网络拥塞问题的集中点，现有技术难以彻底解决这类问题。

12.2　拥塞控制方法

拥塞控制机制具有多种形式，每种形式都反映了不同的拥塞控制特性。下面将根据这些特点对拥塞控制方法进行分类。

12.2.1　以路由器为中心和以主机为中心的控制方法

拥塞控制机制根据其实施位置可以分为两大类：一类是在网络内部执行的拥塞控制，通常由路由器或交换机负责；另一类是在网络边缘进行的拥塞控制，通常由主机或传输协议来完成。由于网络中的路由器和网络边缘的主机都可以参与拥塞控制的过程中，因此一个重要的问题是在哪一方应该承担起主要的责任。在以路由器为核心的拥塞控制设计中，每台路由器负责决定数据包何时被转发，哪些数据包在出现拥塞时需要被丢弃，并且会通过一定的反馈机制通知网络中的通信主机当前可以发送的数据包数量。路由器通过控制数据流量来管理网络中的拥塞，从而确保网络的稳定性和高效性。相对地，在以主机为核心的设计中，数据包的发送端（主机）则根据自身观察到的网络状态动态地调整数据的发送速率。例如，主机会基于成功传输的数据包数量、往返时延的变化或者丢包率等指标来判断网络的拥塞状况，并据此调整发送行为，以避免进一步加剧网络拥塞。

需要指出的是，这两种拥塞控制方法并非互相排斥，而是可以协同工作。即使一个网络主要依赖路由器进行拥塞控制，网络中的主机仍然可以对路由器发送的拥塞通知做出响应。这意味着主机能够根据路由器提供的信息调整数据发送速率，从而配合路由器的拥塞管理策略。同样，在依赖端到端拥塞控制的网络中，路由器仍然需要采取策略来处理在其队列溢出时哪些数据包应被丢弃，以最大程度减少对网络的影响。通过这种协作，拥塞控制可以更加灵活和高效地适应不同的网络环境，确保网络能够在各种负载条件下平稳运行。这种混合使用路由器和主机的拥塞控制机制，有助于实现更好的网络资源管理，防止拥塞导致的性能急剧下降。

12.2.2　基于预定方式和基于反馈方式的控制方法

拥塞控制机制可以根据是否依赖预定或反馈信息来进行分类。在基于预定的系统中，某些网络实体（如端主机）会向网络申请特定的资源容量。此时，每台路由器负责分配足够的资源，包括一定的缓冲区空间和链路带宽，以满足这些请求。若某些路由器因资源不足而无法满足请求，则会拒绝该预定，意味着请求的资源无法分配。在这种系统中，资源的分配是事先规划好的，确保在数据传输之前所有必要的网络资源都已得到妥善分配。另外，在基于反馈的系统中，端主机无须预定任何特定容量便开始发送数据，而是根据传输过程中收到的反馈信息来动态调整发送速率。反馈信息可能是显式的，例如，发生拥塞的路由器直接向主机发送信息，要求其降低发送速率。反馈信息也可能是隐式的，例如，端主机根据观察到的网络状况（如数据包的丢失或延迟的增加）来判断网络的拥塞程度，并相应地调整发送速率。

基于预定方式的控制方法通常采用以路由器为核心的拥塞控制机制。因为在这样的系统中每台路由器都必须实时了解当前的可用资源，并判断是否能够接受新的预定请求。路由器不仅要管理自身的资源分配，还要确保每个主机严格遵循其已预定的容量限制。如果某一主机的发送速率超出了其预定的资源容量，那么在网络发生拥塞时，该主机的数据包将成为最先被丢弃的候选对象。这种机制通过预先分配资源，旨在防止拥塞的发生，并确保网络在高负载下仍能稳定运行。

相比之下，基于反馈的控制方法灵活性更强，可以采用以路由器为中心的机制，也可以采用以主机为中心的机制。如果反馈是显式的，那么路由器在拥塞控制中起到了直接作用，至少在一定程度上，路由器参与了拥塞管理的过程。如果反馈是隐式的，几乎所有的拥塞控制责任都落在了端主机上。在这种情况下，路由器的任务非常简单，只是在发生拥塞时静默地丢弃过载的数据包。

这种分类方式反映了不同网络环境和应用场景对拥塞控制的需求。在预定系统中，网络可以为关键任务提供保证的服务质量，而反馈系统则提供了更大的灵活性，适应不同网络条件下的变化。无论采用哪种方式，都需要在实际应用中平衡效率和复杂性，以实现最佳的网络性能和资源利用。

12.2.3 基于窗口方式和基于速率方式的控制方法

拥塞控制机制的第三个重要特征是根据其是否基于"窗口"或"速率"来进行分类。无论采用何种机制，拥塞控制的核心任务之一都是为发送方提供一个明确的指示，告知其当前允许发送的数据量。这种信息的传达通常可以通过窗口机制和速率机制两种方式实现。

在基于窗口的传输协议中（如TCP），接收方通过发送一个"窗口"大小的通知来限制发送方的数据传输量。这个窗口大小通常反映了接收方的缓冲区容量以及当前网络条件下适合的传输数据量。具体来说，窗口机制不仅帮助接收方管理其缓冲区的使用，还为发送方提供了一个动态调整的依据，以避免网络的过载和拥塞问题。本节将重点讨论基于窗口的拥塞控制机制，这种机制在传统的TCP中得到了广泛应用。

另一种拥塞控制方法是基于速率的机制。在这种机制下，发送方的行为是通过一个特定的传输速率来调节的，这个速率通常由接收方或网络本身来设定，表示每秒能够接收的数据比特数。基于速率的控制机制特别适用于那些以稳定速率产生数据并且需要确保最小吞吐量的应用程序，如多媒体流媒体服务。这些应用程序对于数据传输的连续性和稳定性有较高的要求，因此通过速率控制能够有效地保障数据流的平稳传输，避免数据传输中断或质量下降。

基于窗口和基于速率的拥塞控制机制各有其独特的应用场景。基于窗口的机制通常适用于需要应对网络波动的场合，因为它允许发送方根据网络的实时反馈动态调整传输量。

而基于速率的机制则更加适合于那些对传输速率有严格要求的应用场景，例如需要持续高质量数据流的实时音视频传输。在实际的网络环境中这两种机制可能会结合使用，以充分发挥各自的优势，从而优化网络的整体性能，确保不同类型的数据传输都能够获得最佳的支持。

12.2.4　拥塞控制方法分类小结

拥塞控制有以上三种分类方法，尽管这些策略都是可以实现的，但实际上基于窗口的反馈方式的控制方法最为常见，这种策略与网络的基本服务模型有关。具体地，网络尽力而为的服务模型不允许用户预定网络容量，因此通常采用反馈方式。这意味着拥塞控制的主要责任落在端主机上，路由器可提供一些辅助。在实践中，这种网络通常采用基于窗口的信息反馈方式，这是互联网中普遍采用的策略，也是12.3节介绍的主要内容。

12.3　TCP拥塞控制

本节着重探讨了端到端拥塞控制在 TCP 协议中的应用，这是实现拥塞控制的一个主要范例。首先概述传输层协议的基础，接着深入讲解 TCP 的连接管理机制，并详细解析 TCP 为实现拥塞控制而采用的滑动窗口协议。这一系列讨论旨在揭示 TCP 如何通过细致的机制和策略，有效地管理和控制网络中的拥塞问题，确保数据传输的可靠性和效率。

12.3.1　传输层协议

传输层协议在网络通信中扮演着至关重要的角色，确保不同主机上的应用进程可以通过网络核心部分顺利进行数据交换。当两台主机的应用进程需要通过网络核心部分进行通信时，只有这些主机的协议栈才包含传输层。网络核心部分的路由器在转发数据包时主要依赖网络层的功能，而不会涉及传输层。具体地，在发送端，传输层的主要任务是将从发送应用进程接收到的报文转换为传输层分组。为了实现这一转换，传输层会将较大的应用报文划分为多个较小的块，并为每个块添加一个传输层首部，从而生成多个传输层的报文段。然后，发送端系统中的传输层将这些报文段交给网络层，网络层将其封装为网络层分组（数据报），并负责将其传输至目的地。在数据传输过程中，网络核心的路由器只处理数据报的网络层字段，它们不会检查封装在数据报中的传输层报文段的内容。在接收端，网络层从收到的数据报中提取出传输层报文段，并将其交给接收端的传输层处理。传输层则进一步处理这些报文段中的数据，并将其交给接收应用进程使用。

这种从发送端到接收端的通信方式称为端到端通信。端到端模型是一种网络设计原则，强调将复杂的功能处理放在网络的端点，即发送端和接收端，而非中间节点（如路由器）。这意味着在端点上实现完整的五层协议栈，而在中间节点上则只需要处理前三级协议栈（网络层、链路层和物理层）。这种设计原则使得网络核心部分保持简单，便于设计和操作，同时将错误检测与恢复、数据包排序与重组等复杂功能放在端点上处理。

在拥塞控制的应用中，端到端模型的优势尤为明显。通过该模型，发送端可以根据接收端的反馈信息动态调整发送速率，从而有效避免或缓解网络拥塞问题。实现端到端的通信，需要一种机制来确保数据能够准确无误地从发送端传输到接收端，这种机制就是传输层协议。传输层协议在网络中的两个应用进程之间建立连接，并负责数据的分段、封装、发送、接收，以及错误的检测和纠正。当前，传输层的两个主要协议是用户数据报协议（UDP）和传输控制协议（TCP）。UDP是一种提供不可靠、无连接服务的协议，它的优点是开销小、处理速度快，因而特别适用于对实时性要求较高的应用，如语音通话和视频流传输。然而，UDP并不保证数据的可靠传输，也没有重传机制。相比之下，TCP提供了一种可靠的、面向连接的服务。TCP通过复杂的错误检测和纠正机制，以及数据包的确认和重传机制，确保数据能够可靠地传输到接收端。TCP适用于需要高可靠性的数据传输场景，如文件传输、电子邮件发送等一对一的通信。通过传输层协议的应用，网络通信得以在不同的应用进程之间顺利进行，保障了数据的完整性和传输的可靠性。

12.3.2　TCP连接管理机制

1. TCP的停止等待协议

停止等待协议是TCP确保传输可靠性的一种关键机制。停止等待协议是指发送方在传送完一个数据分组后，会暂停发送后续数据，直到收到接收方的确认消息（ACK）。只有在接收到确认消息后，发送方才会继续发送下一个分组。如图12.2所示，当客户A向服务器B发送消息1时，消息会经过网络传输到达服务器B。服务器B在成功接收消息1后，会立即向客户A回传一个确认消息（ACK），以确认消息1已被成功接收。只有在客户A收到这一确认后，才会发送下一个数据包，即消息2。

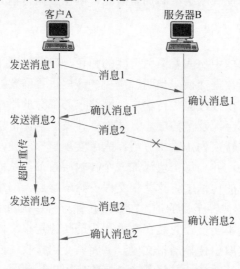

图 12.2　TCP 的停止等待与超时重传

图12.2进一步展示了在数据传输过程中可能出现的错误情况。当客户端A在规定的时间内未能收到来自服务器B的确认消息时，便会假设先前发送的分组可能已经丢失，从而触发重新发送该分组的操作。这一过程通常称为超时重传。为了支持超时重传机制，发送方在每次发送分组时都会启动一个超时计时器。如果在计时器到期之前成功收到确认消息，发送方便会立即取消计时器，从而避免不必要的重传。引发超时重传机制的情况大致可以分为以下三种：

（1）分组丢失：这是最常见的一种情况。发送方成功将分组发送出去，但网络故障或其他原因，接收方未能接收到该分组。因此，接收方无法发出相应的确认消息。发送方在等待了一段时间后未收到确认消息，便推测该分组可能已经丢失，进而重新发送该分组。

（2）确认丢失：在这种情况下，虽然发送方成功发送了分组，并且接收方也成功接收并发送了确认消息，但确认消息在传输过程中丢失了。由于发送方在预定的时间内未能收到确认消息，它将误以为分组丢失，因此再次发送相同的分组。当接收方接收到重复的分组后，会检测到该分组已经被接收过，因此会丢弃重复的分组，并重新发送确认消息给发送方。

（3）传输延迟：在某些情况下，网络传输速度可能过慢，导致接收方发送的确认消息未能在规定时间内到达发送方。尽管分组和确认消息都成功传输，但由于传输延迟，发送方在规定时间内未收到确认消息，因而认为确认消息丢失，并重新发送分组。当接收方接收到重复的分组时，它会识别出这是一个重复分组，因此会将其丢弃，并再次发送确认消息。发送方在收到多个确认消息后，只保留第一个确认并忽略其他重复的确认，以避免混淆。

停止等待协议的主要优势是简单，易于实现和管理。然而，这种协议的局限性也非常明显，即信道利用率较低。由于发送方每次只能发送一个消息，并且必须等待该消息的确认后才能继续发送下一个消息，导致在大多数时间里信道处于空闲状态，这无疑大大降低了通信效率。为了克服这一缺点，提升信道的利用率，引入了一种更为高效的传输方法——流水线传输。这种方法直接影响了后续两个重要的协议设计。

连续 ARQ 协议是一种经过改进的传输机制，旨在提高数据传输的效率。连续 ARQ 协议与停止等待协议不同，其允许发送方在传输数据时维护一个发送窗口。在这个窗口中可以同时包含多个待发送的分组，这意味着发送方在等待前一个分组的确认时继续发送后续的分组。通过这种方式，信道的利用率得到了显著提升，因为信道不再等待确认而长期处于空闲状态。

在连续 ARQ 协议中还引入了累积确认机制。累积确认意味着接收方不需要对每一个接收到的分组都单独发送确认，而是对按顺序接收的最后一个分组进行确认。例如，如果发送方一次性发送 5 个分组，而接收方成功接收到 1 号、2 号、4 号和 5 号分组，3 号分组丢失，那么接收方将只会确认已经按序接收的最后一个分组，即 2 号分组，并在确认消息中指明它期望接收到的下一个分组是 3 号。此时，发送方会识别出需要重传的分组，并重新发送 3 号、4 号和 5 号分组。然而，当网络通信质量不佳时，连续 ARQ 协议可能会导致较大的数据重传量，特别是当多个分组在传输过程中丢失或出错时，这种重传不仅会增加通信开销，还会导致传输效率下降。因此，如何在保证数据传输可靠性的同时尽量减少不必要的重传，是连续 ARQ 协议设计中的一个重要考虑因素。

2. TCP 连接的建立和释放

TCP 是一种面向连接的协议，其中连接的建立和释放是必要的。主动发起连接的应用进程称为客户，被动等待连接的应用进程称为服务器。下面主要探讨 TCP 如何管理连接的建立和释放。

图 12.3 展示了 TCP 连接建立的整个过程。图的左侧代表客户端 A，右侧代表服务器 B。在连接建立的初始阶段，客户端和服务器的状态均为 CLOSED（关闭）。此时，服务器端处于 LISTEN（监听）状态，随时准备接收来自客户端的连接请求。一旦服务器接收到连接请求，就会启动相应的处理流程。首先，客户端 A 向服务器 B 发送一个连接请求报文段。在该请求中，SYN（同步）标志位被设置为 1，表示这是一个连接请求，同时客户端还为此次连接

选择了一个初始序号 seq = x。此时，客户端 A 的状态从 CLOSED 转变为 SYN-SENT（同步已发送），表示它已经发送了一个同步请求并正在等待服务器的响应。服务器 B 在收到客户端 A 的连接请求后，需要对这个 SYN 报文段进行确认。服务器会将 SYN 和 ACK（确认）标志位都设置为 1，表示它同意建立连接并确认收到了客户端的请求。同时，服务器为自己选择一个初始序号 seq = y，并将确认号设置为 ack = x + 1，以确认它已经成功接收了客户端发送的第一个字节数据。在这一阶段，服务器的状态从 LISTEN 转变为 SYN-RCVD（同步已接收）。根据 TCP 的规定，当确认号 ack = N 时，表示所有序号小于 N 的报文段都已被正确接收。接下来，客户端 A 在收到服务器 B 的确认报文段后，需要向服务器发送一个最终的确认报文段。在这个确认报文段中，ACK 标志位被设置为 1，确认号设置为 ack = y + 1，同时客户端 A 的序号更新为 seq = x + 1。此时，已经成功建立 TCP 连接，客户端 A 的状态变为 ESTABLISHED（已建立连接），服务器 B 在收到客户端的最终确认后，也进入 ESTABLISHED 状态。在整个 TCP 连接建立的过程中，总共发送了三个报文段，这个过程称为"三次握手"。三次握手不仅确保了双方都能同步各自的序号和确认号，还有效地防止了旧的重复报文段造成的连接错误。因此，这一机制成为 TCP 中保证可靠连接的重要步骤。

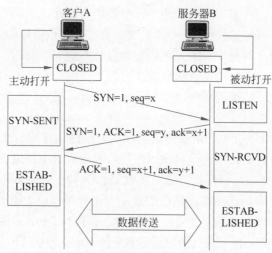

图 12.3　三次握手建立 TCP 连接

在 TCP 中，释放一个已建立的连接涉及四个关键的报文段。数据传输完成后，通信双方可以开始进行连接的断开过程。此时，客户端 A 和服务器端 B 都处于 ESTABLISHED（已建立连接）状态，并且准备开始连接释放的流程。图 12.4 展示了这一过程。首先，客户端 A 的应用进程发起了连接释放的请求。这意味着客户端将停止向服务器端 B 发送数据，并将连接释放报文段的 FIN 标志位设置为 1，同时指定一个序号 seq = u。此时，客户端 A 的状态变为 FIN-WAIT-1（终止等待 1）。服务器端 B 在接收到这个连接释放报文段后，会向客户端 A 发送一个确认报文段，确认号设置为 ack = u + 1，同时服务器端 B 选择一个序号 seq = v。接着，服务器端 B 进入 CLOSE-WAIT（关闭等待）状态。客户端 A 在接收到服务器端 B 的确认报文段后，会转变为 FIN-WAIT-2（终止等待 2）状态，并等待服务器端 B 发送连接释放报文段。当服务器端 B 完成数据传输并无更多数据发送时，其应用进程将通知 TCP 进行连接释放。在这个阶段，服务器端 B 会发送一个连接释放报文段，其中 FIN 标志位也设置为 1，确认号重复之前已发送的 ack = u + 1，而服务器端 B 选择的序号为 w。此时，服务器端 B 进入 LAST-ACK（最后确认）状态，等待客户端 A 的确认。客户端 A 在收到服务器端 B 的连接释放报文段后，会向服务器端 B 发送一个确认报文段，其中确认号设置为 ack = w + 1，序号设为 seq = u + 1。此时，客户端 A 的状态变为 TIME-WAIT（时间等待）。在 TIME-WAIT 状态下，TCP 连接尚未完全释放。客户端 A 必须等待一个特定的时间，这个时间由时间等待计时器决定，通常是两个最大报文段寿命的时间长度，之后才能转变为 CLOSED 状态。与此同时，服务器端 B 在接收到客户端 A 的确认报文段后，会转变为 CLOSED 状态。此时，TCP 连接完全释放，双方的连接状态都已回到初始的 CLOSED 状态。

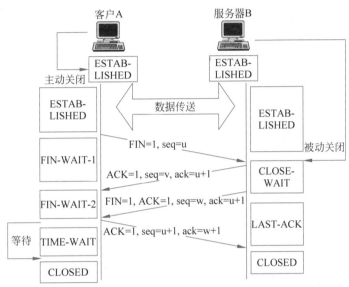

图 12.4　TCP 释放连接的过程

12.3.3　TCP 的报文段结构

在深入了解了 TCP 连接的基本概念之后，接下来详细探讨 TCP 报文段的结构。每个 TCP 报文段由首部和数据部分两个主要部分组成。数据部分包含了应用进程实际需要传输的数据，而首部则负责管理和控制数据传输的各个方面，确保通信的可靠性和有序性。如图 12.5 所示，TCP 报文段的首部前 20B 是固定的，这是 TCP 的核心组成部分。固定的首部字段为协议提供了基础功能，如数据序列控制、错误检测和流量控制。此外，TCP 首部还可以根据具体需要附加选项字段，这些选项字段的长度是 4B 的整数倍。固定首部部分的各个字段在 TCP 报文段中扮演着至关重要的角色，它们的作用如下：

(1) **源端口和目的端口（各占 2B）**：这两个字段分别存储了源端口号和目的端口号，用于标识数据流的起点和终点。端口号是应用层协议的重要组成部分，通过它们，TCP 能够将数据正确地分发到目标应用进程。源端口通常由客户端随机选择，而目的端口则对应于服务器上的特定服务（如 HTTP 的 80 端口）。

(2) **序号（4B）**：序号字段用于标识 TCP 数据流中的字节序号，范围为 $[0, 2^{32}-1]$，即最多支持 4294967296 个不同的序号。由于 TCP 是面向字节流的协议，数据流中的每一个字节都会被分配一个唯一的序号。序号字段指示该报文段中第一个字节的序号。例如，假设一个报文段的序号字段值为301，且其数据部分的长度为100B，那么该报文段中数据的第一个字节序号为301，最后一个字节的序号为400。后续报文段的数据序号应从401开始。当序号达到最大值后，将回绕至0，这种机制通过模2^{32}运算来实现，确保序号的唯一性和数据的有序传输。

图 12.5　TCP 报文段结构

（3）**确认号（4B）**：确认号字段用于告知对方，发送方期望接收到的下一个字节序号。例如，如果服务器B已经成功接收了序号为301到500的数据字节，那么它将在确认报文中设置确认号为501，表示期待接收到的下一个字节序号为501。确认号使TCP能够实现可靠的数据传输，通过这个机制，接收方可以告诉发送方哪些数据已经成功接收，从而避免重复传输。

（4）**数据偏移（4bit）**：数据偏移字段指示了TCP报文段中数据部分的起始位置，距离报文段开头的字节数。实际上，这个字段表示了TCP首部的长度，因为首部中可能包含长度可变的选项字段，所以数据偏移是确定数据部分起始点的重要信息。数据偏移的单位是32bit字（即4B），最大值为15，表示TCP首部的最大长度可以达到60B（包括最多40B的选项字段）。

（5）**保留（6bit）**：该字段目前未被使用，保留用于未来的协议扩展。根据协议规范，保留位应置为0。

（6）**控制位（6bit）**：控制位用于指示报文段的具体状态和操作类型，包括以下几个重要的标志位：

① **URG（紧急指针）**：当URG=1时，表示该报文段包含紧急数据，这些数据应当被优先处理。此标志位与紧急指针字段配合使用，用于指示紧急数据的结束位置。

② **ACK（确认）**：当ACK=1时，确认号字段有效，表明该报文段用于确认已接收到的数据字节。通常，在TCP连接建立后，所有的传输报文段都必须将ACK置为1，以维持持续的确认机制。

③ **PSH（推送）**：当PSH=1时，表示发送方希望接收方立即将数据交给应用程序，而不等待缓冲区填满。此标志对于交互式应用非常重要，例如在远程终端会话中，用户希望键入的命令能够立即传递到远程系统。

④ **RST（复位）**：当RST=1时，表明在当前的连接中发生了严重错误，连接需要立即重置或终止。RST标志也用于拒绝非法的连接请求或不合法的报文段。

⑤ **SYN（同步）**：SYN 标志用于建立 TCP 连接。当 SYN=1 且 ACK=0 时，表示这是一个连接请求报文段，发送方希望建立连接。如果接收方同意建立连接，那么它将在响应报文中将 SYN 和 ACK 都置为 1，完成连接的同步过程。

⑥ **FIN（终止）**：FIN 标志表示发送方已完成数据发送，准备关闭连接。当 FIN=1 时，意味着发送方请求释放当前的 TCP 连接。

(7) **接收窗口（2B）**：窗口字段表示接收方当前允许发送方发送的最大数据量，以字节为单位。这一值反映了接收方的缓冲区剩余空间。

(8) **检验和（2B）**：检验和字段用于确保 TCP 报文段在传输过程中未被篡改。检验和涵盖了报文段的首部和数据部分，通过计算出的校验值进行校验。

(9) **紧急指针（2B）**：紧急指针字段在 URG=1 时有效，用于指示紧急数据的结束位置。即使窗口大小为零，紧急数据也可以发送，这一功能保证了紧急数据的高优先级传输。

(10) **选项（长度可变）**：选项字段的长度可以根据具体需要进行扩展，最多可达 40B。选项字段用于支持 TCP 的各种扩展功能，如窗口扩展、时间戳等。

总的来说，TCP 报文段的首部设计非常精细，各字段的协同作用确保了数据的可靠传输和连接的稳定性。了解这些字段的功能对于掌握 TCP 的工作机制至关重要。

12.3.4　TCP 的滑动窗口协议

TCP 拥塞控制机制是由 Van Jacobson 在 20 世纪 80 年代后期引入互联网的，这一突破性的工作为解决当时困扰互联网的严重问题奠定了基础。在拥塞控制机制引入之前，互联网面临着"拥塞崩溃"的挑战。这种情况发生时，主机根据接收窗口的大小尽可能多地向网络发送数据包。然而，网络中某些路由器的容量有限，这种无节制的数据流导致了严重的拥塞，大量数据包被丢弃。这种情况进一步加剧了问题：由于数据包丢失，主机未能在预期时间内收到确认消息，因此它们会假设数据包丢失，并启动重传机制。然而，重传的数据包进一步加剧了网络的负担，导致更多的拥塞和数据丢失，从而形成恶性循环。最终，这种无限制的数据重传导致整个网络崩溃，几乎无法进行有效的通信。

为了解决这个问题，TCP 拥塞控制机制的核心理念是通过动态调整数据发送速率来适应网络的可用容量。具体来说，这一机制试图为每个数据源确定网络中当前有多少可用的传输能力，从而帮助发送方准确判断在不引发进一步拥塞的情况下可以安全地发送多少数据包。本节将深入探讨 TCP 如何利用一系列的算法来实现这一目标。

1. 加性增/乘性减

TCP 拥塞控制中的滑动窗口协议引入了一个关键的状态变量，称为拥塞窗口（Congestion Window, CWND）。这个窗口在每个 TCP 连接中独立维护，源端使用它来限制在任意时刻允许传输的数据量，从而在传输过程中调节流量。如何确定一个合适的拥塞窗口值是 TCP 拥塞控制的核心问题之一。解决方案是让源端根据其感知到的网络拥塞程度动态调整拥塞窗口的大小。当网络拥塞程度上升时，源端减小拥塞窗口；当网络变得畅通时，源端则逐步增大拥塞窗口。这种调节机制称为加性增/乘性减（Additive Increase/Multiplicative Decrease, AIMD），是 TCP 拥塞控制的基础策略。

具体来说，TCP 将数据包传输超时视为网络拥塞的一个重要信号。当源端检测到传输超时时，它会认为网络中出现了拥塞问题，导致数据包未能成功到达接收端。此时，TCP

通过减少传输速率来应对拥塞，这表现为减少拥塞窗口的大小。当发生超时事件时，源端会将拥塞窗口缩减为当前值的一半，这一操作即为AIMD机制中的"乘性减"。例如，如果当前的拥塞窗口大小为16个数据包，一旦检测到数据包丢失，TCP将拥塞窗口缩减为8个数据包。如果进一步检测到数据丢失，拥塞窗口将继续减小，先降至4个数据包，再降至2个数据包，最终可能会降至1个数据包的长度。

然而，仅依靠减少拥塞窗口的策略显然过于保守，因为它可能无法充分利用网络的可用带宽。因此，AIMD机制还包括了"加性增"的部分，以逐步增加拥塞窗口，确保能够尽可能地利用网络资源。加性增的工作原理是每当源端成功发送了拥塞窗口所允许的所有数据包，并且这些数据包在最近的往返时间（Round-Trip Time，RTT）内得到了确认，源端就会将拥塞窗口的大小增加一个数据包的长度。值得注意的是，TCP在实际操作中并不会等待整个窗口的数据包都被确认后才增加一个数据包长度的值，而是随着每个确认（ACK）的到达，逐步增加一个小的值。具体来说，每当接收到一个确认，拥塞窗口就会按以下公式增加：

$$\text{Increment} = \text{MSS} \times (\text{MSS}/拥塞窗口大小)$$

$$拥塞窗口大小 \mathrel{+}= \text{Increment}$$

式中：MSS（Maximum Segment Size）指的是一个数据包的最大长度。换句话说，在实际应用中，每当接收到一个确认，拥塞窗口并不是简单地增加一个数据包的长度，而是增加MSS除以当前拥塞窗口值的一小部分。如果每个确认消息都确认了MSS字节的数据，增加的值就等于MSS除以当前的拥塞窗口大小。

拥塞窗口的增加和减少是一个持续的过程，并贯穿整个连接的生命周期。随着时间的推移，如果将拥塞窗口的变化绘制成图表，那么将呈现出一个典型的锯齿形图案，如图12.6所示。这种图形反映了拥塞窗口在动态调整过程中的连续增长和突发减少。理解加性增/乘性减的核心概念在于TCP减小拥塞窗口的速度明显快于增大窗口的速度。这种设计背后的逻辑是过大的窗口会带来比过小窗口更为严重的后果。特别是，当拥塞窗口过大时，数据包丢失的风险增加，导致大量数据包需要重传，进而加剧网络的拥塞。因此，迅速减少拥塞窗口以快速恢复网络的正常状态至关重要。相比之下，增大窗口则需要更为谨慎，以避免在短时间内再次引发拥塞。这种稳健的调整机制确保了TCP连接在面对不稳定网络条件时，能够在保障数据传输可靠性的同时，最大化地利用可用的网络带宽。

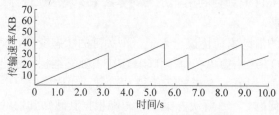

图 12.6　典型的 TCP 锯齿图案

2. 慢启动

当源端的操作接近网络的最大传输能力时，上述的加性增机制能够很好地适应这种情况。然而，当源端刚开始建立连接时，如果依赖这种逐步增加的方式，那么需要很长时间才能达到网络的最佳传输速率。因此，TCP引入了慢启动机制。慢启动机制的核心思想是，在连接建立初期，通过以指数方式迅速增加拥塞窗口，从而快速提升数据传输速率，而不是像加性增机制那样线性增长。

具体而言，TCP在初始阶段将拥塞窗口设置为一个数据包的大小。当这个数据包的确认（ACK）到达源端后，TCP将拥塞窗口增加1，即将窗口大小翻倍，并发送两个数据包。当这两个数据包的确认到达后，TCP再次将拥塞窗口增加2（每个确认增加1），然后发送四个数据包。如此循环下去，TCP在每个往返时间（RTT）内将数据包的发送数量加倍。通过这种方式，TCP能够迅速扩展传输速率，以充分利用可用的网络带宽。

需要注意，慢启动并不是与当前的线性增长机制（加性增）进行比较，而是与TCP早期的传输行为进行比较。在慢启动机制引入之前，TCP在连接开始时可能会立即发送通知窗口允许的最大数据包数量。这种骤增的数据流即使在网络带宽充足的情况下，仍然可能导致路由器无法及时处理而出现拥塞，特别是路由器的缓冲区空间不足时。因此，慢启动的初衷是通过逐步增加数据流量，避免瞬间发送大量数据包，从而减少网络拥塞导致的性能问题。换句话说，尽管慢启动的增长是指数级的，但相对于立即发送整个通知窗口的数据量而言仍然"缓慢"得多。

慢启动机制可以在两种情况下运行：一是在刚开始建立连接时，源端对网络的可用带宽和传输能力一无所知。在这种情况下，TCP使用慢启动机制，通过每个RTT内拥塞窗口的指数增长，快速探测网络的传输能力，直到出现数据包丢失，此时TCP会通过超时机制识别拥塞并将拥塞窗口减半（乘性减）。这种操作可以有效防止网络过载，同时逐步增加传输速率。二是连接暂停并等待超时。回顾TCP的滑动窗口算法，当一个数据包在传输过程中丢失时，源端最终可能会达到一个状态，即已经发送了通知窗口允许的所有数据包，但由于未能及时收到确认信息而被阻塞。在这种情况下，源端不得不等待超时事件的发生，这段时间内没有数据包在传输，源端也无法收到新的确认信息来继续传输数据。最终，当超时发生后，源端会收到一个累积的确认（ACK），这表明需要重新打开整个通知窗口。然而，此时TCP不会立即发送通知窗口允许的所有数据包，而是使用慢启动机制重新启动数据流。

尽管源端在这种情况下再次启用了慢启动，但与初始连接阶段相比，此时它拥有更多的信息，特别是它知道在上一次数据包丢失之前的拥塞窗口大小。根据这一信息，源端将当前的拥塞窗口减半，这个值称为目标拥塞窗口。此后，源端通过慢启动迅速将发送速率提升至这个目标值，而一旦超过这一值，TCP就会采用加性增机制，以更谨慎的方式继续增加传输速率。这种设计使得TCP在应对各种网络环境时表现得更加灵活和稳健，既能够快速适应初始连接中的带宽变化，又能在遭遇网络拥塞后迅速恢复，并逐步优化数据传输速率，从而在保障网络稳定性的同时最大化利用可用带宽。

3. 快速重传和快速恢复

TCP中的粗粒度超时机制虽然在确保数据传输的可靠性方面起到了重要作用，但也有不足之处。当一个数据包在传输过程中丢失时，发送端必须等待超时计时器到期后才能重新发送该数据包。这种等待会导致连接在相对较长的一段时间内处于无效状态，无法继续有效传输数据。为了解决这一问题，TCP引入了一种名为快速重传的机制，旨在加快对丢失数据包的检测和重传速度，从而提高传输效率。

快速重传机制是一种基于启发式的增强手段，它能够在常规超时机制触发之前就识别出丢失的数据包，并迅速进行重传。需要注意，快速重传并不是要替代传统的超时机制，而是对其功能的一种有力补充，通过更早的检测来减少不必要的延迟，从而优化整体的传输过程。快速重传的工作原理相对直观，当接收端收到一个数据包时，无论这个数据包的序号是否已经被确认过，接收端都会发送一个确认（ACK）作为响应。即使某个数据包已经被确认过，如果新的数据包未能按预期的顺序到达，接收端将无法确认这个新的数据包，于是它会再次发送上一个确认信息。这种重复发送的确认信息被称为重复确认。当发送端收到一个重复确认时，就意识到接收端已经接收到了一个未按预期顺序到达的数据包。尽管如此，发送端不会立即重传丢失的数据包，因为这种情况下，数据包只是暂时延迟而并未真正丢失。为了避免不必要的重传，TCP规定发送端必须在接收到一定数量的重复确认后，才会开始重传该数据包。

在实际应用中，TCP通常会等待直到接收到三个重复确认后才启动重传过程。这个阈值的设定是为了平衡误判和传输效率，既避免了短暂延迟而过早重传，又能在真正发生数据包丢失时快速做出反应。通过这种方式，快速重传机制有效减少了等待超时计时器触发的时间，提高了网络的响应速度和数据传输的连续性。

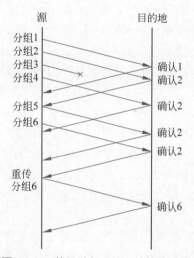

图 12.7　基于重复 ACK 的快速重传

图12.7展示了重复确认如何触发TCP的快速重传机制。在这个例子中，目的地成功接收了数据包1和数据包2，但数据包3在网络传输过程中丢失了。当后续的数据包（如数据包4）到达时，目的地无法按序确认这些数据包，因为中间缺失了数据包3。因此，目的地会再次发送一个针对数据包2的确认，尽管数据包2已经被确认过。这种重复发送的确认被称为重复确认。当数据包5到达时，目的地又会发送另一个重复确认。以此类推。在发送端，当它接收到来自目的地的第三个重复确认时，便意识到前面的某个数据包（在本例中为数据包3）可能已经丢失。此时，尽管还没有等到超时计时器触发，发送端会立即启动快速重传机制，重新发送丢失的数据包3。这种提前重传的做法能够显著减少数据包丢失导致的传输延迟，提升整体网络性能。值得注意的是，当重传的数据包3的副本最终到达目的地时，接收端不再继续发送针对数据包2的重复确认，而是向源端发送一个累积确认。这个累积确认不仅确认了重传的数据包3，而且确认了在此之后已经成功接收的数据包4、5和6等。这种累积确认的方式确保了接收端能够高效地通知发送端，它已经成功接收了从数据包1到数据包6的所有数据包，恢复了数据流的正常顺序。

总的来说，快速重传机制的引入显著提升了TCP的性能，特别是在高延迟或者高丢包率的网络环境中。这种机制通过提前发现和处理丢失的数据包，避免了连接长时间的空闲等待，从而保证了数据流的高效和可靠传输。

第13章

通信与网络的前沿案例

通信与网络的学科知识发展迅速，除之前章节所介绍的经典知识之外，许多近期发展的前沿知识也有助于读者了解学科前沿，认识所学基础知识在先进系统中的应用。本章选取通信与网络发展前沿中的一些典型技术，结合本书中的基础知识介绍学科前沿，以及相关基础知识的应用。

13.1 低时延通信与网络

在大量工业应用中，信息传输的实时性具有重要的意义。例如，在远程手术、自动驾驶、工厂自动化和智能电网等系统中，都要求信息传输的时延控制在毫秒量级以内，从而确保系统的安全、稳定。为此，从第五代（5G）移动通信时代开始，就提出了极低时延高可靠通信（URLLC）的概念。随着第六代（6G）移动通信研发拉开帷幕，国际电信联盟（ITU）又进一步提出了超低时延高可靠通信（HRLLC）的场景，向亚毫秒时延进军。

本节对低时延通信与网络做初步介绍。在数据包的传输中，时延由三方面引起：

（1）传播时延：信息的物理载体（如电磁波、声波）自身传播一定距离所需的时间。这是由物理极限本身决定的，无法进行优化或控制。

（2）处理时延：信息的编、译码，转发等处理中，所消耗的时间。这是由数据包或码组的长度、硬件的处理能力等决定的。

（3）排队时延：当链路的传输速率低于信息的到达速率时，未能及时传完的信息就需要在缓存区排队，从而产生排队时延。

在通信与网络中，对时延的优化往往从后两个成因机理着手。在5G等系统中，采用短数据包通信，从而避免过长的处理时延。此时，采用的信道编码码长较短，其性能极限由有限长编码公式给出，这里不加证明的给出结果。当信道编码的码长为N，且误码率不超过ϵ时，AWGN信道所能达到的速率上界为

$$R(n, \epsilon) = \frac{1}{2}\log_2(1 + \text{SNR}) - \sqrt{\frac{1}{2n}\left(1 - \frac{1}{(1+\text{SNR})^2}\right)}Q^{-1}(\epsilon)\log_2 e + \mathcal{O}\left(\frac{\log n}{n}\right)$$

除短数据包通信外，现代通信与网络还努力消除排队等待时延。一种有效的方法就是进行基于队列压力的功率、速率控制。当缓存区积压的数据包较多时，提升发射机功率，用较高的速率进行发送，从而避免数据包排队等待时间过长。当缓存区积压的数据包较少时，降低发射机功率，用较低的速率进行发送，从而减少能量消耗。

讨论一种特殊的情况。在一个噪声谱密度为n_0、带宽为W的AWGN信道中，即每个

长度为T的时隙开头到达一随机大小的数据包，要求在时隙末尾全部传输完毕。显然，对于给定的包长A，此类低时延传输所需的功率为

$$P(A) = Wn_0\left(2^{\frac{A}{WT}} - 1\right)$$

因此，当给定A的概率密度函数$f(A)$时，低时延传输所需的平均功率为

$$P_{\text{avg}} = Wn_0\int_0^\infty \left(2^{\frac{A}{WT}} - 1\right)f(A)\mathrm{d}A$$

若A满足均值为$\bar{A}$的指数分布，则低时延传输所需的平均功率为

$$P_{\text{avg}} = Wn_0\int_0^\infty \left(2^{\frac{A}{WT}} - 1\right)\frac{1}{\bar{A}}\mathrm{e}^{-\frac{A}{\bar{A}}}\mathrm{d}A$$

显然，当$\dfrac{\bar{A}}{WT} < 1$时，上式中的积分收敛，即低时延传输所需的平均功率是有限的。

再讨论另一种特殊的低时延传输。此时，每个时隙开始到达的数据包大小是固定的，其长度为A个比特。但是，信道对发送信号功率具有随机的放缩，其增益系数为g，是随机变量。对于给定的增益g，通信链路的接收端信噪比为$g\text{SNR}$，于是此时的信道容量为

$$C(g) = W\log_2(1 + g\text{SNR})$$

或者表示为功率和噪声谱密度的函数，即

$$C(g) = W\log_2\left(1 + \frac{gP}{Wn_0}\right)$$

由上式可知，为了在给定时隙长度内完成A个比特的传输，则所需的平均发送功率为

$$P_{\text{ave}} = Wn_0\int_0^\infty \left(2^{\frac{A}{WT}} - 1\right)f(g)\mathrm{d}g$$

式中：$f(g)$为功率增益g的概率密度函数。

当功率增益g服从均值为$\bar{g}$的指数分布时，所需的平均发送功率为

$$P_{\text{ave}} = Wn_0\int_0^\infty \left(2^{\frac{A}{WT}} - 1\right)\frac{\mathrm{e}^{-\frac{g}{\bar{g}}}}{g\bar{g}}\mathrm{d}g = \infty$$

这个积分是不收敛的，所需平均功率为正无穷。换言之，对于$A > 0$的情况，此时无法确保在一个时隙内传完数据包。

那么，如何应对上述情况呢？通信中提出了分集的概念。一个简单的例子就是使用两个功率增益独立同分布的信道，哪个信道的瞬时功率增益大，就在哪个信道中进行传输。根据顺序统计量理论可以计算出所需的平均发送功率为

$$P_{\text{ave}} = Wn_0\int_0^\infty \left(2^{\frac{A}{WT}} - 1\right)\frac{2\mathrm{e}^{-\frac{g}{\bar{g}}}(1 - \mathrm{e}^{-\frac{g}{\bar{g}}})}{g\bar{g}}\mathrm{d}g$$

经过计算可以发现，这个积分是收敛的，其结果为

$$P_{\text{ave}} = \frac{2\ln 2}{\bar{g}}\left(2^{\frac{A}{WT}} - 1\right)$$

由上讨论可知，当采用了分集加功率控制的策略后，在时变增益的信道中也能完成时延可控的低时延传输。

综上，本节讨论了在智能电网、自动驾驶、远程手术和工厂自动化中非常重要的一类前沿通信与网络技术，即低时延通信与网络。从中不难看出，通过灵活运用本书基础知识部分所介绍的香农容量极限，可以有效地分析和设计低时延通信与网络系统，体现出了基

础知识在前沿发展中的重要作用。

13.2　矿区无人机械协同中的通信网

我国是矿业能源大国，自动化无人开采成为新型矿区的发展方向，其中高速无线通信网络是支撑现场多辆智能无人机械和无人车辆协同工作的基础条件。矿场依山开采，缺乏公共移动通信网络信号覆盖，卫星通信网络成本高、传输速率低、时延大，不适用于多车智能协同业务；矿区现场的开采作业区域不断变化，大型车辆和重型机械碾压临时路面，现场很难部署通信基站等基础骨干设施、布设有线光纤。因此，新型矿区采用了无线自组织通信网络实现开采区域的高速、灵活的数据通信服务。

无线自组织通信网络是一种不依赖基站、接入点等固定基础通信设施的无中心的通信网络，具有多点到多点的网状拓扑结构。无线自组织网络中，各网络节点均具备路由器的功能，可为相邻节点转发通信数据，多个网络节点以无线多跳方式连接。在无线自组织网络中，不存在预先定义的集中的网络管理中心节点，需要通过相邻节点之间的协商、网络拓扑信息的不断转发扩散，自动构成扁平化的网络拓扑连接。

无线自组织网络的拓扑结构动态变化，需要设计动态高性能的组网及路由协议，自适应调整拓扑信息的发送周期，并充分利用各种传输路径，实现多跳链路的快速路由切换，加速路由收敛，保证业务实时、高效的传输。在经典的链路状态法、距离向量法等路由算法思想的基础上，无线自组织网络的新型路由算法更加侧重于对路由做局部修复，将链路的变化限制在一定范围内；在保持路由连通性的前提下，减少路由开销、缩短路由恢复的时间。无线自组织网络优化降低路由算法控制开销的方法主要有以下几方面：

(1) 降低发送广播拓扑信息的节点个数；

(2) 动态调整广播拓扑信息发送周期；

(3) 降低控制消息分组，采用增量信息与全部信息相结合、轮换发送的方式；

(4) 降低参与全局路由的节点数量，采用分簇分层的路由控制策略。

随着无线自组织网络技术的不断发展，目前已经实现了 200 个节点以上规模的单频率无线自组织通信网络，支持分钟级的无中心快速建网，支持秒级的节点快速入网，支持百兆比特每秒的峰值传输速率等能力。

无线自组织通信网络的发展，为智慧矿山无人机械协同开采等场景提供了大容量、高可靠、抗干扰的灵活高效动态通信组网能力，是无人集群系统执行协同任务的基本保障。

13.3　车联网通信

传统单车自动驾驶范式由于感知视角单一，往往受到视野盲区、雨雪天气等因素的限制，感知能力存在固有缺陷。智能网联汽车与车-路-云协同驾驶作为现代智能交通系统（Intelligent Transportation Systems, ITS）的一个重要组成部分，在减少交通事故、提高交通效率等方面被寄予厚望。

对于协同自动驾驶场景和智能网联汽车，车联网（Vehicle to Everything, V2X）通信技术是至关重要的一个组成部分。其使能车内（CAN）、车与人（V2P）、车与车（V2V）、车与基础设施（V2I）、车与网络（V2N）的多层次多种类网络连接，从而使智能网联汽车之间以及车与智慧道路乃至行人手持终端之间可以进行信息交互，增强车辆的环境感知能力，并使得多车信息共享和联合决策成为可能。

车联网通信所面向的自动驾驶任务，是典型的低时延、高可靠业务场景，即传输时延极低，可靠性要求极高。同时，自动驾驶场景中终端移动速度快、拓扑结构变化频繁，且在部分路段无法假定有中心控制节点和基站存在。以上特性使得车联网通信技术在各层协议，尤其是资源分配方式上需要特别的优化和设计。现有车联网通信可以分为两大技术路线：一是以CSMA协议为核心的专用短程通信（DSRC）技术；二是基于蜂窝移动通信技术演进的C-V2X通信。近年来的工作表明，C-V2X技术相比于DSRC在传输距离上有着较大的优势，且与现有蜂窝移动通信技术保持同步迭代和演进。

C-V2X通信在资源分配方式上主要考虑两类情形：当场景中存在基站时，各终端直接从基站获取下发的信道资源配置方式（集中式调度）；在没有基站信号覆盖的情况下，无线资源分配由各个终端根据地理位置信息和信道感知信息进行自主决策（分布式调度）。为了解决分布式调度中的资源冲突问题，C-V2X设计了一种基于感知的半持续调度（Semi-Persistent Scheduling, SPS）机制。半持续调度机制利用了V2X业务的周期性特征，通过确定资源计数器（Resource Counter, RC）对资源进行周期性预约，并使用感知机制来选取合适的信道资源。其具有以下特点：

(1) **半持续**：初始状态下，设备会根据资源预留间隔（Resource Reservation Interval, RRI）确定一个RC值（从某个给定区间内随机选取），并通过感知机制选择一个信道资源进行占用。在随后的每次传输过程中，UE都会保持一个资源占用，并递减RC。直至RC等于0，UE才会以一定的概率选择是否要重新进行感知过程，并重选RC值。

(2) 基于**感知**的资源选择机制。每次进行资源选择时，UE会打开包含有过去1000个子帧的感知窗口（sensing window），以及未来的待选窗口（selection window，长度等于RRI），通过对感知窗口中每个资源的参考信号接收功率（Re-ference Signal Received Power, RSRP）进行统计，从而对未来的待选资源进行预测，挑选较优的资源进行占用。

半持续机制通过周期性预约来匹配V2X业务的周期性，减少开销并有助于信道资源状态感知，同时引入随机重选机制以降低陷入连续冲突的概率。感知过程有效利用了V2X通信的周期性特点，采用过去的统计信息对未来进行预测，从而尽可能减少冲突。

C-V2X通信技术伴随着蜂窝移动通信技术的发展而不断演进，目前已可实现低至数毫秒的传输时延，高达数百兆比特每秒的传输速率，99.99%的传输可靠性，以及广播、组播、单播等多种组网模式。其为网联自动驾驶提供了低时延、高可靠通信的支撑，使能协同感知、协同决策、协同控制等一系列高等级协同自动驾驶任务，是网联自动驾驶乃至现代智能交通系统的基本组成部分。

13.4 可见光通信

13.4.1 概述

传统无线通信中存在无线频谱资源短缺、保密性能差、极强的电磁辐射对人体的不可逆辐射伤害等诸多问题。可见光通信（Visible Light Communications, VLC）是一种不同于传统射频无线传输的通信技术,它利用照明器件或设备发出的强度变化的可见光信号来传输信息。本书所定义的可见光范围是指人眼可见的光波段,其工作频率为$400\sim800\text{THz}$(对应波长为$780\sim380\text{nm}$),如图13.1所示。

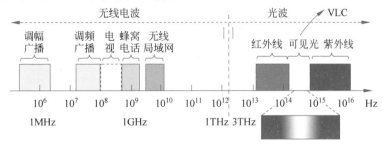

图 13.1 可见光频带资源图

可见光的强度是太阳光谱中最大的部分,而世界上绝大多数动物的视觉范围也大致涵盖了这个范围。当然,自然选择的结果导致一些夜间活动的动物能够"看到"不可见光,这不在本书讨论的范围之内。由于人眼的视觉暂留效应,即人眼看到的景物在视觉上所停留的时间,或者说是人视觉细胞和神经对光信号的反应时间,人眼不会受到光强高速变化的困扰。因此,利用可见光通信技术,通过光强的变化可以实现信息的传输,而人眼几乎不会察觉到这种变化。

在可见光通信中,频谱资源相比无线电波有着上万倍的增加(无线电,$3\text{kHz}\sim300\text{GHz}$;可见光,$400\sim800\text{THz}$),可以有效缓解频带资源短缺的问题。在正常光照条件下,可见光照射对人眼和皮肤的危害很小,可以在医院、工业以及航天领域替代传统通信技术。同时,由于光的穿透性能很弱,VLC通信保密性能极高。现有照明基础设施中LED已经得到普及、耗能和污染均较低,VLC通信实现更加方便,成本开销也会很低。与传统的无线通信方式相比,可见光通信具有以下优点:

(1) 频谱资源丰富。可见光的频率范围为$400\sim800\text{THz}$,相比无线电波($3\text{kHz}\sim300\text{GHz}$)有着上万倍的增加,可以有效缓解频带资源短缺的问题,且无须授权即可使用。

(2) 部署成本较低。可以利用现有的照明基础设施进行通信,实际应用所需的工作量和成本较低。

(3) 电磁辐射小。可见光通信无电磁干扰,适合在飞机、医院等有特殊需求的情形中应用。

(4) 保密性能好。可见光难以穿透围墙、地面等障碍物,适合在需要保密的场景中应用。

此外,可见光通信还有其他多样的应用场景,可以通过信号灯、车灯应用在智能交通系统中,可以克服水下衰减应用在水下通信中。由于以上诸多优势,可见光通信从诞生之日便吸引了学术界与产业界广泛的关注,并在此后的20余年里取得了长足的发展和进步。

可见光通信将信号调制在LED上,通过人眼无法察觉的闪烁信号进行信息传输,实现通信与照明的结合。可见光通信系统模型如图13.2所示,由发射端、信道和接收端三部分组成。

在发射端,对输入信号进行信道编码,编码后的信号经过载波调制、数/模转换后,再进行电光转换变为光信号,通过LED发光将信号发射出去。在接收端,光电探测器对接收到的光信号进行光电转换，再将模拟信号转换为数字信号，利用信道估计与均衡技术提升通信的性能，再根据发射端采用的编码和调制方式进行相应的解调和译码，最终恢复出传输的信号。

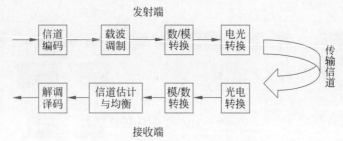

图 13.2　可见光通信系统模型

研究表明，可见光通信信道一般包括视距（LOS）信道和非视距（NLOS）信道，如图13.3所示。

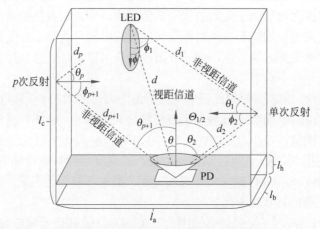

图 13.3　室内可见光通信信道示意图

视距信道一般是指LED发出的光信号不经过遮挡和反射，直接到达接收端光敏二极管（PD）的信号。如图13.3所示，LOS信道中LED灯与接收端PD之间距离记为d，LED的出射角记为ϕ，PD的入射角记为θ。则LOS信道的冲激响应可以表示为

$$h_{\text{LOS}}(t) = \frac{(m_{\text{L}}+1)A_{\text{R}}}{2\pi d^2}\cos^{m_{\text{L}}}\phi\cos\theta\,\text{rect}\left(\frac{\theta}{\Theta_{\frac{1}{2}}}\right)\delta\left(t-\frac{d}{c_{\text{light}}}\right)$$

式中：m_{L}为LED的朗伯模数；A_{R}为接收端PD的面积；$\Theta_{\frac{1}{2}}$为接收端PD的视场角(Filed of View, FOV)半角；c_{light}为光速；$\delta(\cdot)$为狄拉克函数；$\text{rect}(x)$为矩形函数。

因此，LOS信道的直流增益可以表示为

$$H_{\text{LOS}} = \int_{-\infty}^{+\infty} h_{\text{LOS}}(t)\text{d}t = \begin{cases} \dfrac{(m_{\text{L}}+1)A_R}{2\pi d^2}\cos^{m_{\text{L}}}\phi\cos\theta, & 0\leqslant\theta<\Theta_{\frac{1}{2}} \\ 0, & \theta\geqslant\Theta_{\frac{1}{2}} \end{cases}$$

只有当入射角小于PD的FOV半角时，PD才能接收到光信号。非视距信道一般指LED发出的光信号经过墙面、屋顶、地面、障碍物等的反射，再到达PD的信道。NLOS信道相比LOS信道更为复杂。经过p次反射到达PD的非视距路径共由$p+1$段子路径组成，需要

逐次积分计算得到。当既有LOS信道又有NLOS信道存在时，LOS信道的增益将占据主导地位。因此，当来自各反射体的反射不强烈时，可以直接使用LOS信道增益来近似总的信道增益。

13.4.2　光通信技术中的调制

在可见光通信中，如何将信息高效地承载在可见光信号上至关重要。由于大多数LED发光器件是非相干光源，在可见光通信技术中常采用强度调制（IM）和直接检测（DD）的方式，即通过可见光信号强度的变化来传递信息。具体来说，可见光通信技术中的调制方式可以分为单载波调制方式和多载波调制方式。

1. 单载波调制方式

1) 开关键控

在单载波调制方式中，最简单的是开关键控（OOK），也称为二进制振幅键控（2ASK），即通过"On"和"Off"一高一低两个脉冲强度来传递1个比特的信息。在OOK调制中，数据信号是通过改变载波的幅度来实现的。当数据信号为1时，载波的幅度为A；当数据信号为0时，载波的幅度为0。OOK调制适合电池供电的便携式设备，因为它的实现简单，功耗低，且抗噪声性能较好，一般适合在短距离通信中使用。

2) 脉冲幅度调制

脉冲幅度调制（Pulse Amplitude Modulation，PAM）是一种模拟调制技术，用于在数字通信中传输模拟信号。PAM技术通过改变脉冲信号的幅度来传输信息。在PAM技术中，模拟信号被采样成数字信号，然后通过脉冲宽度调制（Pulse Width Modulation，PWM）技术将数字信号转换为脉冲信号。这个脉冲信号的幅度随着数字信号的变化而变化。然后，这个脉冲信号通过传输媒介（如电缆或无线电波）传输到接收端，接收端再将其转换回模拟信号。

PAM技术的优点是可以在传输信号的同时减少噪声和干扰，因为它可以将模拟信号转换为脉冲信号，从而减少传输过程中的信号衰减和失真；此外，其结构简单，易于实现，对相位噪声不敏感。缺点是信号占空比高，能源利用率较低，且抗噪声性能相对较差。

3) 脉冲位置调制

脉冲位置调制（Pulse-Position Modulation，PPM）是一种数字调制技术，用于在数字通信中传输信息。PPM技术通过改变脉冲信号的位置来传输信息。

在PPM技术中，数字信号被采样成脉冲信号，然后通过改变脉冲信号的位置来传输信息。具体来说，PPM技术将数字信号转换为一系列脉冲，每个脉冲的位置代表1个比特的信息。例如，若数字信号是0，则发送第一个脉冲；若数字信号是1，则发送第二个脉冲。这样，接收端可以根据脉冲的位置来确定数字信号的值。

PPM技术的优点是对信道噪声具有一定的抵抗能力，信号占空比低，适用于能量有限的通信系统，且可以实现位同步和码同步；缺点是会受到相位噪声和频率选择性衰落的影响，且解调复杂度相对较高。

2. 多载波调制方式

多载波调制方式通过将传输信道划分为多个子信道进行并行信号传输，可以有效对抗多径衰落引起的符号间干扰（Inter Symbol Interference，ISI），简化接收端均衡器结构。在射频通信系统中，正交频分复用（Orthogonal Frequency Division Multiplexing，OFDM）是常用的多载波调制方式之一。在可见光通信系统中，由于采用强度调制和直接检测，传输的时域信号需要满足实数和非负的要求。因此，传统的 OFDM 技术无法直接应用于可见光通信系统，需要对其进行改进，由此便产生了多种光 OFDM 调制方式。

1) 直流偏置光 OFDM

最为基础的是直流偏置光 OFDM（Direct Current Biased Optical OFDM，DCO-OFDM）技术。DCO-OFDM 技术的基本原理是将 DC 偏置与 OFDM 技术相结合，通过对信号进行直流偏置，可以有效降低信号在光纤传输过程中的相位失调和幅度衰减，从而提高信号传输的质量和可靠性。

DCO-OFDM 技术的优点是实现简单、频谱使用高效以及对通道衰减不敏感。然而，由于直流偏移引入了低频信号，可能会受到光纤传输中的直流分量影响，导致信号品质下降。

2) 非对称限幅光 OFDM

非对称限幅光 OFDM（Asymmetrically Clipped Optical OFDM，ACO-OFDM）技术是一种基于光电二极管的非线性调制技术，它将 OFDM 信号分为正半波和负半波，并在接收端使用非线性元件（如光电二极管）进行剪切，以恢复原始信号。ACO-OFDM 相对于 DCO-OFDM 的优点是可以避免直流偏移的影响，并提供较好的抗干扰性能，且相比于 DCO-OFDM 具有更高的能量效率。然而，ACO-OFDM 需要使用非线性元件进行剪切，可能导致非线性失真，并且对于高速传输存在挑战。

除了上述两种常见的多载波调制技术，研究人员还提出了脉冲幅度调制-离散多音调制（PAM-Discrete Multi-Tone，PAM-DMT）的多载波调制方式，取得了与 ACO-OFDM 相近的性能；单极性 OFDM（Unipolar OFDM，U-OFDM）技术相比 DCO-OFDM 和 ACO-OFDM 具有更好的能量效率；将 ACO-OFDM、DCO-OFDM 和 PAM-DMT 进行组合使用，诞生了多种混合的多载波调制方式，进一步提升了调制性能，包括非对称限幅直流偏置光正交频分复用（ADO-OFDM）、混合非对称限幅光正交频分复用（HACO-OFDM）及非对称混合光正交频分复用（AHO-OFDM）等。在 2015 年以后，研究人员通过多层 ACO-OFDM 的叠加使用提出了分层 ACO-OFDM 调制（LACO-OFDM）技术，进一步提升了 ACO-OFDM 调制的频谱效率。

13.4.3　多输入多输出技术

可见光通信利用光束在空间中传输信息，可以利用光束天然具有空间特性（如发射位置、指向角、发散角等）实现可见光通信的空间复用。比如，同一个接收机可以同时从室内多盏 LED 光源接收信息，从而提高通信容量。这就是可见光多光源协同的多输入多输出（MIMO）通信技术。

可见光 MIMO 技术是利用多个发射器和接收器之间的空间分集和多路径传播效应，通过可见光信号进行数据传输的技术。它是一种利用多个 LED 灯或激光二极管作为发射器，多个光接收器或光传感器作为接收器的系统。典型的无线光 MIMO 系统框图如图13.4所示。

在可见光 MIMO 系统中，每个发射器和接收器之间建立一个独立的通道。发射器通过调制光的亮度来传输数字信息，而接收器则通过多个光接收器或光传感器接收光信号，并利用接收到的信号进行解调和数据恢复。通过同时利用多个发射器和接收器之间的空间分集，可见光MIMO系统能够提供更高的数据传输速率和改善信号质量。

可见光MIMO技术具有以下优点：

(1) 高数据传输速率。同时利用多个发射器和接收器之间的空间分集，可见光MIMO系统能够实现更高的数据传输速率，满足高速数据传输的需求。

(2) 抗干扰能力强。可见光通信在可见光波段进行，不会受到电磁干扰的影响，因此具有较强的抗干扰能力。

(3) 低能耗。由于可见光MIMO系统使用LED灯或激光二极管作为发射器，相比传统的无线通信技术能耗低。

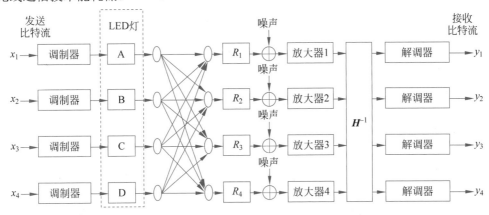

图 13.4　典型的无线光MIMO系统框图

可见光MIMO技术存在以下挑战和局限性：

(1) 传播受限。可见光通信需要发射器和接收器之间有可见光线的直接路径，对于阻塞、遮挡和反射等现象比较敏感，因此在复杂的室内环境中可能会受到信号衰减和传输中断的影响。

(2) 系统复杂性。可见光MIMO系统需要多个发射器和接收器之间的协调工作，包括通道估计、信号调度和接收器设计等，增加了系统的复杂性和实现成本。

(3) 方向性限制。可见光通信需要发射器和接收器之间有可见光线的直接路径，因此存在一定的方向性限制，需要准确定位和对准发射和接收器的位置。

13.4.4　光通信应用

1. 基于激光的室外可见光通信网络

激光通信功率高、向性强，可以支持多媒体信息的无线长距离传输，具有通信容量大、传输速率高、抗电磁干扰、保密性好等特点，在智慧交通、保密应急通信等场景中都有巨大的应用前景。

智慧交通是智慧城市的重要组成部分之一，随着世界信息化进程的不断加快，城市交通智能化是大势所趋。交通环境瞬息万变，接入无线网络的设备多种多样，接入数量随着时间变化会有相当大的波动，仅依靠现有的无线通信方案已经不能满足实时通信和交通控制的需要。2017年，IEEE Workshop探讨了光通信的重要性，并且自由空间光（Free Space Optical, FSO）通信因低成本、高带宽的优势被列为光通信的主要方式。此外，激光通信系统的引入将为智慧交通的实现和应用提供极大助力，能够在吞吐率、延迟、可靠性等方面满足更高的需求。

2. 基于灯联网的智慧照明系统

目前正处于智能照明向人本照明，即智慧照明过渡的阶段。智能照明按照人们定义好的控制逻辑来工作，而智慧照明则能够主动、智能地规划控制逻辑，以实现以人为本的照明目标，这个进步靠大数据和机器学习等人工智能技术来推动。其主要的效益包括：

（1）节能，降低运维成本。通过智能照明控制策略，在保障采光需求的情景下，多灯联动控制，最小化照明能耗。

（2）智能场景切换。根据需求，实现多场景多模式的照明切换。例如，根据场景不同，在欢迎模式、投影模式、会议模式等进行智能切换；根据时间不同，在日光模式、黄昏模式、睡前模式灵活调整，调节人体节律。

（3）其他增值服务。例如，在智慧农业等应用场景中，通过一系列传感、反馈和控制手段，动态调整照明亮度、颜色、色温、波长等参数，为养殖业和种植业提供智慧服务。

基于此，灯联网（Internet of Lighting，IoL）的概念应运而生。在 IoL 中的每一盏灯，除了具备常规照明的基本功能（对应于灯具内的 AC/DC 电源模块和 LED 芯片）外，还承担着传感（灯具模块中的传感器、定位等功能模块）、信息接入与传输（灯具模块中无线通信模块、电力线通信 PLC 模块等）以及控制（调光灯模块和智能灯具主控 MCU）功能，也可以将其视为集传感、传输和控制于一体的灯联网末端节点。集成了智慧照明功能的灯具有望在未来作为智慧城市的信息发布节点（广播或警报信息）和信息接收节点（分布式传感网），发挥巨大的作用。这些微型的"基站"比电信部门的基站布设得更密集（无处不在，即使在地下隧道内），更节能、安全、环保，不需购买无线频谱。智能照明系统作为传统 LED 照明产业的升级，尤其在将来电力光缆大量普及的助推下，逐步走向智慧城市建设的中心，实现照明网、电力网和信息网的三网融合。

3. 基于灯联网的光健康技术与应用

光健康包括视觉健康与非视觉健康，两者存在一定的关联性，但后者的影响更为广泛。最新的相关研究结果表明，光刺激可以有效缓解抑郁症或其他心理疾病。其作为一种有效的治疗方法，有望根据疾病的类型、病情的严重程度和个人特点，对光疗的最佳剂量、光强度和照明持续时间进行智能调整。与传统药物治疗相比，光疗具有易于控制和实施，且副作用小的优势。更重要的是，光疗可以提供与常规药物兼容的辅助手段来治疗精神疾病，从而可以有效缓解症状并加速康复过程。

13.5　智能通信与网络前沿介绍

智能通信与网络作为现代信息技术的核心组成部分，已经深深地渗透到人们日常生活的各个方面，对人们的工作、学习和娱乐等活动产生了深远的影响。无论是人们通过手机接收和发送信息，还是通过互联网浏览网页、观看视频、购物、学习，都离不开智能通信与网络的支持。智能通信与网络的核心是利用复杂信号处理、机器学习、大数据和云计算等先进的信息技术，提高通信与网络的速度、可靠性、效率、稳定性和用户体验。接下来从物理层、链路层、网络层、传输层和应用层五个角度介绍智能通信与网络的前沿技术（图13.5）。

每一层都有其特定的功能和责任，共同构成了复杂而强大的智能通信与网络系统。

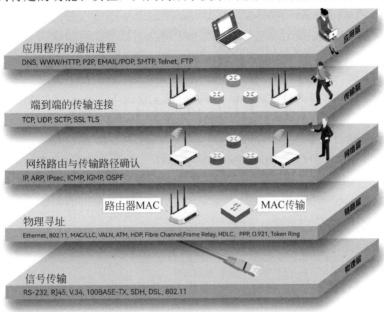

图 13.5　通信与网络各层及其智能技术的应用前景与方法

在物理层，智能技术的应用主要致力于提升通信信号传输的质量和效率。例如，深度学习技术能够进行无线信道的精细化瞬态建模，自动识别并过滤出通信信号中的噪声，进而优化信道质量并提升信号的清晰度。

在链路层，智能技术被广泛运用于信号信道编码、链路管理以及资源分配等领域。例如，可以设计出基于 AI 的大规模 MIMO 混合预编码方案，以增强毫米波链路的传输容量和可靠性。此外，深度学习还能够预测链路状态，从而提前进行链路切换或恢复，优化用户的移动性管理。

在网络层，智能技术主要用于优化核心路由算法以及网络级别的负载均衡。例如，强化学习可以动态选择最佳路由路径，以降低网络延迟并提高带宽利用率。此外，强化学习还能动态分配网络资源，满足不同用户的需求，从而提升网络的整体性能。

在传输层，智能技术主要应用于优化拥塞控制和提升网络安全。例如，强化学习算法用于动态调整窗口大小和发送速率，以适应网络的变化，进而优化网络的拥塞控制。同时，深度学习也能够检测并防止传输层的攻击，如识别攻击链接并拒绝服务，从而提高网络的安全性。

在应用层，智能技术主要提升用户的应用体验。例如，基于深度学习的推荐算法能够从用户行为数据中挖掘个人喜好，以便提供更精准的推荐，进而提升用户的应用体验。

总的来说，智能技术在网络各层面的应用，不仅可以提升网络的性能、优化用户体验，而且可以增强网络的安全性，具有广泛的应用前景。

附录A

互信息与信道容量

图A.1展示了发射端码字 $\boldsymbol{x}(\boldsymbol{x} \leftarrow \mathcal{A}^n, \boldsymbol{x} = x_1x_2\cdots x_n)$ 和接收端码字 $\boldsymbol{y}$ 之间的联系，信道的作用可以视为一个转移概率 $p(y|x)$。

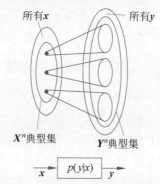

图 A.1 发射端码字和接收端码字的联系

基于典型集，有如下观察：

观察1：因为 $\Pr\{\boldsymbol{x} \in T_\varepsilon^n[X]\} = 1$，所以在 $\boldsymbol{x}$ 全集 $\mathcal{A}^n$ 中以等概（随机）选一码字，以概率1选到典型序列。

观察2：接收到的 Y^n 球中有 $2^{nH(Y|X)}$ 个元素。

发送 $\boldsymbol{x}$ 时，$\boldsymbol{y}$ 以概率1条件于 $\boldsymbol{x}$ 的典型序列由 $p(\boldsymbol{y}|X^n = \boldsymbol{x})$ 决定，因此元素个数 $|T_\varepsilon^n[Y|X^n = \boldsymbol{x}]| = 2^{nH(Y|X^n=\boldsymbol{x})}$，其中 $\boldsymbol{x} \in T_\varepsilon^n[X]$。

而

$$
\begin{aligned}
nH(Y|X) &= H(Y^n|X^n) \\
&= \sum_{\boldsymbol{x} \in \mathcal{A}^n} p(\boldsymbol{x})H(Y^n|X^n = \boldsymbol{x}) \\
&= n \sum_{\boldsymbol{x} \in T_\varepsilon^n[X]} p(\boldsymbol{x})H(Y|X^n = \boldsymbol{x}) \\
&= n \cdot |T_\varepsilon^n[X]| 2^{-nH(X)} H(Y|X^n = \boldsymbol{x}) \\
&\approx nH(Y|X^n = \boldsymbol{x})
\end{aligned}
$$

倒数第二步等号成立的前提是 $\forall \boldsymbol{x}, H(Y|X^n = \boldsymbol{x})$ 相等。注意，$-\sum\limits_k p_{j|i}(y_k) \log p_{j|i}(y_k)$ 中不同 i 看作不同函数，但每类函数数量由 $\boldsymbol{x}$ 分布决定。

故 $\forall X^n = \boldsymbol{x}, H(Y|X^n = \boldsymbol{x}) = H(Y|X)$。即接收到的 Y^n 球中有 $2^{nH(Y|X)}$ 个元素。

观察 3：发送 $\boldsymbol{x} \in T_\varepsilon^n[X]$，则接收的 $\boldsymbol{y}$ 以概率 1 落入 $T_\varepsilon^n[Y]$。

发送 $\boldsymbol{x} \in T_\varepsilon^n[X]$ 等价于从 $p(x)$ 独立同分布地随机发送 x_k，于是接收端观测到分布为 $p(y) = \sum_x p(x)p(y|x)$ 的独立同分布随机变量。

由于 $|T_\varepsilon^n[Y]| = 2^{nH(Y)}$，所以"可区分"，即球不交叠的 $\boldsymbol{x}$ 最多有 $\dfrac{2^{nH(Y)}}{2^{nH(Y|X)}}$ 个。

结论：每次信道使用，传 $\dfrac{1}{n}\log \dfrac{2^{nH(Y)}}{2^{nH(Y|X)}} = H(Y) - H(Y|X)$ 个比特。

定义 $I(X;Y) = H(Y) - H(Y|X)$，称为互信息，易证 $I(X;Y) = H(X) - H(X|Y)$，为观测 Y 消除的 X 的不确定度。

注意到 $p(y|x)$ 由信道给定，不可优化；$p(x)$ 由码设计给出，可优化。

定义信道容量为互信息的最大值，满足

$$C = \max_{p(x)} I(X;Y)$$

对如图 A.2 所示的加性信道，x 为功率为 P 的发射信号，y 为接收信号，n 为均值 0、方差 σ^2 的加性高斯噪声。该信道的互信息满足

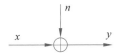

图 A.2　加性高斯信道示意图

$$
\begin{aligned}
H(Y) - H(Y|X) &= H(Y) - H(X + N|X) \\
&= H(Y) - H(N|X) \\
&= H(Y) - H(N) \qquad (X \perp N)
\end{aligned}
$$

考虑高斯噪声为连续随机变量，其概率密度函数满足

$$p_N(n) = \frac{1}{\sqrt{2\pi\sigma^2}} \exp\left(-\frac{n^2}{2\sigma^2}\right)$$

用微分熵替代计算，可得

$$
\begin{aligned}
H(Y) - H(N) &= h(Y) + \log\frac{1}{\Delta} - \left[h(N) + \log\frac{1}{\Delta}\right] \\
&= h(Y) - h(N)
\end{aligned}
$$

式中：$h(N)$ 为 n 的微分熵，且有

$$h(N) = -\int_{-\infty}^{+\infty} p_N(n)\log p_N(n)\mathrm{d}n = \frac{1}{2}\log\left(2\pi\mathrm{e}\sigma^2\right)$$

考虑到 $h(N)$ 与 $p(x)$ 无关，于是问题转化为最大化 $h(Y)$，注意有一约束

$$E\{Y^2\} = E\{X^2\} + E\{N^2\} = P + \sigma^2$$

易证，给定 $E\{Y^2\}$ 时，正态分布使得 $h(Y)$ 最大化，有

$$h(Y) = \frac{1}{2}\log\left(2\pi\mathrm{e}(P + \sigma^2)\right)$$

因此，信道容量满足

$$C = \frac{1}{2}\log\left(2\pi e(P+\sigma^2)\right) - \frac{1}{2}\log 2\pi e\sigma^2 = \frac{1}{2}\log\left(1+\frac{P}{\sigma^2}\right)$$

此时处理波形信道，与随机过程打交道，于是噪声有了"白"[①]的概念，即

$$S_n(f) = \frac{n_0}{2}, \quad \forall f$$

采用信道的带限 $|f| \leqslant W$ 部分，于是有

$$\sigma^2 = 2W \cdot \frac{n_0}{2} = Wn_0$$

在带限 W 中，由奈奎斯特准则，$R_s \leqslant 2W$，取其最大值。即单位时间内使用信道 $2W$ 次，每用一次传 $\frac{1}{2}\log\left(1+\frac{P}{\sigma^2}\right)$ 个比特，因此信道容量为

$$C = 2W \cdot \frac{1}{2}\log\left(1+\frac{P}{Wn_0}\right) = W\log\left(1+\frac{P}{Wn_0}\right) \tag{A.1.1}$$

式(A.1.1)即为香农公式。

接下来讨论不同 SNR 条件下的香农公式。

低 SNR 时，即 $\dfrac{P}{Wn_0} \to 0$，由泰勒展开

$$C = W \cdot \frac{P}{Wn_0}\log_2 e = 1.44\frac{P}{n_0}$$

即信道容量与功率呈线性关系。

上式等号两边乘以传输时长 T，可得

$$CT = 1.44\frac{PT}{n_0} = 1.44\frac{E}{n_0}$$

单位能量最多可传比特数为 $\dfrac{1.44}{n_0}$，单位比特最少耗能为 $\dfrac{n_0}{1.44}$。

高 SNR 时，即 $\dfrac{P}{Wn_0} \gg 1$，则 $1+\dfrac{P}{Wn_0} \approx \dfrac{P}{Wn_0}$

$$C = W \cdot \log_2 \text{SNR}$$

$$= \frac{W}{10}\log_2 10 \cdot \text{SNR}_{\text{dB}}$$

$$= 0.33W\text{SNR}_{\text{dB}}$$

即信道容量与带宽呈线性关系。

[①] 白噪声是功率谱为常数的随机信号，这里功率即为 $\dfrac{n_0}{2}$，因此噪声是"白"的。

参 考 文 献 [1]

第1章、第3~6章

[1] Wozencraft J M, Jacobs I M. Principles of Communication Engineering [M]. Waveland Press, 1990.

[2] Ziemer R E. Introduction to Digital Communication [M]. Prentice Hall, 2001.

[3] Tranter W, Shanmugan K, Rappaport T, et al. Principles of Communication Systems Simulation with Wireless Applications [M]. Prentice Hall, 2003.

[4] Tse D, Viswanath P. Fundamentals of Wireless Communication [M]. Cambridge University Press, 2005.

[5] Goldsmith A. Wireless Communications [M]. Cambridge University Press, 2005.

[6] Haykin S. Communication Systems, 4th ed [M]. Wiley India Pvt. Limited, 2006.

[7] Fitz M. Fundamentals of Communications Systems [M]. McGraw Hill, 2007.

[8] Proakis J G. Digital Communications [M]. McGraw Hill, 2008.

[9] Gallager R G. Principles of Digital Communication [M]. Cambridge University Press, 2008.

[10] Madhow U. Fundamentals of Digital Communication [M]. Cambridge University Press, 2008.

[11] Nguyen H H, Shwedyk E, Shwedyk E. A First Course in Digital Communications[M]. Cambridge University Press, 2009.

[12] Rice M. Digital Communications: A Discrete-Time Approach [M]. Prentice Hall, 2009.

[13] Barry J R, Lee E A, Messerschmitt D. G. Digital Communication [M]. Springer US, 2012.

[14] Forouzan B. Data Communications and Networking: Fifth Edition [M]. McGraw Hill Education, 2012.

[15] Rimoldi B. Principles of Digital Communication: A Top-Down Approach [M]. Cambridge University Press, 2016.

[16] Sklar B. Digital Communications: Fundamentals and Applications [M]. Pearson, 2021.

[17] Strang G. Introduction to Linear Algebra [M]. Wellesley, 2016.

[18] Papoulis A, Pillai S U. Probability, Random Variables, and Stochastic Processes[M]. McGraw Hill, 2002.

[19] Shiryaev A. Probability [M]. Springer Science & Business Media, 2013.

第2章、第13章、附录

[1] Gallager R G. 数字通信原理 [M]. 杨鸿文, 译. 北京: 人民邮电出版社, 2010.

[2] Nguyen H, Shwedy K E. 数字通信入门教程 [M]. 任品毅, 等译. 西安: 西安交通大学出版社, 2014.

[3] Haykin S. 通信系统 (第四版) 英文版 [M]. 北京: 电子工业出版社, 2003.

[4] Letaief K B, Chen W, Shi Y, et al. The Roadmap to 6G:AI Empowered Wireless Networks[J].

---

① 参考文献根据作者分工, 分为6部分, 各自独立。

IEEE Communications Magazine, 2019, 57(8): 84-90.

[5] Polyanskiy Y, Poor H V, Verdu S .Channel Coding Rate in the Finite Blocklength Regime[J]. IEEE Transactions on Information Theory, 2010, 56(5): 2307-2359.

[6] Li C, Chen W, Poor H V. Diversity Enabled Low-Latency Wireless Communications with Hard Delay Constraints[J]. IEEE Journal on Selected Areas in Communications, 2023, 41(7): 2107-2122.

[7] Zhao X, Chen W, Poor H V. Queue-Aware Finite-Blocklength Coding for Ultra-Reliable and Low-Latency Communications: A Cross-Layer Approach[J]. IEEE Transactions on Wireless Communications, 2022, 21(10): 8786-8802.

[8] Zhao X, Chen W, Lee J, et al. Delay-Optimal and Energy-Efficient Communications With Markovian Arrivals[J]. IEEE Transactions on Communications, 2020, 68(3): 1508-1523.

[9] 宋健, 杨昉, 张洪明, 等. 可见光通信: 组网与应用 [M]. 北京: 人民邮电出版社, 2020.

[10] Thomas M C, Joy A. Thomas. Elements of Information Theory[M]. John Wiley & Sons, 2012.

[11] Yeung R W. Information Theory and Network Coding[M]. Springer Science & Business Media, 2008.

第 7 章

[1] Lin S, Costello D J. 差错控制编码 [M]. 2 版. 晏坚, 等译. 北京: 机械工业出版社, 2007.

[2] 曹志刚, 钱亚生. 现代通信原理 [M]. 北京: 清华大学出版社, 1992.

[3] Proakis J G. 数字通信 [M]. 张力军, 等译. 5 版. 北京: 电子工业出版社, 2011.

[4] Ryan W E, Lin S. 信道编码: 经典与现代 [M]. 白宝明, 马啸, 译. 北京: 电子工业出版社, 2017.

第 8、9 章

[1] Ziemer R E, Peterson R W. Introduction to Digital Communication[M]. Pearson Education, 2002.

[2] Mischa S. Telecommunication Networks: Protocols,Modeling and Analysis[M]. Addison-Wesley Longman Publishing Co. Inc, 1987.

[3] Giovanidis A. ARQ Protocols in Wireless Communications[J]. IEEE, 2010.

[4] Benvenuto N, Zorzi M. Principles of Communications Networks and Systems[M]. John Wiley &Sons Ltd, 2011.

[5] Clos C. A study of Nonblocking Switching Networks[J]. Bell System Technical Journal, 1953, 32(2).

[6] Kumar A, Manjunath D, Kuri J. Communication Networking: An Analytical Approach[M]. Morgan Kaufmann Publishers Inc., 2004.

[7] Medonald J C. Fundamentals of digital switching[M]. Plenum Press, 1983.

[8] Nesenbergs M, Linfield R.Three Typical Blocking Aspects of Access Area Tele traffic[J]. IEEE Transactions on Communications, 1980, 28(9): 1662-1667.

[9] Collins A A, Pedersen R D. Telecommunications, A Time for Innovation[M]. Merle Collins Foundation, 1973.

[10] 刘增基, 鲍民权, 邱智亮. 交换原理与技术 [M]. 北京: 人民邮电出版社, 2007.

第 10 章

[1] Proakis J G. Digital communications[M]. McGraw Hill, 2008.

[2] Sklar B, Harris F J. Digital communications: fundamentals and applications[M]. Prentice Hall, 1988.

[3] Bertsekas D, Gallager R. Data networks[M]. Prentice Hall PTR, 1986.

[4] Forouzan B A. Data Communications and Networking[M]. McGraw Hill, 2012.

[5] Rom R, Sidi M. Multiple access protocols: performance and analysis[M]. Springer Science & Business Media, 2012.

[6] Bianchi G. Performance analysis of the IEEE 802.11 distributed coordination function[J]. IEEE Journal on Selected Areas in Communications, 2000, 18(3): 535-547.

第 11、12 章

[1] Clausen T, Jacquet P. RFC3626: Optimized link state routing protocol(OLSR)[J]. RFC Editor, 2003.

[2] Dijkstra E W. A note on two problems in connexion with graphs[J]. Numerische Mathematik, 1959, 1: 269-271.

[3] Kurose J F. Computer networking: A top-down approach featuring the internet[M]. 3/E. Pearson Education India, 2005.

[4] Marina M K, Das S R. Ad hoc on-demand multipath distance vector routing[J]. Wireless Communications and Mobile Computing, 2006, 6(7): 969-988.

[5] Bellman R. On a routing problem[J]. Quarterly of applied mathematics, 1958, 16: 87-90.

[6] Malkin G. RFC1723: RIP Version 2-Carrying Additional Information[J]. RFC 1723, 1994.

[7] Moy J. OSPF Version 2[J]. RFC 2328, 1998.

[8] Rekhter Y, Li T, Hares S. RFC 4271: A border gateway protocol 4(BGP-4)[J]. RFC 4271, 2006.

[9] Forouzan B A. Data Communications and Networking[M]. McGraw Hill, 2012.

[10] Fairhurst G, Jones T. RFC 8304: Transport Features of the User Datagram Protocol(UDP) and Lightweight UDP(UDP-Lite)[J]. RFC 8304, 2018.

[11] Eddy W. RFC 9293: Transmission control protocol(tep)[J]. RFC 9293, 2022.

[12] Jacobson V. Congestion avoidance and control[J]. ACM SIGCOMM computer communication review, 1988, 18(4): 314-329.

[13] Stevens W. TCP slow start, congestion avoidance, fast retransmit, and fast recovery algorithms[J]. RFC 2001, 1997.